住房城乡建设部土建类学科专业"十三五"规划教材
"十二五"普通高等教育本科国家级规划教材

高等学校土木工程专业指导委员会规划推荐教材
（经典精品系列教材）

土 力 学

（第五版）

东南大学　浙江大学
湖南大学　苏州大学　合编

刘松玉　主编

中国建筑工业出版社

图书在版编目(CIP)数据

土力学 / 东南大学等合编；刘松玉主编. — 5 版
. —北京：中国建筑工业出版社，2020.12（2024.11重印）
住房城乡建设部土建类学科专业"十三五"规划教材
"十二五"普通高等教育本科国家级规划教材 高等学校
土木工程专业指导委员会规划推荐教材. 经典精品系列教
材
ISBN 978-7-112-25419-4

Ⅰ.①土… Ⅱ.①东… ②刘… Ⅲ.①土力学－高等
学校－教材 Ⅳ.①TU43

中国版本图书馆 CIP 数据核字(2020)第 167468 号

责任编辑：吉万旺 朱首明 刘平平
责任校对：李美娜

住房城乡建设部土建类学科专业"十三五"规划教材
"十二五"普通高等教育本科国家级规划教材
高等学校土木工程专业指导委员会规划推荐教材
（经典精品系列教材）

土 力 学
（第五版）

东南大学 浙江大学
湖南大学 苏州大学 合编

刘松玉 主编

＊

中国建筑工业出版社出版、发行（北京海淀三里河路9号）
各地新华书店、建筑书店经销
北京红光制版公司制版
北京市密东印刷有限公司印刷

＊

开本：787毫米×1092毫米 1/16 印张：21 字数：454千字
2020年12月第五版 2024年11月第五十次印刷
定价：**58.00**元（赠教师课件）
ISBN 978-7-112-25419-4
(36410)

土力学是高等学校土木工程专业的必修专业基础课，本次第五版是在上一版基础上，根据近年来学科发展和教学实际修订而成。本教材共分为 11 章，主要内容为：土的组成，土的物理性质及分类，土的渗透性及渗流，土中应力，土的压缩性，地基变形，土的抗剪强度，土压力，地基承载力，土坡和地基的稳定性，土在动荷载作用下的特性。

　　本书可作为高等学校土木工程专业教材，也可供相关专业师生学习和参考。

　　为更好地支持本课程教学，我社向选用本教材的任课教师提供课件，有需要者可与出版社联系，索取方式如下：建工书院 http://edu.cabplink.com，邮箱 jckj@cabp.com.cn，电话 010-58337285。

出版说明

　　为规范我国土木工程专业教学，指导各学校土木工程专业人才培养，高等学校土木工程学科专业指导委员会组织我国土木工程专业教育领域的优秀专家编写了《高等学校土木工程专业指导委员会规划推荐教材》。本系列教材自 2002 年起陆续出版，共 40 余册，十余年来多次修订，在土木工程专业教学中起到了积极的指导作用。

　　本系列教材从宽口径、大土木的概念出发，根据教育部有关高等教育土木工程专业课程设置的教学要求编写，经过多年的建设和发展，逐步形成了自己的特色。本系列教材曾被教育部评为面向 21 世纪课程教材，其中大多数曾被评为普通高等教育"十一五"国家级规划教材和普通高等教育土建学科专业"十五""十一五""十二五"规划教材，并有 11 种入选教育部普通高等教育精品教材。2012 年，本系列教材全部入选第一批"十二五"普通高等教育本科国家级规划教材。

　　2011 年，高等学校土木工程学科专业指导委员会根据国家教育行政主管部门的要求以及我国土木工程专业教学现状，编制了《高等学校土木工程本科指导性专业规范》。在此基础上，高等学校土木工程学科专业指导委员会及时规划出版了高等学校土木工程本科指导性专业规范配套教材。为区分两套教材，特在原系列教材丛书名《高等学校土木工程专业指导委员会规划推荐教材》后加上经典精品系列教材。2016 年，本套教材整体被评为《住房城乡建设部土建类学科专业"十三五"规划教材》，请各位主编及有关单位根据《住房城乡建设部关于印发高等教育 职业教育土建类学科专业"十三五"规划教材选题的通知》要求，高度重视土建类学科专业教材建设工作，做好规划教材的编写、出版和使用，为提高土建类高等教育教学质量和人才培养质量做出贡献。

高等学校土木工程学科专业指导委员会

中国建筑工业出版社

《土力学》教材第四版于 2016 年 12 月发行，是高等学校土木工程学科专业指导委员会规划推荐教材（经典精品系列教材）。2002 年 5 月教育部指定本书第一版为普通高等教育"十五"国家级规划教材（修订），2008 年 1 月本书第二版被建设部高等学校土木工程学科专业指导委员会推荐为"建设部高等学校土木工程学科专业指导委员会'十一五'推荐教材"；2012 年 11 月本书第三版被教育部评审确定为"十二五"普通高等教育本科国家级规划教材；2016 年本书被住房和城乡建设部确定为住房城乡建设部土建类学科专业"十三五"规划教材。第五版修订是在第四版基础上，适当补充最新成果，采用新颁规范、标准，反映成熟观点，力求系统性，由浅入深，便于教和学。主要修订内容如下：

本书第五版第 2 章"土的物理性质及分类"，按照最新国家土分类标准和行业规范进行了土分类介绍；适当补充了土物理力学指标的原位测试确定方法；第 4 章"土中应力"增加了水平力作用时土中附加应力计算方法；第 6 章"地基变形"增加了成层土地基固结度计算方法；第 7 章"土的抗剪强度"增加了空心圆柱扭剪仪介绍；第 9 章"地基承载力"取消了"地基容许承载力"概念，均采用"地基承载力特征值"概念，对相应试验确定与分析方法进行了调整；第 11 章"土在动荷载作用下的特性"，按照新规范对不同工程的压实度的要求、地震液化判别方法等进行了补充完善。此外，为了便于学习和应用，补充了部分思考题和符号一览表附录。

本书发行以来，得到同济大学叶书麟教授、朱百里教授，天津大学顾晓鲁教授，浙江大学王铁儒教授，后勤工程学院陈正汉教授和暨南大学陈晓平教授以及专家学者提供宝贵修订意见，表示衷心感谢；参考了兄弟院校最新编著的《土力学》教材，还得到东南大学许多师生对本书第五版的关心和协助，在此一并表示十分感谢。

由于本教材前三版原主编之一张克恭教授已于 2009 年初不幸逝世，以及部分老师已退休，各参编单位对编写人员作了适当补充，本书第五版编写单位和编写修订人员分工如下：

东南大学——绪论（刘松玉），第 1、3 章（刘松玉），第 2 章（石名磊、章定文、李仁民），第 4 章（龚维明），第 5 章（张克恭、杜延军）；第 6 章（张克恭、邵俐）；浙江大学——第 7、8、9 章（张季容、周建）；湖南大学——第 10 章（赵明华）；苏州大学——第 11 章（陈甦）。东南大学经绯老师协助主编付出了辛勤工作。

本书由东南大学刘松玉教授主编，河海大学殷宗泽教授主审。

　　《土力学》教材第三版于 2010 年 10 月发行，是高等学校土木工程学科专业指导委员会规划推荐教材和"面向 21 世纪课程教材"。 2002 年 5 月教育部指定本书第一版为普通高等教育"十五"国家级规划教材（修订），2008 年 1 月本书第二版被建设部高等学校土木工程学科专业指导委员会推荐为 "建设部高等学校土木工程学科专业指导委员会'十一五'推荐教材"；2012 年 11 月本书第三版被教育部评审确定为 "十二五"普通高等教育本科国家级规划教材。 第四版修订是在第三版基础上，适当补充最新成果，采用新颁规范、标准，反映成熟观点,力求系统性，由浅入深，便于教和学。 主要修订内容如下：

　　本书第四版第 1 章"土的组成"，增加污染土介绍，适当补充了双电层理论。第 2 章"土的物理性质及分类"，按照最新国家和行业土分类标准进行了土分类介绍；对粉土的介绍进行了适当调整；第 6 章，将土的有效应力原理进行单列一节；第 8 章，对土压力的计算方法按照新规范进行了修改；第 10 章，根据《公路软土地基路堤设计与施工技术细则》JTG/T D31—02—2013，对土坡稳定分析方法进行了相应修改补充；第 11 章，按照新规范对不同工程的压实度的要求、地震液化判别方法等进行了补充完善。 此外，为了便于学习和应用，增加了部分思考题和符号含义附录。

　　本书第一版、第二版发行以来，得到同济大学叶书麟教授、朱百里教授，天津大学顾晓鲁教授，浙江大学王铁儒教授，后勤工程学院陈正汉教授和暨南大学陈晓平教授以及专家学者提供宝贵的修订意见，表示衷心感谢；得到兄弟院校最新编著《土力学》教材的参考，还得到东南大学许多师生对本书第四版的关心和协助，在此一并表示十分感谢。

　　由于本教材前三版原主编之一张克恭教授已于 2009 年初不幸逝世，考虑到本书的延续性和出版要求，经协商本书第四版由刘松玉教授主持修编工作，故第四版主编人改为刘松玉；另外，原参编部分老师已退休，各编写单位经协商对本版编写人员作了适当补充，具体编写单位和编写人员分工如下：

　　东南大学——绪论（张克恭、刘松玉），第 1、3 章（刘松玉），第 2 章（石名磊、邵信发、李仁民），第 4 章（龚维明），第 5 章（张克恭、杜延军）；第 6 章（张克恭、邵俐）；浙江大学——第 7、8 章（张季容、周建），第 9 章（张季容、周建）；湖南大学——第 10 章（赵明华）；苏州大学——第 11 章（陈甦）。

　　本书由刘松玉教授主编，河海大学殷宗泽教授主审。

　　《土力学》教材第二版于 2005 年 12 月出版发行，于 2008 年 1 月被教育部评为"普通高等教育'十一五'国家级规划教材"。第三版修订是在第二版基础上，适当补充最新成果，采用新颁规范、标准，反映成熟观点，力求系统性，由浅入深，便于教和学。主要修订内容如下：

　　本书第三版第 1 章"土的组成"，增加少量污染土介绍，适当补充了双电层理论。第 2 章"土的物理性质及分类"，按照最新国家和行业土分类标准进行了土分类介绍；对黏粒的界限以国标为主（＜0.005mm）说明，其他规范的规定简要说明；对液限的测定标准进行了明确并与分类进行统一；第 4 章"土中应力"，在土的附加应力计算中增加三角形分布条形荷载附加应力系数表。第 6 章"地基变形"，对地基固结度的内容重新进行编写，补充了固结系数的推求方法；增加最终沉降推算的 Asaoka 方法；增加土次固结特性与规律；删去了路基的沉降与变形部分；第 7 章，对莫尔－库仑强度理论的阐述方式进行了修改。此外，为了便于学习和应用，增加了部分例题和符号含义附录。

　　本书第一版、第二版出版发行以来，得到同济大学叶书麟教授、朱百里教授，天津大学顾晓鲁教授，浙江大学王铁儒教授，后勤工程学院陈正汉教授和暨南大学陈晓平教授以及其他专家学者提供宝贵的修订意见，表示衷心感谢；得到兄弟院校最新编著《土力学》教材的参考，还得到东南大学许多师生对本书第三版的关心和协助，在此一并表示十分感谢。

　　由于本教材主编张克恭教授已于 2009 年初不幸逝世，编写人员作了适当补充，本书第三版编写单位和编写人员分工如下：

　　东南大学——绪论（张克恭、刘松玉），第 1、3 章（刘松玉），第 2 章（石名磊、邵信发、李仁民），第 4 章（龚维明），第 5 章（张克恭、杜延军）；第 6 章（张克恭、邵俐）；浙江大学——第 7、8 章（张季容），第 9 章（朱向荣）；湖南大学——第 10 章（赵明华）；苏州科技学院——第 11 章（陈甦）。

　　本书由东南大学张克恭教授、刘松玉教授主编，河海大学殷宗泽教授主审。

　　《土力学》教材第一版于 2001 年 6 月发行，是高等学校土木工程学科专业指导委员会规划推荐教材，"面向 21 世纪课程教材"；并于 2002 年 5 月教育部指定为普通高等教育"十五"国家级规划教材（修订）。第一版修订，加强土质学内容，加强路桥专业内容，适当引进国外教材新内容，以基本理论为主，兼顾实践知识，结合现行规范标准，反映成熟观点，力求系统性，深入浅出，便于教和学。主要修订内容如下：

　　本书第一版原第 1 章"土的物理性质及分类"，第二版为新第 2 章，充实粉土的概念，调出"土的组成"另立新第 1 章，补充土的微观内容。原第 2 章新第 3 章"土的渗透性及渗流"，补充土的渗透微观内容；补充二维渗流和流网的应用。原第 3 章新第 4 章"土中应力"，补充土质堤坝自身的自重应力；补充地基附加应力"西娄提解"和"明德林解"的概念。原第 4 章"土的压缩性和固结理论"，调出"固结理论"第二版改为新第 5 章"土的压缩性"；调入"应力历史对压缩性的影响"。原第 5 章"地基沉降"，标题狭窄，第二版改为第 6 章"地基变形"；"地基的最终沉降量"改为"基础最终沉降量(地基最终变形量)"；调出"应力历史对压缩性的影响"；调入"固结理论"合于"地基变形与时间的关系"，以利教学；删去不便实际应用的"应力路径法计算沉降"；删去次要内容"土的固结系数"；补充"路基的沉降和位移"。原第 6 章新第 7 章"土的抗剪强度"，补充"土的强度指标的选用表"。原第 7 章新第 8 章"土压力"，充实"朗肯和库仑理论的比较"另列一节。原第 8 章新第 9 章"地基承载力"，补充地基极限承载力的梅耶霍夫公式。原第 9 章新第 10 章"土坡和地基的稳定性"，补充黏性土坡稳定分析的瑞典条分法、规范圆弧条分法和折线滑动法；原第 10 章新第 11 章"土在动荷载作用下的特性"，补充土的压实度对工程的评定标准；补充地基液化的判别与防治。

　　本书第一版发行以来，得到同济大学叶书麟教授、朱百里教授，天津大学顾晓鲁教授，浙江大学王铁儒教授，后勤工程学院陈正汉教授和暨南大学陈晓平教授以及专家学者提供宝贵的修订意见，表示衷心感谢；得到兄弟院校最新编著《土力学》教材的参考，还得到东南大学许多师生对本书第二版的关心和协助，在此一并表示十分感谢。

　　本书第二版编写单位和编写人员分工如下：

　　东南大学——绪论(张克恭、刘松玉)，第 1、3 章(刘松玉)，第 2 章(邵信发、石名磊)，第 4 章(龚维明)，第 5、6 章(张克恭)；浙江大学——第 7、8 章(张季容)；第 9 章(朱向荣)；湖南大学——第 10 章(赵明华)；苏州科技学院——第 11 章(陈甦)；东南大学邵俐协助主编工作。

　　本书由东南大学张克恭教授、刘松玉教授主编，河海大学殷宗泽教授主审。

土力学是高等学校土木工程专业必修的一门课程。本教材编写大纲经建设部高校土木工程学科专业指导委员会审定，遵循高校土木工程专业培养方案，在教学改革和实践的基础上，对教学内容进行了拓宽，包括建筑工程、公路与城市道路、桥梁工程、地下建筑工程等在内的专业知识。原建设部审定的工业与民用建筑专业教材(华南理工大学、东南大学、浙江大学、湖南大学编)《地基及基础》(1981 年版)曾获建设部优秀教材二等奖，第二版(1991 年)审定为高等学校教学用书，第三版(1998 年)审定为高等学校推荐教材；1997 年经建设部批准列入"普通高等教育建设部'九五'重点立项教材"。为了适应新设置的土木工程专业课程的需要，将《地基及基础》课程与教材分为《土力学》与《基础工程》两门课程和两本教材。

《土力学》课程与《基础工程》课程紧密相连。本教材《土力学》，它既是独立的一门土力学课程教材，又与《基础工程》教材内容密切结合，所选用的符号、术语和计量单位前后贯穿一致，便于学习。本书力图考虑学科发展新水平，结合新规范，反映土力学的成熟成果与观点。全书重点突出，深入浅出，加强了各章之间的相互衔接，各章还附有习题及思考题。限于水平，难免有欠妥之处，请读者不吝指正。

本书编写单位及编写人员分工如下：

东南大学——绪论(张克恭、刘松玉)、第 1 章(邵信发、石名磊)、第 2 章(刘松玉)、第 3 章(龚维明)、第 4、5 章(张克恭)；

浙江大学——第 6、7 章(张季容)、第 8 章(朱向荣)；

湖南大学——第 9 章(赵明华)；

苏州城建环保学院——第 10 章(陈甦)；

东南大学邵俐老师协助主编做了许多工作。

本书由东南大学张克恭教授、刘松玉教授主编，河海大学殷宗泽教授主审。

目　录

绪　论

0.1　土力学的概念及学科特点

土力学是研究土体的一门力学，它是研究土体的应力、变形、强度、渗流及长期稳定性的一门学科。广义的土力学又包括土的生成、组成、物理化学性质及分类在内的土质学。土力学也是一门实用的学科，它是土木工程的一个分支，主要研究土的工程性质，解决工程问题。

在自然界中，地壳表层分布有岩石圈（广义的岩石包括基岩及其覆盖土）、水圈和大气圈。岩石是一种或多种矿物的集合体，其工程性质在很大程度上取决于它的矿物成分，而土是岩石风化的产物。土是由岩石经历物理、化学、生物风化作用以及剥蚀、搬运、沉积作用等交错复杂的自然环境中所生成的各类沉积物。因此，土的类型及其物理、力学性状是千差万别的，但在同一地质年代和相似沉积条件下，又有性状相似的特点。强风化岩石的性状接近土体，也属于土质学与土力学的研究范畴。

土中固体颗粒是岩石风化后的碎屑物质，简称土粒。土粒集合体构成土的骨架，土骨架的孔隙中存在液态水和气体。因此，土是由土粒（固相）、土中水（液相）和土中气（气相）所组成的三相物质；当土中孔隙被水充满时，则是由土粒和土中水组成的二相体。土体具有与一般连续固体材料（如钢、木、混凝土及砌体等建筑材料）不同的孔隙特性，它不是刚性的多孔介质，而是大变形的孔隙性物质。在孔隙中水的流动显示土的渗透性（透水性）；土孔隙体积的变化显示土的压缩性、胀缩性；在孔隙中土粒的错位显示土内摩擦和黏聚的抗剪强度特性。土的密度、孔隙率、含水率是影响土的力学性质的重要因素。土粒大小悬殊甚大，有大于60mm粒径的巨粒粒组，有小于0.075mm粒径的细粒粒组，介于0.075~60mm粒径的为粗粒粒组。

工程用土总的分为一般土和特殊土。广泛分布的一般土又可以分为无机土和有机土。原始沉积的无机土大致上可分为碎石类土、砂类土、粉性土和黏性土四大类。当土中巨粒、粗粒粒组的含量超过全重的 50％时，属于碎石类土或砂类土；反之，属于粉性土或黏性土。碎石类土和砂类土总称为无黏性土，一般特征是透水性大、无黏性，其中砂类土具有可液化性；黏性土的透水性小，具有可塑性、湿陷性、胀缩性和冻胀性等；而粉性土兼有砂类土的可液化性和黏性土的可塑性等。特殊土有遇水沉陷的湿陷性土（如常见的湿陷性黄土）、湿胀干缩的胀缩性土（习称膨胀土）、冻胀性土（习称冻土）、红黏土、软土、填土、混合土、盐渍土、污染土、风化岩与残积土等。

综上所述，土的种类繁多，工程性质十分复杂，试验还表明其应力应变关系呈现非线弹性特点，因此在没有深入了解土的力学性质变化规律，没有条件进行繁复计算之前，不得不将土工问题计算进行必要的简化。例如，采用弹性理论求解土中应力分布，而用塑性理论求解地基承载力，将土体的变形和强度分别作为独立的求解课题。20 世纪 60 年代以来，电子计算机的问世，可将更接近于土本质的力学模型进行复杂的快速计算，现代科学技术的发展，也提高了土工试验的测试精度，发现了许多过去观察不到的新现象，为建立更接近实际的数学模型和测定正确的计算参数，提供了可靠的依据。但由于土的力学性质十分复杂，对土的本构模型（即土的应力-变形-强度-时间模型）的研究以及计算参数的测定，均远落后于计算技术的发展；而且计算参数的选择不当所引起的误差，远大于计算方法本身的精度范围。因此，对土的基本力学性质和土工问题计算分析方法的研究，是土力学的两大重要研究课题。

在土木工程中，天然土层常被作为各种建筑物的地基，如在土层上建造房屋、桥梁、涵洞、堤坝等；或利用土作为建筑物周围的环境，如在土层中修筑地下建筑、地下管道、渠道、地铁隧道等；还可利用土作为土工建筑物的材料，如修建高速公路、高速铁路、土坝等。因此，土是土木工程中应用最广泛的一种建筑材料或介质。

"高楼万丈平地起，建筑屹立基础始。"平地指的是地基，没有地基的安全稳定，一般的土木工程建筑也难以建成，更不用说高楼大厦、大桥、高塔；基础是建筑物的一个实体部分，基础的安全稳定是上部结构（或桥梁的上、下部结构）安全屹立的保证；而整个场地的稳定，又是建筑物地基基础稳定的根本保证。因此地基基础与场地稳定性是密切关联的。要对场地稳定性进行评价，对建筑群选址或道路选线的可行性方案进行论证，对建筑物地基基础或路基进行经济合理的设计，尚须具备工程地质学、岩体力学等学科的基本知识，这也是土力学学科的一个特点。

0.2 土力学的发展简史

古代许多宏伟的土木工程，如我国的万里长城、大型宫殿、大庙宇、大运河、开封塔、赵州桥等，国外的大皇宫、大教堂、古埃及金字塔、古罗马桥梁工程等，屹立至今，体现了古代劳动人民丰富的土木工程经验。

18世纪欧美国家在产业革命推动下，社会生产力有了快速发展，大型建筑、桥梁、铁路、公路的兴建，促使人们对地基土和路基土的一系列技术问题进行研究。1773年法国科学家 C. A. 库仑（Coulomb）发表了《极大极小准则在若干静力学问题中的应用》，介绍了刚滑楔理论计算挡土墙墙背粒料侧压力的计算方法；法国学者 H. 达西（Darcy，1855）创立了土的层流渗透定律；英国学者 W. T. M. 朗肯（Rankine，1857）发表了土压力塑性平衡理论；法国学者 J. 布辛奈斯克（Boussinesq，1885）求导了弹性半空间（半无限体）表面竖向集中力作用时土中应力、变形的理论解。这些古典理论对土力学的发展起了很大的推动作用，一直沿用至今。

20世纪20年代开始，对土力学的研究有了迅速的发展。瑞典 K. E. 彼得森（Petterson，1915）首先提出并由瑞典 W. 费兰纽斯（Fellenius）及美国 D. W. 泰勒（Taylor）进一步发展了土坡稳定分析的整体圆弧滑动面法；法国学者 L. 普朗德尔（Prandtl，1920）发表了地基剪切破坏时的滑动面形状和极限承载力公式；1925年美籍奥地利人 K. 太沙基（Terzaghi）写出了第一本《土力学》专著，他是第一个重视土的工程性质和土工试验的人，他所建立的饱和土的有效应力原理，将土的主要力学性质，如应力-变形-强度-时间各因素相互联系起来，并有效地用于解决一系列的土工问题，从此土力学成为一门独立的学科；L. 伦杜利克（Rendulic，1936）发现土的剪胀性，土的应力-应变非线性关系，土具有加工硬化与软化的性质。土力学论著和教材则像雨后春笋般地蓬勃发展，例如苏联学者 H. M. 格尔谢万诺夫（Герсеванов，1931）出版了《土体动力学原理》专著；苏联学者 H. A. 崔托维奇（Цытович，1935）写出了《土力学》教材；K. 太沙基（Terzaghi, K. and Peck, R. B.，1948）又出版了《工程实用土力学》教材；苏联学者 B. B. 索科洛夫斯基（Соколовский，1954）出版了《松散介质静力学》一书；美籍华人吴天行1966年写了《土力学》专著并于1976年出第二版；英国的 G. N. 史密斯和 Ian G. N. 史密斯（Smith，1968）出版了《土力学基本原理》大学本科教材；美国 H. F. 温特科恩（Winterkorn，1975）和方晓阳主编《基础工程手册》一书，由7个国家27位岩土工程著名专家编写而成，该书25章内容包括地基勘察、土力学、基础工程三大部分，取材新颖，成为当时比较系统论述土力学与基础工程的一本有影响的著作。1993年 D. G. 弗雷德隆德（Fredrund）和 H. 拉哈尔佐（Rahardjo）发表了《非饱和土力学》一书，日益引起国内外土力学界的注意。

1950 年前后，陈宗基院士开始了对土的流变学和黏土结构的研究；黄文熙院士对土的液化、土的本构理论以及沉降计算方法等进行开拓性研究，在 1983 年主编了一本土力学专著《土的工程性质》，系统地介绍国内外有关土的应力应变本构模型的理论和研究成果。钱家欢、殷宗泽教授主编的《土工原理与计算》，较全面地总结了当时土力学的新发展，郑颖人院士、龚晓南院士编写的《高等土力学》，李广信教授主编的《高等土力学》，被很多高等院校作为研究生高等土力学课程的教材，在国内有很大的影响。沈珠江院士在土体本构模型、土体静动力数值分析、非饱和土理论等方面取得了突出的成就，2000 年出版了《理论土力学》专著，全面总结了近 70 年来国内外学者的研究成果。

1936 年第一届国际土力学及基础工程学术会议在美国麻州坎布里奇召开，由土力学创始人 K. 太沙基（Karl Terzaghi）主持。第二至十九届会议的召开地点分别在鹿特丹（1948，二届）、瑞士（1953，三届）、伦敦（1957，四届）、巴黎（1961，五届）、加拿大（1965，六届）、墨西哥（1969，七届）、莫斯科（1973，八届）、东京（1977，九届）、斯德哥尔摩（1981，十届）、旧金山（1985，十一届）、里约热内卢（1989，十二届）、新德里（1993，十三届）、汉堡（1997，十四届）、伊斯坦布尔（2001，十五届）、大阪（2005，十六届）、开罗（2009，十七届）、巴黎（2013，十八届）、首尔（2017，十九届）。1999 年国际土力学及基础工程协会（简称国际土协，ISSMFE-The International Society of Soil Mechanics and Foundation Engineering）改名为国际土力学及岩土工程协会（ISSMGE-The International Society of Soil Mechanics and Geotechnical Engineering）。

我国 1957 年由茅以升主持在北京设立了全国性的中国土力学及基础工程学会学术委员会，并于 1978 年成立了中国土木工程学会土力学及基础工程学会。1962 年在天津召开第一届土力学及基础工程学术会议以来，第二至八届学术会议的召开地点分别在武汉（1966，二届）、杭州（1979，三届）、武汉（1983，四届）、厦门（1987，五届）、上海（1991，六届）、西安（1995，七届）、南京（1999，八届）。1999 年为与国际土协的名称相适应，中国土木工程学会土力学及基础工程学会改名为中国土木工程学会土力学及岩土工程分会（The Chinese Institution of Soil Mechanics and Geotechnical Engineering-the China Civil Engineering Society，英文简称 CISMGE-CCES）。相应的全国学术会议则改名为土力学与岩土工程学术会议，并继续召开了系列会议：北京（2003，九届），重庆（2007，十届），兰州（2011，十一届），上海（2015，十二届），天津（2019，十三届）。另外，欧洲、美国、亚洲、澳洲等地区也定期召开洲际土力学与岩土工程学术会议。上述国内外学术会议的召开，大大促进了土力学学科的发展，进入 21 世纪以来，土力学理论与实践在非饱和土力学、环境土力学、土渐进破坏理论等方面取得了长足的发展。

0.3 本课程的内容、要求和学习方法

本课程内容第1章土的组成。首先阐明土广泛分布于地壳表层，其工程性质有很大差别，是土的成分和结构的不同所致，取决于土的成因特点。土是岩石风化的产物，主要有物理风化和化学风化。根据土的形成条件，常见的成因类型有七种沉积土。土具有散体性、多相性、自然变异性三个重要特性。然后详细介绍土中固体颗粒及粒度成分（颗粒级配）分析、土中水和土中气、黏土颗粒与水的相互作用、土的结构和构造。本章要求：掌握土粒粒组的划分、粒度成分分析方法、三种亲水性的黏土矿物、土中水类型；熟悉土粒的矿物成分与粒组的关系、黏土颗粒与水的相互作用，土的三种微观结构，土的层理构造、裂隙及大孔隙等宏观结构；了解土中气在细粒土中的作用。

第2章土的物理性质及分类。首先阐明土是岩石风化的产物，从地质学观点，土是没有胶结或弱胶结的松散沉积物，或是三相组成的分散体，而从土质学观点，土是无黏性或有黏性的具有土骨架孔隙特性的三相体或二相体。土粒大小是影响土性质最主要的因素，其含量的相对数量关系是土的分类依据，通常可划分为无黏性土（包括碎石类土和砂类土）、粉性土和黏性土。粉性土兼有砂类土和黏性土的性状。土的三相组成物质的性质和三相比例指标的大小，必然在土的轻重、松密、湿干、软硬等一系列物理性质上有不同的反映。土中水与细粒（土粒粒径小于0.075mm）有着复杂的相互作用，产生细粒土的可塑性、结构性、触变性、胀缩性、湿陷性、冻胀性等物理特性。然后详细介绍在自然界中广泛分布的原始沉积的无机土的三相比例指标，黏性土的物理特征，无黏性土的密实度，粉土的密实度和湿度；简介区域分布的三种特殊土的概念，最后介绍土的分类。本章要求：掌握土的三相比例指标的定义及指标之间的换算关系，土的各种物理性质指标的概念及其测定方法；熟悉土的分类原则，不同行业土的分类方法；了解三种特殊土的概念。

第3章土的渗透性及渗流。首先阐明土的渗透性与土的强度、变形特性一起，是土力学中的几个重要课题。土的渗透性是反映土的孔隙性规律基本内容之一。研究土的渗透性规律及其与工程的关系具有重要意义，然后详细介绍土的渗透性及渗流规律、土中二维渗流及流网，再介绍渗透破坏与渗流控制。本章要求：掌握土的层流渗透定律及渗透性指标；熟悉渗透性指标的测定方法及影响因素，渗流时渗水量的计算，渗透破坏与渗流控制问题；了解土中二维渗流及流网的概念和应用。

第4章土中应力。首先阐明在研究土的变形、强度及稳定性问题时，都必须掌握土中原有的应力状态及其变化，土中应力的分布规律和计算方法是土力学的基本内容之一。按其起因可分为自重应力和附加应力两种。土中自重应力又可分为土体自身变形已经完成和尚未完

成的两种情况。附加应力是产生地基变形的主要原因，计算地基附加应力时，基底压力的大小与分布是不可缺少的条件。土中应力按土骨架和土中孔隙的分担，受力可分为有效应力和孔隙应力两种。在研究宏观的土体受力时，可以把土粒和土中孔隙合在一起考虑两者的平均受力。在计算土体或地基的应力和变形时，可以把土体看成是线性变形体，从而简化计算，即可采用弹性理论和弹性力学公式。土体的变形和强度不仅与受力大小有关，更重要的还与土的应力历史和应力路径有关。土中渗流力（动水力）可引起土中应力的变化。然后详细介绍土中自重应力、基底压力、地基附加应力、基底附加压力的概念和计算方法。本章要求：掌握土中自重应力、基底压力和地基附加应力的概念及其计算方法，等代荷载法可以求解任意分布的或不规则荷载面形状的局部荷载下地基附加应力，角点法可以求解均布、三角形分布或梯形分布的矩形和条形荷载下地基附加应力，均布条形和均布方形荷载下地基附加应力的分布规律；熟悉非均质或各向异性地基的附加应力分布规律及其与均质各向同性地基的差别；了解弹性半空间表面作用一个水平集中力时、弹性半空间内某一深度处作用一个竖向集中力时，分别采用西娄提公式、明德林公式求解地基附加应力。

第5章土的压缩性。首先阐明土的压缩性也是反映土的孔隙性规律基本内容之一。土的压缩和固结（压密）的定义。计算地基变形时，必须取得土的压缩性指标，无论采用室内试验或原位测试来测定压缩性指标，力求试验条件与土的天然应力状态及其在外荷载作用下的实际应力条件相适应。室内试验测定土的压缩性指标，常用不允许土样侧向膨胀的固结试验，有其操作简单和实用价值。原位测试测定土的压缩性指标，常用现场载荷试验，它是一项基本的原位测试。现场载荷试验和其他原位测试与室内试验比较，可以避免钻探、搬运和室内操作过程中土样受到应力释放和扰动。然后先介绍室内固结试验及压缩性指标，包括应力历史对土的压缩性的影响，再介绍现场载荷试验测定土的变形模量，最后介绍室内三轴压缩试验测定土的弹性模量。本章要求：掌握室内固结试验 e-p 曲线和 e-$\lg p$ 曲线测定土的压缩性指标，应力历史对土的压缩性的影响；熟悉现场载荷试验测定土的变形模量；了解室内三轴压缩试验测定土的弹性模量。

第6章地基变形。首先阐明建筑物或土工构筑物的荷载通过基底或路堤底面传递到地基上，使天然土层原有的应力状态发生变化，导致地基中各点产生竖向和侧向变形，地基表面的竖向变形，称为基础沉降或地基表面沉降。基础沉降是土木工程在施工和使用时期土与结构物相互作用（变形协调）的综合反映。地基变形特征一般有四种，地基变形计算值不应大于构筑物或土工构筑物的地基变形允许值。成土年代长久的土体，自重应力，引起的变形已经完成，只需考虑地基附加应力产生的地基变形；成土年代不久的土体，尚应考虑土中自重应力产生的地基变形。研究地基变形，对于保证建筑物的正常使用、安全稳定、经济合理和环境保护，都具有很大的意义。分层总和法是计算基础最终沉降量（地基最终变形量）最常用的方法。土的固结（压密）问题，就是研究土中超孔隙水压力消散、有效应力增长全过程的理论问题。饱和土的有效应力原理和单向（一维）固结理论，是最基本的土的固结理论。然后详细介绍地基变形的弹性力学公式，基础最终沉降量的各种计算方法及讨论，地基变形与时间的关系。本章要求：掌握基础最终沉降量按分层总和法单向压缩基本公式和规范修正公式的计算、饱和土的有效应力原理；熟悉地基表面沉降的弹性力学公式、基础最终沉降量按应力历史法和斯肯普顿-比伦法的计算，饱和土的单向固结理论，地基固结度，地基固结过程中的变形量以及利用沉降观测资料推算后期沉降量；了解基础最终沉降量按分层总和法的三向变形公式计算，刚性基础倾斜的弹性力学公式，在工程实际问题中遇到的有许多是土的二维、三维固结问题。

第7章土的抗剪强度。首先阐明土的抗剪强度特性也是反映土的孔隙性规律基本内容之一，土体剪切破坏的概念。在土木工程中的挡土墙侧土压力、地基承载力、土坡和地基稳定性等问题都与土的抗剪强度直接有关。土的抗剪强度指标不仅与土的种类及其性状有关，还与采取土样时的天然结构是否被破坏、室内试验时的排水条件是否符合现场条件有关。土的抗剪强度理论的基本假设是将土体视为塑性体。采用平面应变极限平衡理论及其方程。然后详细介绍土的抗剪强度理论，室内三种和现场一种土的抗剪强度试验，三轴压缩试验中的孔隙压力系数，饱和黏性土的三轴抗剪强度指标（其中 CU 和 CD 试验还受应力历史的影响），抗剪强度指标的选择，应力路径在强度问题中的应用，无黏性土的抗剪强度。本章要求：掌握土的抗剪强度理论，黏性土的抗剪强度指标的测定和选择；熟悉无黏性土的剪胀性（剪缩称为负剪胀）和临界孔隙比，孔隙压力系数的概念和用途，应力历史、应力路径对土体强度指标的影响，了解无黏性土休止角试验和大型直接剪切试验的概念。

第8章土压力。首先阐明土压力通常是指挡土墙后的填土因自重或超载作用对墙背产生的侧压力。根据挡土墙可能位移的方向土压力可分为主动土压力、静止土压力、被动土压力三种。土压力的大小与填土的抗剪强度有关，还与墙后填土性质、超载和墙背倾斜方向等因素有关。挡土墙是防止土体坍塌的长条形构筑物。土压力理论是挡土墙设计、基坑支护设计以及研究地基承载力、土坡和地基稳定性问题时必须掌握的基本理论。然后详细介绍挡土墙侧土压力的基本概念、静止土压力，两种古典土压力理论的主动、被动土压力，两种理论的比较。本章要求：掌握静止土压力计算方法，两种古典土压力理论的基本假设、理论公式及其实际应用，朗肯土压力理论是根据半空间的应力状态和墙背土中各点的极限平衡条件来求解主动、被动土压力的理论，库仑土压力理论是根据墙背整个滑动土楔的极限平衡条件来求解主动、被动土压力的理论；熟悉挡土墙背填土面上有超载或车辆荷载时或非均质填土时的土压力计算方法，两种古典土压力理论的比较。

第9章地基承载力。首先阐明地基承载力问题是土力学中一个重要研究课题，地基基础设计应限制基底压力不超过基础深宽修正后的地基容许承载力或地基承载力特征值，确定浅基础的地基承载力一般有四种方法。浅基础的地基破坏模式有三种。然后详细介绍理论公式确定浅基础的地基承载力、地基临塑荷载、临界荷载和极限承载力（极限荷载）、地基承载力特征值。本章要求：掌握地基的承载规律、发挥地基的承载能力、合理确定地基承载力，地基不致因荷载作用而发生剪切破坏或产生变形过大而影响建筑物的正常使用，临塑荷载和临界荷载确定地基承载力，平面应变问题地基承载力公式用于空间问题偏于保守，各种地基极限承载力求解时将土体看成刚塑性体，其基本理论是滑移线理论；熟悉理论公式法和载荷试验法确定地基承载力特征值；了解规范表格法和当地经验法确定地基承载力的概念。

第 10 章土坡和地基的稳定性。首先阐明土坡上的部分岩体或土体在自然或人为因素的影响下沿某一明显界面发生剪切破坏向坡下运动的现象称为滑坡或边坡破坏。土坡稳定性是高速公路、铁路、机场、高层建筑深基坑开挖以及露天矿井和土坝等土木工程建设中十分重要的问题，虽有各种成熟的土坡稳定分析方法，但有待研究的不定因素较多。地基承载力不足而失稳、建（构）筑物基础在水平荷载作用下的倾覆和滑动失稳、基础在水平荷载下连同地基一起滑动失稳以及土坡坡顶建（构）筑物地基失稳，都是地基稳定性问题。然后详细介绍无黏性土坡的稳定性。黏性土坡稳定分析的整体圆弧滑动法、瑞典条分法、规范圆弧条分法、毕肖普条分法、杨布条分法和折线滑动法。地基的稳定性。本章要求：掌握各种黏性土坡稳定分析方法；熟悉无黏性土坡的稳定性，土体抗剪强度指标及稳定安全系数的选择；了解坡顶开裂时、地下水渗流时的黏性土坡稳定性，基础连同地基一起滑动的稳定性，土坡坡顶建（构）筑物地基的稳定性。

第 11 章土在动荷载作用下的特性。首先阐明土体在动荷载作用下对强度和变形特性都将受到影响，可造成土体的破坏，也可利用改善不良土体的性质。动荷载都是在很短的时间内施加的，按加荷次数可分为三种类型。在土木工程建设中广泛用到填土堤坝，都是以土作为建筑材料并按一定要求堆填而成的，如不经分层压实（碾压或夯实），其均匀性差、抗剪强度低、压缩性大、水稳定性不良，往往难以满足工程的需要。土的压实在地基处理中也有着广泛的应用。土的压实性受到土料、含水率及压实能量等多种因素的影响，它是土工建筑物的重要研究课题之一。土的振动液化问题成为工程抗震设计中的重要内容之一。然后详细介绍土的压实性、土的振动液化，简介周期荷载下土的变形、强度特性以及土的动力特征参数。本章要求：掌握土的压实和振动液化机理及其主要影响因素，土的压实性指标最优含水率、最大干密度和压实度；熟悉土的压实度对工程的评定标准、地基液化判别与防治，了解周期荷载下土的变形、强度特性，土的动力特征参数。

本课程的学习方法：首先了解土力学是土木工程专业的必修课，属于技术基础课，它所包含的知识是本专业学生必须掌握的专业知识，又是为后续课程学习所必备的基础知识。全书内容广泛，各章从不同的角度阐述土的变形、强度、渗流及稳定问题，抓住这一线索，特别是饱和土的有效应力原理，将土的本构模型，即土的应力、变形、强度、渗流关系，贯穿起来。土的渗透性、压缩性和抗剪强度特性是反映土的孔隙性规律的三个基本内容。土的压实性是反映土在动荷载作用下孔隙性规律的一个基本内容。土压力理论是挡土墙（或挡墙）设计、基坑支护设计以及研究地基承载力、土坡和地基稳定性问题所必备的知识。另外，针对不同的研究内容，将土体视为某种假设体，采用相应的理论和数理方程，如在研究土中应力和变形时，将土体视为弹性体（线性变形体），采用弹性理论和弹性力学公式；在研究饱和土的一维固结时，将土骨架视为弹性体，孔隙水视为黏滞性的流体，采用热传导方程；在研究土中二维渗流时，将土骨架作为刚体、孔隙水视为黏滞性的流体，采用拉普拉斯方程；在研究挡土墙侧主、被动土压力、地基极限承载力、土坡和地基的稳定性时，将土体视为刚塑性体，采用平面应变滑移线理论或滑楔理论及其方程。应重视室内土工试验和现场原位试验测定土的物理力学性质指标，加深对土力学的学习目的和兴趣。通过本课程的学习，要求掌握土的基本物理、力学性质和分类方法，掌握浅基础的地基承载力、地基变形、挡土墙侧土压力和土坡稳定的计算方法，熟悉常规土工试验方法，达到能识别各类天然土样，熟悉土的压实度对工程的评定标准、地基液化判别与防治。能应用土力学的基本原理和方法解决实际工作中的地基稳定、变形和渗流问题。

第 1 章

土 的 组 成

1.1 概述

在自然界，存在于地壳表层的岩石圈是由基岩及其覆盖土组成，所谓基岩是指在水平和竖直两个方向延伸很广的各类原位岩石；所谓覆盖土是指覆盖于基岩之上各类土的总称。基岩岩石按成因可分为岩浆岩、变质岩和沉积岩三大类。土广泛分布在地壳表层，是还没有固结成沉积岩的松散沉积物，亦是人类工程活动的主要对象。自然界土的工程性质很不一致，作为工程建筑材料，有的可以作为混凝土的骨料，有的可以用来烧制砖瓦或作为路基填料，有的则没有多大工程应用价值。作为建筑地基，一些土层上面可以建造高楼，有的土层上可以建造平房，而有的土层上不经处理则不能建造任何建筑。土的性质之所以有这样大的差别，主要是由其成分和结构不同所致，而土的成分与结构则取决于其成因特点。

土的形成过程是十分复杂的，地壳表层的岩石在阳光、大气、水和生物等因素影响下，发生风化作用，使岩石崩解、破碎，经流水、风、冰川等动力搬运作用，在各种自然环境下沉积，形成土体。因此通常说土是岩石风化的产物。

风化作用主要包括物理风化和化学风化，它们经常是同时进行，而且是互相加剧发展的，物理风化是指由于温度变化、水的冻胀、波浪冲击、地震等引起的物理力使岩体崩解、碎裂的过程，这种作用使岩体逐渐变成细小的颗粒。化学风化是指岩体（或岩块、岩屑）与空气、水和各种水溶液相互作用过程，这种作用不仅使岩石颗粒变细，更重要的是使岩石成分发生变化，形成大量细微颗粒（黏粒）和可溶盐类。化学风化常见的作用如下：

（1）水解作用——指原生矿物成分被分解，并与水进行化学成分的交换，形成新的次生矿物，如正长石经水解作用后，形成高岭石。

（2）水化作用——指水和某种矿物发生化学反应，形成新的矿物，如土中的 $CaSO_4$（硬石膏）水化后成为 $CaSO_4 \cdot 2H_2O$（含水石膏）。

（3）氧化作用——指某种矿物与氧结合形成新的矿物，如黄铁矿氧化后第一阶段成为 $FeSO_4$（铁钒），进一步氧化第二阶段变成 $Fe_2(SO_4)_3$（硫酸铁），在氧和水的作用下进一步变成 $Fe_2O_3 \cdot nH_2O$（褐铁矿）。

其他还有溶解作用、碳酸化作用等。

在自然界，岩石和土在其存在、搬运和沉积的各个过程中都在不断进行风化，由于形成条件、搬运方式和沉积环境的不同，自然界的土也就有不同的成因类型。

根据土的形成条件，常见的成因类型有：

（1）残积土（residual soils）——指岩石经风化后未被搬运而残留于原地的碎屑堆积物，它的基本特征是颗粒表面粗糙、多棱角、无分选、无层理。

（2）坡积土（slope debris）——残积土受重力和暂时性流水（雨水、雪水）的作用，搬运到山坡或坡脚处沉积起来的土，坡积颗粒随斜坡自上而下呈现由粗而细的分选性和局部层理。

（3）洪积土（diluvial soils）——残积土和坡积土受洪水冲刷、搬运，在山沟出口处或山前平原沉积下来的土，随离山由近及远有一定的分选性，颗粒有一定的磨圆度。

（4）冲积土（alluvial soils）——河流的流水作用搬运到河谷坡降平缓的地带沉积下来的土，这类土经过长距离的搬运，颗粒具有较好的分选性和磨圆度，常具有层理。

（5）湖积土（marsh deposits）——在湖泊及沼泽等极为缓慢水流或静水条件下沉积下来的土，或称淤积土，这类土除含大量细微颗粒外，常伴有生物化学作用所形成的有机物，成为具有特殊性质的淤泥或淤泥质土。

（6）海积土（marine deposits）——由河流流水搬运到海洋环境下沉积下来的土。

（7）风积土（aeolian deposits）——由风力搬运形成的土，其颗粒磨圆度好，分选性好。我国西北黄土就是典型的风积土。

（8）冰积土（glacial deposits）——由冰川或冰水挟带搬运形成的沉积物，其颗粒粗细变化大，土质不均匀。

（9）污染土（contaminated soil）——由于致污物质的侵入，使土的成分、结构和性质发生了显著变异的土，污染方式包括工业污染土、尾矿污染土和垃圾填埋场渗滤液污染土等，污染土类型一般可分为重金属污染土、有机污染土、复合污染土等。

土的上述形成过程决定了它具有特殊物理力学性质。与一般建筑材料相比，土具有三个重要特点：①散体性：颗粒之间无黏结或一定的黏结，存在大量孔隙，可以透水透气；②多相性：土往往是由固体颗粒、水和气体组成的三相体系，相系之间质和量的变化直接影响它的工程性质；③自然变异性：土是在自然界漫长的地质历史时期演化形成

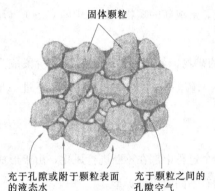

固体颗粒

充于孔隙或附于颗粒表面
的液态水　　充于颗粒之间的
　　　　　孔隙空气

图 1-1　土的组成示意图

的多矿物组合体，性质复杂，不均匀，且随时间还在不断变化的材料。深刻理解这些特点，有利于掌握土力学性质的本质。

土是由固体颗粒、水和气体组成的三相体系（图 1-1）。土中固体颗粒（简称土粒）的大小和形状、矿物成分及其组成情况是决定土的物理力学性质的重要因素。

本章将介绍土中固体颗粒、土中水和土中气、黏土颗粒与水的相互作用以及土的结构和构造。

1.2　土中固体颗粒

1.2.1　土粒的粒度成分

1. 土粒粒度与粒组

组成土的各个土粒的特征，即土粒的个体特征，主要包括土粒的大小和形状。粗大土粒其形状呈块状或粒状，随着搬运或风化程度不同而呈现不同的形状；细小土粒主要呈片状。但实际上土是由土粒的集合体组成的，有关土的集合体的特征将在土的结构和构造中讨论。

在自然界中存在的土，都是由大小不同的土粒组成。土粒的粒径由粗到细逐渐变化时，土的性质相应地发生变化。土粒的大小称为粒度（granularity），通常以粒径表示。介于一定粒度范围内的土粒，称为粒组（fraction）。各个粒组随着分界尺寸的不同，而呈现出一定质的变化。划分粒组的分界尺寸称为界限粒径。目前土的粒组划分方法并不完全一致，表 1-1 是一种常用的土粒粒组的划分方法，表中根据界限粒径 200mm、60mm、2mm、0.075mm 和 0.005mm 把土粒分为六大粒组：漂石或块石颗粒、卵石或碎石颗粒、圆砾或角砾颗粒、砂粒、粉粒及黏粒。

土粒粒组的划分（土的分类标准 GB/T 50145—2007）　　　　表 1-1

粒组统称	粒组名称		粒径范围（mm）	一　般　特　征
巨粒	漂石或块石颗粒		＞200	透水性很大，无黏性，无毛细水
	卵石或碎石颗粒		200～60	
粗粒	圆砾或角砾颗粒	粗	60～20	透水性大，无黏性，毛细水上升高度不超过粒径大小
		中	20～5	
		细	5～2	
	砂粒	粗	2～0.5	易透水，当混入云母等杂质时透水性减小，而压缩性增加；无黏性，遇水不膨胀，干燥时松散；毛细水上升高度不大，随粒径变小而增大
		中	0.5～0.25	
		细	0.25～0.075	

续表

粒组统称	粒组名称	粒径范围（mm）	一　般　特　征
细粒	粉粒	0.075～0.005	透水性小，湿时稍有黏性，遇水膨胀小，干时稍有收缩；毛细水上升高度较大较快，极易出现冻胀现象
	黏粒	≤0.005	透水性很小，湿时有黏性、可塑性，遇水膨胀大，干时收缩显著；毛细水上升高度大，但速度较慢

注：1. 漂石、卵石和圆砾颗粒均呈一定的磨圆形状（圆形或亚圆形）；块石、碎石和角砾颗粒都带有棱角。

2. 粉粒或称粉土粒，粉粒的粒径上限 0.075mm 相当于 200 号标准筛的孔径。

3. 黏粒或称黏土粒，黏粒的粒径上限也有采用 0.002mm 为准，例如《公路土工试验规程》JTG E40—2007。

土粒的大小及其组成情况，通常以土中各个粒组的相对含量（是指土样各粒组的质量占土粒总质量的百分数）来表示，称为土的粒度成分（granularity ingredient）或颗粒级配（grain grading）。

2. 粒度成分分析试验

土的粒度成分或颗粒级配是通过土的颗粒分析试验测定的，常用的测定方法有筛分法（sieve analysis method）和沉降分析法（settlement analysis method）。前者是用于粒径大于 0.075mm 的巨粒组和粗粒组，后者用于粒径小于 0.075mm 的细粒组。当土内兼含大于和小于 0.075mm 的土粒时，两类分析方法可联合使用。

筛分法试验是将风干、分散的代表性土样通过一套自上而下孔径由大到小的标准筛（例如 20mm、2mm、0.5mm、0.25mm、0.1mm、0.075mm），称出留在各个筛子上的干土重，即可求得各个粒组的相对含量。通过计算可得到小于某一筛孔直径土粒的累积重量及累计百分含量。

沉降分析法的理论基础是土粒在水（或均匀悬液）中的沉降原理，见图 1-2。当土样被分散于水中后，土粒下沉时的速度与土粒形状、粒径、（质量）密度以及水的黏滞度（vis-

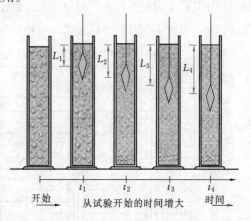

图 1-2　土粒在悬液中的沉降

cosity）有关。当土粒简化为理想球体时，土粒的沉降速度可以用 G. G. 斯托克斯（Stokes, 1845）定律来计算：

$$v = \frac{\rho_s - \rho_w}{18\eta} g d^2 \tag{1-1}$$

式中　v——土粒在水中的沉降速度（cm/s）；

g——重力加速度（981cm/s²）；

ρ_s、d——分别为土粒的密度（g/cm³）、直径（cm）；

ρ_w、η——分别为水的密度（g/cm³）、黏滞度（10^{-3}Pa·s）。

进一步考虑将速度 v 和土粒密度 ρ_s 分别表达为

$$v = \frac{距离}{时间} = \frac{L}{t} \text{ 和 } \rho_s = d_s\rho_{w1} \approx d_s\rho_w（见 2.2 节式 2-1）$$

代入式（1-1），可变换为

$$d = \sqrt{\frac{18\eta}{(d_s - 1)\rho_w g}}\sqrt{\frac{L}{t}} \tag{1-2}$$

水的 η 值由温度确定（见 3.2 节表 3-1），斯托克斯定律假定：①颗粒是球形的；②颗粒周围的水流是线流；③颗粒大小要比分子大得多。理论公式求得的粒径并不是实际的土粒尺寸，而是与实际土粒在液体中具有相同沉降速度的理想球体的直径，称为水力当量直径。此时，土粒沉降距离 L 处的悬液密度，可采用密度计法或移液管法测得，并可由此计算出小于该粒径 d 的累计百分含量。采用不同的测试时间 t，即可测得细颗粒各粒组的相对含量。

3. 粒度成分分布曲线

根据粒度成分分析试验结果，常采用粒径累计曲线（grain size accumulation curve）表示土的颗粒级配。该法是比较全面和通用的一种图解法，其特点是可简单获得定量指标，特别适用于几种土级配好与差的相对比较。粒径累计曲线法的横坐标为粒径，由于土粒粒径的值域很宽，因此采用对数坐标表示；纵坐标为小于（或大于）某粒径的土重（累计百分）含量，见图 1-3。由粒径累计曲线的坡度可以大致判断土粒均匀程度或级配是否良好。如曲线

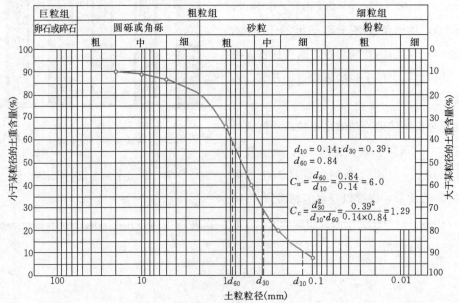

图 1-3　粒径累计曲线

较陡，表示粒径大小相差不多，土粒较均匀，级配不良；反之，曲线平缓，则表示粒径大小相差悬殊，土粒不均匀，级配良好。

根据描述级配的粒径累计曲线，可以简单地确定颗粒级配的两个定量指标，即不均匀系数 C_u（uniformity coefficient）及曲率系数 C_c，两者定义的表达式如下：

$$C_u = \frac{d_{60}}{d_{10}} \tag{1-3}$$

$$C_c = \frac{d_{30}^2}{d_{10} \cdot d_{60}} \tag{1-4}$$

式中，d_{60}、d_{30} 及 d_{10} 分别相当于小于某粒径土重累计百分含量为 60%、30% 及 10% 对应的粒径，分别称为限制粒径、中值粒径和有效粒径，对一种土显然有 $d_{60} > d_{30} > d_{10}$ 关系存在。不均匀系数 C_u 反映大小不同粒组的分布情况，即土粒大小或粒度的均匀程度。C_u 越大，表示粒度的分布范围越大，土粒越不均匀，其级配越良好。曲率系数 C_c 描写的是累计曲线分布的整体形态，反映了限制粒径 d_{60} 与有效粒径 d_{10} 之间各粒组含量的分布情况。

在一般情况下，工程上把 $C_u < 5$ 的土看作是均粒土，属级配不良，见图 1-4（b）；$C_u >$ 10 的土，属级配良好，见图 1-4（a）。对于级配连续的土，采用单一指标 C_u，即可达到比较满意的判别结果。但缺乏中间粒径（d_{60} 与 d_{10} 之间的某粒组）的土，即级配不连续，累计曲线上呈现台阶状，见图 1-4（c）。此时，仅采用单一指标 C_u，则难以有效判定土的级配好与差。

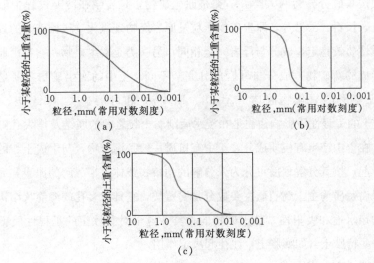

图 1-4　粒径累计曲线对比图

（a）良好级配土；（b）不良级配土；（c）不连续级配土（缺少中间尺寸土粒）

曲率系数 C_c 作为第二指标与 C_u 共同判定土的级配，则更加合理。一般认为：砾类土或砂类土同时满足 $C_u \geq 5$ 和 $C_c = 1 \sim 3$ 两个条件时，则为良好级配砾或良好级配砂；如不能同时满足，则可以判定为级配不良。很显然，在 C_u 相同的条件下，C_c 过大或过小，均表明土中缺少中间粒组，各粒组间孔隙的连锁充填效应降低，级配变差。

粒度成分的分布曲线可以在一定程度上反映土的某些性质。对于级配良好的土，较粗颗粒间的孔隙被较细的颗粒所填充，这一连锁充填效应，使得土的密实度较好。此时，地基土的强度和稳定性较好，透水性和压缩性也较小。而作为填方工程的建筑材料，则比较容易获得较大的密实度，是堤坝或其他土建工程良好的填方用土。此外，对于粗粒土，不均匀系数 C_u 和曲率系数 C_c 也是评价渗透稳定性的重要指标。

1.2.2　土粒的矿物成分

1. 土粒矿物组成

土中固体颗粒的矿物成分绝大部分是矿物质，或多或少含有有机质，如图 1-5 所示。

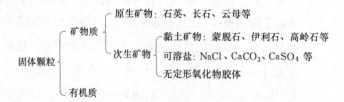

图 1-5　固体颗粒矿物成分

颗粒的矿物质按其成分分为两大类：一类是原生矿物，是岩浆在冷凝过程中形成的矿物，常见的如石英、长石、云母等，原生矿物颗粒是原岩经物理风化（机械破碎的过程）形成的，其物理化学性质较稳定，成分与母岩完全相同；另一类是次生矿物，它是由原生矿物经化学风化后所形成的新矿物，成分与母岩成分完全不同。土中的次生矿物主要是黏土矿物，此外还有些无定形的氧化物胶体（Al_2O_3、Fe_2O_3）和可溶盐类（$CaCO_3$、$CaSO_4$、$NaCl$ 等），后者对土的工程性质影响往往是在浸水后削弱土粒之间的联结及增大孔隙。微生物参与风化过程，在土中产生有机质成分，土中有机质一般是混合物，与组成土粒的其他成分稳固地结合在一起，按其分解程度可分为未分解的动植物残体，半分解的泥炭和完全分解的腐殖质，一般以腐殖质为主。腐殖质主要成分是腐殖酸，它具有多孔的海绵状结构，具有比黏土矿物更强的亲水性和吸附性。黏土矿物的种类、含量对黏性土的工程性质影响很大（见 1.4 节），对一些特殊土（如膨胀土）往往起决定作用。

2. 土粒矿物成分与粒组的关系

土中矿物成分与粒度成分存在着一定的内在联系，如图 1-6 所示。粗颗粒往往是岩石经物理风化作用形成的原岩碎屑，是物理化学性质比较稳定的原生矿物颗粒；细颗粒主要是化学风化作用形成的次生矿物颗粒和生成过程中有机物质的介入。次生矿物的成分、性质及其与水的作用均很复杂，是细粒土具有塑性特征的主要因素之一，对土的工程性质影响很大。

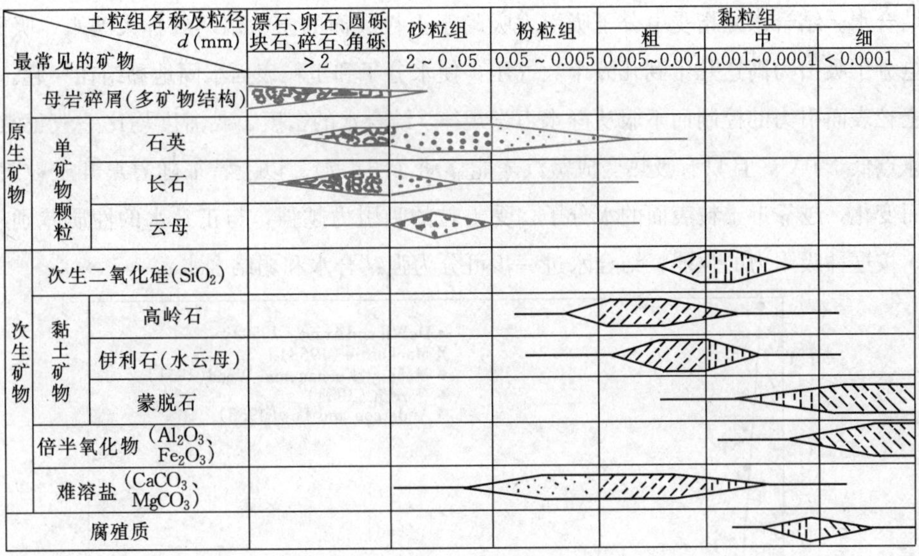

土粒组名称及粒径 d(mm) 最常见的矿物	漂石、卵石、圆砾 块石、碎石、角砾 >2	砂粒组 2~0.05	粉粒组 0.05~0.005	黏粒组		
				粗 0.005~0.001	中 0.001~0.0001	细 <0.0001
原生矿物 母岩碎屑(多矿物结构)						
单矿物颗粒 石英						
长石						
云母						
次生矿物 次生二氧化硅(SiO₂)						
黏土矿物 高岭石						
伊利石(水云母)						
蒙脱石						
倍半氧化物(Al_2O_3、Fe_2O_3)						
难溶盐($CaCO_3$、$MgCO_3$)						
腐殖质						

图 1-6 土的矿物成分与粒组关系示意图

有机质同样对土的工程性质有很大的影响。

1.3 土中水和土中气

1.3.1 土中水

土中水可以处于液态、固态或气态。土中细粒越多，即土的分散度越大，土中水对土性影响也越大。一般液态土中水可视为中性、无色、无味、无臭的液体，其质量密度在 4℃时为 1g/cm³，重力密度为 9.81kN/m³。存在于土粒矿物的晶体格架内部或是参与矿物构造中的水称为矿物内部结合水，它只有在比较高的温度（80~680℃，随土粒的矿物成分不同而异）下才能化为气态水而与土粒分离，从土的工程性质上分析，可以把矿物内部结合水当作矿物颗粒的一部分。存在于土中的液态水可分为结合水和自由水两大类（表 1-2）。实际上，土中水是成分复杂的电解质水溶液，它与土粒有着复杂的相互作用，土中水在不同作用力之下而处于不同的状态。

土中水的分类 表 1-2

水的类型		主要作用力
结合水		物理化学力
自由水	毛细水	表面张力及重力
	重力水	重力

1. 结合水（adsorbed water）

当土粒与水相互作用时，土粒会吸附一部分水分子，在土粒表面形成一定厚度的水膜，成为结合水。结合水是指受电分子吸引力吸附于土粒表面的土中水，或称束缚水、吸附水。这种电分子吸引力高达几千到几万个大气压，使水分子和土粒表面牢固地黏结在一起。结合水受土粒表面引力的控制而不服从静水力学规律。结合水的密度、黏滞度均比一般正常水偏高，冰点低于0℃，且只有吸热变成蒸汽才能移动（图1-7）。以上特征随着离开土粒表面的距离而变化，越靠近土粒表面的水分子，受土粒的吸引力越强，与正常水的性质差别越大。因此，按这种吸附力的强弱，结合水进一步可分为强结合水和弱结合水。

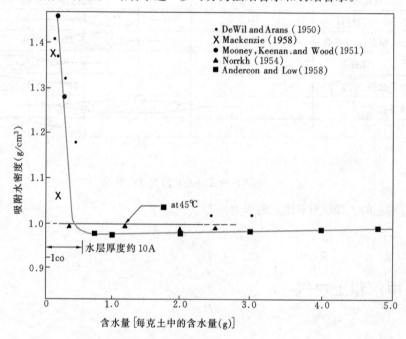

图1-7　结合水的密度变化规律（R. T. Martin，1960）

强结合水是指紧靠土粒表面的结合水膜，亦称吸着水。它的特征是没有溶解盐类的能力，不能传递静水压力，只有吸热变成蒸汽时才能移动。这种水极其牢固地结合在土粒表面，其性质接近于固体，密度约为 $1.2 \sim 2.4 \mathrm{g/cm}^3$，冰点可降至 -78℃，具有极大的黏滞度、弹性和抗剪强度。如果将干燥的土置于天然湿度的空气中，则土的质量将增加，直到土中吸着强结合水达到最大吸着度为止。土粒越细，土的比表面越大，则最大吸着度就越大。砂土的最大吸着度约占土粒质量的 1％，而黏土则可达 17％。强结合水的厚度很薄，有时只有几个水分子的厚度，但其中阳离子的浓度最大，水分子的定向排列特征最明显。黏性土中只含有强结合水时，呈固体状态，磨碎后则呈粉末状态。

弱结合水是紧靠于强结合水的外围而形成的结合水膜，亦称薄膜水（film water）。它仍然不能传递静水压力，但较厚的弱结合水能向邻近较薄的水膜缓慢转移。当土中含有较多的弱结合水时，土则具有一定的可塑性。砂土比表面较小，几乎不具可塑性，而黏性土的比表面较大，其可塑性范围就大。弱结合水离土粒表面越远，其受到的电分子吸引力越弱，并逐渐过渡到自由水。弱结合水的厚度，对黏性土的黏性特征和工程性质有很大影响。

2. 自由水 (free water)

自由水是存在于土粒表面电场影响范围以外的水。它的性质和正常水一样，能传递静水压力，冰点为 0℃，有溶解能力。自由水按其移动所受作用力的不同，可以分为重力水和毛细水。

重力水 (gravitational water) 是存在于地下水位以下的透水土层中的地下水，它是在重力或水头压力作用下运动的自由水，对土粒有浮力作用。重力水的渗流特征，是地下工程排水和防水工程的主要控制因素之一，对土中的应力状态和开挖基槽、基坑以及修筑地下构筑物有重要的影响。

毛细水 (capillary water) 是存在于地下水位以上，受到水与空气交界面处表面张力作用的自由水。毛细水按其与地下水面是否联系可分为毛细悬挂水（与地下水无直接联系）和毛细上升水（与地下水相连）。在毛细水带内，只有靠近地下水位的一部分土才被认为是饱和的，这一部分就称为毛细水饱和带（图 1-8）。毛细水的上升高度与土中孔隙的大小和形状，土粒矿物组成以及水的性质有关。在砂土中，毛细水上升高度取决于

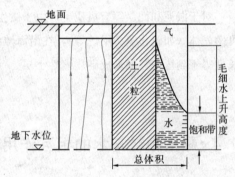

图 1-8　土层内的毛细水带

土粒粒度，一般不超过 2m；在粉土中，由于其粒度较小，毛细水上升高度最大，往往超过 2m；黏性土的粒度虽然较粉土更小，但是由于黏土矿物颗粒与水作用，产生了具有黏滞性的结合水，阻碍了毛细通道，因此黏土中的毛细水的上升高度反而较低。

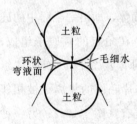

图 1-9　毛细压力示意图

毛细水除存在于毛细水上升带内，也存在于非饱和土的较大孔隙中。在水、气界面上，由于弯液面表面张力 (surface tension) 的存在，以及水与土粒表面的浸润作用，孔隙水的压力亦将小于孔隙内的大气压力。于是，沿着毛细弯液面的切线方向，将产生迫使相邻土粒挤紧的压力，这种压力称为毛细压力，如图 1-9 所示。毛细压力的存在，使水内的压力小于大气压力，即孔隙水压力为负值，增加了粒间错动的阻力，使得湿砂具有一定的可塑性，并称之为"似黏聚力"现象。毛细压力呈倒三角分布，在水气界面处最大，自由水位处为零。因此，在完全浸没或完全干燥条件下，弯液面消失，毛细压力变为零，湿砂也就不具有"似黏聚力"。

在工程中，毛细水的上升高度和速度对于建筑物地下部分的防潮措施和地基土的浸湿、冻胀等有重要影响。此外，在干旱地区，地下水中的可溶盐随毛细水上升后不断蒸发，盐分便积聚于靠近地表处而形成盐渍土。

1.3.2 土中气

土中的气体存在于土孔隙中未被水所占据的部位，也有些气体溶解于孔隙水中。在粗颗粒沉积物中，常见到与大气相连通的气体。在外力作用下，连通气体极易排出，它对土的性质影响不大。在细粒土中，则常存在与大气隔绝的封闭气泡。在外力作用下，土中封闭气体易溶解于水，外力卸除后，溶解的气体又重新释放出来，使得土的弹性增加，透水性减小。

土中气成分与大气成分比较，土中气含有更多的 CO_2，较少的 O_2，较多的 N_2。土中气与大气的交换越困难，两者的差别越大。与大气连通不畅的地下工程施工中，尤其应注意氧气的补给，以保证施工人员的安全。

对于淤泥和泥炭等有机质土，由于微生物（嫌气细菌）的分解作用，在土中蓄积了某种可燃气体（如硫化氢、甲烷等），在沿海滩涂及深厚软土中经常出现，使土层在自重作用下长期得不到压密，而形成高压缩性土层。

1.4 黏土颗粒与水的相互作用

1.4.1 黏土矿物的结晶结构和亲水性

黏土颗粒（黏粒）的矿物成分主要有黏土矿物和其他化学胶结物或有机质，其中黏土矿物的结晶结构特征对黏性土的工程性质影响较大。黏土矿物实际上是一种铝-硅酸盐晶体，是由两种晶片交互成层叠置构成的（图 1-10）。一种是硅氧晶片（简称硅片），它的基本单元是 Si-O 四面体，即由一个居中的硅原子和四个在角点的氧原子组成，一个硅片则有六个 Si-O 四面体组成，其中硅片底面的氧离子被相邻四面体所共有（图 1-10a）；另一种是铝氢氧晶片（简称铝片），它的基本单元为 Al-OH 八面体，是由一个居中的铝原子和六个在角点的氢氧离子组成，四个 Al-OH 八面体组成一个铝片（图 1-10b）。硅片和铝片构成两种基本类型晶胞（或称晶格），即由一层硅片和一层铝片构

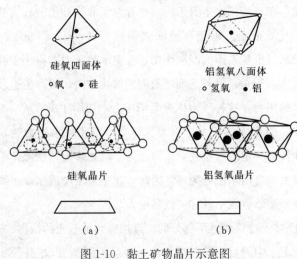

硅氧四面体
○氧 ●硅

铝氢氧八面体
○氢氧 ●铝

硅氧晶片

铝氢氧晶片

（a）

（b）

图 1-10 黏土矿物晶片示意图

（a）硅氧晶片；（b）铝氢氧晶片

成的二层型晶胞（即1∶1型晶胞）和由两层硅片中间夹一层铝片构成的三层型晶胞（即2∶1型晶胞）。这两类晶胞的不同叠置形式就形成了不同的黏土矿物，其中主要有蒙脱石、伊利石和高岭石三类（图1-11）。

蒙脱石（montmorillonite）是由伊利石进一步风化或火山灰风化而成的产物，其结构单元是2∶1型晶胞。蒙脱石是由三层型晶胞叠接而成，晶胞间只有氧原子与氧原子的范德华键力联结，没有氢键，故其键力很弱，能叠置的晶胞数量较小，见图1-11（a）。因而由蒙脱石为主组成的黏土矿物颗粒较小，长度变化于 $1000 \sim 5000\text{Å}$（Å 为埃的符号，$1\text{Å}=10^{-10}\text{m}$），厚度变化于 $10 \sim 50\text{Å}$，比表面积约为 $800\text{m}^2/\text{g}$；另外，夹在硅片中间的铝片内 Al^{3+} 常为低价的其他离子（如 Mg^{2+}）所替换，晶胞间出现多余的负电荷，可以吸引其他阳离子（如 Na^+、Ca^{2+} 等）或其水化离子充填于晶胞间。因此，蒙脱石的晶胞活动性极大，水分子可以进入晶胞之间，从而改变晶胞之间的距离，每层晶胞的厚度可变化于 $9.6 \sim 15\text{Å}$，甚至达到完全分散到单晶胞。因此，当土中蒙脱石含量较高时，则土具有较大的吸水膨胀和失水收缩的特性。

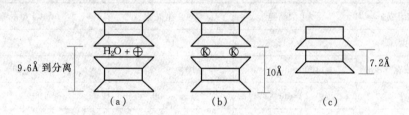

图 1-11　黏土矿物构造单元示意

(a) 蒙脱石；(b) 伊利石；(c) 高岭石

伊利石（illite）主要是云母在碱性介质中风化的产物，仍是由三层型晶胞叠接而成，晶胞间同样有氧原子与氧原子的范德华键力，每层晶胞厚度为 10Å。但是，伊利石构成时，部分硅片中的 Si^{4+} 被低价的 Al^{3+}、Fe^{3+} 等所取代，相应四面体的表面将镶嵌正一价阳离子 K^+，以补偿正电荷的不足，见图1-11（b）。嵌入的 K^+ 离子，增加了伊利石晶胞间的联结作用。所以伊利石的结晶构造的稳定性优于蒙脱石。伊利石颗粒的长度变化于 $1000 \sim 5000\text{Å}$，厚度变化于 $50 \sim 500\text{Å}$，比表面积约为 $80\text{m}^2/\text{g}$。

高岭石（kaolinite）是长石风化的产物，其结构单元是二层型晶胞，即高岭石是由若干二层型晶胞叠接而成，每层晶胞厚度为 7.2Å，见图1-11（c）。这种晶胞间一面露出铝片的氢氧基，另一面则露出硅片的氧原子。晶胞之间除了较弱的范德华键力（分子键）之外，更主要的联结是氧原子与氢氧基之间的氢键，它具有较强的联结力，晶胞之间的距离不易改变，水分子不能进入，且能叠置很多层，多达百个，成为一个颗粒。因此，以高岭石为主的黏土颗粒较大，长度变化于 $1000 \sim 20000\text{Å}$，厚度变化于 $100 \sim 1000\text{Å}$，比表面积约为 $15\text{m}^2/\text{g}$。晶胞间的活动性较小，使得高岭石的亲水性、膨胀性和收缩性均较小于伊利石，更小于蒙脱石。

上述分析表明，黏土矿物是很细小的扁平颗粒，颗粒表面具有很强的与水相互作用的能力，表面积越大，这种能力就越强。黏土矿物表面积的相对大小可以用单位体积（或质量）颗粒的总表面积，即比表面（specific surface）来表示。例如一个棱边为 1cm 的立方体颗粒，其体积为 1cm³，总表面积只有 6cm²，比表面为 6cm²/cm³＝6cm⁻¹；若将 1cm³ 立方体颗粒分割为棱边 0.001mm 的许多立方体颗粒，则其总表面积可达 6×10^4 cm²，比表面 6×10^4 cm⁻¹。由此可见，由于土粒大小不同而造成比表面数值上的巨大变化，必然导致土的性质的突变。蒙脱石颗粒比高岭石颗粒的比表面大几十倍，因而具有极强的亲水性。可见，黏土矿物的比表面是反映其特征的一个重要指标。

三类黏土矿物基本性质比较见表 1-3，其典型电子显微镜照片见图 1-12。

三类黏土矿物基本性质比较表　　　　　　　　　　表 1-3

矿物\\特性	蒙脱石	伊利石	高岭石
晶胞组成	2∶1 型晶胞	2∶1 型晶胞	1∶1 型晶胞
晶胞厚度（Å）	9.6～15	10	7.2
颗粒长或宽（Å）	1000～5000	1000～5000	1000～20000
颗粒厚度（Å）	10～50	50～500	100～1000
比表面积（m²/g）	800	80	15
总体特性	晶胞间联结弱且存在较多电荷，易吸水引起体积膨胀。颗粒呈不规则片状或纤维状	介于二者之间	晶胞间联结强，遇水稳定，颗粒呈片状

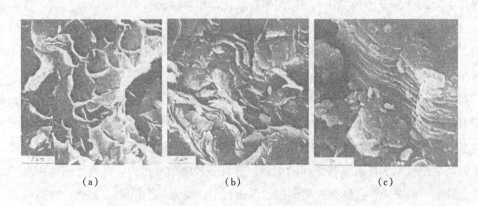

(a)　　　　　　　　(b)　　　　　　　　(c)

图 1-12　三类典型黏土矿物电子显微镜照片

(a) 蒙脱石；(b) 伊利石；(c) 高岭石

1.4.2　黏土颗粒与水的相互作用

1. 黏土颗粒的带电性

黏土颗粒的带电现象早在 1809 年为莫斯科大学列依斯（Рейс）发现。他把黏土块放在一个玻璃器皿内，将两个无底的玻璃筒插入黏土块中。向筒中注入相同深度的清水，并将阴阳电极分别放入两个筒内的清水中，然后将直流电源与电极连接。通电后即可发现，放阳极的筒中水位下降，水逐渐变浑；放阴极的筒中水位逐渐上升，如图 1-13（a）所示。这说明黏土颗粒本身带有一定量的负电荷，在电场作用下向阳极移动，这种现象称为电泳（electrophoresis）；而极性水分子与水中的阳离子（K^+、Na^+等）形成水化离子，在电场作用下这类水化离子向阴极移动，这种现象称为电渗（electro-osmosis）。电泳、电渗是同时发生的，统称为电动现象（electro-kinetic phenomenon）。

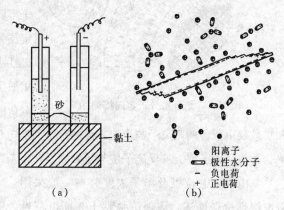

图 1-13　黏土颗粒表面带电现象

（a）电渗、电泳现象；（b）黏土颗粒的表面带电性

黏土矿物颗粒一般为扁平状（或纤维状），与水作用后扁平状颗粒的表面带负电荷，但颗粒的（断裂）边缘，局部却带有正电荷，见图 1-13（b）。

研究表明，片状黏土颗粒的表面，由于下列原因常带有不平衡的负电荷。①离解作用（dissciation）：指黏土矿物颗粒与水作用后离解成更微小的颗粒，离解后阳离子扩散于水中，阴离子留在颗粒表面；②吸附作用（adsorbtion）：指溶于水中的微小黏土矿物颗粒把水介质中一些与本身结晶格架中相同或相似的离子选择性地吸附到自己表面；③同晶置换（isomorphous substitution），指矿物晶格中高价的阳离子被低价的离子置换，常为硅片中的 Si^{4+} 被 Al^{3+} 置换，铝片中的 Al^{3+} 被 Mg^{2+} 置换，因而产生过剩的未饱和负电荷，这种现象在蒙脱石中尤为显著，故其表面负电性最强；④边缘断链（edge broken bonds）：理想晶体内部的电荷是平衡的，但在颗粒的边缘处，产生断裂后，晶体连续性受到破坏，造成电荷不平衡，因而比表面积越大，表面能也越大。

由于黏土矿物的带电性，黏土颗粒四周形成一个电场，将使颗粒四周的水发生定向排列，直接影响土中水的性质，从而使黏性土具有许多无黏性土所没有的性质。

2. 双电层（diffuse double layer）的概念

由于黏土矿物颗粒的表面带（负）电性，围绕土粒形成电场，同时水分子是极性分子（两个氢原子与中间的氧原子为非对称分布，偏向两个氢原子一端显正电荷，而偏向氧原子一端显负电荷），因而在土粒电场范围内的水分子和水溶液中的阳离子（如 Na^+、Ca^{2+}、Al^{3+} 等）均被吸附在土粒表面，呈现不同程度的定向排列，见图 1-13（b）。

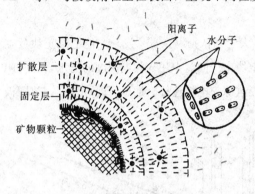

图 1-14　结合水分子定向排列图

土粒周围水溶液中的阳离子，一方面受到土粒所形成电场的静电引力作用，另一方面又受到布朗运动的扩散力作用。在最靠近土粒表面处，静电引力最强，把水化离子和极性水分子牢固地吸附在颗粒表面上形成固定层。在固定层外围，静电引力比较小，因此水化离子和极性水分子的活动性比在固定层中大些，形成扩散层。扩散层外的水溶液不再受土粒表面负电荷的影响，阳离子也达到正常浓度。固定层和扩散层中所含的阳离子与土粒表面的负电荷的电位相反，故称为反离子，固定层和扩散层又合称为反离子层。该反离子层与土粒表面负电荷一起构成双电层（图 1-14）。

双电层中电位以及离子浓度分布一般采用双电层理论来描述，该理论是黏土表面电荷性质研究的基础理论。经典的双电层理论有 Helmholtz 双电层理论、Gouy-Chapman 双电层学说、Stern 双电层理论和 Grahame 双电层模型等。目前应用较多的是 Gouy-Chapman 双电层学说，其模型如图 1-15 所示。假设：①表面是个无限大的、电荷均匀的平面；②双电层扩散部分的离子是点电荷，且服从玻尔兹曼分布定律；③假设溶剂对双电层的影响只是通过介电常数，而且在扩散层各部分的介电常数相同。

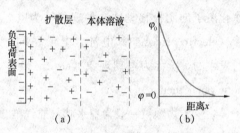

图 1-15　Gouy-Chapman 双电层模型
(a) 扩散双电层的结构；(b) 扩散层中电位的变化

由于正、负离子浓度在扩散层中服从玻尔兹曼（Boltzmann）定律，故有

$$c_i = c_i^0 \exp(-z_i e\varphi/kT) \tag{1-5}$$

式中　　c_i——电位 φ 处 i 离子浓度；

c_i^0——本体溶液中 i 离子浓度；

z_i——离子价数；

e——电荷；

k——玻尔兹曼常数；

T——热力学温度；

φ——电位；

$z_i e\varphi$——电位能，即一个价电数为 z_i 的 i 离子移至电位为 φ 处所做的功。

黏土固体颗粒表面的电位最高，在扩散层中的电位距表面距离的增大呈指数关系下降：

$$\varphi_x = \varphi_0 \exp(-\kappa x) \tag{1-6}$$

式中　φ_x——距离 x 处的电位；

　　　φ_0——表面电位；

　　　κ——与离子浓度、离子价、介电常数、温度等有关的常数，$1/\kappa$ 为"德拜长度"（Debye length），通常习惯称为扩散双电层的厚度，在 25℃ 下，对称电解质水溶液的 κ 值为

$$\kappa = 3 \times 10^7 (\textstyle\sum cz^2)^{1/2} \tag{1-7}$$

　　　c——本体溶液浓度，以"$mol \cdot m^{-3}$"表示，$1/\kappa$ 单位为"m"。此式表明，离子价数越高，浓度越高，κ 值越大，$1/\kappa$ 值越小，即离子浓度和价数增高，双电层厚度压缩变小。

从上述双电层的概念可知，反离子层中水分子和阳离子分布，越靠近土粒表面，则排列得越紧密和整齐，离子浓度越高，活动性也越小。因而，结合水中的强结合水相当于反离子层的内层（固定层）中的水，而弱结合水则相当于反离子层外层的扩散层中的水。因此扩散层水膜的厚度对黏性土的工程性质影响很大，扩散层厚度大，土的塑性就大，膨胀与收缩性也大。双电层的厚度与矿物本身和外界条件有关，主要取决于颗粒表面电荷浓度、水溶液中离子性质、价位、pH值、温度等因素。如图 1-16 所示，蒙脱石颗粒厚度小，但形成的固定层和扩散层相对厚度比高岭石大得多；水溶液中的阳离子价位越高，它与土粒之间的静电引力越强，平衡土粒表面负电荷所需阳离子或水化离子的数量越少，则扩散层厚度越薄；外部

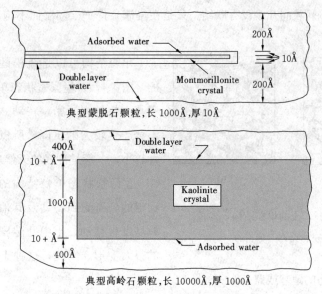

典型蒙脱石颗粒，长 1000Å，厚 10Å

典型高岭石颗粒，长 10000Å，厚 1000Å

图 1-16　蒙脱石与高岭石双电层示意图（Das B. M., 2001）

温度升高，双电层厚度增大。在工程实践中可以利用这些原理来改良土质，例如用三价及二价离子（如 Fe^{3+}、Al^{3+}、Ca^{2+}、Mg^{2+}）处理黏土，使扩散层中高价阳离子的浓度增加，扩散层变薄，从而增加了土的强度与稳定性，减少了膨胀性。

1.5 土的结构和构造

很多试验资料表明，同一种土，原状土样和重塑土样的力学性质有很大差别。这就是说，土的组成成分不是决定土性质的全部因素，土的结构和构造对土的性质也有很大影响。

土的结构包含微观结构和宏观结构两层概念。土的微观结构，常简称为土的结构，或称为土的组构（fabric），是指土粒的原位集合体特征，是由土粒单元的大小、矿物成分、形状、相互排列及其联结关系，土中水性质及孔隙特征等因素形成的综合特征。土的宏观结构，常称之为土的构造（structure），是同一土层中的物质成分和颗粒大小等都相近的各部分之间的相互关系的特征，表征了土层的层理、裂隙及大孔隙等宏观特征。

1.5.1 土的结构

1. 单粒结构（single grain fabrics）

单粒结构是由粗大土粒在水或空气中下沉而形成的，土颗粒相互间有稳定的空间位置，为碎石土和砂土的结构特征。在单粒结构中，土粒的粒度和形状、土粒的在空间的相对位置决定其密实度。因此，这类土的孔隙比的值域变化较宽。同时，因颗粒较大，土粒间的分子吸引力相对很小，颗粒间几乎没有联结。只是在浸润条件下（潮湿而不饱和），粒间会有微弱的毛细压力联结。

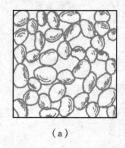 

（a）　　　　　　　　（b）

图 1-17　土的单粒结构

（a）疏松的；（b）紧密的

单粒结构可以是疏松的，也可以是紧密的（图 1-17）。呈紧密状态单粒结构的土，由于其土粒排列紧密，在动、静荷载作用下都不会产生较大的沉降，所以强度较大，压缩性较小，一般是良好的天然地基。

呈疏松状态单粒结构的土，其骨架是不稳定的，当受到震动及其他外力作用时，土粒易发生移动，土中孔隙剧烈减少，引起土的很大变形。因此，这种土层如未经处理一般不宜作为建筑物的地基或路基。

2. 蜂窝结构（honeycomb fabric）

　　蜂窝结构主要是由粉粒或细砂组成的土的结构形式。据研究，粒径为 0.075～0.005mm（粉粒粒组）的土粒在水中沉积时，基本上是以单个土粒下沉，当碰上已沉积的土粒时，由于它们之间的相互引力大于其重力，因此土粒就停留在最初的接触点上不再下沉，逐渐形成土粒链。土粒链组成弓架结构，形成具有很大孔隙的蜂窝状结构（图1-18）。

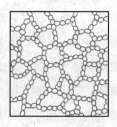

图 1-18　土的蜂窝结构

　　具有蜂窝结构的土有很大孔隙，但由于弓架作用和一定程度的粒间联结，使得其可以承担一般水平的静力载荷。但是，当其承受高应力水平荷载或动力荷载时，其结构将破坏，并可导致严重的地基变形。

　　3. 絮状结构（flocculated fabric）

　　对细小的黏粒（其粒径 0.005～0.0001mm）或胶粒（其粒径 0.0001～0.000001mm），重力作用很小，能够在水中长期悬浮，不因自重而下沉。这时，黏土矿物颗粒与水的作用产生的粒间作用力就凸显出来。粒间作用力有粒间斥力和粒间吸力，且均随粒间的距离减小而增加，但增长的速率不尽相同。粒间斥力主要是两土粒靠近时，土粒反离子层间孔隙水的渗透压力产生的渗透斥力，该斥力的大小与双电层的厚度有关，随着水溶液的性质改变而发生明显的变化。相距一定距离的两土粒，粒间斥力随着离子浓度、离子价数及温度的增加而减小。粒间吸力主要是指范德华力，随着粒间距离增加很快衰减，这种变化决定于土粒的大小、形状、矿物成分、表面电荷等因素，但与土中水溶液的性质几乎无关。粒间作用力的作用范围从几埃到几百埃，它们中间既有吸力又有斥力，当总的吸力大于斥力时表现为净吸力，反之为净斥力，如图 1-19 所示。

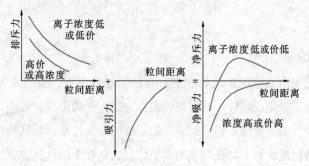

图 1-19　两土粒间的相互作用力

　　在高含盐量的水中沉积的黏性土，由于离子浓度的增加，反离子层减薄，渗透斥力降低。因此，在粒间较大的净吸力作用下，黏土颗粒容易絮凝成集合体下沉，形成盐液中的絮凝结构，如图 1-20（a）所示。混浊的河水流入海中，由于海水的高盐度，很容易絮凝沉积为淤泥。在无盐的溶液中，有时也可能产生絮凝，这一方面是由于某些片状黏土颗粒的（断裂的）边缘上存在局部正电荷的缘故，即当一个黏粒的边（正电荷）与另一黏粒的面（负电荷）接触时，即产生静电吸力；另一方面布朗运动（随机运动）的悬浮颗粒在运动的过程中，可能形成边—面连接絮凝成集合体后，在重力的作用下而下沉，形成无盐溶液中的絮凝结构，如图 1-20（b）所示。当土粒间表现为净斥力时，土粒将在分散状态下缓慢沉积，这时土粒是定向（或至少半定向）排列的，片状颗粒在一定程度上平行排列，形成所谓分散型结构，亦称片堆结构，如图 1-20（c）所示。

图 1-20　黏土颗粒沉积结构

（a）盐液中絮凝；（b）非盐液中絮凝；（c）分散型

絮凝沉积形成的土在结构分类上亦称片架结构，这类结构实际是不稳定的，随着溶液性质的改变或受到振荡后可重新分散，在沉降法进行颗粒分析的试验中，即利用了这一特性。试验中所加的分散剂，一般都是一价阳离子的弱酸盐（如六偏磷酸钠）。通过离子交换，将反离子层中高价离子交换下来，使得双电层变厚，粒间渗透斥力增长，达到分散的目的。

具有絮状结构的黏性土，其土粒之间的联结强度（结构强度），往往由于长期的固结作用和胶结作用而得到加强。因此，（集）粒间的联结特征，是影响这类土工程性质的主要因素之一。

1.5.2　土的构造

土的构造实际上是土层在空间的赋存状态。表征土层的层理、裂隙及大孔隙等宏观特征。土的构造最主要特征就是成层性，即层理构造。它是在土的形成过程中，由于不同阶段沉积的物质成分、颗粒大小或颜色不同，而沿竖向呈现的成层特征，常见的有水平层理构造和交错层理构造。土的构造的另一特征是土的裂隙性，这是在土的自然演化过程中，经受地质构造作用或自然淋滤、蒸发作用形成，如黄土的柱状裂隙，膨胀土的收缩裂隙等。裂隙的存在大大降低土体的强度和稳定性，增大透水性，对工程不利，往往是工程结构或土体边坡失稳的原因。此外，也应注意到土中有无包裹物（如腐殖物、贝壳、结核体等）以及天然或人为的孔洞存在。土的构造特征都造成土的不均匀性。

思考题与习题

1-1　砂类土和黏性土各有哪些典型的形成作用？

1-2　不同成因类型的土体在地貌单元上有什么特点？

1-3　污染土是如何形成的，有哪些特点？

1-4　含可燃气土层是如何形成的？其最大特点是什么？

1-5　请分析下列几组概念的异同点：①黏土矿物、黏粒、黏性土；②粒径、粒度和粒组。

1-6　简述土中粒度成分与矿物成分的关系。

1-7　粒组划分时，界限粒径的物理意义是什么？

1-8　黏土颗粒为什么会带电？

1-9　毛细现象对工程有何影响？毛细带内为什么孔隙水压力为负值？饱和带与非饱和带有什么主要区别？

1-10　黏土的活动性为什么有很大差异？

1-11　研究土的结构性有何工程意义？研究土的微观结构有哪些方法？

1-12　土中水扩散层的厚度与哪些因素有关？为什么？

1-13　甲、乙两土样的颗粒分析结果列于表 1-4，试绘制粒径累计曲线，并确定不均匀系数以及评价级配均匀情况。

习题 1-13 表　　　　　　　　　　　　　　　　　　　表 1-4

粒径 (mm)		$2\sim$ 0.5	$0.5\sim$ 0.25	$0.25\sim$ 0.1	$0.1\sim$ 0.05	$0.05\sim$ 0.02	$0.02\sim$ 0.01	$0.01\sim$ 0.005	$0.005\sim$ 0.002	<0.002
相对含量 (%)	甲土	24.3	14.2	20.2	14.8	10.5	6.0	4.1	2.9	3.0
	乙土			5.0	5.0	17.1	32.9	18.6	12.4	9.0

（答案：甲土的 $C_u = 23$）

第 2 章

土的物理性质及分类

2.1 概述

第 1 章土的组成所述，土是岩石风化的产物，土与一般建筑材料相比，具有三点特性：散体性、多样性和自然变异性。土的物质成分包括作为土骨架的固态矿物颗粒、土骨架孔隙中的液态水及其溶解物质以及土孔隙中的气体。因此，土是由颗粒（固相）、水（液相）和气体（气相）所组成的三相体系。各种土的土粒大小（即粒度）和矿物成分都有很大差别，土的粒度成分或颗粒级配（即土中各个粒组的相对含量）反映土粒均匀程度对土的物理力学性质的影响，土中各个粒组的相对含量是粗粒土的分类依据；土粒与其周围的土中水又发生了复杂的物理化学作用，对土的性质影响很大；土中封闭气体对土的性质亦有较大影响。所以，要研究土的物理性质就必须先认识土的三相组成物质、相互作用及其在天然状态下的结构等特性。

从地质学观点，土是没有胶结或弱胶结的松散沉积物，或是三相组成的分散体；而从土质学观点，土是无黏性或有黏性的具有土骨架孔隙特性的三相体。土粒形成土体的骨架，土粒大小和形状、矿物成分及其组成状况是决定土的物理力学性质的重要因素。通常土粒的矿物成分与土粒大小有密切关系，粗大土粒其矿物成分往往是保持母岩的原生矿物，而细小土粒主要是被化学风化的次生矿物，以及土生成过程中混入的有机物质；土粒的形状与土粒大小有直接关系，粗大土粒其形状都是块状或柱状，而细小土粒主要呈片状；土的物理状态与土粒大小有很大关系，粗大土粒具有松密的状态特征，细小土粒则与土中水相互作用呈现软硬的状态特征。因此，土粒大小是影响土的性质最主要的因素，天然无机土就是大大小小土粒的混合体。土粒大小含量的相对数量关系是土的分类依据，当土中巨粒（土粒粒径大于 60mm）和粗粒（60～0.075mm）的含量超过全重 50% 时，属无黏性土（non-cohesive soils），例如碎石类土（stoney soils）和砂类土（sandy soils）；反之，不超过 50% 时，属粉性土（silty soils, mo）和黏性土（cohesive soils）。粉性土兼有砂类土和黏性土的性状。土中水与黏粒（土粒粒径小于 0.005mm）有着复杂的相互作用，产生细粒土的可塑性、结构性、触变性、胀缩性、湿陷性、冻胀性等物理特性。

　　土的三相组成物质的性质和三相比例指标的大小，必然在土的轻重、松密、湿干、软硬等一系列物理性质有不同的反映。土的物理性质又在一定程度上决定了它的力学性质，所以物理性质是土的最基本的工程特性。

　　在处理与土相关的工程问题和进行土力学计算时，不但要知道土的物理性质指标及其变化规律，从而认识各类土的特性，还必须掌握各指标的测定方法以及三相比例指标间的相互换算关系，并熟悉土的分类方法。

　　本章将介绍土的三相比例指标，黏性土、无黏性土和粉性土的物理特征，简要介绍特殊土的胀缩性、湿陷性和冻胀性，最后介绍土的分类。

2.2　土的三相比例指标

2.2.1　土的三相比例关系图

　　土的三相组成各部分的质量和体积之间的比例关系，随着各种条件的变化而改变。例如，建筑物或土工建筑物的荷载作用下，地基土中的孔隙体积将缩小；地下水位的升高或降低，都将改变土中水的含量；经过压实的土，其孔隙体积将减小。这些变化都可以通过三相比例指标的大小反映出来。

　　表示土的三相比例关系的指标，称为土的三相比例指标，包括土粒相对密度（specific gravity of soil particles）、土的含水率（water content or moisture content）、密度（density）、孔隙比（void）、孔隙率（porosity）和饱和度（degree of saturation）等。

　　为了便于说明和计算，采用图 2-1（b）所示的土的三相组成示意图来表示图 2-1（a）土

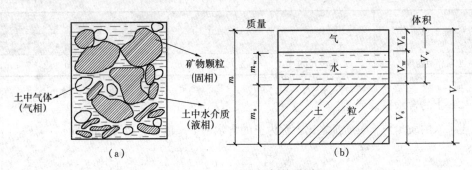

图 2-1　土的三相比例关系图

的三项之间的数量关系，图中符号的意义如下：土的总质量为 m（g）、土中土粒质量和水的质量分别为 m_s（g）和 m_w（g）；土的总体积为 V（cm³），孔隙体积为 V_v（cm³），土中土粒、水和气的体积分别为 V_s（cm³）、V_w（cm³）和 V_a（cm³）。土中气体质量为零，则土的总质量、土的总体积和土中孔隙体积分别为

$$m = m_s + m_w$$
$$V_v = V_w + V_a$$
$$V = V_s + V_w + V_a$$

2.2.2 指标的定义

1. 三个基本的三相比例指标

三个基本的三相比例指标是指土粒相对密度 d_s、土的含水率 w 和密度 ρ，一般由实验室直接测定其数值。

（1）土粒相对密度 d_s

土粒质量与同体积的 4℃时纯水的质量之比，称为土粒相对密度 d_s，无量纲，即

$$d_s = \frac{m_s}{V_s \rho_{w1}} = \frac{\rho_s}{\rho_{w1}} \tag{2-1}$$

式中　m_s——土粒质量（g）；

　　　V_s——土粒体积（cm³）；

　　　ρ_s——土粒密度（g/cm³），即土粒单位体积的质量；

　　　ρ_{w1}——纯水在 4℃时的密度，等于 $1g/cm^3$ 或 $1t/m^3$。

一般情况下，土粒相对密度在数值上就等于土粒密度，但两者的含义不同，前者是两种物质的质量密度之比，无量纲；而后者是一种物质（土粒）的质量密度，有单位。土粒相对密度决定于土的矿物成分，一般无机矿物颗粒的相对密度为 2.6～2.8；有机质为 2.4～2.5；泥炭为 1.5～1.8。土粒（一般无机矿物颗粒）的相对密度变化幅度很小。土粒相对密度可在实验室内用比重瓶法测定。通常也可按经验数值选用，一般土粒相对密度参考值见表 2-1。

土粒相对密度参考值 表 2-1

土的名称	砂类土	粉性土	黏性土	
			粉质黏土	黏　土
土粒相对密度	2.65～2.69	2.70～2.71	2.72～2.73	2.74～2.76

（2）土的含水率 w

土中水的质量与土粒质量之比，称为土的含水率 w，以百分数计，亦即

$$w = \frac{m_w}{m_s} \times 100\% \tag{2-2}$$

含水率 w 是标志土含水程度（或湿度）的一个重要的物理指标。天然土层的含水率变化范围很大，它与土的种类、埋藏条件及其所处的自然地理环境等有关。一般干的粗砂，其值接近零，而饱和砂土，可达 40％；坚硬黏性土的含水率可小于 30％，而饱和软黏土（如淤泥），可达 60％或更大。一般说来，同一类土（尤其是细粒土），当其含水率增大时，其强度就降低。土的含水率一般用"烘干法"测定。

（3）土的（湿）密度 ρ

土单位体积的质量称为土的（湿）密度 ρ，单位"g/cm³"，即

$$\rho = \frac{m}{V} \tag{2-3}$$

天然状态下土的密度变化范围较大，一般黏性土 $\rho = 1.8 \sim 2.0\text{g/cm}^3$；砂土 $\rho = 1.6 \sim 2.0\text{g/cm}^3$；腐殖土 $\rho = 1.5 \sim 1.7\text{g/cm}^3$。土的密度一般用"环刀法"测定。

2. 特殊条件下土的密度

（1）土的干密度 ρ_d

土单位体积中固体颗粒部分的质量，称为土的干密度（dry density）ρ_d，单位"g/cm³"，即

$$\rho_\text{d} = \frac{m_\text{s}}{V} \tag{2-4}$$

在工程上常把干密度 ρ_d 作为评定土体紧密程度的标准，尤以控制填土工程的施工质量为常见（见 11.2 节式 11-1）。

（2）饱和密度 ρ_sat

土孔隙中充满水时的单位体积质量，称为土的饱和密度（saturated density）ρ_sat，单位"g/cm³"，即

$$\rho_\text{sat} = \frac{m_\text{s} + V_\text{v}\rho_\text{w}}{V} \tag{2-5}$$

式中　ρ_w——水的密度，近似等于 $\rho_\text{w1} = 1\text{g/cm}^3$。

（3）土的浮密度 ρ'

在地下水位以下，土单位体积中土粒的质量与同体积水的质量之差，称为土的浮密度（buoyant density）ρ'，单位"g/cm³"，即

$$\rho' = \frac{m_\text{s} - V_\text{s}\rho_\text{w}}{V} \tag{2-6}$$

土的三相比例指标中的质量密度指标共有 4 个，即土的（湿）密度 ρ、干密度 ρ_d、饱和密度 ρ_sat 和浮密度 ρ'。与之对应，土单位体积的重力（即土的密度与重力加速度的乘积）称为土的重力密度（gravity density），简称重度 γ，单位为"kN/m³"。有关重度的指标也有 4 个，即土的（湿）重度 γ、干重度 γ_d、饱和重度 γ_sat 和浮重度 γ'。可分别按下列对应公式计

算：$\gamma = \rho g$、$\gamma_d = \rho_d g$、$\gamma_{sat} = \rho_{sat} g$、$\gamma' = \rho' g$，式中 $g = 9.80665 \text{m/s}^2 \approx 9.81 \text{m/s}^2$ 为重力加速度，可近似取 10.0m/s^2。在国际单位体系（System International）中，质量密度的单位是"kg/m^3"；重力密度的单位是"N/m^3"。但在国内的工程实践中，两者分别取"g/cm^3"和"kN/m^3"。各密度或重度指标，在数值上有如下关系：

$$\rho_{sat} \geqslant \rho \geqslant \rho_d > \rho' \text{ 或 } \gamma_{sat} \geqslant \gamma \geqslant \gamma_d > \gamma'。$$

3. 描述土的孔隙体积相对含量的指标

（1）土的孔隙比 e

土的孔隙比是土中孔隙体积与土粒体积之比，用小数表示，即

$$e = \frac{V_v}{V_s} \tag{2-7}$$

孔隙比是一个重要的物理性指标，可以用来评价天然土层的密实程度。一般 $e < 0.6$ 的土是密实的低压缩性土，$e > 1.0$ 的土是疏松的高压缩性土。

（2）土的孔隙率 n

土的孔隙率是土中孔隙所占体积与土总体积之比，以百分数计，即

$$n = \frac{V_v}{V} \times 100\% \tag{2-8}$$

（3）土的饱和度 S_r

土中水体积与土中孔隙体积之比，称为土的饱和度，以百分数计，即

$$S_r = \frac{V_w}{V_v} \times 100\% \tag{2-9}$$

土的饱和度 S_r 与含水率 w 均为描述土中含水程度的三相比例指标。

砂土的湿度通常根据饱和度 S_r 可分为三种状态：稍湿 $S_r \leqslant 50\%$；很湿 $50\% < S_r \leqslant 80\%$；饱和 $S_r > 80\%$。

2.2.3 指标的换算

通过土工试验直接测定土粒相对密度 d_s、含水率 w 和密度 ρ 这三个基本指标后，可计算出其余三相比例指标，又称为三相比例换算指标。

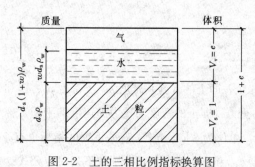

图 2-2　土的三相比例指标换算图

常用的三相比例指标换算图，参见图 2-2，进行各指标间相互关系的推导。已知土的孔隙比为 e，含水率为 w，土粒相对密度为 d_s，且设 $\rho_{w1} = \rho_w$，并令固相土粒体积 $V_s = 1$，则根据土的孔隙比定义，可得孔隙体积为 $V_v = e$，累加后总体积为 $V = 1 + e$；进一步根据土粒相对密度为 d_s，可得土粒质量 $m_s = V_s d_s \rho_w =$

$d_s\rho_w$，根据含水率定义可得土中水的质量为 $m_w = wm_s = wd_s\rho_w$，累加后得到土的总质量为 $m = d_s(1+w)\rho_w$。

由图 2-2 可直接得到土的（温）密度 ρ、干密度 ρ_d、饱和密度 ρ_{sat} 和孔隙率 n 如下：

$$\rho = \frac{m}{V} = \frac{d_s(1+w)\rho_w}{1+e} \tag{1}$$

$$\rho_d = \frac{m_s}{V} = \frac{d_s\rho_w}{1+e} = \frac{\rho}{1+w} \tag{2}$$

$$\rho_{sat} = \frac{m_s + V_v\rho_w}{V} = \frac{(d_s + e)\rho_w}{1+e} \tag{3}$$

$$n = \frac{V_v}{V} = \frac{e}{1+e} \tag{4}$$

$$S_r = \frac{V_w}{V_v} = \frac{m_w}{V_v\rho_w} = \frac{wd_s}{e} \tag{5}$$

根据上式（2）换算后可得由三个基本指标表述的孔隙比 e 的表达式

$$e = \frac{d_s\rho_w}{\rho_d} - 1 = \frac{d_s(1+w)\rho_w}{\rho} - 1 \tag{6}$$

根据土的浮密度 ρ' 定义及上式（3）换算后可得

$$\rho = \frac{m_s - V_s\rho_w}{V} = \frac{m_s + V_v\rho_w - V\rho_w}{V} = \rho_{sat} - \rho_w = \frac{(d_s - 1)\rho_w}{1+e} \tag{7}$$

根据图 2-2 三相比例指标换算图，常见的土的三相比例指标换算公式列于表 2-2。

土的三相比例指标换算公式   表 2-2

名　　称	符号	三相比例表达式	常用换算公式	常见的数值范围
土粒相对密度	d_s	$d_s = \dfrac{m_s}{V_s\rho_{wl}}$	$d_s = \dfrac{S_r e}{w}$	黏性土：2.72～2.75 粉土：2.70～2.71 砂土：2.65～2.69
含水率	w	$w = \dfrac{m_w}{m_s} \times 100\%$	$w = \dfrac{S_r e}{d_s}$ $w = \dfrac{\rho}{\rho_d} - 1$	20%～60%
密度	ρ	$\rho = \dfrac{m}{V}$	$\rho = \rho_d(1+w)$ $\rho = \dfrac{d_s(1+w)}{1+e}\rho_w$	1.6～2.0g/cm³
干密度	ρ_d	$\rho_d = \dfrac{m_s}{V}$	$\rho_d = \dfrac{\rho}{1+w}$ $\rho_d = \dfrac{d_s}{1+e}\rho_w$	1.3～1.8g/cm³

名 称	符号	三相比例表达式	常用换算公式	常见的数值范围
饱和密度	ρ_{sat}	$\rho_{sat} = \dfrac{m_s + V_v\rho_w}{V}$	$\rho_{sat} = \dfrac{d_s + e}{1+e}\rho_w$	$1.8 \sim 2.3 \text{g/cm}^3$
浮密度	ρ'	$\rho' = \dfrac{m_s - V_s\rho_w}{V}$	$\rho' = \rho_{sat} - \rho_w$ $\rho' = \dfrac{d_s - 1}{1+e}\rho_w$	$0.8 \sim 1.3 \text{g/cm}^3$
重度	γ	$\gamma = \rho \cdot g$	$\gamma = \gamma_d(1+w)$ $\gamma = \dfrac{d_s(1+w)}{1+e}\gamma_w$	$16 \sim 20 \text{kN/m}^3$
干重度	γ_d	$\gamma_d = \rho_d \cdot g$	$\gamma_d = \dfrac{\gamma}{1+w}$ $\gamma_d = \dfrac{d_s}{1+e}\gamma_w$	$13 \sim 18 \text{kN/m}^3$
饱和重度	γ_{sat}	$\gamma_{sat} = \dfrac{m_s + V_v\rho_w}{V}g$	$\gamma_{sat} = \dfrac{d_s + e}{1+e}\gamma_w$	$18 \sim 23 \text{kN/m}^3$
浮重度	γ'	$\gamma' = \rho' \cdot g$	$\gamma' = \gamma_{sat} - \gamma_w$ $\gamma' = \dfrac{d_s - 1}{1+e}\gamma_w$	$8 \sim 13 \text{kN/m}^3$
孔隙比	e	$e = \dfrac{V_v}{V_s}$	$e = \dfrac{wd_s}{S_r}$ $e = \dfrac{d_s(1+w)\rho_w}{\rho} - 1$	黏性土和粉土：$0.40 \sim 1.20$ 砂土：$0.30 \sim 0.90$
孔隙率	n	$n = \dfrac{V_v}{V} \times 100\%$	$n = \dfrac{e}{1+e}$ $n = 1 - \dfrac{\rho_d}{d_s\rho_w}$	黏性土和粉土：$30\% \sim 60\%$ 砂土：$25\% \sim 45\%$
饱和度	S_r	$S_r = \dfrac{V_w}{V_v} \times 100\%$	$S_r = \dfrac{wd_s}{e}$ $S_r = \dfrac{w\rho_d}{n\rho_w}$	$0 \leqslant S_r \leqslant 50\%$ 稍湿 $50\% < S_r \leqslant 80\%$ 很湿 $80\% < S_r \leqslant 100\%$ 饱和

注：水的重度 $\gamma_w = \rho_w g = 1\text{t/m}^3 \times 9.81\text{m/s}^2 = 9.81 \times 10^3 (\text{kg} \cdot \text{m/s}^2)/\text{m}^3 = 9.81 \times 10^3 \text{N/m}^3 \approx 10 \text{kN/m}^3$。

【例题 2-1】某完全饱和土体的饱和度 $S_r = 100\%$，土粒相对密度 $d_s = 2.70$，重度 $\gamma = 19.5 \text{kN/m}^3$。试推导干重度 γ_d 的表达式，计算该土的干重度。

【解】

根据土的饱和重度和干重度的定义有

$$\gamma_{sat} = \frac{m_s + V_v\rho_w}{V} = \frac{V_s d_s \gamma_w + V_v \gamma_w}{V}$$

$$\gamma_d = \frac{m_s \gamma_w}{V}$$

$\because S_r = 100\%$，$\therefore V_a = 0$，则 $V = V_s + V_w$，且 $\gamma = \gamma_{sat} = 19.5 \text{kN/m}^3$。假设三相比例如图 2-2 所示，设土体的固相体积 $V_s = 1$，则孔隙体积 $V_v = e$，总体积为 $V = 1 + e$，且 $m_s = d_s$，代入上式表达式，可得

$$\gamma_{sat} = \frac{d_s\gamma_w + e\gamma_w}{1+e} \tag{a}$$

$$\gamma_d = \frac{d_s\gamma_w}{1+e}$$

$$\gamma_{\text{sat}} - \gamma_{\text{w}} = \frac{(d_{\text{s}} - 1)\gamma_{\text{w}}}{1 + e} = \frac{d_{\text{s}}(d_{\text{s}} - 1)\gamma_{\text{w}}}{d_{\text{s}}(1 + e)} = \frac{\gamma_{\text{d}}(d_{\text{s}} - 1)}{d_{\text{s}}}$$

即可求得

$$\gamma_{\text{d}} = \frac{(\gamma_{\text{sat}} - \gamma_{\text{w}})d_{\text{s}}}{d_{\text{s}} - 1}$$

水的重度可近似取 $\gamma_{\text{w}} = 10.0 \text{ kN/m}^3$，题中已知 $\gamma_{\text{sat}} = 19.5 \text{ kN/m}^3$，$d_{\text{s}} = 2.70$ 代入上式，可得

$$\gamma_{\text{d}} = \frac{(19.5 - 10.0) \times 2.70}{2.70 - 1} = 15.1 \text{kN/m}^3$$

同理，设土粒质量为 m_{s}，根据完全饱和土的饱和度 $S_{\text{r}} = 100\%$，采用图 2-2 的三相比例图，设土的总体积为单位重量 1 时，则根据含水率定义有

体积相等相容条件

$$1 = V_{\text{s}} + V_{\text{w}} = \frac{m_{\text{s}}}{d_{\text{s}}} + \frac{m_{\text{s}}w}{\rho_{\text{w}}} = m_{\text{s}}\left(\frac{1}{d_{\text{s}}} + \frac{w}{\rho_{\text{w}}}\right)$$

重量相等平衡条件　　　　　$m_{\text{s}}\gamma_{\text{w}}(1 + w) = \gamma_{\text{sat}}$

联立上述两式整理后，可得

$$\gamma_{\text{sat}}\left(\frac{1}{d_{\text{s}}} + \frac{w}{\rho_{\text{w}}}\right) = \gamma_{\text{w}}(1 + w) \Rightarrow w = \frac{\dfrac{\gamma_{\text{sat}}}{\gamma_{\text{w}}d_{\text{s}}} - 1}{1 - \dfrac{\gamma_{\text{sat}}}{\gamma_{\text{w}}\rho_{\text{w}}}}$$

将 $\rho_{\text{w}} = 1.0 \text{g/cm}^3$ 等已知数据代入，可得该完全饱和土的含水率 $w = 29.3\%$，再根据三相比例图，可知

$$\gamma_{\text{d}} = \frac{\gamma}{1 + w} = \frac{\gamma_{\text{sat}}}{1 + w} = 15.1 \text{kN/m}^3 \tag{b}$$

显然，可由上式（a）亦可直接解出孔隙比 e，即

$$e = \frac{d_{\text{s}}\gamma_{\text{w}} - \gamma_{\text{sat}}}{\gamma_{\text{sat}} - \gamma_{\text{w}}} = 0.789$$

则根据完全饱和土 $S_{\text{r}} = 100\%$，可得土的含水率 w 为

$$w = \frac{m_{\text{w}}}{m_{\text{s}}} = \frac{e\rho_{\text{w}}}{d_{\text{s}}\rho_{\text{w}}} = \frac{e}{d_{\text{s}}} = 29.3\%$$

再将含水率代入上式（b），即可求得该土的干重度 $\gamma_{\text{d}} = 15.1 \text{kN/m}^3$。

例题分析表明，三相比例指标本质上为土体三相物质组成的体积和重量的相对关系，共有6个变量。其中，三相体积相容条件、重量平衡条件和气体质量为零为已知，还剩余3个变量。因此，三个基本指标确定后，其他指标均为换算指标；而完全饱和土气体体积为零，则仅需两个基本指标。指标换算可以采用不同的三相比例换算图，换算过程亦可不同。此外，例题中的饱和土为完全饱和土，实践中一般饱和土的饱和度宜参照相关规定。

2.3 黏性土的物理特征

2.3.1 黏性土的可塑性及界限含水率

黏性土随其含水率的不同，处于截然不同物理状态，含水率偏低时物理状态偏硬；反之偏高时，则偏软。因此，随着黏性土含水率由低到高，可分别处于固态、半固态、可塑状态及流动状态。对应黏性土不同物理状态划分的界限含水率，主要有缩限含水率、塑限含水率和液限含水率。黏性土可塑状态，就是当黏性土在其可塑状态含水率范围内，可用外力塑成任何形状而不发生裂纹，并当外力移去后仍能保持既有形状特性，即黏性土的可塑性（plasticity）。黏性土由一种状态转到另一种状态的界限含水率，总称为阿太堡界限（Atterberg limits）。它对黏性土基本性质评价有重要意义，常用于黏性土的分类。

黏性土物理状态土由可塑状态转到流动状态的界限含水率，称为液限（LL-liquid limit），或称塑性上限或流限，用符号 W_L（或 WL）表示；土由可塑状态转为半固态的界限含水率，称为塑限（PL-plastic limit），用符号 W_P（或 WP）表示；土由半固态不断蒸发水分，则体积继续逐渐缩小，直到体积不再收缩时，对应土的界限含水率叫缩限（SL-shrinkage limit），用符号 w_S 表示。界限含水率是黏性土复杂水理性质描述的宏观特征指标，一般以省去％符号的百分数表示。

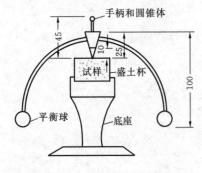

图 2-3 锥式液限仪

我国采用锥式液限仪（图 2-3）来测定黏性土的液限 w_L。基本试验原理是，将土样调制成均匀的浓糊状，装满盛土杯内并刮平杯口试样表面，将质量 76g 的圆锥体轻放在试样表面，使其在自重作用下沉入试样，当圆锥体经 5s 时恰好沉入试样中深度为 17mm，这时杯内土样的含水率就是液限 w_L 值。美国、日本等国家使用碟式液限仪来测定黏性土的液限。它是将调制成均匀浓糊状的试样装在碟内，刮平表面，做成约 8mm 深的土饼，用开槽器在土中成槽，槽底宽度为 2mm，如图 2-4 所示，然后将碟子抬高 10mm，使碟自由下落，连续下落 25 次后，如土槽合龙长度为 13mm，这时试样的含水率就是液限。

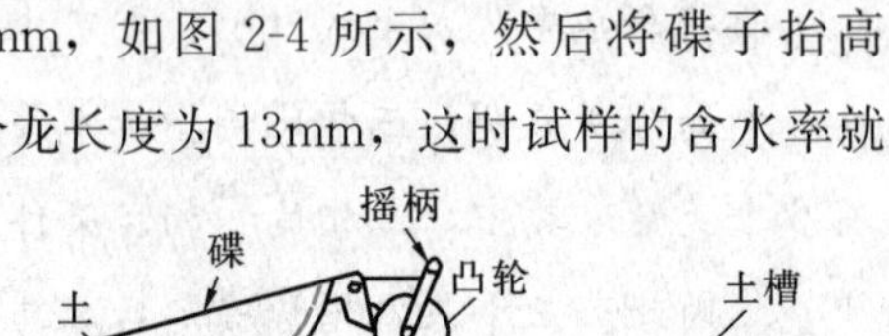

黏性土的塑限 w_P 采用"搓条法"测定，即用双手将天然湿度的土样搓成小圆球（球径小于 10mm），放在毛玻璃板上再用手掌慢慢搓滚成小

图 2-4 碟式液限仪

土条，若土条搓到直径为 3mm 时恰好开始断裂，这时断裂土条的含水率就是塑限 w_p 值。搓条法受人为因素的影响较大，因而成果不稳定。

利用锥式液限仪联合测定液、塑限，实践证明可以取代搓条法，且方法相对简单。联合测定法求液限、塑限时，采用锥式液限仪，按不同含水率（一般为 3 组）调制均匀浓糊状黏性土土样，分别进行锥式液限仪锥尖贯入试验，并按测定结果在双对数坐标纸上作出 76g 圆锥体的入土深度与含水率的关系曲线（见图 2-5）。根据大量试验资料，锥尖贯入深度 h_p 与黏性土含水率 w 在半对数坐标上，$h_p \sim \log w$ 接近于一根直线。同时采用碟式液限仪及搓条法分别进行液限、塑限平行试验，大量试验数据对比分析后得到：对应于圆锥体入土深度为 17mm 和 2mm 时的土样含水率分别为该黏性土的液限含水率和塑限含水率。

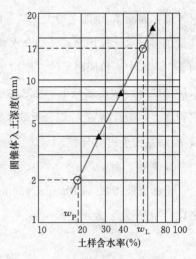

图 2-5　圆锥体入土深度与
含水率的关系

20 世纪 50 年代以来，我国一直以 76g 圆锥仪下沉深度 10mm 作为液限标准，这与碟式仪测得的液限值不一致。国内外研究成果分析表明，取 76g 圆锥下沉深度 17mm 时的含水率与碟式仪测出的液限值相当。国标《土的分类标准》GB/T 50145—2007 细粒土分类的塑性图中取消了采用 76g 圆锥仪下沉深度 10mm 对应的含水率为液限，而仅保留 76g 圆锥仪下沉深度 17mm 对应的含水率为液限。《公路土工试验规程》JTG E40—2007 规定，采用 76g 圆锥仪下沉深度 17mm 或 100g 圆锥仪下沉深度 20mm 与碟式仪测定的液限值相当。

土工试验是土力学重要的基础内容之一，掌握基本土力学试验原理与方法同样重要。例如，锥式液限仪联合测试液、塑限方法中，黏性土重塑土样圆锥静力贯入机制本质上属于其宏观力学响应特征的范畴，直接反映的是重塑土样的软硬程度，间接反映了黏性土土质学所定义的可塑状态。因此，碟式液限仪与搓条法在研究方面，不可替代。

2.3.2　黏性土的物理状态指标

黏性土的可塑性指标除了上述塑限、液限及缩限外，还有塑性指数，且在黏性土的物理状态划分时，还引入了液性指数等状态指标。

1. 塑性指数

土的塑性指数（PI-plasticity index）是指液限和塑限的差值（省去％符号），即土处在可塑状态的含水率变化范围，用符号 I_p 表示，即

$$I_p = w_L - w_p \tag{2-10}$$

显然，塑性指数越大，土处于可塑状态的含水率范围也越大，塑性指数的大小反映了土中结合水的可能含量。从土的颗粒特征个体而言，土粒越细，则其比表面积越大，结合水含量越高，因而 I_p 也随之增大；从土的颗粒矿物成分而言，黏土矿物（尤以蒙脱石类）颗粒含量越多，水化作用剧烈，结合水含量越高，因而土的颗粒也随之增大；从土中水溶液性质而言，当水中高价阳离子的浓度增加时，土粒表面吸附的反离子层中阳离子数量减少，结合水层厚变薄，I_p 随之减小；反之随着反离子层中的低价阳离子的增加，I_p 随之增大。在一定程度上，塑性指数 I_p 综合反映了黏性土及其三相组成的基本特性，在工程上常按塑性指数 I_p 对黏性土进行分类。

2. 液性指数

土的液性指数（LI-liquidity index）是指黏性土的天然含水率和塑限的差值与塑性指数之比，用符号 I_L 表示，即

$$I_L = \frac{w - w_p}{w_L - w_p} = \frac{w - w_p}{I_p} \tag{2-11}$$

液性指数 I_L，主要用于表征天然沉积黏性土的物理状态。当土的天然含水率 w 小于 w_p 时，I_L 小于 0，天然土处于坚硬状态；当 w 大于 w_L 时，I_L 大于 1，天然土处于"流动状态"；当 w 在 w_p 与 w_L 之间时，即 I_L 在 0~1 之间，则天然土处于可塑状态。因此，可以利用液性指数 I_L 作为黏性土状态的划分指标。I_L 值越大，土质越软，反之，土质越硬。黏性土根据液性指数值划分软硬状态，其划分标准见表 2-3。

必须指出，黏性土界限含水率指标 w_p 与 w_L 都是采用重塑土测定的，它们仅反映黏土颗粒与水的相互作用，并不能完全反映天然沉积黏性土的沉积状态特征（例如结构性）及其对物理状态影响。因此，保持天然结构的原状上，在其含水率达到液限以后，并不处于流动状态，而称为流塑状态，沉积状态特征（扰动）破坏后，即进入流动状态，流塑状态可视为亚稳的可塑状态。

黏性土的状态按液性指数的划分（GB 50021—2001、JTG 3363—2019）　　　　　　表 2-3

状　　态	坚　硬	硬　塑	可　塑	软　塑	流　塑
液性指数	$I_L \leqslant 0$	$0 < I_L \leqslant 0.25$	$0.25 < I_L \leqslant 0.75$	$0.75 < I_L \leqslant 1.0$	$I_L > 1.0$

3. 天然稠度

土的天然稠度（natural consistency）是指原状土样测定的液限和天然含水率的差值与塑性指数之比，用符号 w_c 表示，即

$$w_c = (w_L - w)/(w_L - w_p) \tag{2-12}$$

本质而言，天然稠度与液性指数均属于黏性土实际含水率与其界限含水率的相对关系，为同一特征的两种表征指标。上述天然稠度指标可用于划分路基的干湿状态，根据分界稠度

特征指标的建议值，再以实测路床表面以下 80cm 深度内的平均稠度 w_c，按表 2-4 确定。具体参见《公路沥青路面设计规范》JTJ D50—2017。

路基干湿状态的分界稠度建议值（JTJ D50—2017）　　　　　　　表 2-4

干湿状态 土类	干燥状态 $w_c \geqslant w_{c1}$	中湿状态 $w_{c1} > w_c \geqslant w_{c2}$	潮湿状态 $w_{c2} > w_c \geqslant w_{c3}$	过湿状态 $w_c < w_{c3}$
土质砂	$w_c \geqslant 1.20$	$1.20 > w_c \geqslant 1.00$	$1.00 > w_c \geqslant 0.85$	$w_c < 0.85$
黏质土	$w_c \geqslant 1.10$	$1.10 > w_c \geqslant 0.95$	$0.95 > w_c \geqslant 0.80$	$w_c < 0.80$
粉质土	$w_c \geqslant 1.05$	$1.05 > w_c \geqslant 0.90$	$0.90 > w_c \geqslant 0.75$	$w_c < 0.75$

　　注：w_{c1}、w_{c2}、w_{c3} 分别为干燥和中湿、中湿和潮湿、潮湿和过湿状态路基的分界稠度；w_c 为路床表面以下
　　　　80cm 深度内的平均稠度。

2.3.3　黏性土的活动度、灵敏度和触变性

1. 黏性土的活动度

黏性土的活动度反映了黏性土中所含矿物的活动性。在实验室里，有两种土样的塑性指数可能很接近，但性质却有很大差异。例如，高岭土（以高岭石类矿物为主的土）和皂土（以蒙脱石类矿物为主的土）是两种完全不同的土，只根据塑性指数可能无法区别。为了把黏性土中所含矿物的活动性显示出来，可用塑性指数与黏粒（粒径小于 0.002mm 的颗粒）含量百分数之比值，即称为活动度，来衡量所含矿物的活动性，其计算式如下：

$$A = \frac{I_P}{m} \tag{2-13}$$

式中　A——黏性土的活动度；

　　　I_P——黏性土的塑性指数；

　　　m——粒径小于 0.002mm 的颗粒含量百分数。

根据式（2-13）即可计算皂土的活动度为 1.11，而高岭土的活动度为 0.29，所以用活动度 A 这个指标就可以把两者区别开来。黏性土按活动度的大小分为如下三类：

　　　　　　不活动黏性土　　　　　　　　$A < 0.75$

　　　　　　正常黏性土　　　　　　　　　$0.75 < A < 1.25$

　　　　　　活动黏性土　　　　　　　　　$A > 1.25$

2. 黏性土的灵敏度

天然状态下的黏性土通常都具有一定的结构性（structure character），它是天然土的结构受到扰动影响而改变的特性。当受到外来因素的扰动时，土粒间的胶结物质以及土粒、离子、水分子所组成的平衡体系受到破坏，土的强度降低和压缩性增大。土的结构性对强度的这种影响，一般用灵敏度（sensitivity）来衡量。土的灵敏度是以原状土的强度与该土经过

重塑（土的结构性彻底破坏）后的强度之比来表示，重塑试样具有与原状试样相同的尺寸、密度和含水率。土的强度测定通常采用无侧限抗压强度试验（见第7章）。对于饱和黏性土的灵敏度 S_t 可按下式计算：

$$S_t = \frac{q_u}{q'_u} \tag{2-14}$$

式中　q_u——原状试样的无侧限抗压强度（kPa）；

　　　q'_u——重塑试样的无侧限抗压强度（kPa）。

根据灵敏度可将饱和黏性土分为：低灵敏（$1 < S_t \leqslant 2$）、中灵敏（$2 < S_t \leqslant 4$）和高灵敏（$S_t > 4$）三类。特殊条件时，黏土灵敏度达到 $8 < S_t \leqslant 16$ 时，为极高灵敏度黏性土（Extra sensitive clays）；当黏土扰动后呈流动状态，即 $S_t > 16$ 时，为流态黏土（Quick clays）。土的灵敏度越高，其结构性越强，受扰动后土的强度降低就越多。所以在基础施工中应注意保护基坑或基槽，尽量减少对坑底土的结构扰动。

3. 黏性土的触变性

饱和黏性土的结构受到扰动，导致强度降低，但当扰动停止后，土的强度又随时间而逐渐部分恢复。这种抗剪强度随时间恢复的胶体化学性质，称为土的触变性（thixotropy）。

饱和软黏土易于触变的实质是这类土的微观结构为不稳定的片架结构（见1.5节），含有大量结合水。黏性土的强度主要来源于土粒间的联结特征，即粒间电分子力产生的"原始黏聚力"和粒间胶结物产生的"固化黏聚力"。当土体被扰动时，这两类黏聚力被破坏或部分破坏，土体强度降低。但扰动破坏的外力停止后，被破坏的原始黏聚力可随时间部分恢复，因而强度有所恢复。然而，固化黏聚力的破坏是无法在短时间内恢复的。因此，易于触变的土体，被扰动而降低的强度仅能部分恢复。

例如，在黏性土中打桩时，往往利用连续激振设置振扰土体的方法，破坏桩侧土和桩尖土的结构，以降低打桩设置的沉桩阻力，即利用了土的触变性机理。基桩设置完成后经过适当休止期，才能进行单桩承载力测试，即考虑了土的强度可随时间部分恢复，基桩承载力逐渐提高机理，避免了工程浪费。

2.4　无黏性土的密实度

无黏性土一般是指碎石（类）土和砂（类）土。这两大类土中一般黏粒含量甚少，呈单粒结构，不具有可塑性。无黏性土的物理性质主要决定于土的密实度状态，土的湿度状态仅对细砂、粉砂有影响。无黏性土呈密实状态时，强度较大，是良好的天然地基；呈稍密、松散状态时则是一种软弱地基，尤其是饱和的粉、细砂，稳定性很差，在振动荷载作用下易发生液化失稳现象。

2.4.1　砂土的相对密实度

砂土的密实度（compactness）在一定程度上可根据天然孔隙比 e 的大小来评定。但对于级配相差较大的不同类土，则天然孔隙比 e 难以有效判定密实度的相对高低。例如某级配不良的砂土所确定的天然孔隙比，根据该孔隙比可评定为密实状态；而对于级配良好的土，同样具有这一孔隙比，可能判为中密或者稍密状态。因此，为了合理判定砂土的密实度状态，在工程上提出了相对密实度的概念，称为相对密实度 D_r，它的表达式如下：

$$D_r = \frac{e_{max} - e}{e_{max} - e_{min}} \tag{2-15}$$

式中　e_{max}——砂土在最松散状态时的孔隙比，即最大孔隙比；

　　　e_{min}——砂土在最密实状态时的孔隙比，即最小孔隙比；

　　　e——砂土在天然状态时的孔隙比。

当 $D_r = 0$，表示砂土处于最松散状态；当 $D_r = 1$，表示砂土处于最密实状态。砂类土密实度按相对密实度 D_r 的划分标准，参见表 2-5。

按相对密实度 D_r 划分砂土密实度　　　　　　　　　　表 2-5

密　实　度	密　实	中　密	松　散
D_r	$D_r > 2/3$	$2/3 \geqslant D_r > 1/3$	$D_r \leqslant 1/3$

根据表 2-2 的三相比例指标间的换算，有：$e = \dfrac{d_s}{\rho_d} - 1$、$e$、$e_{max}$ 和 e_{min} 分别对应有 ρ_d、ρ_{dmin} 和 ρ_{dmax}，由此得

$$D_r = \frac{\rho_{dmax}(\rho_d - \rho_{dmin})}{\rho_d(\rho_{dmax} - \rho_{dmin})} \tag{2-16}$$

从理论上讲，相对密实度的理论比较完整，也是国际上通用的划分砂类土密实度的方法。但测定 e_{max}（或 ρ_{dmin}）和 e_{min}（或 ρ_{dmax}）的试验方法存在原状砂土试样的采取问题，最大、最小孔隙比测定的人为因素很大，对同一种砂土的试验结果往往离散性很大，且原状砖土取样困难的问题同样存在。

2.4.2　无黏性土密实度划分的其他方法

1. 砂土密实度按标准贯入击数 N 划分

为了避免采取原状砂样的困难，在现行国家标准《建筑地基基础设计规范》GB 50007—2011 和《公路桥涵地基与基础设计规范》JTG 3363—2019 中，均用按原位标准贯入

试验锤击数 N 划分砂土密实度，见表 2-6。

按标准贯入击数 N 划分砂土密实度 　　　　　　　　　表 2-6

密实度	密　实	中　密	稍　密	松　散
标贯击数 N	$N > 30$	$30 \geqslant N > 15$	$15 \geqslant N > 10$	$N \leqslant 10$

注：标贯击数 N 系实测平均值。

2. 无黏性土的相对密实度按静力触探或孔压静力触探的锥尖阻力计算

无黏性土的相对密实度（D_r）可由静力触探 CPT 或孔压静力触探 CPTU 的锥尖阻力（q_c）获得。《孔压静力触探测试技术规程》T/CCES 1—2017 中，无黏性土的相对密实度按照下式进行计算：

$$D_r = -98 + 66 \log_{10} \left[\frac{(q_c \times 100)}{\sigma'_{v0}/10} \right]$$

式中　D_r——相对密实度（%）；

q_c——实测锥尖阻力（kPa）；

σ'_{v0}——有效上覆压力（kPa）。

《铁路工程地质原位测试规程》TB10018—2018 给出了相对密实度与 CPT 锥尖阻力 q_c 之间的统计关系式，见表 2-7。

相对密实度 D_r 与锥尖阻力 q_c 经验关系式（TB10018—2018） 　　　　表 2-7

限制条件	回归方程	频率 n	相关系数 r	标准差 s
$q_c \geqslant 14\text{MPa}$，$D_r \geqslant 0.67$	$D_r = 0.351 + 0.349 \lg q_c$	15	0.987	0.065
$q_c = 4 \sim 14\text{MPa}$，$D_r \geqslant 0.33 \sim 0.67$	$D_r = 0.393 + 0.309 \lg q_c$	42	0.982	0.075

3. 碎石土密实度按重型动力触探击数划分

现行国家标准《建筑地基基础设计规范》GB 50007—2011 和《公路桥涵地基与基础设计规范》JTG 3363—2019 中，碎石土的密实度可按重型（圆锥）动力触探试验锤击数 $N_{63.5}$ 划分，见表2-8。

按重型动力触探击数 $N_{63.5}$ 划分碎石土密实度 　　　　　　　　表 2-8

密实度	密　实	中　密	稍　密	松　散
$N_{63.5}$	$N_{63.5} > 20$	$20 \geqslant N_{63.5} > 10$	$10 \geqslant N_{63.5} > 5$	$N_{63.5} \leqslant 5$

注：本表适用于平均粒径小于等于 50mm 且最大粒径不超过 100mm 的卵石、碎石、圆砾、角砾，对于漂石、块石以及粒径大于 200mm 的颗粒含量较多的碎石土，可按表 2-9 确定。

4. 碎石土密实度的野外鉴别

对于大颗粒含量较多的碎石土，其密实度很难做室内试验或原位触探试验，可按表 2-9 的野外鉴别方法来划分。

碎石土密实度野外鉴别方法（GB 50007—2011）　　　　表 2-9

密实度	骨架颗粒含量和排列	可挖性	可钻性
密 实	骨架颗粒含量大于总重的70%，呈交错排列，连续接触	锹、镐挖掘困难，用撬棍方能松动，井壁一般较稳定	钻进极困难，冲击钻探时，钻杆、吊锤跳动剧烈，孔壁较稳定
中 密	骨架颗粒含量等于总重的60%～70%，呈交错排列，大部分接触	锹、镐可挖掘，井壁有掉块现象，在井壁取出大颗粒处，能保持颗粒凹面形状	钻进较困难，冲击钻探时，钻杆、吊锤跳动不剧烈，孔壁有坍塌现象
稍 密	骨架颗粒含量等于总重的55%～60%，排列混乱，大部分不接触	锹可以挖掘，井壁易坍塌，从井壁取出大颗粒后，填充物砂土立即坍落	钻进较容易，冲击钻探时，钻杆稍有跳动，孔壁易坍塌
松 散	骨架颗粒含量小于总重的55%，排列十分混乱，绝大部分不接触	锹易挖掘，井壁极易坍塌	钻进很容易，冲击钻探时，钻杆无跳动，孔壁极易坍塌

注：1. 骨架颗粒系指与表 2-16 碎石土分类名称相对应粒径的颗粒。

　　2. 碎石土密实度的划分，应按表列各项要求综合确定。

2.5 粉土的密实度和湿度

2.5.1 粉土的概念

粉（性）土为介于砂（类）土和黏性土之间的土类。粉土的颗粒个体特征中，主要以极细砂粒（0.1～0.075mm）和粉粒（0.075～0.005mm）粒组为主。由于粉土的成因类型不同，表现出显著不同的工程性质。山区重力堆积、风力堆积的黄土和黄土状土，例如我国西北地区的粉土，砂粒和黏粒粒组含量极低，具有肉眼可见的大孔结构和碳酸盐水溶性胶结特征，非饱和状态时的浸水湿陷性显著；水力堆积广泛分布于冲积平原、河流三角洲、沿海平原、湖积平原的饱和粉土，土中自由水为主时（黏粒粒组含量较低时），饱和松散状态时极易振动液化；此外粉土细小孔隙强烈的毛细现象，容易产生相对严重的冻胀病害。

粉土中的粉粒和极细砂粒含量占绝对优势，黏粒（小于 0.005mm）和砂粒（大于 0.1mm）含量较少，其物理力学性质较为特殊。强烈的毛细现象及其非饱和状态时的水气界面表面张力作用、饱和粉土动力作用，可导致其界限含水率测试液化特征，结果出现显著变异。

2.5.2 粉土的密实度和湿度

《岩土工程勘察规范》GB 50021—2001 中根据孔隙比 e 和含水率 w（%）划分，其密实度根据孔隙比划分为密实、中密、稍密三档；其湿度根据含水率划分为稍湿、湿、很湿三档。密实度和湿度的划分分别列于表 2-10 和表 2-11。《公路桥涵地基与基础设计规范》JTG 3363—2019 中也有类似规定。

粉土密实度的分类（GB 50021—2001）　　　　表 2-10

密实度	密　实	中　密	稍　密
孔隙比 e	$e<0.75$	$0.75\leqslant e\leqslant 0.90$	$e>0.90$

粉土湿度的分类（GB 50021—2001）　　　　表 2-11

湿　　度	稍　湿	湿	很　湿
含水率 w（%）	$w<20$	$20\leqslant w\leqslant 30$	$w>30$

2.6 土的胀缩性、湿陷性和冻胀性

2.6.1 土的胀缩性

土的胀缩性（expansibility and contractility）是指黏性土具有吸水膨胀和失水收缩的两种变形特性。黏粒成分主要由亲水性矿物组成具有显著胀缩性的黏性土，习惯称为膨胀土（expansive soil）。膨胀土一般强度较高，压缩性低，易被误认为是建筑性能较好的地基土。当膨胀土成为建筑物地基时，如果对它的胀缩性缺乏认识，或在设计和施工中没有采取必要的措施，结果会给建筑物造成危害，尤其对低层轻型的房屋或构筑物以及土工建筑物带来的危害更大。我国广西、云南、湖北、河南、安徽、四川、河北、山东、陕西、江苏、贵州和广东等均有不同范围的膨胀土分布。

研究表明：自由膨胀率 δ_{ef} 能较好地反映土中的黏土矿物成分、颗粒组成、化学成分和交换阳离子性质的基本特征。土中的蒙脱石矿物愈多，小于 0.002mm 的黏粒在土中占较多分量，且吸附着较活泼的钠、钾阳离子时，自由膨胀率就愈大，土体内部积储的膨胀潜势愈强，显示出强烈的胀缩性。调查表明，自由膨胀率较小的膨胀土，膨胀潜势较弱，建筑物损坏轻微；自由膨胀率高的土，具有强的膨胀潜势，则较多建筑物将遭到严重破坏。

自由膨胀率 δ_{ef} 按下式计算：

$$\delta_{ef} = \frac{V_w - V_0}{V_0} \times 100\% \tag{2-17}$$

式中 V_0——土样原有体积（mL）；

V_w——土样在水中膨胀稳定后的体积（mL）。

《膨胀土地区建筑技术规范》GB 50112—2013 规定，具有下列工程地质特征的场地，且自由膨胀率大于或等于 40% 的土，应判定为膨胀土：①裂隙发育，常有光滑面和擦痕，有的裂隙中充填着灰白、灰绿色黏土，在自然条件下呈坚硬或硬塑状态；②多出露于二级或二级以上阶地、山前和盆地边缘丘陵地带，地形平缓，无明显自然陡坎；③常见浅层塑性滑坡、地裂，新开挖坑（槽）壁易发生坍塌等；④建筑物裂隙随气候变化而张开和闭合。

2.6.2 土的湿陷性

土的湿陷性（collapsibility）是指土在自重压力作用下或自重压力和附加压力综合作用下，受水浸湿后土的结构迅速破坏而发生显著附加下陷的特征。湿陷性黄土（collapsible loess）在我国广泛分布，此外，在干旱或半干旱地区，特别是在山前洪、坡积扇中常遇到湿陷性的碎石类土和砂类土，在一定压力作用下浸水后也常具有强烈的湿陷性。

遍布在我国甘、陕、晋大部分地区以及豫、鲁、宁夏、辽宁、新疆等部分地区的黄土是一种在第四纪时期形成的、颗粒组成以粉粒（0.005～0.075mm）为主的黄色或褐黄色粉性土。它含有大量的碳酸盐类，往往具有肉眼可见的大孔隙。

具有天然含水率的黄土，如未受水浸湿，一般强度较高，压缩性较小。黄土湿陷的发生是由于管道（或水池）漏水、地面积水、生产和生活用水等渗入地下，或由于降雨量较大，灌溉渠和水库的渗漏或回水使地下水位上升而引起的。然而受水浸湿只不过是湿陷发生所必需的外界条件。研究表明，黄土的多孔隙结构特征及胶结物质成分（碳酸盐类）是产生湿陷性的内在原因。

黄土是否具有湿陷性，以及湿陷性的强弱程度如何，应按某一给定的压力作用下土体浸水后的湿陷系数 δ_s 值来衡量。湿陷系数由室内固结试验测定。在固结仪中将原状试样逐级加压到实际受到的压力 p，等它压缩稳定后测得试样高度 h_p，然后加水浸湿，测得下沉稳定后的高度 h_p'。设土样的原始高度为 h_0，则按下式计算黄土的湿陷系数 δ_s：

$$\delta_s = \frac{h_p - h_p'}{h_0} \tag{2-18}$$

《湿陷性黄土地区建筑标准》GB 50025—2018 规定：当 $\delta_s < 0.015$ 时，应定为非湿陷性黄土；$\delta_s \geqslant 0.015$ 时，应定为湿陷性黄土。

2.6.3 土的冻胀性

土的冻胀性（frost heaving）是指土的冻胀和冻融给建筑物或土工建筑物带来危害的变形特性。在冰冻季节，因大气负温影响，使土中水分冻结成为冻土（frozen soil）。冻土根据其冻融情况分为：季节性冻土、隔年冻土和多年冻土。季节性冻土是指冬季冻结，夏季全部融化的冻土；若冬季冻结，1~2年内不融化的土层称为隔年冻土；凡冻结状态持续3年或3年以上的土层称为多年冻土。季节性冻土在我国分布甚广，其中东北、华北和西北地区是我国季节性冻土的主要分布区，沿天津、保定、石家庄、山西长治、甘肃天水以北地区以及拉萨以北、以西地区的标准冻深超过0.6m（基础设计最小埋深为0.5m）；多年冻土主要分布在纬度较高的黑龙江省大、小兴安岭、海拔较高的青藏高原以及甘肃、新疆地区的高山区。

冻土的冻胀会使路基隆起，使柔性路面鼓包、开裂，使刚性路面错缝或折断；冻胀还使修建在其上的建筑物抬起，引起建筑物开裂、倾斜，甚至倒塌。对于工程危害更大的是土层解冻融化后，由于土层上部积聚的冰晶体融化，使土中含水率大大增加，加之细粒土排水能力差，土层软化，强度大大降低。路基土冻融（freeze-thaw）后，在车辆反复碾压下，易产生路面开裂、冒泥，即翻浆现象。冻融也会使房屋、桥梁、涵管发生大量不均匀下沉，引起建筑物开裂破坏。

土发生冻胀一般是指土中水分向冻结区迁移和积聚的结果。当土层中温度降到负温时，土中的自由水首先在0℃时冻结成冰晶体，随着气温的继续下降，弱结合水的最外层也开始冻结。这样就使冰晶体周围土中的结合水膜减薄，土粒就产生剩余的分子引力。同时，结合水膜的减薄，使得水膜中的离子浓度增加，又加强了渗透压力（即当两种水溶液的浓度不同时，会在它们之间产生一种压力差，使浓度较小溶液中的水向浓度较大的溶液渗透）。在这两种力的作用下，附近未冻结区水膜较厚处的结合水，被吸引到冻结区的水膜较薄处。一旦水分被吸引到冻结区后，水即被冻结，使冰晶体增大，而不平衡引力继续存在。若未冻结区存在着水源（如地下水位较高）和水源补给通道（即毛细通道），则未冻结区的水分就会不断地向冻结区迁移积聚，使冰晶体不断扩大，在土层中形成冰夹层，土体发生隆胀，即冻胀现象。这种冰晶体的不断增大，一直要到水源的补给断绝后才停止。

一般粉土颗粒的粒径较小，具有显著的毛细现象。黏性土尽管颗粒更细，虽有较厚的结合水膜，但毛细孔隙很小，对水分迁移的阻力很大，没有通常的水源补给通道，所以其冻胀性较粉土小。至于砂土等粗粒土，孔隙较大，毛细现象不显著，因而不会发生冻胀。所以在工程实践中常在地基或路基中换填砂土，以防治冻胀。

地下水位对冻胀有较大影响，当冻结区地下水位较高，毛细水上升高度能够达到或接近冻结线，使冻结区能得到外部水源的补给时，将发生比较强烈的冻胀现象。

在《冻土地区建筑地基基础设计规范》JGJ 118—2011中，确定基础埋深时，必须考虑地基土的冻胀性。此外，在《建筑地基基础设计规范》GB 50007—2011 和《公路桥涵地基与基础设计规范》JTG 3363—2019 中，也有类似规定。《冻土地区建筑地基基础设计规范》JGJ118—2011 中，根据土名、冻前天然含水率、地下水位距离设计冻深的最小距离，采用土的平均冻胀率 η 特征指标，将季节性冻土与多年冻土季节融化层土分为：Ⅰ级不冻胀、Ⅱ级弱冻胀、Ⅲ级冻胀、Ⅳ级强冻胀、Ⅴ级特强冻胀五类。

冻土层的平均冻胀率 η 应按下式计算：

$$\eta = \frac{\Delta z}{z_d} \times 100(\%) \tag{2-19}$$

$$z_d = h' - \Delta z$$

式中，Δz、z_d 和 h' 分别为地表冻胀量（mm）、设计冻深（mm）和冻层厚度（mm）。

2.7　土的分类

2.7.1　土的分类原则和标准

自然界的土类众多，工程性质各异。土的分类体系就是根据土的工程性质差异将土划分成一定的类别，其目的在于通过一种通用鉴别标准，以便于在不同土类间作出有价值的比较、评价、积累以及学术与经验的交流。目前国内各部门也都根据各自的工程特点和实践经验，制定有各自的分类方法，但一般遵循下列基本原则。

一是简明的原则：土的分类体系采用的指标，既要能综合反映土的主要工程性质，又要其测定方法简单，且使用方便。二是工程特性差异的原则：土的分类体系采用的指标要在一定程度上反映不同类工程用土的不同特性。例如当采用重塑土的测试指标，划分土的工程性质差异时，对于粗粒土，其工程性质取决于土粒的个体颗粒特征，所以常用粒度成分或颗粒级配粒组含量进行土的分类；对于细粒土，其工程性质则采用反映土粒与水相互作用的可塑性指标。又如当考虑土的结构性对土工程性质差异的影响时，根据土粒的集合体特征，采用以成因、地质年代为基础的分类方法，因为土作为整体的存在，是自然历史的产物，

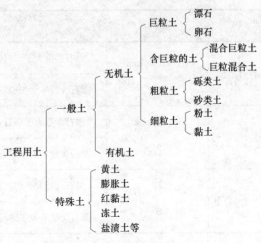

图 2-6　土的总分类体系

土的工程性质随其成因与形成年代不同，而有显著差异。土的总分类体系一般如图 2-6 所示。

在国际上土的统一分类系统（Unified Soil Classification System）来源于美国 A. 卡萨格兰特（Casagrande，1942）提出的一种分类法体系（属于材料工程系统的分类）。卡氏的分类体系在二次世界大战时美国军用机场工程得到应用，战后与美国国家开垦局联合修订了该方法（1952）。其主要特点是充分考虑了土的粒度成分和可塑性指标，即粗粒土土粒的个体特征和细粒土土粒与水的相互作用。这种方法采用了扰动土的测试指标，对于天然土作为地基或环境时，忽略了土粒的集合体特征（土的结构性）。因此，无法考虑土的成因、年代对工程性质的影响，是这种方法存在的缺陷。

在我国，为了统一工程用土的鉴别、定名和描述，同时也便于对土性状作出一般定性的评价。1990 年制定了国标《土的工程分类标准》GBJ 145—90，2007 年修订为《土的工程分类标准》GB/T 50145—2007。它的分类体系基本上采用与卡氏相似的分类原则，所采用的简便易测的定量分类指标，最能反映土的基本属性和工程性质，也便于电子计算机的资料检索。土的粒组根据土粒粒径范围划分为巨粒（large grain）、粗粒（coarse grain）和细粒（fine grain）三大统称粒组，进一步划分为漂石或块石颗粒（boulder or rubble grain）、卵石或碎石颗粒（cobble or breakstone grain）、砾粒（gravel grain）、砂粒（sand）、粉粒（silt or mo）和黏粒（clay）六大粒组，见 1.2 节表 1-1。一般土的工程分类体系见图 2-7。

1. 巨粒土和粗粒土的分类标准

巨粒土（large grain soils）、含巨粒的土（soils with large grain）和粗粒土（coarse grained），按粒组含量、级配指标（不均匀系数 C_u 和曲率系数 C_c）和所含细粒的塑性高低，划分为 16 种土类，见表 2-12、表 2-13 和表 2-14。

巨粒土和含巨粒的土的分类（GB/T 50145—2007）　　　　表 2-12

土　类	粒　组　含　量		土代号	土名称
巨粒土	巨粒（$d>60$mm）含量 75%～100%	漂石含量大于卵石含量	B	漂石（块石）
		漂石含量不大于卵石含量	Cb	卵石（碎石）
混合巨粒土	50%＜巨粒含量 ≤75%	漂石含量大于卵石含量	BS1	混合土漂石（块石）
		漂石含量不大于卵石含量	CbS1	混合土卵石（块石）
巨粒混合土	15%＜巨粒含量 ≤50%	漂石含量大于卵石含量	S1B	漂石（块石）混合土
		漂石含量不大于卵石含量	S1Cb	卵石（碎石）混合土

注：巨粒混合土可根据所含粗粒或细粒的含量进行细分。

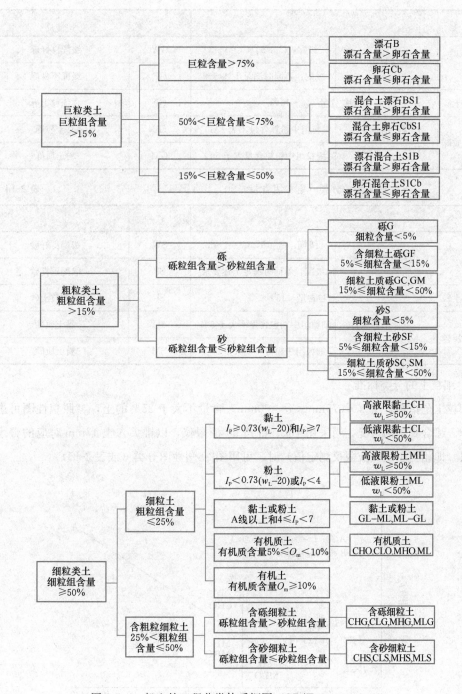

图 2-7　一般土的工程分类体系框图（GB/T 50145—2007）

砾类土的分类（2mm<d≤60mm，砾粒组含量>50%）（GB/T 50145—2007）　　表 2-13

土 类	粒 组 含 量		土代号	土名称
砾	细粒含量<5%	级配：C_u≥5，C_c=1～3	GW	级配良好砾
		级配：不同时满足上述要求	GP	级配不良砾
含细粒土砾	细粒含量 5%～15%		GF	含细粒土砾
细粒土质砾	15%≤细粒含量<50%	细粒组中粉粒含量不大于 50%	GC	黏土质砾
		细粒组中粉粒含量大于 50%	GM	粉土质砾

砂类土的分类（砾粒组含量≤50%）（GB/T 50145—2007）　　表 2-14

土 类	粒 组 含 量		土代号	土名称
砂	细粒含量<5%	级配：C_u≥5，C_u=1～3	SW	级配良好砂
		级配：不同时满足上述要求	SP	级配不良砂
含细粒土砂	5%≤细粒含量<15%		SF	含细粒土砂
细粒土质砂	15%≤细粒含量<50%	细粒组中粉粒含量不大于 50%	SC	黏土质砂
		细粒组中粉粒含量大于 50%	SM	粉土质砂

2. 细粒土的分类标准

细粒土是指粗粒组（0.075mm<d≤60mm）含量不大于 25% 的土，参照塑性图可进一步细分。综合我国的情况，当采用 76g、锥角 30°液限仪，以锥尖入土 17mm 对应的含水率为液限（即相当于碟式液限仪测定值）时，可用图2-8塑性图分类（或表2-15）。

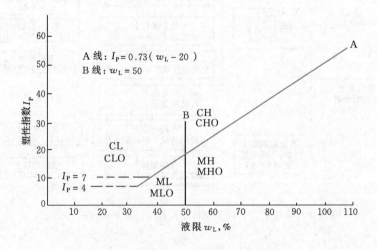

图 2-8　塑性图（GB/T 50145—2007）

细粒土的分类（图 2-8）（GB/T 50145—2007）　　　　表 2-15

土的塑性指标在塑性图中的位置		土代号	土名称
塑性指数 I_p	液限 w_L（%）		
$I_p \geq 0.73$（$w_L - 20$）和 $I_p \geq 7$	≥ 50	CH	高液限黏土
	< 50	CL	低液限黏土
$I_p < 0.73$（$w_L - 20$）和 $I_p < 4$	≥ 50	MH	高液限粉土
	< 50	ML	低液限粉土

注：黏土-粉土过渡区（CL-ML）的图可按相邻土层的类别细分。

若细粒土内粗粒含量为 25%～50%，则该土属于含粗粒的细粒土。这类土的分类仍按上述塑性图进行划分，并根据所含粗粒类型进行如下分类：

（1）当粗粒中砾粒占优势，称为含砾细粒土，在细粒土代号后缀以代号 G，例如含砾低液限黏土，代号 CLG。

（2）当粗粒中砂粒占优势，称为含砂细粒土，在细粒土代号后缀以代号 S，例如含砂高液限黏土，代号 CHS。

若细粒土内含部分有机质，则土名前加"有机质"，对有机质细粒土的代号后缀以代号 O。例如低液限有机质粉土，代号 MLO。

2.7.2　建筑地基土的分类

《建筑地基基础设计规范》GB 50007—2011 和《岩土工程勘察规范》GB 50021—2001 分类体系的主要特点是，在考虑划分标准时，注重土的天然结构特性和强度，并始终与土的主要工程特性—变形和强度特征紧密联系。因此，首先考虑了按沉积年代和地质成因的划分，同时将某些特殊形成条件和特殊工程性质的区域性特殊土与普通土区别开来。

1. 按沉积年代和地质成因划分

地基土按沉积年代可划分为：①老沉积土：第四纪晚更新世 Q_3 及其以前沉积的土，一般呈超固结状态，具有较高的结构强度；②新近沉积土：第四纪全新世近期沉积的土，一般呈欠固结状态，结构强度较低。

根据地质成因土可分为残积土、坡积土、洪积土、冲积土、湖积土、海积土、风积土和冰积土，见 1.1 节中介绍。

2. 按颗粒级配（粒度成分）和塑性指数划分

土按颗粒级配和塑性指数分为碎石土、砂土、粉土和黏性土四大类。

（1）碎石土

粒径大于 2mm 的颗粒含量超过全重 50% 的土称为碎石土。根据颗粒级配和颗粒形状按表 2-16 分为漂石、块石、卵石、碎石、圆砾和角砾。

碎石土分类（GB 50007—2011）　　　表 2-16

土的名称	颗粒形状	颗粒级配
漂石	圆形及亚圆形为主	粒径大于 200mm 的颗粒含量超过全重 50%
块石	棱角形为主	
卵石	圆形及亚圆形为主	粒径大于 20mm 的颗粒含量超过全重 50%
碎石	棱角形为主	
圆砾	圆形及亚圆形为主	粒径大于 2mm 的颗粒含量超过全重 50%
角砾	棱角形为主	

注：定名时应根据颗粒级配由大到小以最先符合者确定。

（2）砂土

粒径大于 2mm 的颗粒含量不超过全重 50%，且粒径大于 0.075mm 的颗粒含量超过全重 50% 的土称为砂土。根据颗粒级配按表 2-17 分为砾砂、粗砂、中砂、细砂和粉砂。

砂土分类（GB 50007—2011）　　　表 2-17

土的名称	颗粒级配
砾　砂	粒径大于 2mm 的颗粒含量占全重 25%～50%
粗　砂	粒径大于 0.5mm 的颗粒含量超过全重 50%
中　砂	粒径大于 0.25mm 的颗粒含量超过全重 50%
细　砂	粒径大于 0.075mm 的颗粒含量超过全重 85%
粉　砂	粒径大于 0.075mm 的颗粒含量超过全重 50%

注：定名时应根据颗粒级配由大到小以最先符合者确定。

（3）粉土

粉土介于砂土与黏性土之间，塑性指数 $I_P \leqslant 10$，粒径大于 0.075mm 的颗粒含量不超过全重 50% 的土。一般根据地区规范（如上海、天津、深圳等），由黏粒含量的多少，可按表 2-18 进一步划分为黏质粉土和砂质粉土。

粉　土　分　类　　　表 2-18

土的名称	颗粒级配
砂质粉土	粒径小于 0.005mm 的颗粒含量不超过全重 10%
黏质粉土	粒径小于 0.005mm 的颗粒含量超过全重 10%

（4）黏性土

塑性指数大于 10 的土称为黏性土。根据塑性指数 I_P 按表 2-19 进一步分为粉质黏土和黏土。

黏性土分类（GB 50007—2011）　　　表 2-19

土的名称	塑性指数	土的名称	塑性指数
粉质黏土	$10 < I_P \leqslant 17$	黏　土	$I_P > 17$

注：塑性指数由相应 76g 圆锥体沉入土样中深度为 10mm 时测定的液限计算而得。

3. 其他

具有一定分布区域或工程意义，具有特殊成分、状态和结构特征的土称为特殊土，它分为湿陷性土、红黏土（adamic earth，red soil）、软土（包括淤泥、淤泥质土、泥炭质土、泥炭等）、混合土（mingle soil）、填土（fill，filled soil）、多年冻土（perennially frozen soil）、膨胀岩土（expansive rock-soil）、盐渍岩土（salty rock-soil）、风化岩与残积土（weathered rock & residual soil）、污染土，详见《岩土工程勘察规范》GB 50021—2001。

土根据有机质含量可按表2-20分为无机土、有机质土、泥炭质土和泥炭。

土按有机质含量分类（GB 50007—2011）（GB 50021—2001）　　　表2-20

分类名称	有机质含量（%）	现场鉴别特征	说　明
无机土	$w_u < 5\%$		
有机质土	$5\% \leqslant w_u \leqslant 10\%$	深灰色，有光泽，味臭，除腐殖质外尚含少量未完全分解的动植物体，浸水后水面出现气泡，干燥后体积收缩	1. 如现场能鉴别有机质土或有地区经验时，可不做有机质含量测定； 2. 当 $w > w_L$，$1.0 \leqslant e < 1.5$ 时称淤泥质土； 3. 当 $w > w_L$，$e \geqslant 1.5$ 时称淤泥
泥炭质土	$10\% < w_u \leqslant 60\%$	深灰或黑色，有腥臭味，能看到未完全分解的植物结构，浸水体胀，易崩解，有植物残渣浮于水中，干缩现象明显	根据地区特点和需要可按 w_u 细分为： 弱泥炭质土（$10\% < w_u \leqslant 25\%$） 中泥炭质土（$25\% < w_u \leqslant 40\%$） 强泥炭质土（$40\% < w_u \leqslant 60\%$）
泥炭	$w_u > 60\%$	除有泥炭质土特征外，结构松散，土质很轻，暗无光泽，干缩现象极为明显	

注：有机质含量 w_u 按灼失量试验确定。

2.7.3　公路桥涵地基土的分类

公路桥涵地基土的分类采用《公路桥涵地基与基础设计规范》JTJ 3363—2019 的规定。其中碎石土、砂土的分类与《建筑地基基础设计规范》GB 50007—2011 完全相同，参见表2-16、表2-17。

黏性土定义为塑性指数 I_p 大于 10 且粒径大于 0.075mm 的颗粒含量不超过总质量 50% 的土。同《建筑地基基础设计规范》GB 50007—2011 一样，根据塑性指数进一步分为粉质黏土和黏土，见表2-19。黏性土根据沉积年代按表2-21分为老黏性土、一般黏性土和新近沉积黏性土。

黏性土的沉积年代分类 表 2-21

沉积年代	土的分类
第四纪晚更新世（Q_3）及以前	老黏性土
第四纪全新世（Q_4）	一般黏性土
第四纪全新世（Q_4）以后	新近沉积黏性土

　　粉土的分类与《建筑地基基础设计规范》GB 50007—2011 也一样，粉土密实度根据孔隙比将粉土划分为密实、中密和稍密；其湿度根据天然含水率划分为稍湿、湿、很湿，见表2-10、表 2-11。

2.7.4　公路路基土的分类

　　《公路土工试验规程》JTG E40—2007 中提出了公路工程用土的分类标准，其分类体系参照国标《土的工程分类标准》GB/T 50145—2007，将土分为巨粒土、粗粒土、细粒土和特殊土，分类总体系见图 2-9。试样中巨粒组质量多于总质量 15％的土称巨粒土，分类体系如图 2-10 所示。试样中巨粒组土粒质量小于或等于总质量 15％，且巨粒组土粒与粗粒组土粒质量之和多于总质量 50％的土称粗粒土。粗粒土中砾粒组质量多于砂粒组质量的土称砾类土，分类体系如图 2-11 所示。粗粒土中砾粒组质量少于或等于砂粒组质量的土称砂类土，分类体系如图 2-12 所示。试样中细粒组土粒质量多于或等于总质量 50％的土称细粒土，进一步细分同国标《土的工程分类标准》GB/T 50145—2007 相同，其分类体系如图 2-13 所示。

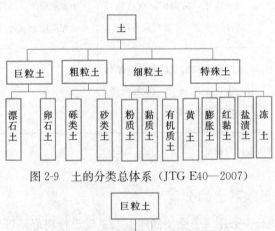

图 2-9　土的分类总体系（JTG E40—2007）

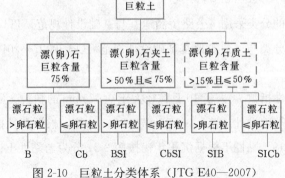

图 2-10　巨粒土分类体系（JTG E40—2007）

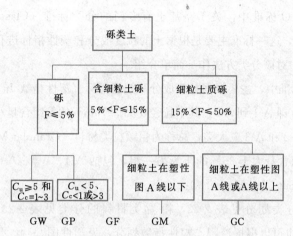

图 2-11　砾类土分类体系（JTG E40—2007）

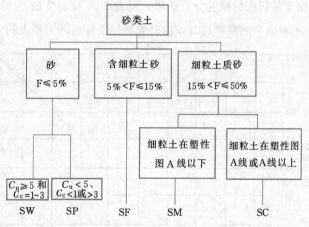

图 2-12　砂类土分类体系（JTG E40—2007）

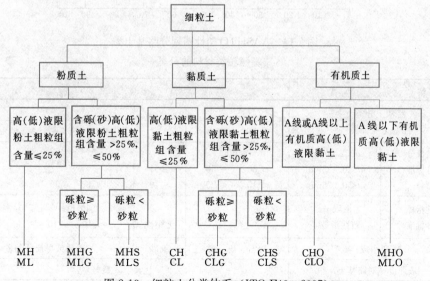

图 2-13　细粒土分类体系（JTG E40—2007）

在美国 AASHTO 标准中，关于路基土有专门的分类标准（Classification of Highway Subgrade Materials），这一标准主要是根据土的粒度成分和塑性指标进行分类。鉴于该标准在国际上影响广泛，对该分类方法作一简单介绍。

在 AASHTO 标准中，主要根据粒度成分和塑性指标（塑性指数 I_P 和液限 w_P）将路基用土划分为 7 大类，即 A-1 到 A-7。其中粒径 $d<0.075\text{mm}$ 的粒组含量小于等于 35% 的土为一组，包括 A-1、A-2 和 A-3 三大类，总称为粗颗粒类材料（Granular Materials）；相对粒径 $d<0.075\text{mm}$ 的粒组含量大于 35% 的土为另一组，包括 A-4、A-5、A-6 和 A-7 四大类，总称为粉-黏类材料（Silt-Clay Materials）。

颗粒类材料的分类划分见表 2-22，粉-黏类材料的分类见表 2-23。此外，A-2、A-4、A-5、A-6 和 A-7 土也可以根据液限、塑性指数划分，见塑性图 2-14。具体应用时，采用分类的排除法，即根据土粒级配的试验分析结果，以表 2-22 和表 2-23 为标准，按粒度由大到小，即 A-1、A-2……和 A-7 的顺序进行，以首先满足条件的即为该土的分类定名。

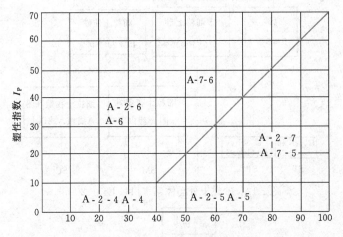

图 2-14　AASHTO 塑性图划分路基土类

路基颗粒类材料的分类　　　　　　　　　　　　　　　　　表 2-22

总 的 类 别		颗粒类材料					
路基土分类		A-1		A-3	A-2			
路基土亚分类		A-1-a　A-1-b			A-2-4　A-2-5　A-2-6　A-2-7			
粒组成分划分标准（%）	$d<2.00\text{mm}$	≤50						
	$d<0.425\text{mm}$	≤30　≤50		≥51				
	$d<0.075\text{mm}$	≤15　≤25		≤10	≤35　≤35　≤35　≤35			
塑性指标划分标准	液限 w_L				≤40　≥41　≤40　≥41			
	塑性指数 I_P	≤6		无塑性	≤10　≤10　≥11　≥11			
主要组成		碎石、砾、砂		细砂	粉质或黏质砾与砂			
一般评价（对路基土）		优良　⇨　良好						

注：塑性指标划分一栏中，指标 I_P 和 w_L 的测定是根据土中 $d<0.425\text{mm}$ 粒组的测试结果确定的。

作为路基用土，评价土作为路基材料的工程性质是十分重要的。AASHTO 标准中还采用了分类指数（GI）标注在土的分类或亚分类的后面。例如 A-1-b（0）、A-7-5（33）等，括号中的数字 0 和 33 均是土的 GI 值。一般情况下，路基土（亚）分类的后缀 GI 越小，作为路基土的工程性质越好。GI 的计算如下：

$$GI = (F_{200} - 35)[0.2 + 0.005(w_L - 40)] + 0.01(F_{200} - 15)(I_p - 10) \qquad (2-20)$$

式中，F_{200} 是粒径小于 0.075mm 的粒组含量，以百分含量计（%）。从表达式（2-20）可以看出，GI 由两部分相加组成，前一部分主要由液限 w_L 确定；后一部分主要由塑性指数 I_p 确定。在计算 GI 时必须遵循下列一些准则：①GI 计算值＜0 时，取 GI＝0；②GI 计算值按四舍五入取整数；③GI 计算值无上限；④对于 A-1 土及其各亚分类，A-3 土，GI 值始终为 0；⑤当计算 A-2-6 和 A-2-7 两类土的 GI 值，仅采用表达式（2-20）中关于塑性指数 I_p 分项计算部分，即

$$GI = 0.01(F_{20} - 15)(I_p - 10) \qquad (2-21)$$

路基粉-黏类材料的分类   表 2-23

总　的　类　别		粉-黏类材料				
路基土分类 路基土亚分类		A-4	A-5	A-6	A-7 A-7-5	A-7-6
粒组成分 划分标准 （%）	$d<2.00$mm $d<0.425$mm $d<0.075$mm	≥36	≥36	≥36	≥36	
塑性指标 划分标准	液限 w_L 塑性指数 I_p	≤40 ≤10	≥41 ≤10	≤40 ≥11	≥41 ≥11 $I_p > w_L - 30$	
主　要　组　成		粉质土	粉质土	黏质土	黏质土	
一般评价（对路基土）		尚好 ⇨ 不良				

注：塑性指标划分一栏中，指标 I_P 和 w_L 的测定是根据土中 $d<0.425$mm 粒组的测试结果确定。

思考题与习题

2-1 试比较下列各对土的三相比例指标在诸方面的异同点：① ρ 与 ρ_s；② W 与 S_r；③ e 与 n；④ ρ_d 与 ρ'；⑤ ρ 与 ρ_{sat}。

2-2 有一饱和的原状土样切满于容积为 21.7cm³ 的环刀内，称得总质量为 72.49g，经 105℃ 烘干至恒重为 61.28g，已知环刀质量为 32.54g，土粒相对密度为 2.74，试求该土样的湿密度、含水率、干密度及孔隙比（要求绘出土的三相示意图，按三相比例指标的定义求解）。（答案：$e = 1.069$）

2-3 某原状土样的密度为 1.85g/cm³，含水率为 34%，土粒相对密度为 2.71，试求该土样的饱和密度、有效密度和有效重度（先导得公式然后求解）。
（答案：$\rho' = 0.87$g/cm³）

2-4 某砂土土样的密度为 1.77g/cm³，含水率为 9.8%，土粒相对密度为 2.67，烘干后测定最小孔隙比为 0.461，最大孔隙比为 0.943，试求孔隙比 e 和相对密实度 D_r，并评定该砂土的密实度。（答案：$D_r = 0.595$）

2-5 某一完全饱和黏性土试样的含水率为 30%，土粒相对密度为 2.73，液限为 33%，塑限为 17%，试求孔隙比、干密度和饱和密度，并按塑性指数和液性指数分别定出该黏性土的分类名称和软硬状态（GB 50007—2011）。（答案：$\rho_{sat} = 1.95$g/cm³）

第3章

土的渗透性及渗流

3.1 概述

　　土是一种三相组成的多孔介质，其孔隙在空间互相连通。在饱和土中，水充满整个孔隙，当土中不同位置存在水位差时，土中水就会在水位能量作用下，从水位高（即能量高）的位置向水位低（即能量低）的位置流动。液体（如土中水）从物质微孔（如土体孔隙）中透过的现象称为渗透（osmosis）。土体具有被液体（如土中水）透过的性质称为土的渗透性（permeability），或称透水性。液体（如地下水、地下石油）在土孔隙或其他透水性介质（如水工建筑物）中的流动问题称为渗流（seepage）。非饱和土的渗透性较复杂，工程实用性较小，将不作介绍。

　　土的渗透性同土的强度、变形特性一起，是土力学中的几个重要课题。强度、变形、渗流是相互关联、相互影响的，土木工程领域内的许多工程实践都与土的渗透性密切相关。归纳起来土的渗透性研究主要包括下述三个方面：

　　(1) 渗流量问题：如基坑开挖或施工围堰时的渗水量及排水量计算（图 3-1a），土堤坝身、坝基土中的渗水量（图 3-1b），水井的供水量或排水量（图 3-1c）等。

　　(2) 渗透破坏问题：土中的渗流会对土颗粒施加作用力，即渗流力（渗透力），当渗流力过大时就会引起土颗粒或土体的移动，产生渗透变形，甚至渗透破坏，如边坡破坏、地面

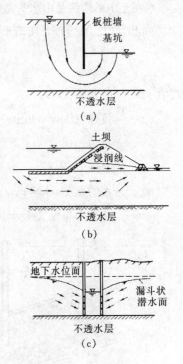

图 3-1　渗流示意图
(a) 板桩围护下的基坑渗流；
(b) 坝身及坝基中的渗流；
(c) 水井渗流

隆起，堤坝失稳等现象。近年来高层建筑基坑失稳事故有不少就是由渗透破坏引起的。

（3）渗流控制问题：当渗流量或渗透变形不满足设计要求时，就要研究工程措施进行渗流控制。

显然，水在土体中的渗流，一方面会引起水量损失或基坑积水，影响工程效益和进度；另一方面将引起土体变形，改变构筑物或地基的稳定条件，直接影响工程安全。因此，研究土的渗透性及渗流规律及其与工程的关系具有重要意义。土的渗透性是反映土的孔隙性规律的基本内容之一。

本章将介绍土的渗透性及渗流规律、土中二维渗流和流网及其应用、渗透破坏与渗流控制。

3.2 土的渗透性

3.2.1 渗流基本概念

水在土中的渗流是由水头差或水力梯度（hydraulic gradient）引起的，根据 D·伯努利（Bernoulli，1738）定理，所谓水头（hydraulic head），其定义为

$$h = \frac{v^2}{2g} + \frac{p}{\gamma_w} + z \tag{3-1}$$

式中　h——总水头（m）；

　　　v——流速（flow velocity）（m/s）；

　　　g——重力加速度（m/s^2）；

　　　p——水压（kPa）；

　　　γ_w——水的重度（kN/m^3）；

　　　z——基准面高程（elevation of datum）（m）。

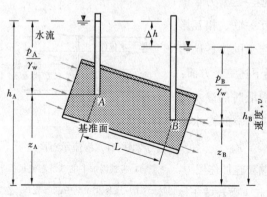

当水在土中渗流时，其速度很慢，因此由速度引起的水头项可以忽略，得出

$$h = \frac{p}{\gamma_w} + z \tag{3-2}$$

在图 3-2 中，A、B 两点的水头差为

$$\Delta h = h_A - h_B \tag{3-3}$$

$$= \left(\frac{p_A}{\gamma_w} + z_A\right) - \left(\frac{p_B}{\gamma_w} + z_B\right)$$

图 3-2　土中渗流水头变化示意图

则水力梯度 $i=\dfrac{\Delta h}{L}$。

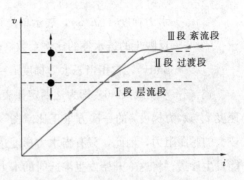

总的来说，水力梯度 i 与速度 v 的关系可以用图 3-3 表示，当水力梯度逐渐增大时，水流从层流状态向紊流状态发展，在大多数情况下，土中水的渗流基本处于层流状态，即 $v \propto i$。

图 3-3　渗流速度随水力梯度的变化

3.2.2　土的层流渗透定律

由于土体中孔隙一般非常微小且很曲折，水在土体流动过程中黏滞阻力很大，流速十分缓慢，因此多数情况下其流动状态属于层流（laminar flow），即相邻两个水分子运动的轨迹相互平行而不混流。

法国工程师 H·达西（Darcy，1855）利用图 3-4 所示的试验装置对均匀砂进行了大量渗透试验，得出了层流条件下，土中水渗流速度与能量（水头）损失之间关系的渗流规律，即达西定律（Darcy's Law）。

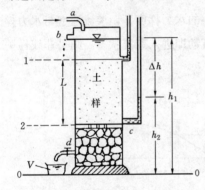

图 3-4　达西渗透试验装置

达西试验装置的主要部分是一个上端开口的直立圆筒，下部放碎石，碎石上放一块多孔滤板 c，滤板上面放置颗粒均匀的土样，其断面积为 A，长度为 L。筒的侧壁装有两支测压管，分别设置在土样上下两端的过水断面处 1、2。水由上端进水管 a 注入圆筒，并以溢水管 b 保持筒内为恒定水位。透过土样的水从装有控制阀门 d 的弯管流入容器 V 中。

当筒的上部水面保持恒定以后，通过砂土的渗流是恒定流，测压管中的水面将恒定不变。图 3-4 中的 0-0 面为基准面，h_1、h_2 分别为 1、2 断面处的测压管水头；$\Delta h = h_1 - h_2$ 即为经过砂样渗流长度 L 后的水头损失。

达西根据对不同尺寸的圆筒和不同类型及长度的土样所进行的试验发现，单位时间内的渗出水量 q 与圆筒断面积 A 和水力梯度 i 呈正比，且与土的透水性质有关，即

$$q \propto A \times \frac{\Delta h}{L} \tag{3-4}$$

写成等式则为

$$q = kAi \tag{3-5}$$

或

$$v = \frac{q}{A} = ki \tag{3-6}$$

式中　q——单位渗水量（cm^3/s）；

　　　　v——断面平均渗流速度（cm/s）；

$\quad i$——水力梯度（$\Delta h/L$），表示单位渗流长度上的水头损失，或称水力坡降；

$\quad k$——反映土的透水性的比例系数（cm/s），称为土的渗透系数（coefficient of permeability）。它相当于水力梯度 $i=1$ 时的渗流速度，故其量纲与渗流速度相同。

式（3-5）或式（3-6）即为达西定律表达式，达西定律表明在层流状态的渗流中，渗流速度 v 与水力梯度 i 的一次方呈正比（图 3-5a）。但是，对于密实的黏土，由于吸着水具有较大的黏滞阻力，因此，只有当水力梯度达到某一数值，克服了吸着水的黏滞阻力以后，才能发生渗透。将这一开始发生渗透时的水力梯度称为黏性土的起始水力梯度。一些试验资料表明，当水力梯度超过起始水力梯度后，渗流速度与水力梯度的规律还偏离达西定律而呈非线性关系，如图3-5（b）中的实线所示，为了实用方便，常用图中的虚直线来描述密实黏土的渗流速度与水力梯度的关系，并以下式表示：

$$v = k(i - i_b) \tag{3-7}$$

式中　i_b——密实黏土的起始水力梯度；

其余符号意义同前。

另外，试验也表明，在砾类土和巨粒土中，只有在小的水力梯度下，渗流速度与水力梯度才呈线性关系，而在较大的水力梯度下，水在土中的流动即进入紊流状态，则呈非线性关系，此时达西定律同样不能适用，如图 3-5（c）所示 $v = k\sqrt{i}$。

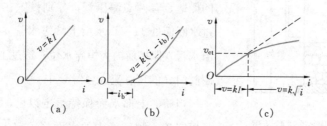

图 3-5　土的渗透速度与水力梯度的关系

(a) 砂土；(b) 密实黏土；(c) 砾土

需要注意的是，式（3-6）中的渗流速度 v 并不是土孔隙中水的实际平均流速。因为公式推导中采用的是土样的整个断面面积，其中包括了土粒骨架所占的部分面积在内。显然，土粒本身是不能透水的，故真实的过水断面积 A_r 应小于整个断面积 A，从而实际平均流速 v_r 应大于 v，一般 v 称为假想平均流速。v 与 v_r 的关系可通过水流连续原理建立：

$$q = vA = v_r A_r \tag{3-8}$$

若均质砂土的孔隙率为 n，则 $A_r = nA$，即得

$$v_r = \frac{vA}{nA} = \frac{v}{n} \tag{3-9}$$

由于水在土中沿孔隙流动的实际路径十分复杂（图 3-6），v_r 也并非渗透的真实流速。

要想真正确定某一具体位置的真实流速，无论理论分析或实验方法都很难做到。下面述及的渗流速度均指这种假想平均流速。

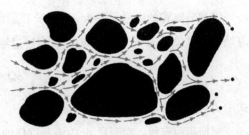

图 3-6 水通过土孔隙示意图

3.2.3 渗透试验及渗透系数

渗透系数 k 既是反映土的渗透能力的定量指标，也是渗流计算时必须用到的一个基本参数。它可以通过试验直接测定。测定方法可分为室内渗透试验和现场试验两大类。

1. 室内渗透试验测定渗透系数

室内测定土的渗透系数的仪器和方法较多，但从试验原理上大体可分为常水头法和变水头法两种。

常水头法是在整个试验过程中，水头保持不变，其试验装置如图 3-7 所示。前述达西渗透试验也属于这种类型。

设试样的高度即渗流长度为 L，截面积为 A，试验时的水位差为 Δh，这三者在试验前可以直接量测或控制。试验中只要用量筒和秒表测得在某一时段 t 内经过试样的渗水量 Q，即可求出该时段内通过土体的单位渗水量

$$q = \frac{Q}{t} \tag{3-10}$$

将上式代入式（3-5）中，便可得到土的渗透系数

$$k = \frac{QL}{A \Delta h t} \tag{3-11}$$

黏性土由于渗透系数很小，流经试样的水量很少，难以直接准确量测，因此，应采用变水头法。在整个试验过程中，水头是随着时间而变化的，其试验装置如图 3-8 所示。试样的一端与细玻璃管相接，在试验过程中量测某一时段内细玻璃管中水位的变化，就可根据达西定律，求得土的渗透系数。

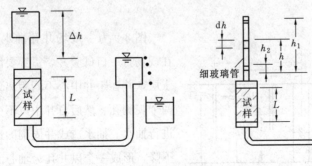

图 3-7 常水头试验装置示意图　　图 3-8 变水头试验装置示意图

设细玻璃管的内截面积为 a，试验开始以后任一时刻 t 的水位差为 h，经过时段 dt，细玻璃管中水位下落 dh，则在时段 dt 内经过细管的流水量为

$$dQ = -adh$$

式中负号表示渗水量随 h 的减小而增加。

根据达西定律，在时段 dt 内流经试样的水量又可表示为

$$dQ = k\frac{h}{L}Adt$$

同一时间内经过土样的渗水量应与细管流水量相等

$$dt = -\frac{aL}{kA}\frac{dh}{h}$$

将上式两边积分

$$\int_{t_1}^{t_2}dt = -\int_{h_1}^{h_2}\frac{aL}{kA}\frac{dh}{h}$$

即可得到土的渗透系数

$$k = \frac{aL}{A(t_2-t_1)}\ln\frac{h_1}{h_2} \tag{3-12a}$$

如用常用对数表示，则上式可写成

$$k = 2.3\frac{aL}{A(t_2-t_1)}\lg\frac{h_1}{h_2} \tag{3-12b}$$

式（3-12）中的 a、L、A 为已知，试验时只要量测与时刻 t_1、t_2 对应的水位 h_1、h_2，就可求出渗透系数。

2. 现场测定渗透系数

在现场进行渗透系数 k 值测定时，常用现场井孔抽水试验或井孔注水试验的方法。对于均质的粗粒土层，用现场抽水试验测出的 k 值往往要比室内试验更为可靠。下面介绍用抽水试验确定 k 值的方法。

图 3-9 为一现场井孔抽水试验示意图。在现场打一口试验井，贯穿要测定 k 值的砂土层，并在距井中心不同距离处设置一个或两个观测孔。然后自井中以不变的速率连续进行抽水。抽水造成井周围的地下水位逐渐下降，形成一个以井孔为轴心的降落漏斗状的地下水面。测定试验井和观察孔中的稳定

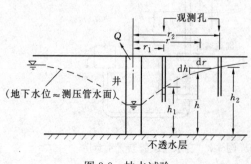

图 3-9 抽水试验

水位，可以画出测压管水位变化图形。测定水头差形成的水力梯度，使地下水流向井内。假定水流是水平流向时，则流向水井的渗流过水断面应是一系列的同心圆柱面。待出水量和井中的动水位稳定一段时间后，若测得的抽水量为 Q，观测孔距井轴线的距离分别为 r_1、r_2，孔内的水位高度为 h_1、h_2，通过达西定律即可求出土层的平均 k 值。

现围绕井轴取一过水断面，该断面距井中心距离为 r，水面高度为 h，则过水断面积为 $A = 2\pi rh$；假设该过水断面上各处水力梯度 i 为常数，且等于地下水位线在该处的坡度时，则 $i = \dfrac{\mathrm{d}h}{\mathrm{d}r}$。根据达西定律，单位时间自井内抽出的水量即单位渗水量 q 为

$$q = Aki = 2\pi rhk\frac{\mathrm{d}h}{\mathrm{d}r}$$

得

$$q\frac{\mathrm{d}r}{r} = 2\pi kh\mathrm{d}h \tag{3-13}$$

等式两边进行积分

$$q\int_{r_1}^{r_2}\frac{\mathrm{d}r}{r} = 2\pi k\int_{h_1}^{h_2}h\mathrm{d}h$$

得

$$q\ln\frac{r_2}{r_1} = \pi k(h_2^2 - h_1^2)$$

从而得到土的渗透系数

$$k = \frac{q}{\pi}\frac{\ln(r_2/r_1)}{(h_2^2 - h_1^2)} \tag{3-14}$$

或用常用对数表示，则为

$$k = 2.3\frac{q}{\pi}\frac{\lg(r_2/r_1)}{(h_2^2 - h_1^2)} \tag{3-15}$$

现场渗透系数测定还可以通过其他原位测试方法如孔压静力触探试验（CPTU-piezocone penetration test）、地球物理勘探方法等。

3. 影响渗透系数的主要因素

影响土的渗透系数的主要因素有：

（1）土的粒度成分。一般土粒越粗、大小越均匀、形状越圆滑，k 值也就越大。粗粒土中含有细粒土时，随细粒含量的增加，k 值急剧下降。图 3-10（b）为无黏性土的渗透系数与其粒度成分及其状态之间的关系。

（2）土的密实度。土越密实，k 值越小。试验资料表明，对于砂土，k 值对数与孔隙比和与相对密实度呈线性关系（图 3-10a、c）。对于黏性土，孔隙比 e 对 k 的影响更大(图 3-11b)。

（3）土的饱和度。一般情况下饱和度越低，k 值越小。这是因为低饱和土的孔隙中存在较多气泡会减小过水断面积，甚至堵塞细小孔道。同时由于气体因孔隙水压力的变化而胀

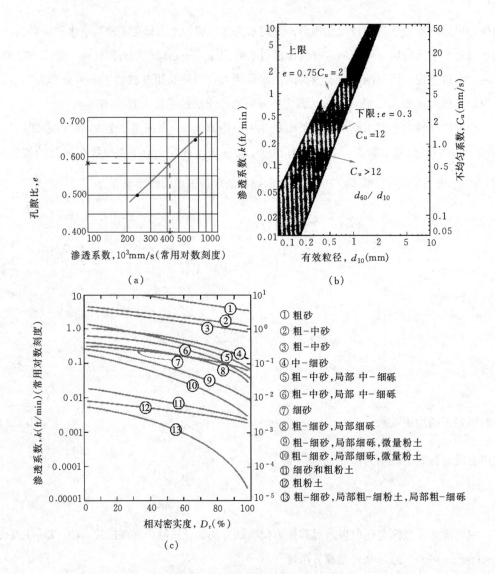

图 3-10　影响无黏性土渗透系数的因素

(a) 孔隙比与渗透系数的关系；(b) 渗透系数与不均匀系数、有效粒径的关系；

(c) 渗透系数与相对密实度的关系

缩，因而饱和度的影响成为一个不定因素。为此，要求试样必须充分饱和，以保持试验的

精度。

(4) 土的结构。细粒土在天然状态下具有复杂结构，结构一旦扰动，原有的过水通道的

形状、大小及其分布就会全都改变，因而 k 值也就不同。扰动土样与击实土样的 k 值通常均

比同一密度原状土样的 k 值小（图 3-11a）。

(5) 水的温度。试验表明，渗透系数 k 与渗流液体（水）的重度 γ_w 以及黏滞度 η[Pa·s

（$\times 10^{-3}$）]有关。水温不同时，γ_w 相差不多，但 η 变化较大。水温越高，η 越低；k 与 η 基

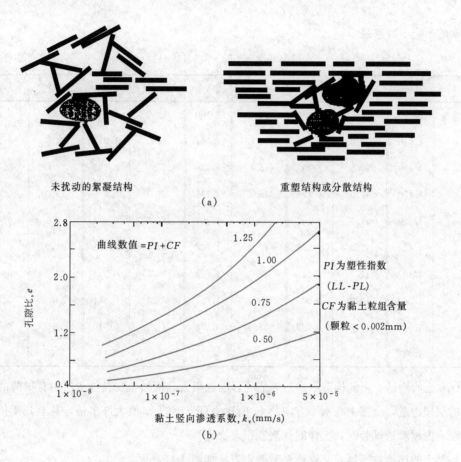

未扰动的絮凝结构　　　　　　　　重塑结构或分散结构

(a)

曲线数值 = PI + CF

PI 为塑性指数

(LL - PL)

CF 为黏土粒组含量

(颗粒 < 0.002mm)

黏土竖向渗透系数, k_v(mm/s)

(b)

图 3-11　影响黏性土渗透系数的因素

(a) 结构扰动；(b) 土性指标与渗透系数的关系

本上呈线性关系。因此，在 T℃测得的 k_T 值应加温度修正，使其成为标准温度下的渗透系数值。关于标准温度，各国不统一，苏联、日本、美国分别采用 10℃、15℃、20℃。所谓标准温度，就是能使度量正确又能使测量仪器和校正仪器都具有正确指示的温度。凡确定物质、材料及制品性质所用的量，应标出它们在标准温度的值，通常标准温度是 20℃。以 10℃ 或 15℃ 为标准的理由是地下水的温度在 10～15℃。目前《土工试验方法标准》GB/T 50123—2019 和《公路土工试验规程》JTGE 40—2007 均采用 20℃ 为标准温度。因此在标准温度 20℃ 下的渗透系数应按下式计算：

$$k_{20} = \frac{\eta_T}{\eta_{20}} k_T \tag{3-16}$$

式中　k_T、k_{20}——T℃和 20℃时土的渗透系数；

　　　　η_T、η_{20}——T℃和 20℃时水的黏滞度（见表 3-1）。

对于 T 为 5℃ 的情况，$\dfrac{\eta_T}{\eta_{20}} = 1.501$，对于 T 为 25℃ 的情况，$\dfrac{\eta_T}{\eta_{20}} = 0.890$。由此可见，水

温因素的影响不容忽视。

表 3-1

水的黏滞度 η [Pa·s (×10⁻³)]

水温(℃)	η	水温(℃)	η	水温(℃)	η	水温(℃)	η	水温(℃)	η
0.0	1.794	9.5	1.328	14.5	1.160	19.5	1.022	26.0	0.879
5.0	1.516	10.0	1.310	15.0	1.144	20.0	1.010	27.0	0.859
5.5	1.493	10.5	1.292	15.5	1.130	20.5	0.998	28.0	0.841
6.0	1.470	11.0	1.274	16.0	1.115	21.0	0.986	29.0	0.823
6.5	1.449	11.5	1.256	16.5	1.101	21.5	0.974	30.0	0.806
7.0	1.428	12.0	1.239	17.0	1.088	22.0	0.963	31.0	0.789
7.5	1.407	12.5	1.223	17.5	1.074	22.5	0.952	32.0	0.773
8.0	1.387	13.0	1.206	18.0	1.061	23.0	0.941	33.0	0.757
8.5	1.367	13.5	1.190	18.5	1.048	24.0	0.919	34.0	0.742
9.0	1.347	14.0	1.175	19.0	1.035	25.0	0.899	35.0	0.727

（6）土的构造。土的构造因素对 k 值的影响也很大。例如，在黏性土层中有很薄的砂土夹层的层理构造，会使土在水平方向的 k_h 值比垂直方向的 k_v 值大许多倍，甚至几十倍。因此，在室内做渗透试验时，土样的代表性很重要。

各类土的透水性特征及其渗透系数测定方法如图 3-12 所示。

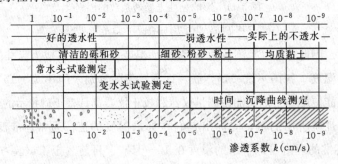

图 3-12　各类土的渗透系数及其测定方法

4. 渗透系数 k 的经验确定方法

（1）对于洁净的、不含细粒土的松砂土，B. 汉森（Hansen，1930）建议采用下列经验公式估计 k（cm/s）值：

$$k = (1.0 \sim 1.5)(d_{10})^2 \tag{3-17}$$

式中　d_{10}——土的有效粒径（mm），即土中小于此粒径的土重占全部土重的 10%。

对于较密实或击实砂土，下列公式可用来进行估计：

$$k = 0.35(D_{15})^2 \tag{3-18}$$

式中　D_{15}——小于某粒径土重累计含量 15％对应的颗粒直径（mm）。

（2）对于黏性土，Samarasinghe，A. M.，Huang，Y. H.，and Drnevich，V. P.（1982）建议渗透系数可用下式表示：

$$k = C_3 \left(\frac{e^n}{1+e} \right) \tag{3-19}$$

式中，C_3 和 n 是由试验确定的常数。

上式可改写为

$$\lg [k (1+e)] = \lg C_3 + n \lg e$$

对于一定的黏性土，如果渗透系数 k 随孔隙比 e 的变化是已知的，在双对数坐标系里可以得到 $k (1+e)$ 随 e 的变化关系，从而得到 C_3 和 n 值。表 3-2 为几种 k 值的经验公式。

估计 k 值的经验公式　　　　　　　　　　　　　　　　表 3-2

土类	引　　自	关　系　式	备　注
砂土	Amer，A. M.，and Awad，A. A.（1974） Shahabi，A. A.，Das，B. M.，Tarquin. A. J.（1984）	$k = C_2 D_{10}^{2.32} C_u^{0.6} \dfrac{e^3}{1+e}$ $k = 1.2 C_2^{0.735} D_{10}^{0.89} C_u^{0.6} \dfrac{e^3}{1+e}$	中砂-细砂
黏土	Mesri，G.，and Olson，R. E.（1971） Taylor，D. W.（1948）	$\lg k = A' \lg e + B'$ $\lg k = \lg k_0 - \dfrac{e_0 - e}{C_k}$ $C_k \approx 0.5 e_0$	$e < 2.5$

注：D_{10} 为有效粒径；C_u 为不均匀系数；C_2 为常数；k_0 为现场对应于孔隙比 e_0 的渗透系数；k 为对应于孔隙比 e 的渗透系数；C_k 为渗透变化指数。

5. 成层土的等效渗透系数

天然沉积土往往由渗透性不同的土层所组成，宏观上具有非均质性。对于平面问题与土层层面平行和垂直的简单渗流情况，当各土层的渗透系数和厚度为已知时，即可求出整个土层与层面平行和垂直的平均渗透系数，作为进行渗流计算的依据。

现在，先来考虑与层面平行的渗流情况。图 3-13（a）为在渗流场中截取的渗流长度为 L 的一段与层面平行的渗流区域，各土层的水平向渗透系数分别为 k_{1x}、k_{2x}……k_{nx}，厚度分别为 H_1、H_2……H_n，总厚度为 H。若通过各土层的单位渗水量为 q_{1x}、q_{2x}……q_{nx}，则通过整个土层的总单位渗水量 q_x 应为各土层单位渗水量之总和，即

$$q_x = q_{1x} + q_{2x} + \cdots\cdots + q_{nx} = \sum_{i=1}^{n} q_{ix} \tag{a}$$

根据达西定律，总的单位渗水量又可表示为

$$q_x = k_x i H \tag{b}$$

式中 k_{x}——与层面平行的土层平均渗透系数；

   i——土层的平均水力梯度，$i = \Delta h / L$。

对于这种条件下的渗流，通过各土层相同距离的水头损失均相等。因此，各土层的水力梯度与整个土层的平均水力梯度亦应相等。于是任一土层的单位渗水量为

$$q_{ix} = k_{ix} i H_i \tag{c}$$

将式（b）和式（c）代入式（a）后可得到整个土层与层面平行的平均渗透系数为

$$k_{x} = \frac{1}{H} \sum_{i=1}^{n} k_{ix} H_i \tag{3-20}$$

对于与层面垂直的渗流情况，如图 3-13（b）所示，可用类似的方法求解。设通过各土层的单位渗水量为 q_{1y}、q_{2y}……q_{ny}，根据水流连续定理，通过整个土层的单位渗水量 q_y 必等于通过各土层的渗流量，即

$$q_{y} = q_{1y} = q_{2y} = \cdots\cdots = q_{ny} \tag{d}$$

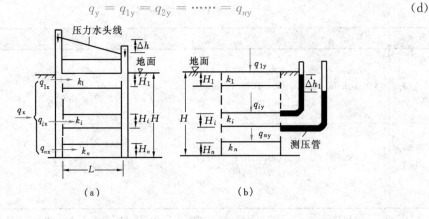

（a）　　　　　　　　　（b）

图 3-13　成层土渗流

设渗流通过任一土层的水头损失为 Δh_i，水力梯度 i_i 为 $\Delta h_i / H_i$，则通过整个土层的水头总损失 h 应为 $\sum \Delta h_i$，总的平均水力梯度 i 应为 h/H。由达西定律通过整个土层的总单位渗水量为

$$q_{y} = k_{y} \frac{h}{H} A \tag{e}$$

式中 k_{y}——与层面垂直的土层平均渗透系数；

   A——渗流断面积。

通过任一土层渗水量为

$$q_{iy} = k_{iy} \frac{\Delta H_i}{H_i} A = k_{iy} i_i A \tag{f}$$

将（e）、（f）两式分别代入式（d），消去 A 后可得

$$k_{y} \frac{h}{H} = k_{iy} i_i \tag{g}$$

而整个土层的水头总损失又可表示为

$$h = i_1 H_1 + i_2 H_2 + \cdots\cdots + i_n H_n = \sum_{i=1}^{n} i_i H_i \qquad \text{(h)}$$

将式（h）代入式（g）并经整理后即可得到整个土层与层面垂直的平均渗透系数为

$$k_y = \cfrac{H}{\cfrac{H_1}{k_{1y}} + \cfrac{H_2}{k_{2y}} + \cdots\cdots + \cfrac{H_n}{k_{ny}}} = \cfrac{H}{\sum\limits_{i=1}^{n} \left(\cfrac{H_i}{k_{iy}} \right)} \qquad (3\text{-}21)$$

由式（3-20）、式（3-21）可知，对于成层土，如果各土层的厚度大致相近，而渗透却相差悬殊时，与层向平行的平均渗透系数将取决于最透水土层的厚度和渗透性，并可近似地表示为 $k'H'/H$，式中 k' 和 H' 分别为最透水土层的渗透系数和厚度；而与层面垂直的平均渗透系数将取决于最不透水层的厚度和渗透性，并可近地表示为 $k''H/H''$，式中 k'' 和 H'' 分别为最不透水层的渗透系数和厚度。因此，成层土与层面平行的平均渗透系数总大于与层面垂直的平均渗透系数。

3.3　土中二维渗流及流网

上述渗流属简单边界条件下的一维渗流，可用达西定律进行渗流计算。但实际工程中，边界条件复杂，如围堰工程中的渗流，水流形态往往是二维或三维的，介质内的流动特性逐点不同，不能再视为一维渗流。这时达西定律需用微分形式表达，然后根据边界条件进行求解。

3.3.1　二维渗流方程

当渗流场中水头及流速等渗流要素不随时间改变时，这种渗流称为稳定渗流。

现从稳定渗流场中任意点 A 处取一微单元体，面积为 $dxdz$，厚度为 $dy=1$，在 x 和 z 方向各有流速 v_x 和 v_z，如图 3-14 所示。

单位时间内流入这个微单元体的渗水量为 dq_e，则

$$dq_e = v_x dz \cdot 1 + v_z dx \cdot 1$$

单位时间内流出这个微单元体的渗水量为 dq_0，则

$$dq_0 = \left(v_x + \frac{\partial v_x}{\partial x} dx \right) dz \cdot 1 + \left(v_z + \frac{\partial v_z}{\partial z} dz \right) dx \cdot 1$$

假定水体不可压缩，则根据水流连续原理，单位时间内流入和流出微元体的水量应相等，即

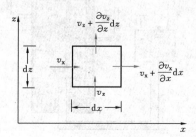

图 3-14　二维渗流的连续条件

$$dq_e = dq_0$$

从而得出

$$\frac{\partial v_x}{\partial x} + \frac{\partial v_z}{\partial z} = 0 \tag{3-22}$$

式 (3-22) 即为二维渗流连续方程。

再根据达西定律, 对于各向异性土

$$v_x = k_x i_x = k_x \frac{\partial h}{\partial x} \tag{3-23}$$

$$v_z = k_z i_z = k_z \frac{\partial h}{\partial z} \tag{3-24}$$

式中　k_x、k_z——x 和 z 方向的渗透系数;

　　　h——测压管水头。

将式 (3-23) 和式 (3-24) 代入式 (3-22) 可得

$$k_x \frac{\partial^2 h}{\partial x^2} + k_z \frac{\partial^2 h}{\partial z^2} = 0 \tag{3-25}$$

对于各向同性的均质土, $k_x = k_z$, 则式 (3-25) 可表达为

$$\frac{\partial^2 h}{\partial x^2} + \frac{\partial^2 h}{\partial z^2} = 0 \tag{3-26}$$

式 (3-26) 即为著名的拉普拉斯 (Laplace) 方程, 也是平面稳定渗流的基本方程式。通过求解一定边界条件下的拉普拉斯方程, 即可求得该条件下的渗流场。

下面以图 3-15 为例说明拉普拉斯方程的应用。设一个两层的土样保持常水头土层 1 顶面和土层 2 底面的水头差为 h_1, 由于渗流只是沿着竖向 z 方向发生, 因此式 (3-26) 可简化为

$$\frac{\partial^2 h}{\partial z^2} = 0 \tag{3-27}$$

解得 　　　$h = A_1 z + A_2$ 　　(3-28)

式中, A_1 和 A_2 为常数。

根据边界条件, 可以求得通过土层 1 的系数。

边界条件 1: 当 $z = 0$, $h = h_1$

边界条件 2: 当 $z = H_1$, $h = h_2$

把边界条件 1 代入公式 (3-28) 得

$$A_2 = h_1 \tag{3-29}$$

同样, 把边界条件 2 和式 (3-29) 代入式 (3-28)

$$h_2 = A_1 H_1 + h_1$$

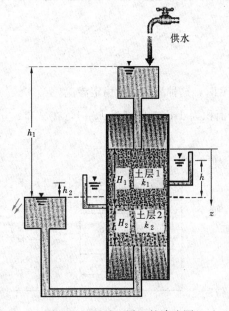

图 3-15　通过二层土的渗流图

或
$$A_1 = -\left(\frac{h_1 - h_2}{H_1}\right) \tag{3-30}$$

联立式（3-28）、式（3-29）、式（3-30）求解方程，得到

$$h = -\left(\frac{h_1 - h_2}{H_1}\right)z + h_1 \quad (0 \leqslant z \leqslant H_1) \tag{3-31}$$

当水流通过土层 2，边界条件如下：

边界条件 1：$z = H_1$，$h = h_2$

边界条件 2：$z = H_1 + H_2$，$h = 0$

把边界条件 1 代入式（3-28）得

$$A_2 = h_2 - A_1 H_1 \tag{3-32}$$

把边界条件 2 代入式（3-28）和式（3-32）得

$$0 = A_1(H_1 + H_2) + (h_2 - A_1 H_1)$$

或
$$A_1 = -\frac{h_2}{H_2} \tag{3-33}$$

由式（3-28）、式（3-32）、式（3-33）得

$$h = -\left(\frac{h_2}{H_2}\right)z + h_2\left(1 + \frac{H_1}{H_2}\right) \quad (H_1 \leqslant z \leqslant H_1 + H_2) \tag{3-34}$$

在给定的时间内，通过土层 1 的水量和通过土层 2 的水量相等，由此得到

$$q = k_1\left(\frac{h_1 - h_2}{H_1}\right)A = k_2\left(\frac{h_2 - 0}{H_2}\right)A \tag{3-35}$$

式中 A——土样的截面积；

$\quad$ k_1——土层 1 的渗透系数；

$\quad$ k_2——土层 2 的渗透系数。

或
$$h_2 = \frac{h_1 k_1}{H_1\left(\frac{k_1}{H_1} + \frac{k_2}{H_2}\right)} \tag{3-36}$$

将式（3-36）代入式（3-31），得

$$h = h_1\left(1 - \frac{k_2 z}{k_1 H_2 + k_2 H_1}\right) \quad (0 \leqslant z \leqslant H_1) \tag{3-37}$$

同样，联立式（3-34）和式（3-36）求解方程，得

$$h = h_1\left[\left(\frac{k_1}{k_1 H_2 + k_2 H_1}\right)(H_1 + H_2 - z)\right] \quad (H_1 \leqslant z \leqslant H_1 + H_2) \tag{3-38}$$

根据式（3-37）和式（3-38）可以得到任何位置的水头 h。

【例题 3-1】如图 3-15 所示，已知 $H_1 = 300$mm，$H_2 = 500$mm，$h_1 = 600$mm，在 $z = 200$mm 处，$h = 500$mm，求 $z = 600$mm 时 h 为多少？

【解】

当 $z=200$mm 时位于土层 1，因此可采用式 (3-37)

$$h = h_1\left(1 - \frac{k_2 z}{k_1 H_2 + k_2 H_1}\right)$$

$$500 = 600\left(1 - \frac{k_2(200)}{k_1(500) + k_2(300)}\right)$$

得 $\dfrac{k_1}{k_2} = 1.8$。

因为 $z=600$mm 时位于土层 2，因此采用式 (3-38)

$$h = h_1\left[\left[\frac{1}{H_2 + \frac{k_2}{k_1}H_1}\right](H_1 + H_2 - z)\right]$$

$$h = 600\left[\left[\frac{1}{500 + \frac{300}{1.8}}\right](300 + 500 - 600)\right] = 180\text{mm}$$

3.3.2　流网特征与绘制

上述拉普拉斯方程表明，渗流场内任一点水头是其坐标的函数，知道了水头分布，即可确定渗流场的其他特征。求解拉氏方程一般有四类方法即数学解析法、数值解法、电模拟法、图解法。其中图解法简便，快速，在工程中实用性强，因此，在这里简要介绍图解法。所谓图解法即用绘制流网的方法求解拉氏方程的近似解。

1. 流网的特征

流网是由流线和等势线所组成的曲线正交网格。在稳定渗流场中，流线（seepage lines）表示水质点的流动路线，流线上任一点的切线方向就是流速矢量的方向。等势线（equipotential lines）是渗流场中势能或水头的等值线。

对于各向同性渗流介质，由水力学可知，流网具有下列特征：

(1) 流线与等势线互相正交；

(2) 流线与等势线构成的各个网格的长宽比为常数，当长宽比为 1 时，网格为曲线正方形，这也是最常见的一种流网；

(3) 相邻等势线之间的水头损失相等；

(4) 各个流槽的渗流量相等。

由这些特征可进一步知道，流网中等势线越密的部位，水力梯度越大，流线越密的部位，流速越大。

2. 流网的绘制

如图 3-16 所示，流网绘制步骤如下：

（1）按一定比例绘出结构物和土层的剖面图；

（2）判定边界条件；

（3）先试绘若干条流线（应相互平行，不交叉且是缓和曲线），流线应与进水面、出水面正交，并与不透水面接近平行，不交叉；

（4）加绘等势线，须与流线正交，且每个渗流区的形状接近"方块"。

上述过程不可能一次就合适，经反复修改调整，直到满足上述条件为止，图 3-17 为几种典型流网图。

根据流网，就可以直观地获得渗流特性的总体轮廓，并可定量求得渗流场中各点的水头，水力坡降、渗流速度和渗流量。

3. 渗流量计算

如图 3-16 所示，若总水头差为 ΔH，则相邻等势线之间的水头损失 Δh 为

$$\Delta h = \frac{\Delta H}{N_d} \tag{3-39}$$

式中 N_d 为等势线条数减 1，图中 $N_d = 10 - 1 = 9$，则每个流槽的渗流量 Δq（m^3/d）为

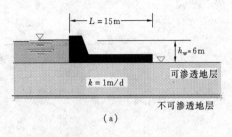
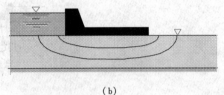
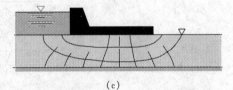
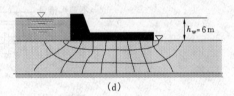

渗流量 $q = k h_w \left(\dfrac{N_f}{N_d}\right) \times (宽度)$
$= (1m/d) \times (6m) \times \dfrac{3}{9} (1m\ 宽)$
$= 2 m^3/d$

图 3-16　流网绘制示例

$$\Delta q = Aki = (b \times 1) \times k\frac{\Delta h}{L} = k\frac{\Delta h b}{L} = k\frac{\Delta H}{N_d}\frac{b}{L} \tag{3-40}$$

若 b/L 构造成 1，则总渗流量（m^3/d）为

$$q = k\sum_{i=1}^{N_f}\left(\frac{\Delta H}{N_d}\right)_i = k\Delta H\frac{N_f}{N_d} \tag{3-41}$$

式中 N_f 为流槽的数量，等于流线数减 1，图中 $N_f = 4 - 1 = 3$。

【**例题 3-2**】图 3-18 中，$H_1 = 11m$，$H_2 = 2m$，板桩的入土深度是 5m，地基土的渗透系数是 5×10^{-4} cm/s。（1）求图中 A 点和 B 点的孔隙水压力；（2）求每 1m 板桩宽的渗流量。

【解】

（1）在图 3-18 中，流网网格 $N_d = 10$，$N_f = 5$，总水头差 $H_1 - H_2 = 11 - 2 = 9m$，则每个网格的水头损失 $\Delta h = 9/10 = 0.9m$。A、B 两点的孔隙水压力分别为

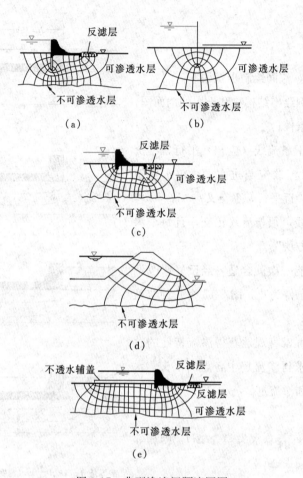

图 3-17　典型渗流问题流网图

（a）混凝土坝基下有钢板桩；（b）钢板桩；（c）混凝土坝趾设置钢板桩和滤层；

（d）土坝；（e）混凝土坝上游防渗层，下游滤层

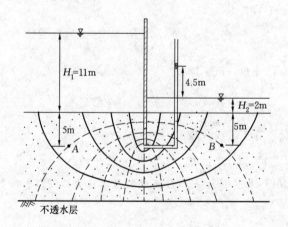

图 3-18　例题 3-2 图

$$u_A = (5 + 11 - 0.9) \times 9.8 = 148.0 \text{kN/m}^2$$

$$u_B = (5 + 11 - 0.9 \times 9) \times 9.8 = 77.4 \text{kN/m}^2$$

（2）已知渗透系数为 5×10^{-4} cm/s $= 0.432$ m/d，根据流网公式可求得渗流量

$$q = k(H_1 - H_2) \frac{N_f}{N_d} = 0.432 \times 9 \times \frac{5}{10} = 1.944 \text{m}^3/\text{d}$$

3.4　渗透破坏与控制

渗流引起的渗透破坏问题主要有两大类：一是由于渗流力的作用，使土体颗粒流失或局部土体产生移动，导致土体变形甚至失稳；二是由于渗流作用，使水压力或浮力发生变化，导致土体或结构物失稳。前者主要表现为流砂和管涌，后者则表现为岸坡滑动或挡土墙等构造物整体失稳。这里先介绍渗流力，再分析流砂和管涌现象。关于渗流对土坡稳定的影响将在第 10 章中介绍。

3.4.1　渗流力

水在土体中流动时，由于受到土粒的阻力，而引起水头损失，从作用力与反作用力的原理可知，水流经过时必定对土颗粒施加一种渗流作用力。为研究方便，称单位体积土颗粒所受到的渗流作用力为渗流力或动水力。

在图 3-19 的渗透破坏试验中，对土样假想将土骨架和水分开来取隔离体，则对假想水柱隔离体来说，作用在其上的力有

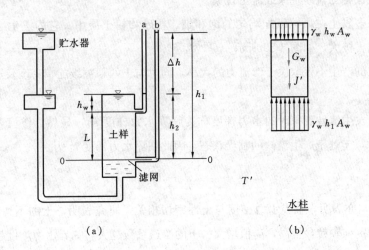

（a）　　　　　　　　　　　　（b）

图 3-19　饱和土体中的渗流力计算

（a）渗透破坏试验示意；（b）假想水柱隔离体

（1）水柱重力 G_w 为土中水重力和土粒浮力的反力（等于土粒同体积的水重）之和，即

$$G_w = V_v\gamma_w + V_s\gamma_w = V\gamma_w = LA_w\gamma_w$$

（2）水柱上下两端面的边界水压力 $\gamma_w h_w$ 和 $\gamma_w h_1$。

（3）土柱内土粒对水流的阻力，其大小应与渗流力相等，方向相反。设单位土体内的渗流力和土粒对水流阻力分别为 J 和 T，则总阻力 $T' = TLA_w$，方向竖直向下，而渗流力 $J = T$，方向竖直向上。

现考虑假想水柱隔离体（图 3-19b）的平衡条件，可得

$$A_w\gamma_w h_w + G_w + T' = \gamma_w h_1 A_w$$

$$T = \frac{\gamma_w(h_1 - h_w - L)}{L} = \frac{\gamma_w \Delta h}{L} = \gamma_w i$$

得到
$$J = T = \gamma_w i \tag{3-42}$$

从式（3-42）可知，渗流力是一种体积力，量纲与 γ_w 相同。渗透力的大小和水力梯度呈正比，其方向与渗透方向一致。

3.4.2 流砂或流土现象

在图 3-19 的试验装置中，若贮水器不断上提，则 Δh 逐渐增大，从而作用在土体中的渗流力也逐渐增大。当 Δh 增大到某一数值，向上的渗流力克服了向下的重力时，土体就要发生浮起或受到破坏。将这种在向上的渗流力作用下，粒间有效应力为零时，颗粒群发生悬浮、移动的现象称为流砂现象或流土现象。

这种现象多发生在颗粒级配均匀的饱和细、粉砂和粉土层中。它的发生一般是突发性的，对工程危害极大，如图 3-20 所示。

流砂现象的产生不仅取决于渗流力的大小，同时与土的颗粒级配、密度及透水性等条件相关。

使土开始发生流砂现象时的水力梯度称为临界水力梯度 i_{cr}，显然，渗流力 $\gamma_w i$ 等于土的浮重度 γ' 时，土处于产生流砂的临界状态，因此临界水力梯度 i_{cr} 为

$$i_{cr} = \frac{\gamma'}{\gamma_w} = (d_s - 1)(1 - n) \tag{3-43}$$

式（3-43）亦表明，临界水力梯度与土性密切相关，研究表明，土的不均匀系数越大，i_{cr} 值越小；土中细颗粒含量高，i_{cr} 值增大；土的渗透系数越大，临界水力坡度越低。上海地区的经验表明流砂现象多发生在下列特征的土层中：①土的颗粒组成中，黏粒含量小于 10%，粉粒、砂粒含量大于 75%；②土的不均匀系数小于 5；③土的含水率大于 30%；④土

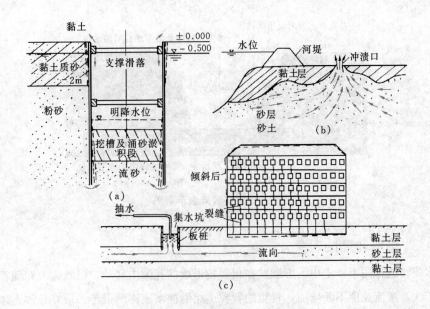

图 3-20　流砂现象引起破坏示意图

(a) 桥墩基坑因流砂破坏；(b) 河堤下游覆盖层下流砂涌出的现象；

(c) 流砂涌向基坑引起房屋不均匀下沉

的孔隙率大于 43%（孔隙比大于 0.75）；⑤黏性土中夹有砂层时，其层厚大于 25cm；国外文献资料也有类似的标准即：孔隙比 $e>0.75\sim0.80$，有效粒径 $d_{10}<0.1$mm 及不均匀系数小于 5 的细砂最易发生流砂现象。

流砂现象的防治原则是：①减小或消除水头差，如采取基坑外的井点降水法降低地下水位（图 3-21、图 3-22），或采取水下挖掘；②增长渗流路径，如打板桩；③在向上渗流出口处地表用透水材料覆盖压重以平衡渗流力；④土层加固处理，如冻结法、注浆法等。

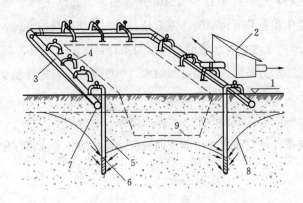

图 3-21　轻型井点降低地下水位全貌图

1—地面；2—水泵房；3—总管；4—弯联管；5—井点管；6—滤管；

7—原有地下水位线；8—降低后地下水位线；9—基坑

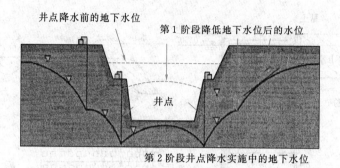

图 3-22　多级降水示意图

3.4.3　管涌和潜蚀现象

在水流渗透作用下，土中的细颗粒在粗颗粒形成的孔隙中移动，以致流失；随着土的孔隙不断扩大，渗流速度不断增加，较粗的颗粒也相继被水流逐渐带走，最终导致土体内形成贯通的渗流管道，如图 3-23 所示，造成土体塌陷，这种现象称为管涌。可见，管涌破坏一般有个时间发展过程，是一种渐进性质的破坏。

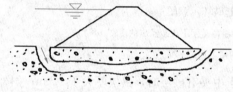

图 3-23　通过坝基的管涌图

在自然界中，在一定条件下同样会发生上述渗透破坏作用，为了与人类工程活动所引起的管涌相区别，通常称之为潜蚀。潜蚀作用有机械的和化学的两种。机械潜蚀是指渗流的机械力将细土粒冲走而形成洞穴；化学潜蚀是指水流溶解了土中的易溶盐或胶结物使土变松散，细土粒被水冲走而形成洞穴，机械和化学两种作用往往是同时存在的。

土是否发生管涌，首先取决于土的性质，管涌多发生在砂性土中，其特征是颗粒大小差别较大，往往缺少某种粒径，孔隙直径大且相互连通。无黏性土产生管涌必须具备两个条件：①几何条件：土中粗颗粒所构成的孔隙直径必须大于细颗粒的直径，这是必要条件，一般不均匀系数 $C_u > 10$ 的土才会发生管涌；②水力条件：渗流力能够带动细颗粒在孔隙间滚动或移动是发生管涌的水力条件，可用管涌的水力梯度来表示，但管涌临界水力梯度的计算至今尚未成熟。对于重大工程，应尽量由试验确定。

防治管涌现象，一般可从下列两个方面采取措施：①改变水力条件，降低水力梯度，如打板桩；②改变几何条件，在渗流逸出部位铺设反滤层是防止管涌破坏的有效措施。

思考题与习题

3-1　试解释起始水力梯度产生的原因。

3-2　为什么室内渗透试验与现场测试得出的渗透系数有较大差别？

3-3　现场测试土渗透系数的原理是什么？方法有哪些？

3-4　拉普拉斯方程适用于什么条件的渗流场？

3-5　地下水渗流时为什么会产生水头损失？

3-6　为什么流线与等势线总是正交的？

3-7　城市基坑垮塌与渗透破坏有关吗？

3-8　流砂与管涌现象有什么区别和联系？

3-9　渗流力还会引起哪些破坏？

3-10　某渗透试验装置如图 3-24 所示。砂 I 的渗透系数 $k_1 = 2 \times 10^{-1}$ cm/s；
砂 II 的渗透系数 $k_2 = 1 \times 10^{-1}$ cm/s，砂样断面积 $A = 200$cm^2，试问：
(1) 若在砂 I 与砂 II 分界面处安装一测压管，则测压管中水面将升至
右端水面以上多高？
(2) 砂 I 与砂 II 界面处的单位渗水量 q 多大？

（答案：20cm，20cm^3/s）

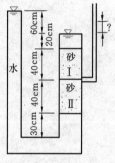

3-11　常水头渗透试验中，已知渗透仪直径 $D = 75$mm，在 $L = 200$mm 渗流途
径上的水头损失 $h = 83$mm，在 60s 时间内的渗水量 $Q = 71.6$cm^3，求
土的渗透系数。

（答案：6.5×10^{-2} cm/s）

图 3-24　某渗透试验
装置（习题 3-10）

3-12　设做变水头渗透试验的黏土试样的截面积为 30cm^2，厚度为 4cm，渗
透仪细玻璃管的内径为 0.4cm，试验开始时的水位差为 145cm，经时
段 7 分 25 秒观察得水位差为 100cm，试验时的水温为 20℃，试求试样
的渗透系数。

（答案：1.40×10^{-5} cm/s）

3-13　图 3-25 为一板桩打入透水土层后形成的流网。已知透水土层深 18.0m，渗透系数 $k = 3 \times 10^{-4}$
mm/s，板桩打入土层表面以下 9.0m，板桩前后水深如图中所示。试求：
(1) 图中所示 a、b、c、d、e 各点的孔隙水压力；(2) 地基的单位渗水量。

[答案：(1) 0、88.2、137.2、9.8、0（kN/m^2）；(2) $q = 12 \times 10^{-7}$m^3/s]

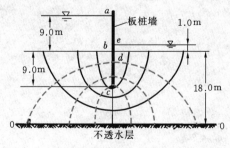

图 3-25　板桩墙下的渗流图
（习题 3-13）

3-14　土坝如图 3-26 所示，已知 $\beta = 45°$，$\alpha = 30°$，$B = 3.05$m，$H = 6.10$m，土坝高 7.62m，渗透系数
$k = 6.15 \times 10^{-3}$ cm/min，求单位渗水量 q。（答案：$q = 29.68$cm^3/d）

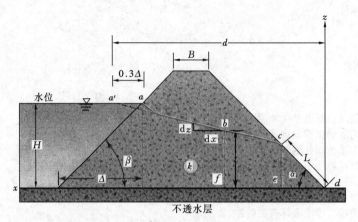

图 3-26　水流穿渗在不渗透底层上面修筑的土坝
（习题 3-14）

第 4 章

土 中 应 力

4.1 概述

土体在自身重力、建筑物荷载、交通荷载或其他因素（如地下水渗流、地震等）的作用下，均可产生土中应力（stress in soils）。土中应力将引起土体或地基的变形，使土工建筑物（如路堤、土坝等）或建筑物（如房屋、桥梁、涵洞等）发生沉降、倾斜以及水平位移。当土体或地基的变形过大时，会影响土工建筑物或建筑物的正常使用。土中应力过大时，又会导致土体的强度破坏，使土工建筑物发生土坡失稳或使建筑物地基的承载力不足而发生失稳。因此在研究土的变形、强度及稳定性问题时，都必须掌握土中原有的应力状态及其变化，土中应力的分布规律和计算方法是土力学的基本内容之一。

土中应力按其起因可分为自重应力（geostatic stress）和附加应力（additional stress）两种。土中某点的自重应力与附加应力之和为土体受外荷载作用后的总和应力（summation stress）。土中自重应力是指土体受到自身重力作用而存在的应力，又可分为两种情况：一种是成土年代长久，土体在自重作用下已经完成压缩变形，这种自重应力不再产生土体或地基的变形；另一种是成土年代不久，例如新近沉积土（第四纪全新世近期沉积的土）、近期人工填土（包括路堤、土坝、人工地基换土垫层等），土体在自身重力作用下尚未完成压缩变形，因而仍将产生土体或地基的变形。此外，地下水的升降，会引起土中自重应力大小的变化，而产生土体压缩、膨胀或湿陷等变形。土中附加应力是指土体受外荷载（包括建筑物荷载、交通荷载、堤坝荷载等）以及地下水渗流、地震等作用下附加产生的应力增量，它是产生地基变形的主要原因，也是导致地基土的强度破坏和失稳的重要原因。土中自重应力和附加应力的产生原因不同，因而两者的计算方法不同，分布规律及对工程的影响也不同。土中竖向自重应力和竖向附加应力也可称为土中自重压力（geostatic pressure）和附加压力（additional pressure）。在计算由建筑物产生的地基土中附加应力时，基底压力的大小与分布是不可缺少的条件。

土中应力按土骨架和土中孔隙的分担作用可分为有效应力和孔隙应力（习惯称孔隙压力）两种。土中某点的有效应力（effective stress）与孔隙压力（pore pressure）之和，称为总应力（total stress）。土中有效应力是指土粒所传递的粒间应力，它是控制土的体积（变形）和强度两者变化的土中应力。土中孔隙应力是指土中水和土中气所传递的应力，土中水传递的孔隙水应力，即孔隙水压力（pore water pressure）；土中气传递的孔隙气应力，即孔隙气压力（poreair pressure）。在计算土体或地基的变形以及土的抗剪强度时，都必须应用土中某点的有效应力原理。有关土的有效应力原理及其应用将在第6、7章中介绍。

土是由三相所组成的非连续介质（non-continuous medium），受力后土粒在其接触点处出现应力集中现象，因此在研究土体内部微观受力时，必须了解土粒之间的接触应力和土粒的相对位移；但在研究宏观的土体受力时（如地基变形和承载力问题），土体的尺寸远大于土粒的尺寸，就可以把土粒和土中孔隙合在一起考虑两者的平均支承应力（average bearing stress）。现将土体简化为连续体（continuous medium），在应用连续体力学（如弹性力学）来研究土中应力的分布时，都只考虑土中某点单位面积上的平均支承应力。

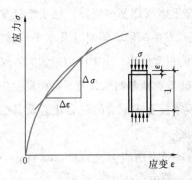

图 4-1　土的应力-应变关系曲线

研究土体或地基的应力和变形，必须从土的应力与应变的基本关系出发。根据土样的单轴压缩试验资料，当应力很小时，土的应力-应变关系就不是线性变化（图4-1），即土的变形具有明显的非线性特征。然而，考虑到一般建筑物荷载作用下地基土中某点的应力变化范围（应力增量 $\Delta\sigma$）不大，可以用一条割线来近似地替代相应的曲线段，就可以把土体看成是一个线性变形体（linier deformation body），从而简化计算。

天然土层往往是由成层土所组成的非均质土（non-homogeneous soil）或各向异性土（anisotropic soil），但当土层性质变化不大时，视土体为均质各向同性体（homogeneous-isotropic body）的假设，对土中竖向应力分布引起的误差，通常在允许范围之内。

由于土体的变形和强度不仅与受力大小有关，更重要的还与土的应力历史和应力路径有关，应力路径是指土中某点的应力变化过程在应力坐标图上的轨迹。有关应力历史和应力路径的概念及其应用，将在第5、6、7章中介绍。此外，土中渗流力（动水力）可引起土中应力的变化，即可引起土中有效自重应力的增大或减小（见6.5.1小节）。

本章先介绍土中自重应力、基底压力，最后介绍地基附加应力。

4.2 土中自重应力

4.2.1 均质土中自重应力

在计算土中自重应力时，假设天然地面是半空间（半无限体）表面一个无限大的水平面，因而在任意竖直面和水平面上均无剪应力存在。如果天然地面下土质均匀，土的天然重度为 γ（kN/m^3），则在天然地面下任意深度 z（m）处 a-a 水平面上任意点的竖向自重应力 σ_{cz}（kPa），可取作用于该水平面任一单位面积上的土柱体自重 $\gamma z \times 1$，计算（图 4-2）如下：

$$\sigma_{cz} = \gamma z \tag{4-1}$$

即 σ_{cz} 沿水平面均匀分布，且随深度 z 按直线规律分布。

地基土中除有作用于水平面的竖向自重应力 σ_{cz} 外，还有作用于竖直面的侧向（水平向）自重应力 σ_{cx} 和 σ_{cy}。土中任意点的侧向自重应力与竖向自重应力成正比关系，而剪应力均为零，即

$$\sigma_{cx} = \sigma_{cy} = K_0 \sigma_{cz} \tag{4-2a}$$

$$\tau_{xy} = \tau_{yx} = \tau_{yz} = \tau_{zy} = \tau_{zx} = \tau_{xz} = 0 \tag{4-2b}$$

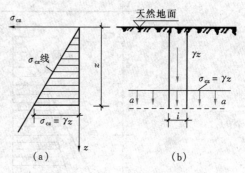

图 4-2 均质土中竖向自重应力

（a）沿深度的分布；（b）任意水平面上的分布

式中比例系数 K_0 称为土的侧压力系数（coefficient of lateral pressure），可由试验测定（见 5.4 节式 5-13）。

若计算点在地下水位以下，由于水对土体有浮力作用，水下部分土柱体自重必须扣去浮力，应采用土的浮重度 γ' 替代（湿）重度 γ 计算。

必须指出，只有通过土粒接触点传递的粒间应力，才能使土粒彼此挤紧，产生土体的体积变形，而且粒间应力又是影响土体强度的一个重要因素，所以粒间应力又称为有效应力（详见 6.4 节）。对于成土年代长久，土体在自重应力作用下已经完成压缩变形，所以土中竖向和侧向的自重应力一般均指有效应力。为了简化方便，将常用的竖向有效自重应力 σ_{cz} 简称为自重应力或自重压力，并改用符号 σ_c 表示。

4.2.2 成层土中自重应力

地基土往往是成层的，因而各层土具有不同的重度。如地下水位位于同一土层中，计算

自重应力时，地下水位面也应作为分层的界面。如图 4-3 所示，天然地面下任意深度 z 范围内各层土的厚度自上而下分别为 h_1、$h_2 \cdots \cdots h_i \cdots \cdots h_n$，计算出高度为 z 的土柱体中各层土重的总和后，可得到成层土自重应力的计算公式：

$$\sigma_c = \sum_{i=1}^{n} \gamma_i h_i \tag{4-3}$$

式中　σ_c——天然地面下任意深度 z 处的竖向有效自重应力（kPa）；

　　　n——深度 z 范围内的土层总数；

　　　h_i——第 i 层土的厚度（m）；

　　　γ_i——第 i 层土的天然重度（kN/m³），对地下水位以下的土层取浮重度 γ_i'。

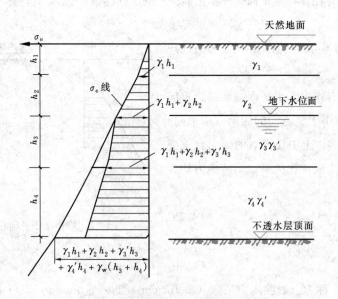

图 4-3　成层土中竖向自重应力沿深度的分布

在地下水位以下，如埋藏有不透水层（例如岩层或只含结合水的坚硬黏土层），由于不透水层中不存在水的浮力，所以不透水层顶面的自重应力值及层面以下的自重应力应按上覆土层的水土总重计算，如图 4-3 中下端所示。

4.2.3　地下水升降时的土中自重应力

地下水位升降，使地基土中自重应力也相应发生变化。图 4-4（a）为地下水位下降的情况，如在软土地区，因大量抽取地下水，以致地下水位长期大幅度下降，使地基中有效自重应力增加，从而引起地面大面积沉降的严重后果。图 4-4（b）为地下水位长期上升的情况，如在人工抬高蓄水水位地区（如筑坝蓄水）或工业废水大量渗入地下的地区。水位上升会引起地基承载力的减少、湿陷性土的塌陷现象，必须引起注意。

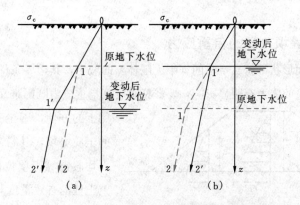

图 4-4 地下水位升降对土中自重应力的影响

（a）地下水位下降情况；（b）地下水位上升情况

0-1-2 线为原来自重应力的分布；0-1′-2′线为地下水位变动后自重应力的分布

【例题 4-1】某建筑场地的地质柱状图和土的有关指标列于图 4-5 中。试计算地面下深度为 2.5m、5m 和 9m 处的自重应力，并绘出分布图。

【解】本例天然地面下第一层粉质黏土厚 6m，其中地下水位以上和以下的厚度分别为 3.6m 和 2.4m；第二层为黏土层。依次计算 2.5m、3.6m、5m、6m 和 9m 各深度处的土中竖向自重应力，计算过程及自重应力分布图一并列于图 4-5 中。

土层	土的有效重度的计算	柱状图	深度 z (m)	分层厚度 h_i (m)	重度 γ_i (kN/m³)	竖向自重应力计算 σ_c(kPa)	竖向自重应力分布图
粉质黏土	$\gamma = 18.0 \ \text{kN/m}^3$ $d_s = 2.72$ $w = 35\%$		2.5			$18 \times 2.5 = 45$	3.6m
	$\gamma' = \dfrac{(d_s-1)\gamma_w}{1+e}$ 地下水位 $= \dfrac{(d_s-1)\gamma}{d_s(1+\omega)}$ $= \dfrac{(2.72-1) \times 18.0}{2.72 \times (1+0.35)}$ $= 8.4 \ \text{kN/m}^3$		3.6 5.0 6.0	3.6 2.4	18 8.4	$18 \times 3.6 = 65$ $65 + 8.4(5-3.6) = 77$ $65 + 8.4(6-3.6) = 85$	65kPa 2.4m 85kPa
黏土	$\gamma = 18.9\text{kN/m}^3$ $d_s = 2.74$ $w = 34.3\%$ $\gamma' = \dfrac{(2.74-1) \times 18.9}{2.74 \times (1+0.343)}$ $= 8.9 \ \text{kN/m}^3$		9.0		8.9	$85 + 8.9(9-6) = 112$	3m 112kPa

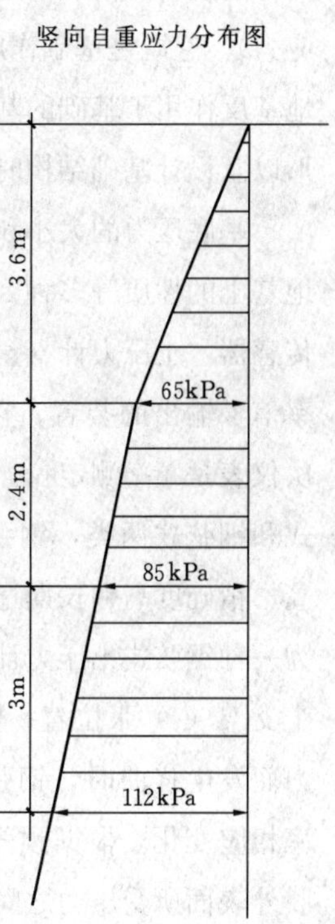

图 4-5 例题 4-1 图

4.2.4 土质堤坝自身的自重应力

土质堤坝的剖面形状不符合半空间（半无限体）的假定，其边界条件以及路基、坝基的变形条件对堤坝自身的应力有明显影响，要严格求解其自重应力既困难又复杂。通常，为实用上的方便，不论是均质的或非均质的土质堤坝，其自身任意点的自重应力均假定等于单位面积上该计算点以上土柱的有效重度与土柱高度的乘积，即按式（4-1）计算，从临空点竖直向下堤身自重应力按直线分布（图4-6）。

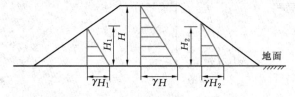

图4-6　堤坝自身的自重应力

4.3　基底压力

4.3.1　基底压力的分布规律

建筑物的荷载通过自身基础传给地基，在基础底面与地基之间便产生了荷载效应（接触应力）。它既是基础作用于地基的基底压力（contact pressure of foundation base），同时又是地基反作用于基础的基底反力（reaction of foundation base）。在计算地基中的附加应力和变形以及设计基础结构时，都必须研究基底压力的分布规律。

基底压力的大小和分布状况，与荷载的大小和分布、基础的刚度、基础的埋置深度以及地基土的性质等多种因素有关。为了实测基底压力的分布规律，在基底不同部位处预埋压力传感器"土压力计（盒）"。压力传感器是一种感受压力并将其转换为与压力成一定关系的频率信号输出的装置，它是量测元件，其相应的二次仪表是频率测定仪。"土压力计"一般有应变片式和钢弦式两类，钢弦式传感器测试具有灵敏度高、精确度高和长期稳定性好的特点。图4-7所示为一种钢弦式土压力计，金属薄膜（1）内面的两个支架（4）张拉着一根钢弦（3），当薄膜承受压力而发生挠曲时，钢弦发生变形，而使其自振频率相应变化。根据预先标定的钢弦频率与金属薄膜外表面所受压力之间的关系，便可求得压力值。

图4-8是将一个圆形刚性基础模型分别置于砂

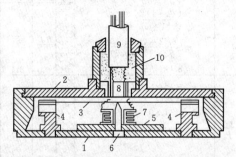

图4-7　一种钢弦式土压力计（卧式结构）

1—金属薄膜；2—外壳；3—钢弦；4—支架；5—底座；6—铁芯；7—线圈；8—接线栓；9—屏蔽线；10—环氧树脂封口

土和硬黏土上所测得的基底压力分布图形。图 4-8（a）中基础放在砂土表面上，四周无超载，基底压力呈抛物线形分布。这是由于基础边缘的砂粒很容易朝侧向挤出，而将其应该承担的压力转嫁给基底的中间部位而形成的。图 4-8（b）中基础也放在砂土表面上，但在四周作用着较大的超载（相当于基础有埋深的情况），因而基础边缘的砂粒较难挤出，所以基底中心部件和边缘部位的反力大小的差别就比前者要小得多。如果把刚性基础模型放在硬黏土上，测得的基底反力分布图与放在砂土上时相反，呈现中间小、边缘大的马鞍形。由于硬黏土有较大的内聚力，不大容易发生土粒的侧向挤出，因此在

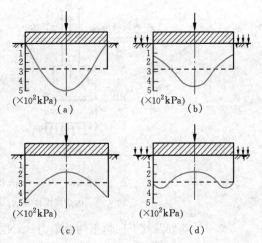

图 4-8　圆形刚性基础模型底面反力分布图

(a) 在砂土上（无超载）；(b) 在砂土上（有超载）；
(c) 在硬黏土上（无超载）；(d) 在硬黏土上（有超载）

基础四周无超载（图 4-8c）和有超载（图 4-8d）两种情况下的基底反力分布的差别不如砂土那样显著。

对于桥梁墩台基础以及工业与民用建筑中的柱下单独基础、墙下条形基础等扩展基础，均可视为刚性基础。这些基础，因为受地基容许承载力的限制，加上基础还有一定的埋置深度，其基底压力呈马鞍形分布，而且基底中心部位反力转至边缘部位不显著，故可近似视为反力均匀分布；另外，根据弹性理论中圣维南原理，在基础底面下一定深度处所引起的地基附加应力与基底荷载的分布形态无关，而只与其合力的大小及其作用点位置有关。因此，对于具有一定刚度以及尺寸较小的扩展基础，其基底压力当作近似直线分布，可按材料力学公式进行简化计算。

4.3.2　基底压力的简化计算

1. 中心荷载下的基底压力

中心荷载下的基础，其所受荷载的合力通过基底形心。基底压力假定为均匀分布（图 4-9），此时基底平均压力 p（kPa）（此荷载效应组合值按现行国家标准《建筑地基基础设计规范》GB 50007—2011、行业标准《公路桥涵设计通用规范》JTG D60—2015 规定）按下式计算：

$$p = \frac{F+G}{A} \tag{4-4}$$

式中　F——作用在基础上的竖向力（kN）；

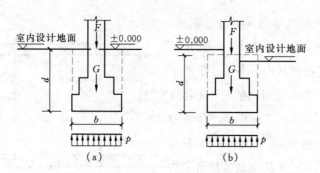

图 4-9　中心荷载下的基底压力分布

(a) 内墙或内柱基础；(b) 外墙或外柱基础

G——基础及其上回填土的总重力（kN），$G=\gamma_G Ad$，其中 γ_G 为基础及回填土的平均

重度，一般取 $20kN/m^3$，但地下水位以下部分应扣去浮力为 $10kN/m^3$，d 为基

础埋深（m），必须从设计地面或室内外平均

设计地面算起（图 4-9b）；

A——基底面积（m^2），对矩形基础 $A=lb$，l 和 b 分

别为矩形基底的长边宽度（m）和短边宽度

（m）。

对于荷载均匀分布的条形基础，则沿长度方向截取一

单位长度的截条进行基底平均压力 p 的计算，此时式(4-4)

中的 A 改为 b （m），而 F 及 G 则为基础截条内的相应值

（kN/m）。

2. 偏心荷载下的基底压力

单向偏心荷载下的矩形基础如图 4-10 所示。设计时，

通常基底长边方向与偏心方向取得一致，基底两边缘的最

大、最小压力 p_{max}、p_{min}（此荷载效应组合值同上）按材

料力学短柱偏心受压公式计算：

$$\left.\begin{array}{c} p_{max} \\ p_{min} \end{array}\right\} = \frac{F+G}{lb} \pm \frac{M}{W} \qquad (4-5)$$

式中　F、G、l、b 符号意义同式（4-4）；

M——作用于矩形基础底面的力矩（kN·m）；

W——矩形基础底面的抵抗矩（m^3），$W=\dfrac{bl^2}{6}$。

将偏心荷载（如图 4-10 中虚线所示）的偏心距 $e=\dfrac{M}{F+G}$ 引

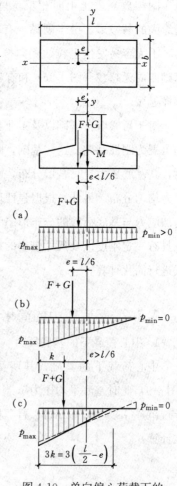

图 4-10　单向偏心荷载下的

矩形基底压力分布图

入式（4-5）得

$$\left.\begin{array}{c}p_{\max}\\p_{\min}\end{array}\right\}=\frac{F+G}{lb}\left(1\pm\frac{6e}{l}\right)\tag{4-6}$$

由上式可见，当 $e<l/6$ 时，基底压力分布图呈梯形（图 4-10a）；当 $e=l/6$ 时，则呈三角形（图 4-10b）；当 $e>l/6$ 时，按式（4-6）计算结果，距偏心荷载较远的基底边缘反力为负值，即 $p_{\min}<0$，如图 4-10（c）中虚线所示。由于基底与地基之间不能承受拉力，此时基底与地基局部脱开，而使基底压力重新分布。因此，根据偏心荷载应与基底反力相平衡的条件，荷载合力 $F+G$ 应通过三角形反力分布图的形心，如图4-10（c）中实线所示分布图形，由此可得基底边缘最大压力 $p_{\max}$ 为

$$p_{\max}=\frac{2(F+G)}{3bk}\tag{4-7}$$

式中　k——单向偏心作用点至具有最大压力的基底边缘的距离（m）。

矩形基础在双向偏心荷载作用下，如基底最小压力 $p_{\min}\geqslant0$，则矩形基底边缘四个角点处的压力 $p_{\max}$、$p_{\min}$、p_1、p_2（kPa），可按下列公式计算（图 4-11）：

$$\left.\begin{array}{c}p_{\max}\\p_{\min}\end{array}\right\}=\frac{F+G}{lb}\pm\frac{M_{\mathrm{x}}}{W_{\mathrm{x}}}\pm\frac{M_{\mathrm{y}}}{W_{\mathrm{y}}}\tag{4-8a}$$

$$\left.\begin{array}{c}p_1\\p_2\end{array}\right\}=\frac{F+G}{lb}\mp\frac{M_{\mathrm{x}}}{W_{\mathrm{x}}}\pm\frac{M_{\mathrm{y}}}{W_{\mathrm{y}}}\tag{4-8b}$$

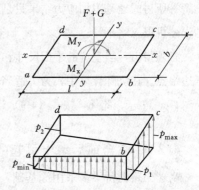

图 4-11　矩形基础在双向偏心荷载下的基底压力分布图

式中　M_{x}、M_{y}——荷载合力分别对矩形基底 x、y 对称轴的力矩（kN·m）；

W_{x}、W_{y}——基础底面分别对 x、y 轴的抵抗矩（m³）。

4.3.3　基底附加压力

建筑物建造前，土中早已存在自重应力，基底附加压力是基底压力与基底处建造前土中自重应力之差，是引起地基附加应力和变形的主要原因。

一般浅基础总是埋置在天然地面下一定深度处，该处原有土中竖向有效自重应力 σ_{ch}（图 4-12a）。开挖基坑后，卸除了原有的自重应力，即基底处建前曾有过自重应力的作用（图 4-12b）。建筑物建后的基底平均压力扣除建前基底处土中自重应力后，才是新增加于地基的基底平均附加压力（图 4-12c）。

基底平均附加压力 p_0 应按下式计算：

$$p_0=p-\sigma_{\mathrm{ch}}=p-\gamma_{\mathrm{m}}h\tag{4-9}$$

式中　p——基底平均压力（kPa）；

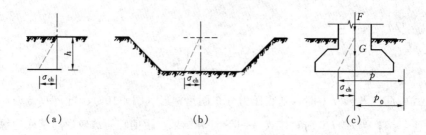

$$（a）\qquad\qquad（b）\qquad\qquad（c）$$

图 4-12　基底附加压力的计算

σ_{ch}——基底处土中自重应力（kPa）；

γ_m——基底标高以上天然土层的加权平均重度（kN/m³），$\gamma_m = (\gamma_1 h_1 + \gamma_2 h_2 + \cdots) /$ $(h_1 + h_2 + \cdots)$，其中地下水位下的重度应取浮重度；

h——从天然地面算起的基础埋深（m），$h = h_1 + h_2 + \cdots$

由于基底附加压力一般作用在地表下一定深度（指浅基础的埋深）处，因而运用弹性力学解答所得的地基附加应力结果只是近似的。不过，对于一般浅基础来说，这种假设所造成的误差可以忽略不计。

必须指出，当基坑的平面尺寸和深度较大时，坑底回弹是明显的，且基坑中点的回弹大于边缘点。在沉降计算中，为了适当考虑这种坑底的回弹和再压缩而增加沉降，改取 $p_0 = p - (0 \sim 1)\sigma_{ch}$。此外，按式（4-9）计算尚应保证坑底土质不发生泡水膨胀的条件。

4.3.4　桥台前后填土引起的基底附加压力

高速公路的桥梁多采用深基础，而桥头路基填方都比较高。当桥台台背填土的高度在

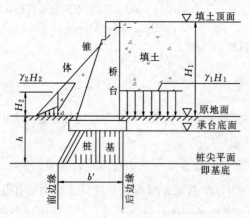

图 4-13　桥台填土对基底附加压力的计算图

5m 以上时，应考虑台背填土对桥台基底或桩尖平面处的附加竖向压应力。对软土地基，如相邻墩台的距离小于 5m 时，应考虑邻近墩台对软土地基所引起的附加竖向压应力。

台背路基填土对桥台基底或桩尖平面的前、后边缘处引起的附加压力 p_{01} 按下式计算（图 4-13）：

$$p_{01} = \alpha_1 \cdot \gamma_1 \cdot H_1 \qquad (4\text{-}10a)$$

对于埋置式桥台，由于台前锥体对基底或桩尖平面处的前边缘引起的附加压力 p_{02} 应按下式计算：

$$p_{02} = \alpha_2 \cdot \gamma_2 \cdot H_2 \qquad (4\text{-}10b)$$

式中及图 4-13 中　　γ_1、γ_2——路基填土、锥体填土的天然重度；

　　　　　　　　　H_1、H_2——基底或桩尖平面处的后、前边缘上的填土高度；

　　　　　　　　　　　　b'——基底或桩尖平面处的前、后边缘间的基础长度；

　　　　　　　　　　　　h——原地面到基底或桩尖平面处的深度；

　　　　　　　　α_1、α_2——竖向附加压力系数，见表 4-1，取自《公路桥涵地基与基础设
　　　　　　　　　　　　　计规范》JTG 3363—2019 附录 J 附表。

桥台基底或桩尖平面边缘附加压力系数 α_1 和 α_2 表（JTG 3363—2019）　　表 4-1

基础埋置深度 h（m）	台背路基填土高度 H_1（m）	系数 α_1				系数 α_2
		后边缘	前边缘、当基底平面的基础长度 b'			前边缘
			5（m）	10（m）	15（m）	
5	5	0.44	0.07	0.01	0	—
	10	0.47	0.09	0.02	0	0.4
	20	0.48	0.11	0.04	0.01	0.5
10	5	0.33	0.13	0.05	0.02	—
	10	0.40	0.17	0.06	0.02	0.3
	20	0.45	0.19	0.08	0.03	0.4
15	5	0.26	0.15	0.08	0.04	—
	10	0.33	0.19	0.10	0.05	0.2
	20	0.41	0.24	0.14	0.07	0.3
20	5	0.20	0.13	0.08	0.04	—
	10	0.28	0.18	0.10	0.06	0.1
	20	0.37	0.24	0.16	0.09	0.2
25	5	0.17	0.12	0.08	0.05	—
	10	0.24	0.17	0.12	0.08	0
	20	0.33	0.24	0.17	0.10	0.1
30	5	0.15	0.11	0.08	0.06	—
	10	0.21	0.16	0.12	0.08	0
	20	0.31	0.24	0.18	0.12	0

　　注：路基断面按黏性土路堤考虑。

4.4　地基附加应力

　　计算地基附加应力时，一般假定地基土是各向同性的、均质的线性变形体，而且在深度和水平方向上都是无限延伸的，即把地基看成是均质的线性变形半空间（half space），这样就可以直接采用弹性力学中关于弹性半空间的理论解答。当弹性半空间表面作用一个竖向集

中力时，地基中任意点处所引起的应力和位移可用 J. 布辛奈斯克（Boussinesq，1885）公式求解；在弹性半空间表面作用一个水平集中力时，地基中任意点的应力和位移可用 V. 西娄提（Cerutti，1882）公式求解；当弹性半空间内某一深度处作用一个竖向集中力时，地基中任意点的应力和位移可用 R. 明德林（Mindlin，1936）公式求解，本教材介绍竖向集中力和水平集中力作用于弹性半空间表面时的地基附加应力。

地基附加应力主要由建筑物基础（或堤坝）底面的附加压力来计算，还有桥台前后填土引起的基底附加压力，此外，考虑相邻基础影响以及成土年代不久土体的自重应力，在地基变形的计算中，应归入地基附加应力范畴。计算地基附加应力时，通常将基底压力看成是地基表面作用的柔性荷载，即不考虑基础刚度的影响。按照弹性力学、地基附加应力计算分为空间问题和平面问题两类。本节先介绍属于空间问题的竖向集中力、矩形荷载和圆形荷载作用下的解答，然后介绍属于平面应变问题的线荷载和条形荷载作用下的解答，接着介绍非均质和各向异性地基附加应力的弹性力学解答，最后，概要介绍水平力作用下的解答。

4.4.1 竖向集中力作用时的地基附加应力

1. 布辛奈斯克解

在弹性半空间表面上作用一个竖向集中力时，半空间内任意点处所引起的应力和位移的弹性力学解答是由法国 J. 布辛奈斯克（Boussinesq，1885）提出的。如图 4-14 所示，在半空间（相当于地基）中任意点 M（x、y、z）处的六个应力分量和三个位移分量的解答如下：

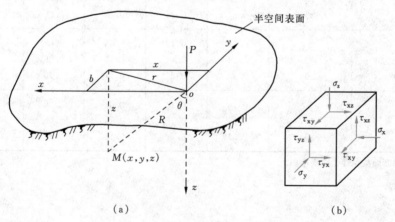

图 4-14 一个竖向集中力作用下所引起的应力

(a) 半空间中任意点 M（x、y、z）；(b) M 点处的单元体

$$\sigma_x = \frac{3P}{2\pi}\left[\frac{x^2 z}{R^5} + \frac{1-2\mu}{3}\left(\frac{R^2 - Rz - z^2}{R^3(R+z)} - \frac{x^2(2R+z)}{R^3(R+z)^2}\right)\right] \tag{4-11a}$$

$$\sigma_y = \frac{3P}{2\pi}\left[\frac{y^2 z}{R^5} + \frac{1-2\mu}{3}\left(\frac{R^2 - Rz - z^2}{R^3(R+z)} - \frac{y^2(2R+z)}{R^3(R+z)^2}\right)\right] \tag{4-11b}$$

$$\sigma_z = \frac{3P}{2\pi}\cdot\frac{z^3}{R^5} = \frac{3P}{2\pi R^2}\cos^3\theta \tag{4-11c}$$

$$\tau_{xy} = \tau_{yx} = -\frac{3P}{2\pi}\left[\frac{xyz}{R^5} - \frac{1-2\mu}{3}\cdot\frac{xy(2R+z)}{R^3(R+z)^2}\right] \tag{4-12a}$$

$$\tau_{yz} = \tau_{zy} = -\frac{3P}{2\pi}\cdot\frac{yz^2}{R^5} = -\frac{3Py}{2\pi R^3}\cos^2\theta \tag{4-12b}$$

$$\tau_{zx} = \tau_{xz} = -\frac{3P}{2\pi}\cdot\frac{xz^2}{R^5} = -\frac{3Px}{2\pi R^3}\cos^2\theta \tag{4-12c}$$

$$u = \frac{P(1+\mu)}{2\pi E}\left[\frac{xz}{R^3} - (1-2\mu)\frac{x}{R(R+z)}\right] \tag{4-13a}$$

$$v = \frac{P(1+\mu)}{2\pi E}\left[\frac{yz}{R^3} - (1-2\mu)\frac{y}{R(R+z)}\right] \tag{4-13b}$$

$$w = \frac{P(1+\mu)}{2\pi E}\left[\frac{z^2}{R^3} + 2(1-\mu)\frac{1}{R}\right] \tag{4-13c}$$

式中　σ_x、σ_y、σ_z——平行于 x、y、z 坐标轴的正应力；

τ_{xy}、τ_{yz}、τ_{zx}——剪应力，其中前一角标表示与它作用微面的法线方向平行的坐标轴，后一角标表示与它作用方向平行的坐标轴；

u、v、w——M 点沿坐标轴 x、y、z 方向的位移；

P——作用于坐标原点 o 的竖向集中力；

R——M 点至坐标原点 o 的距离，$R = \sqrt{x^2+y^2+z^2} = \sqrt{r^2+z^2} = z/\cos\theta$；

θ——R 线与 z 坐标轴的夹角；

r——M 点与集中力作用点的水平距离；

E——弹性模量（或土力学中专用的土的变形模量，以 E_0 代之）；

μ——泊松比。

若用 $R=0$ 代入以上各式所得出的结果均为无限大，因此，所选择的计算点不应过于接近集中力的作用点。

建筑物作用于地基的荷载，总是分布在一定面积上的局部荷载，因此理论上的集中力实际是没有的。但是，根据弹性力学的叠加原理利用布辛奈斯克解答，可以通过等代荷载法求得任意分布的、不规则荷载面形状的地基中的附加应力，或进行积分直接求解各种局部荷载下的地基中的附加应力。

以上六个应力分量和三个位移分量的公式中，竖向正应力 σ_z 和竖向位移 w 最为常用，以后有关地基附加应力的计算主要是针对 σ_z 而言的。

2. 等代荷载法

如果地基中某点 M 与局部荷载的距离比荷载面尺寸大很多时，就可以用一个集中力 P 代替局部荷载，然后直接应用式（4-11c）计算该点的 σ_z，为了计算上方便，以 $R=\sqrt{r^2+z^2}$ 代入式（4-11c），则

$$\sigma_z = \frac{3P}{2\pi}\frac{z^3}{(r^2+z^2)^{5/2}} = \frac{3}{2\pi}\frac{1}{[(r/z)^2+1]^{5/2}}\frac{P}{z^2} \tag{4-14a}$$

令 $\alpha = \dfrac{3}{2\pi}\dfrac{1}{[(r/z)^2+1]^{5/2}}$，则上式改写为

$$\sigma_z = \alpha(P/z^2) \tag{4-14b}$$

式中　α——集中力 P 作用下的地基竖向附加应力系数，简称集中应力系数（concentration stress factor）。

若干个竖向集中力 P_i（$i=1$、2、……、n）作用在地基表面上，可按等代荷载法（equivalent load replacement method），即按叠加原理，则地面下 z 深度处某点 M 的附加应力 σ_z 应为各集中力单独作用时在 M 点所引起的附加应力之总和，即

$$\sigma_z = \sum_{i=1}^{n}\alpha_i\frac{P_i}{z^2} = \frac{1}{z^2}\sum_{i=1}^{n}\alpha_i P_i \tag{4-15}$$

式中　α_i——第 i 个集中应力系数，在计算中 r_i 是第 i 个集中荷载作用点到 M 点的水平距离。

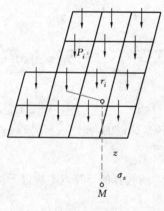

当局部荷载的平面形状或分布情况不规则时，可将荷载面（或基础底面）分成若干个形状规则（如矩形）的单元面积（图 4-15），每个单元面积上的分布荷载近似地以作用在单元面积形心上的集中力来代替，这样就可以利用式（4-15）求算地基中某点 M 的附加应力。由于集中力作用点附近的 σ_z 为无限大，所以这种方法不适用于过于靠近荷载面的计算点。它的计算精确度取决于单元面积的大小。一般当矩形单元面积的长边小于面积形心到计算点的距离的 1/2、1/3 或 1/4 时，所算得附加应力的误差分别不大于 6%、3% 或 2%。

图 4-15　以等代荷载法计算 σ_z

【例题 4-2】在地基上作用一个集中力 $P=100$kN，要求确定：（1）在地基中 $z=2$m 的水平面上，水平距离 $r=0$、1m、2m、3m、4m 处各点的附加应力 σ_z 值，并绘出分布图；（2）在地基中 $r=0$ 的竖直线上距地基表面 $z=0$、1m、2m、3m、4m 处各点的 σ_z 值，并绘出分布图；（3）取 $\sigma_z=10$kPa、5kPa、2kPa、1kPa，反算在地基中 $z=2$m 的水平面上的 r 值和

在 $r=0$ 的竖直线上的 z 值，并绘出四个 σ_z 等值线图。

【解】（1）σ_z 的计算资料列于表 4-2；σ_z 分布图绘于图 4-16。

（2）σ_z 的计算资料列于表 4-3；σ_z 分布图绘于图 4-17。

（3）反算资料列于表 4-4；σ_z 等值线图绘于图 4-18。

例题 4-2（1）表　　表 4-2

z (m)	r (m)	$\dfrac{r}{z}$	α	$\sigma_z = \alpha\dfrac{P}{z^2}$ (kPa)
2	0	0	0.4775	$0.4775 \times \dfrac{100}{2^2} = 11.9$
2	1	0.5	0.2733	6.8
2	2	1.0	0.0844	2.1
2	3	1.5	0.0251	0.6
2	4	2.0	0.0085	0.2

例题 4-2（2）表　　表 4-3

z (m)	r (m)	$\dfrac{r}{z}$	α	$\sigma_z = \alpha\dfrac{P}{z^2}$ (kPa)
0	0	0	0.4775	∞
1	0	0	0.4775	47.8
2	0	0	0.4775	11.9
3	0	0	0.4775	5.3
4	0	0	0.4775	3.0

例题 4-2（3）表　　表 4-4

z (m)	r (m)	r/z	α	σ_z (kPa)
2	0.54	0.27	0.4000	10
2	1.30	0.65	0.2000	5
2	2.00	1.00	0.0800	2
2	2.60	1.30	0.0400	1
2.19	0	0	0.4775	10
3.09	0	0	0.4775	5
5.37	0	0	0.4775	2
6.91	0	0	0.4775	1

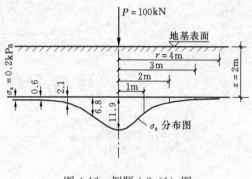

图 4-16　例题 4-2（1）图

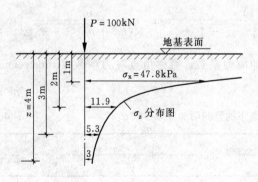

图 4-17　例题 4-2（2）图

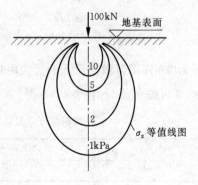

图 4-18　例题 4-2（3）图

4.4.2 矩形荷载和圆形荷载作用时的地基附加应力

1. 均布的矩形荷载

设矩形荷载面的长边宽度和短边宽度分别为 l 和 b，作用于弹性半空间表面的竖向均布荷载 p（或基底平均附加压力 p_0）。先以积分法求得矩形荷载面角点下任意深度 z 处该点的地基附加应力，然后运用角点法求得矩形荷载下任意点的地基附加应力。以矩形荷载面角点为坐标原点 o（图 4-19），在荷载面内坐标为 (x, y) 处取一微单元面积 $\mathrm{d}x\mathrm{d}y$，并将其上的均布荷载以集中力 $p\mathrm{d}x\mathrm{d}y$ 来代替，则在角点 o 下任意深度 z 的 M 点处由该集中力引起的竖向附加应力 $\mathrm{d}\sigma_z$，按式（4-11c）为

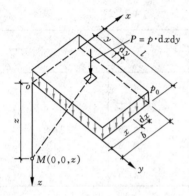

图 4-19 均布矩形荷载面角点下的附加应力 σ_z

$$\mathrm{d}\sigma_z = \frac{3}{2\pi}\frac{pz^3}{(x^2+y^2+z^2)^{5/2}}\mathrm{d}x\mathrm{d}y \qquad (4\text{-}16)$$

将它对整个矩形荷载面 A 进行积分

$$\sigma_z = \iint_A \mathrm{d}\sigma_z = \frac{3pz^3}{2\pi}\int_0^l\int_0^b \frac{1}{(x^2+y^2+z^2)^{5/2}}\mathrm{d}x\mathrm{d}y \qquad (4\text{-}17)$$

$$= \frac{p}{2\pi}\left[\frac{lbz(l^2+b^2+2z^2)}{(l^2+z^2)(b^2+z^2)\sqrt{l^2+b^2+z^2}} + \arcsin\frac{lb}{\sqrt{(l^2+z^2)(b^2+z^2)}}\right]$$

令 $\alpha_c = \dfrac{1}{2\pi}\left[\dfrac{lbz(l^2+b^2+2z^2)}{(l^2+z^2)(b^2+z^2)\sqrt{l^2+b^2+z^2}} + \arcsin\dfrac{lb}{\sqrt{(l^2+z^2)(b^2+z^2)}}\right]$ 得

$$\sigma_z = \alpha_c p \qquad (4\text{-}18)$$

又令 $m=l/b$，$n=z/b$（注意其中 b 为荷载面的短边宽度），则

$$\alpha_c = \frac{1}{2\pi}\left[\frac{mn(m^2+2n^2+1)}{(m^2+n^2)(1+n^2)\sqrt{m^2+n^2+1}} + \arcsin\frac{m}{\sqrt{(m^2+n^2)(1+n^2)}}\right]$$

α_c 为均布矩形荷载角点下的竖向附加应力系数，简称角点应力系数（cornerpoint stress factor），也可按 m 及 n 值由表 4-5 查得。

均布矩形荷载角点下的竖向附加应力系数 α_c 　　　　　　　表 4-5

z/b	l/b											
	1.0	1.2	1.4	1.6	1.8	2.0	3.0	4.0	5.0	6.0	10.0	条形
0.0	0.250	0.250	0.250	0.250	0.250	0.250	0.250	0.250	0.250	0.250	0.250	0.250
0.2	0.249	0.249	0.249	0.249	0.249	0.249	0.249	0.249	0.249	0.249	0.249	0.249
0.4	0.240	0.242	0.243	0.243	0.244	0.244	0.244	0.244	0.244	0.244	0.244	0.244
0.6	0.223	0.228	0.230	0.232	0.232	0.233	0.234	0.234	0.234	0.234	0.234	0.234

续表

z/b	L/b											条形
	1.0	1.2	1.4	1.6	1.8	2.0	3.0	4.0	5.0	6.0	10.0	
0.8	0.200	0.207	0.212	0.215	0.216	0.218	0.220	0.220	0.220	0.220	0.220	0.220
1.0	0.175	0.185	0.191	0.195	0.198	0.200	0.203	0.204	0.204	0.204	0.205	0.205
1.2	0.152	0.163	0.171	0.176	0.179	0.182	0.187	0.188	0.189	0.189	0.189	0.189
1.4	0.131	0.142	0.151	0.157	0.161	0.164	0.171	0.173	0.174	0.174	0.174	0.174
1.6	0.112	0.124	0.133	0.140	0.145	0.148	0.157	0.159	0.160	0.160	0.160	0.160
1.8	0.097	0.108	0.117	0.124	0.129	0.133	0.143	0.146	0.147	0.148	0.148	0.148
2.0	0.084	0.095	0.103	0.110	0.116	0.120	0.131	0.135	0.136	0.137	0.137	0.137
2.2	0.073	0.083	0.092	0.098	0.104	0.108	0.121	0.125	0.126	0.127	0.128	0.128
2.4	0.064	0.073	0.081	0.088	0.093	0.098	0.111	0.116	0.118	0.118	0.119	0.119
2.6	0.057	0.065	0.072	0.079	0.084	0.089	0.102	0.107	0.110	0.111	0.112	0.112
2.8	0.050	0.058	0.065	0.071	0.076	0.080	0.094	0.100	0.102	0.104	0.105	0.105
3.0	0.045	0.052	0.058	0.064	0.069	0.073	0.087	0.093	0.096	0.097	0.099	0.099
3.2	0.040	0.047	0.053	0.058	0.063	0.067	0.081	0.087	0.090	0.092	0.093	0.094
3.4	0.036	0.042	0.048	0.053	0.057	0.061	0.075	0.081	0.085	0.086	0.088	0.089
3.6	0.033	0.038	0.043	0.048	0.052	0.056	0.069	0.076	0.080	0.082	0.084	0.084
3.8	0.030	0.035	0.040	0.044	0.048	0.052	0.065	0.072	0.075	0.077	0.080	0.080
4.0	0.027	0.032	0.036	0.040	0.044	0.048	0.060	0.067	0.071	0.073	0.076	0.076
4.2	0.025	0.029	0.033	0.037	0.041	0.044	0.056	0.063	0.067	0.070	0.072	0.073
4.4	0.023	0.027	0.031	0.034	0.038	0.041	0.053	0.060	0.064	0.066	0.069	0.070
4.6	0.021	0.025	0.028	0.032	0.035	0.038	0.049	0.056	0.061	0.063	0.066	0.067
4.8	0.019	0.023	0.026	0.029	0.032	0.035	0.046	0.053	0.058	0.060	0.064	0.064
5.0	0.018	0.021	0.024	0.027	0.030	0.033	0.043	0.050	0.055	0.057	0.061	0.062
6.0	0.013	0.015	0.017	0.020	0.022	0.024	0.033	0.039	0.043	0.046	0.051	0.052
7.0	0.009	0.011	0.013	0.015	0.016	0.018	0.025	0.031	0.035	0.038	0.043	0.045
8.0	0.007	0.009	0.010	0.011	0.013	0.014	0.020	0.025	0.028	0.031	0.037	0.039
9.0	0.006	0.007	0.008	0.009	0.010	0.011	0.016	0.020	0.024	0.026	0.032	0.035
10.0	0.005	0.006	0.007	0.007	0.008	0.009	0.013	0.017	0.020	0.022	0.028	0.032
12.0	0.003	0.004	0.005	0.005	0.006	0.006	0.009	0.012	0.014	0.017	0.022	0.026
14.0	0.002	0.003	0.004	0.004	0.004	0.005	0.007	0.009	0.011	0.013	0.018	0.023
16.0	0.002	0.002	0.003	0.003	0.003	0.004	0.005	0.007	0.009	0.010	0.014	0.020
18.0	0.001	0.002	0.002	0.002	0.003	0.003	0.004	0.006	0.007	0.008	0.012	0.018
20.0	0.001	0.001	0.002	0.002	0.002	0.002	0.004	0.005	0.006	0.007	0.010	0.016
25.0	0.001	0.001	0.001	0.001	0.001	0.002	0.002	0.003	0.004	0.004	0.007	0.013
30.0	0.001	0.001	0.001	0.001	0.001	0.001	0.002	0.002	0.003	0.003	0.005	0.011
35.0	0.000	0.000	0.001	0.001	0.001	0.001	0.001	0.002	0.002	0.002	0.004	0.009
40.0	0.000	0.000	0.000	0.000	0.001	0.001	0.001	0.001	0.001	0.002	0.003	0.008

对于均布矩形荷载附加应力计算点不在角点下的情况，就可利用式（4-18）以角点法（corner-points method）求得。图 4-20 中列出计算点不在矩形荷载面角点下的四种情况（在图中 o 点以下任意深度 z 处）。计算时，通过 o 点把荷载面分成若干个矩形面积，这样，o 点就必然是划分出的各个矩形的公共角点，然后再按式（4-18）计算每个矩形角点下同一深度 z 处的附加应力 σ_z，并求其代数和。四种情况的算式分别如下：

（1）o 点在荷载面边缘（图 4-20a）得

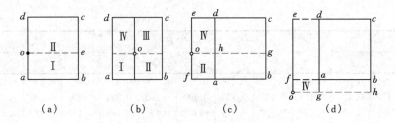

图 4-20　以角点法计算均布矩形荷载下的地基附加应力

计算点 o 在：（a）荷载面边缘；（b）荷载面内；（c）荷载面边缘外侧；

（d）荷载面角点外侧

$$\sigma_z = (\alpha_{cI} + \alpha_{cII})p$$

式中，α_{cI} 和 α_{cII} 分别表示相应于面积 Ⅰ 和 Ⅱ 的角点应力系数。必须指出，查表 4-5 时所取用的 l 应为一个矩形荷载面的长边宽度，而 b 则为短边宽度，以下各种情况相同，不再赘述。

（2）o 点在荷载面内（图 4-20b）得

$$\sigma_z = (\alpha_{cI} + \alpha_{cII} + \alpha_{cIII} + \alpha_{cIV})p$$

如果 o 点位于荷载面中心，则 $\alpha_{cI} = \alpha_{cII} = \alpha_{cIII} = \alpha_{cIV}$，得 $\sigma_z = 4\alpha_{cI} p$，即利用角点法求均布的矩形荷载面中心点下 σ_z 的解。

（3）o 点在荷载面边缘外侧（图 4-20c），此时荷载面 $abcd$ 可看成是由于 Ⅰ（$ofbg$）与 Ⅱ（$ofah$）之差和 Ⅲ（$oecg$）与 Ⅳ（$oedh$）之差合成的，所以

$$\sigma_z = (\alpha_{cI} - \alpha_{cII} + \alpha_{cIII} - \alpha_{cIV})p$$

（4）o 点在荷载面角点外侧（图 4-20d），把荷载面看成由 Ⅰ（$ohce$）、Ⅳ（$ogaf$）两个面积中扣除 Ⅱ（$ohbf$）和 Ⅲ（$ogde$）而成的，所以

$$\sigma_z = (\alpha_{cI} - \alpha_{cII} - \alpha_{cIII} + \alpha_{cIV})p$$

利用式（4-18）亦可用角点法求算均布条形荷载面地基中任意点的竖向附加应力 σ_z 值，式中角点应力系数 α_c，以 $l/b = 10$ 取值，误差不大于 0.005（见表 4-5）。则有三种情况（参见图 4-20）：① o 点在荷载面边缘，可得 $\sigma_z = 2\alpha_{cI} p$；② o 点在荷载面内，$\sigma_z = 2(\alpha_{cI} + \alpha_{cII})p$；③ o 点在荷载面边缘外侧，$\sigma_z = 2(\alpha_{cI} - \alpha_{cII})p$。

【例题 4-3】以角点法计算图 4-21 所示矩形基础甲的基底中心点垂线下不同深度处的地基附加应力 σ_z 的分布，并考虑两相邻基础乙的影响（两相邻柱距为 6m，荷载同基础甲）。

【解】（1）计算基础甲的基底平均附加压力如下：

基础及其上回填土的总重　$G = \gamma_G Ad = 20 \times 5 \times 4 \times 1.5 = 600\text{kN}$

基底平均压力　$p = \dfrac{F + G}{A} = \dfrac{1940 + 600}{5 \times 4} = 127\text{kPa}$

基底处的土中自重应力　$\sigma_c = r_m h = r_m d = 18 \times 1.5 = 27\text{kPa}$

基底平均附加压力 $p_0 = p - \sigma_c = 127 - 27 = 100\text{kPa}$

（2）计算基础甲的中心点 o 下由本基础荷载引起的 σ_z，基底中心点 o 可看成是四个相等小矩形荷载面 I（$oabc$）的公共角点，其长宽比 $l/b = 2.5/2 = 1.25$，取深度 $z = 0$、1m、2m、3m、4m、5m、6m、7m、8m、10m 各计算点，相应的 $z/b = 0$、0.5、1、1.5、2、2.5、3、3.5、4、5，利用表4-5即可查得地基附加应力系数 $\alpha_{c\text{I}}$；σ_z 的计算见表4-6，根据计算资料绘出 σ_z 分布图，见图4-21。

（3）计算基础甲的中心点 o 下由两相邻基础乙的荷载引起的 σ_z，此时中心点 o 可看成是四个相等矩形面 I（$oafg$）和另四个相等矩形面 II（$oaed$）的公共角点，其长宽比 l/b 分别为 $8/2.5 = 3.2$ 和 $4/2.5 = 1.6$，同样利用表4-5即可分别查得 $\alpha_{c\text{I}}$ 和 $\alpha_{c\text{II}}$；σ_z 的计算结果和分布图见表4-7和图4-21。

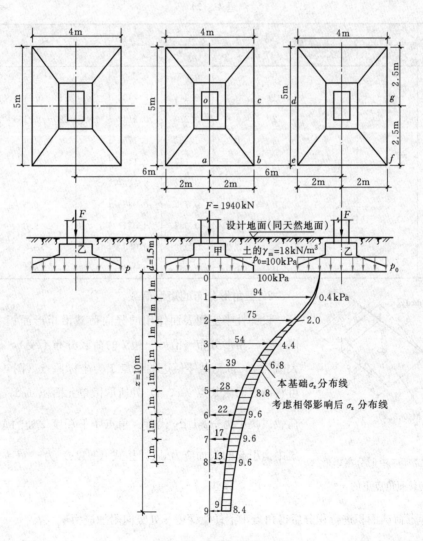

图4-21　例题4-3图

例题 4-3 (1) 表   表 4-6

点	l/b	z (m)	z/b	α_{c1}	$\sigma_z = 4\alpha_{c1} p_0$ (kPa)
0	1.25	0	0	0.250	$4 \times 0.250 \times 100 = 100$
1	1.25	1	0.5	0.235	$4 \times 0.235 \times 100 = 94$
2	1.25	2	1	0.187	$4 \times 0.187 \times 100 = 75$
3	1.25	3	1.5	0.135	54
4	1.25	4	2	0.097	39
5.	1.25	5	2.5	0.071	28
6	1.25	6	3	0.054	22
7	1.25	7	3.5	0.042	17
8	1.25	8	4	0.032	13
9	1.25	10	5	0.022	9

例题 4-3(2) 表   表 4-7

点	l/b Ⅰ ($oafg$)	l/b Ⅱ ($oaed$)	z (m)	z/b	α_c $\alpha_{cⅠ}$	α_c $\alpha_{cⅡ}$	$\sigma_z = 4(\alpha_{cⅠ} - \alpha_{cⅡ}) p_0$ (kPa)
0			0	0	0.250	0.250	$4 \times (0.250 - 0.250) \times 100 = 0$
1			1	0.4	0.244	0.243	$4 \times (0.244 - 0.243) \times 100 = 0.4$
2			2	0.8	0.220	0.215	$4 \times (0.220 - 0.215) \times 100 = 2.0$
3			3	1.2	0.187	0.176	4.4
4	$\frac{8}{2.5} = 3.2$	$\frac{4}{2.5} = 1.6$	4	1.6	0.157	0.140	6.8
5			5	2.0	0.132	0.110	8.8
6			6	2.4	0.112	0.088	9.6
7			7	2.8	0.095	0.071	9.6
8			8	3.2	0.082	0.058	9.6
9			10	4.0	0.061	0.040	8.4

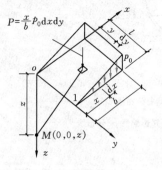

图 4-22 三角形分布矩形
荷载面角点下的 σ_z

2. 三角形分布的矩形荷载

设弹性半空间表面作用的竖向荷载沿矩形面积一边 b 方向上呈三角形分布（沿另一边 l 的荷载分布不变），荷载的最大值为 p，取荷载零值边的角点 1 为坐标原点（图 4-22），则可将荷载面内某点（x、y）处所取微单元面积 $\mathrm{d}x\mathrm{d}y$ 上的分布荷载以集中力 $\frac{x}{b}p\mathrm{d}x\mathrm{d}y$ 代替。角点 1 下深度 z 处的 M 点由该集中力引起的附加应力 $\mathrm{d}\sigma_z$，按式（4-11c）为

$$\mathrm{d}\sigma_z = \frac{3}{2\pi} \frac{pxz^3}{b(x^2 + y^2 + z^2)^{5/2}} \mathrm{d}x\mathrm{d}y \tag{4-19}$$

在整个矩形荷载面积进行积分后得角点 1 下任意深度 z 处竖向附加应力 σ_z

$$\sigma_z = \alpha_{t1} p \tag{4-20}$$

式中
$$\alpha_{t1} = \frac{mn}{2\pi}\left[\frac{1}{\sqrt{m^2+n^2}} - \frac{n^2}{(1+n^2)\sqrt{m^2+n^2+1}}\right]$$

同理，还可求得荷载最大值边的角点 2 下任意深度 z 处的竖向附加应力 σ_z 为

$$\sigma_z = \alpha_{t2}p = (\alpha_c - \alpha_{t1})p \tag{4-21}$$

α_{t1} 和 α_{t2} 均为 $m=l/b$ 和 $n=z/b$ 的函数，可由表 4-8 查用。必须注意 b 是沿三角形分布荷载方向的边长。

运用上述均布和三角形分布的矩形荷载面角点下的附加应力系数 α_c、α_{t1}、α_{t2}，即可用角点法求算梯形分布时地基中任意点的竖向附加应力 σ_z 值；亦可求算均布、三角形或梯形分布的条形荷载面时（取 $l/b=10$）的地基附加应力 σ_z 值。

3. 均布的圆形荷载

设圆形荷载面积的半径为 r_0，作用于弹性半空间表面的竖向均布荷载为 p，如以圆形荷载面的中心点为坐标原点 o（图 4-23），并在荷载面积上取微面积 $dA = rd\theta dr$，以集中力 pdA 代替微面积上的分布荷载，则可运用式（4-11c）以积分法求得均布圆形荷载中点下任意深度 z 处 M 点的 σ_z 如下：

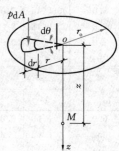

图 4-23 均布圆形荷载面中点下的 σ_z

$$\sigma_z = \iint_A d\sigma_z = \frac{3pz^3}{2\pi}\int_0^{2\pi}\int_0^{r_0}\frac{rd\theta dr}{(r^2+z^2)^{5/2}} = p\left[1 - \frac{z^3}{(r_0^2+z^2)^{3/2}}\right]$$

$$= p\left[1 - \frac{1}{\left(\frac{1}{z^2/r_0^2}+1\right)^{3/2}}\right] = \alpha_r p \tag{4-22}$$

式中，α_r 为均布的圆形荷载面中心点下的附加应力系数，它是 (z/r_0) 的函数，由表 4-9 查得。

三角形分布的圆形荷载面边点下的附加应力系数值，参见《建筑地基基础设计规范》GB 50007—2011。

三角形分布的矩形荷载面角点下的竖向附加应力系数 α_{t1} 和 α_{t2}　　　　表 4-8

l/b 点 z/b	0.2		0.4		0.6		0.8		1.0	
	1	2	1	2	1	2	1	2	1	2
0.0	0.0000	0.2500	0.0000	0.2500	0.0000	0.2500	0.0000	0.2500	0.0000	0.2500
0.2	0.0223	0.1821	0.0280	0.2115	0.0296	0.2165	0.0301	0.2178	0.0304	0.2182
0.4	0.0269	0.1094	0.0420	0.1604	0.0487	0.1781	0.0517	0.1844	0.0531	0.1870
0.6	0.0259	0.0700	0.0448	0.1165	0.0560	0.1405	0.0621	0.1520	0.0654	0.1575
0.8	0.0232	0.0480	0.0421	0.0853	0.0553	0.1093	0.0637	0.1232	0.0688	0.1311
1.0	0.0201	0.0346	0.0375	0.0638	0.0508	0.0852	0.0602	0.0996	0.0666	0.1086
1.2	0.0171	0.0260	0.0324	0.0491	0.0450	0.0673	0.0546	0.0807	0.0615	0.0901
1.4	0.0145	0.0202	0.0278	0.0386	0.0392	0.0540	0.0483	0.0661	0.0554	0.0751

续表

z/b 点 l/b	0.2		0.4		0.6		0.8		1.0	
	1	2	1	2	1	2	1	2	1	2
1.6	0.0123	0.0160	0.0238	0.0310	0.0339	0.0440	0.0424	0.0547	0.0492	0.0628
1.8	0.0105	0.0130	0.0204	0.0254	0.0294	0.0363	0.0371	0.0457	0.0435	0.0534
2.0	0.0090	0.0108	0.0176	0.0211	0.0255	0.0304	0.0324	0.0387	0.0384	0.0456
2.5	0.0063	0.0072	0.0125	0.0140	0.0183	0.0205	0.0236	0.0265	0.0284	0.0318
3.0	0.0046	0.0051	0.0092	0.0100	0.0135	0.0148	0.0176	0.0192	0.0214	0.0233
5.0	0.0018	0.0019	0.0036	0.0038	0.0054	0.0056	0.0071	0.0074	0.0088	0.0091
7.0	0.0009	0.0010	0.0019	0.0019	0.0028	0.0029	0.0038	0.0038	0.0047	0.0047
10.0	0.0005	0.0004	0.0009	0.0010	0.0014	0.0014	0.0019	0.0019	0.0023	0.0024

z/b 点 l/b	1.2		1.4		1.6		1.8		2.0	
	1	2	1	2	1	2	1	2	1	2
0.0	0.0000	0.2500	0.0000	0.2500	0.0000	0.2500	0.0000	0.2500	0.0000	0.2500
0.2	0.0305	0.2184	0.0305	0.2185	0.0306	0.2185	0.0306	0.2185	0.0306	0.2185
0.4	0.0539	0.1881	0.0543	0.1886	0.0545	0.1889	0.0546	0.1891	0.0547	0.1892
0.6	0.0673	0.1602	0.0684	0.1616	0.0690	0.1625	0.0694	0.1630	0.0696	0.1633
0.8	0.0720	0.1355	0.0739	0.1381	0.0751	0.1396	0.0759	0.1405	0.0764	0.1412
1.0	0.0708	0.1143	0.0735	0.1176	0.0753	0.1202	0.0766	0.1215	0.0774	0.1225
1.2	0.0664	0.0962	0.0698	0.1007	0.0721	0.1037	0.0738	0.1055	0.0749	0.1069
1.4	0.0606	0.0817	0.0644	0.0864	0.0672	0.0897	0.0692	0.0921	0.0707	0.0937
1.6	0.0545	0.0696	0.0586	0.0743	0.0616	0.0780	0.0639	0.0806	0.0656	0.0826
1.8	0.0487	0.0596	0.0528	0.0644	0.0560	0.0681	0.0585	0.0709	0.0604	0.0730
2.0	0.0434	0.0513	0.0474	0.0560	0.0507	0.0596	0.0533	0.0625	0.0553	0.0649
2.5	0.0326	0.0365	0.0362	0.0405	0.0393	0.0440	0.0419	0.0469	0.0440	0.0491
3.0	0.0249	0.0270	0.0280	0.0303	0.0307	0.0333	0.0331	0.0359	0.0352	0.0380
5.0	0.0104	0.0108	0.0120	0.0123	0.0135	0.0139	0.0148	0.0154	0.0161	0.0167
7.0	0.0056	0.0056	0.0064	0.0066	0.0073	0.0074	0.0081	0.0083	0.0089	0.0091
10.0	0.0028	0.0028	0.0033	0.0032	0.0037	0.0037	0.0041	0.0042	0.0046	0.0046

z/b 点 l/b	3.0		4.0		6.0		8.0		10.0	
	1	2	1	2	1	2	1	2	1	2
0.0	0.000	0.2500	0.0000	0.2500	0.0000	0.2500	0.0000	0.2500	0.0000	0.2500
0.2	0.0306	0.2186	0.0306	0.2186	0.0306	0.2186	0.0306	0.0186	0.0306	0.2186
0.4	0.0548	0.1894	0.0549	0.1894	0.0549	0.1894	0.0549	0.1894	0.0549	0.1894
0.6	0.0701	0.1638	0.0702	0.1639	0.0702	0.1640	0.0702	0.1640	0.0702	0.1640
0.8	0.0773	0.1423	0.0776	0.1424	0.0776	0.1426	0.0776	0.1426	0.0776	0.1426
1.0	0.0790	0.1244	0.0794	0.1248	0.0795	0.1250	0.0796	0.1250	0.0796	0.1250
1.2	0.0774	0.1096	0.0779	0.1103	0.0782	0.1105	0.0783	0.1105	0.0783	0.1105
1.4	0.0739	0.0973	0.0748	0.0982	0.0752	0.0986	0.0752	0.0987	0.0753	0.0987
1.6	0.0697	0.0870	0.0708	0.0882	0.0714	0.0887	0.0715	0.0888	0.0715	0.0889
1.8	0.0652	0.0782	0.0666	0.0797	0.0673	0.0805	0.0675	0.0806	0.0675	0.0808
2.0	0.0607	0.0707	0.0624	0.0726	0.0634	0.0734	0.0636	0.0736	0.0636	0.0738
2.5	0.0504	0.0559	0.0529	0.0585	0.0543	0.0601	0.0547	0.0604	0.0548	0.0605
3.0	0.0419	0.0451	0.0449	0.0482	0.0469	0.0504	0.0474	0.0509	0.0476	0.0511
5.0	0.0214	0.0221	0.0248	0.0256	0.0283	0.0290	0.0296	0.0303	0.0301	0.0309
7.0	0.0124	0.0126	0.0152	0.0154	0.0186	0.0190	0.0204	0.0207	0.0212	0.0216
10.0	0.0066	0.0066	0.0084	0.0083	0.0111	0.0111	0.0128	0.0130	0.0139	0.0141

均布的圆形荷载面中心点下的附加应力系数 α_r 表 4-9

z/r_0	α_r	z/r_0	α_r	z/r_0	α_r	z/r_0	α_r	z/r_0	α_r	z/r_0	α_r
0.0	1.000	0.8	0.756	1.6	0.390	2.4	0.213	3.2	0.130	4.0	0.087
0.1	0.999	0.9	0.701	1.7	0.360	2.5	0.200	3.3	0.124	4.2	0.079
0.2	0.992	1.0	0.647	1.8	0.332	2.6	0.187	3.4	0.117	4.4	0.073
0.3	0.976	1.1	0.595	1.9	0.307	2.7	0.175	3.5	0.111	4.6	0.067
0.4	0.949	1.2	0.547	2.0	0.285	2.8	0.165	3.6	0.106	4.8	0.062
0.5	0.911	1.3	0.502	2.1	0.264	2.9	0.155	3.7	0.101	5.0	0.057
0.6	0.864	1.4	0.461	2.2	0.245	3.0	0.146	3.8	0.096	6.0	0.040
0.7	0.811	1.5	0.424	2.3	0.229	3.1	0.138	3.9	0.091	10.0	0.015

4.4.3 线荷载和条形荷载作用时的地基附加应力

设在弹性半空间表面上作用有无限长的条形荷载（strip load），且荷载沿宽度可按任何形式分布，但沿长度方向则不变，此时地基中产生的应力状态属于平面应变问题。因此，对于条形基础，如墙基、挡土墙基础、路基、坝基等，为了求解条形荷载下的地基附加应力，下面先介绍线荷载作用下的解答。

1. 线荷载

线荷载是在弹性半空间表面上一条无限长直线上的均布荷载。如图 4-24(a) 所示，设一个竖向线荷载 $\overline{p}$（kN/m）作用在 y 坐标轴上，则沿 y 轴某微分段 $\mathrm{d}y$ 上的分布荷载以集中力 $P = \overline{p}\mathrm{d}y$ 代替，从而利用式（4-11c）求得地基中任意点 M 由 P 引起的附加应力 $\mathrm{d}\sigma_z$。此时，设 M 点位于与 y 轴垂直的 xoz 平面内，直线 $OM = R_1 = \sqrt{x^2 + z^2}$ 与 z 轴的夹角为 β，则 $\sin\beta = x/R_1$ 和 $\cos\beta = z/R_1$。于是可以用下列积分求得 M 点的 σ_z：

$$\sigma_z = \int_{-\infty}^{+\infty} \mathrm{d}\sigma_z = \int_{-\infty}^{+\infty} \frac{3z^3\overline{p}\mathrm{d}y}{2\pi R^5} = \frac{2\overline{p}z^3}{\pi R_1^4} = \frac{2\overline{p}}{\pi R_1}\cos^3\beta \tag{4-23a}$$

同理得

$$\sigma_x = \frac{2\overline{p}x^2z}{\pi R_1^4} = \frac{2\overline{p}}{\pi R_1}\cos\beta\sin^2\beta \tag{4-23b}$$

$$\tau_{xz} = \tau_{zx} = \frac{2\overline{p}xz^2}{\pi R_1^4} = \frac{2\overline{p}}{\pi R_1}\cos^2\beta\sin\beta \tag{4-23c}$$

由于线荷载沿 y 坐标轴均匀分布而且无限延伸，因此与 y 轴垂直的任何平面上的应力状态都完全相同。这种情况就属于弹性力学中的平面应变问题，此时

$$\tau_{xy} = \tau_{yx} = \tau_{yz} = \tau_{zy} = 0 \tag{4-24}$$

$$\sigma_y = \mu(\sigma_x + \sigma_z) \tag{4-25}$$

因此，在平面问题中需要计算的应力分量只有 σ_z、σ_x 和 τ_{xz} 三个。

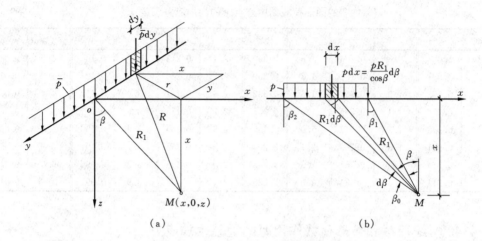

图 4-24　地基附加应力的平面问题

（a）线荷载作用下；（b）均布条形荷载作用下

2. 均布的条形荷载

设一个竖向条形荷载沿宽度方向（图 4-24b 中 x 轴方向）均匀分布，则均布的条形荷载 p（kN/m^2）沿 x 轴上某微分段 dx 上的荷载可以用线荷载 $\overline{p}$ 代替，并引入 OM 线与 z 轴线的夹角 β，得

$$\overline{p} = p\,dx = \frac{pR_1}{\cos\beta}d\beta$$

因此可以利用式（4-23）求得地基中任意点 M 处的附加应力，用极坐标表示如下：

$$\sigma_z = \int_{\beta_1}^{\beta_2} d\sigma_z = \int_{\beta_1}^{\beta_2} \frac{2p}{\pi}\cos^2\beta d\beta = \frac{p}{\pi}\left[\sin\beta_2\cos\beta_2 - \sin\beta_1\cos\beta_1 + (\beta_2 - \beta_1)\right] \quad (4\text{-}26a)$$

同理得

$$\sigma_x = \frac{p}{\pi}\left[-\sin(\beta_2 - \beta_1)\cos(\beta_2 + \beta_1) + (\beta_2 - \beta_1)\right] \quad (4\text{-}26b)$$

$$\tau_{xz} = \tau_{zx} = \frac{p}{\pi}\left[\sin^2\beta_2 - \sin^2\beta_1\right] \quad (4\text{-}26c)$$

各式中当 M 点位于荷载分布宽度两端点竖直线之间时，β_1 取负值。

将式（4-26a）、式（4-26b）和式（4-26c）代入下列材料力学公式，可以求得 M 点大主应力 σ_1 与小主应力 σ_3：

$$\left.\begin{array}{c}\sigma_1 \\[1em] \sigma_3\end{array}\right\} = \frac{\sigma_z + \sigma_x}{2} \pm \sqrt{\left(\frac{\sigma_z - \sigma_x}{2}\right)^2 + \tau_{xz}^2} = \frac{p}{\pi}\left[(\beta_2 - \beta_1) \pm \sin(\beta_2 - \beta_1)\right] \quad (4\text{-}27)$$

设 β_0 为 M 点与条形荷载两端连线的夹角，则 $\beta_0 = \beta_2 - \beta_1$（$M$ 点在荷载宽度范围内时为 $\beta_2 + \beta_1$），于是上式变为

$$\left.\begin{array}{c}\sigma_1\\[6pt]\sigma_3\end{array}\right\}=\frac{p}{\pi}(\beta_0\pm\sin\beta_0) \tag{4-28}$$

大主应力 σ_1 的作用方向与 β_0 角的平分线一致。上式主要为第 9 章研究地基承载力的平面问题时提供的地基附加应力公式。

为了计算方便，将上述 σ_z、σ_x 和 τ_{xz} 三个公式，改用直角坐标表示。此时，取条形荷载的中点为坐标原点，则 $M(x、z)$ 点的三个附加应力分量如下：

$$\sigma_z=\frac{p}{\pi}\left[\arctan\frac{1-2n}{2m}+\arctan\frac{1+2n}{2m}-\frac{4m(4n^2-4m^2-1)}{(4n^2+4m^2-1)^2+16m^2}\right]=\alpha_{sz}p \tag{4-29a}$$

$$\sigma_x=\frac{p}{\pi}\left[\arctan\frac{1-2n}{2m}+\arctan\frac{1+2n}{2m}+\frac{4m(4n^2-4m^2-1)}{(4n^2+4m^2-1)^2+16m^2}\right]=\alpha_{sx}p \tag{4-29b}$$

$$\tau_{xz}=\tau_{zx}=\frac{p}{\pi}\frac{32m^2n}{(4n^2+4m^2-1)^2+16m^2}=\alpha_{sxz}p \tag{4-29c}$$

以上式中 α_{sz}、α_{sx} 和 α_{sxz} 分别为均布条形荷载下相应的三个附加应力系数，都是 $m=z/b$ 和 $n=x/b$ 的函数，可由表 4-10 查得。

均布条形荷载下的附加应力系数　　　　　　　　　　　表 4-10

z/b	x/b								
	0.00			0.25			0.50		
	α_{sz}	α_{sx}	α_{sxz}	α_{sz}	α_{sx}	α_{sxz}	α_{sz}	α_{sx}	α_{sxz}
0.00	1.000	1.000	0	1.000	1.000	0	0.500	0.500	0.320
0.25	0.959	0.450	0	0.902	0.393	0.127	0.497	0.347	0.300
0.50	0.818	0.182	0	0.735	0.186	0.157	0.480	0.225	0.255
0.75	0.668	0.081	0	0.607	0.098	0.127	0.448	0.142	0.204
1.00	0.550	0.041	0	0.510	0.055	0.096	0.409	0.091	0.159
1.25	0.462	0.023	0	0.436	0.033	0.072	0.370	0.060	0.124
1.50	0.396	0.014	0	0.379	0.021	0.055	0.334	0.040	0.098
1.75	0.345	0.009	0	0.334	0.014	0.043	0.302	0.028	0.078
2.00	0.306	0.006	0	0.298	0.010	0.034	0.275	0.020	0.064
3.00	0.208	0.002	0	0.206	0.003	0.017	0.198	0.007	0.032
4.00	0.158	0.001	0	0.156	0.001	0.010	0.153	0.003	0.019
5.00	0.126	0.000	0	0.126	0.001	0.006	0.124	0.002	0.012
6.00	0.106	0.000	0	0.105	0.000	0.004	0.104	0.001	0.009

z/b	x/b								
	1.00			1.50			2.00		
	α_{sz}	α_{sx}	α_{sxz}	α_{sz}	α_{sx}	α_{sxz}	α_{sz}	α_{sx}	α_{sxz}
0.00	0	0	0	0	0	0	0	0	0
0.25	0.019	0.171	0.055	0.003	0.074	0.014	0.001	0.041	0.005
0.50	0.084	0.211	0.127	0.017	0.122	0.045	0.005	0.074	0.020
0.75	0.146	0.185	0.157	0.042	0.139	0.075	0.015	0.095	0.037
1.00	0.185	0.146	0.157	0.071	0.134	0.095	0.029	0.103	0.054
1.25	0.205	0.111	0.144	0.095	0.120	0.105	0.044	0.103	0.067
1.50	0.211	0.084	0.127	0.114	0.102	0.106	0.059	0.097	0.075
1.75	0.210	0.064	0.111	0.127	0.085	0.102	0.072	0.088	0.079
2.00	0.205	0.049	0.096	0.134	0.071	0.095	0.083	0.078	0.079
3.00	0.171	0.019	0.055	0.136	0.033	0.066	0.103	0.044	0.067
4.00	0.140	0.009	0.034	0.122	0.017	0.045	0.102	0.025	0.050
5.00	0.117	0.005	0.023	0.107	0.010	0.032	0.095	0.015	0.037
6.00	0.100	0.003	0.017	0.094	0.006	0.023	0.086	0.010	0.028

在工程建筑中，当然没有无限的受荷面积，不过，当矩形荷载面积的长宽比 $l/b \geqslant 10$ 时，计算的地基附加应力值与按 $l/b = \infty$ 时的解相比误差甚少。

3. 三角形分布的条形荷载

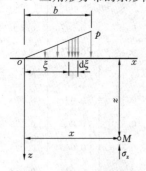

图 4-25 三角形分布条形荷载作用下土中附加应力计算

三角形分布的条形荷载作用（图 4-25），其最大值为 p，计算土中 M 点 (x, y) 的竖向应力 σ_z 时，可按式（4-23a）在宽度范围 b 内积分，得

$$dp = \frac{\xi}{b} p \, d\xi \tag{4-30a}$$

$$\sigma_z = \frac{2z^3}{\pi b} \frac{p}{\pi} \int_0^b \frac{\xi \, d\xi}{\left[(x-\xi)^2 + z^2\right]^2}$$

$$= \frac{p}{\pi} \left[n \left(\arctan \frac{n}{m} - \arctan \frac{n-1}{m} \right) - \frac{m(n-1)}{(n-1)^2 + m^2} \right]$$

$$= \alpha_s p \tag{4-30b}$$

式中 α_s——应力系数，它是 $n = \dfrac{x}{b}$ 及 $m = \dfrac{z}{b}$ 的函数，可由表 4-11 查得。

坐标原点在三角形荷载的零点处。

三角形分布的条形荷载下竖向附加应力系数 α_s 表 4-11

$m=\dfrac{z}{b}$ ╲ $n=\dfrac{x}{b}$	-1.5	-1.0	-0.5	0.0	0.25	0.50	0.75	1.0	1.5	2.0	2.5
0.00	0.000	0.000	0.000	0.000	0.250	0.500	0.750	0.500	0.000	0.000	0.000
0.25	0.000	0.000	0.001	0.075	0.256	0.480	0.643	0.424	0.017	0.003	0.000
0.50	0.002	0.003	0.023	0.127	0.263	0.410	0.477	0.353	0.056	0.017	0.003
0.75	0.006	0.016	0.042	0.153	0.248	0.335	0.361	0.293	0.108	0.024	0.009
1.00	0.014	0.025	0.061	0.159	0.223	0.275	0.279	0.241	0.129	0.045	0.013
1.50	0.020	0.048	0.096	0.145	0.178	0.200	0.202	0.185	0.124	0.062	0.041
2.00	0.033	0.061	0.092	0.127	0.146	0.155	0.163	0.153	0.108	0.069	0.050
3.00	0.050	0.064	0.080	0.096	0.103	0.104	0.108	0.104	0.090	0.071	0.050
4.00	0.051	0.060	0.067	0.075	0.078	0.085	0.082	0.075	0.073	0.060	0.049
5.00	0.047	0.052	0.067	0.059	0.062	0.063	0.063	0.065	0.061	0.051	0.047
6.00	0.041	0.041	0.050	0.051	0.052	0.053	0.053	0.053	0.050	0.050	0.045

【例题 4-4】某条形基础底面宽度 $b=1.4\text{m}$，作用于基底的平均附加压力 $p_0=200\text{kPa}$，要求确定（1）均布条形荷载中点 o 下的地基附加应力 σ_z 分布；（2）深度 $z=1.4\text{m}$ 和 2.8m 处水平面上的 σ_z 分布；（3）在均布条形荷载边缘以外 1.4m 处 o_1 点下的 σ_z 分布。

【解】（1）计算 σ_z 时选用表 3-5 列出的 $z/b=0.5$、1、1.5、2、3、4 各项 α_{sz} 值，反算出深度 $z=0.7\text{m}$、1.4m、2.1m、2.8m、4.2m、5.6m 处的 σ_z 值，参见式（4-29），列于表 4-12 中，并绘出分布图列于图 4-26 中。（2）及（3）的 σ_z 计算结果及分布图分别列于表 4-13、表 4-14 及图 4-26 中。

此外，在图 4-26 中还以虚线绘出 $\sigma_z=0.2p_0=40\text{kPa}$ 的等值线图。

例题 4-4(1) 表   表 4-12

x/b	z/b	z (m)	α_{sz}	$\sigma_z=\alpha_{sz}p$ (kPa)
0	0	0	1.00	$1.00\times200=200$
0	0.5	0.7	0.82	164
0	1	1.4	0.55	110
0	1.5	2.1	0.40	80
0	2	2.8	0.31	62
0	3	4.2	0.21	42
0	4	5.6	0.16	32

例题 4-4(2) 表　　　　　　　　　　　　　　　　表 4-13

z (m)	z/b	x/b	α_{sz}	σ_z (kPa)
1.4	1	0	0.55	110
1.4	1	0.5	0.41	82
1.4	1	1	0.19	38
1.4	1	1.5	0.07	14
1.4	1	2	0.03	6
2.8	2	0	0.31	62
2.8	2	0.5	0.28	56
2.8	2	1	0.20	40
2.8	2	1.5	0.13	26
2.8	2	2	0.08	16

例题 4-4(3) 表　　　　　　　　　　　　　　　　表 4-14

z (m)	z/b	x/b	α_{sz}	σ_z (kPa)
0	0	1.5	0	0
0.7	0.5	1.5	0.02	4
1.4	1	1.5	0.07	14
2.1	1.5	1.5	0.11	22
2.8	2	1.5	0.13	26
4.2	3	1.5	0.14	28
5.6	4	1.5	0.12	24

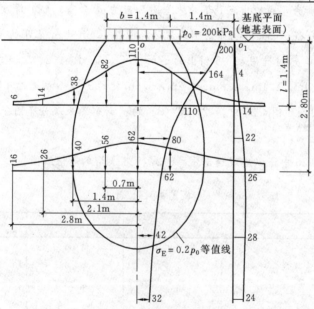

图 4-26　例题 4-4 图

从上例计算成果中，可见均布条形荷载下地基中附加应力 σ_z 的分布规律如下：

（1）σ_z 不仅发生在荷载面积之下，而且分布在荷载面积以外相当大的范围之下，这就

是所谓地基附加应力的扩散分布;

（2）在距离基础底面（地基表面）不同深度 z 处的各个水平面上，以基底中心点下轴线处的为 σ_z 最大，随着距离中轴线越远越小;

（3）在荷载分布范围内任意点沿垂线的 σ_z 值，随深度越向下越小，在荷载边缘以外任意点沿垂线的 σ_z 值，随深度从零开始向下先加大后减少。

地基附加应力的分布规律还可以用上面已经使用过的"等值线"的方式完整地表示出来。如图 4-27 所示，附加应力等值线的绘制方法是在地基剖面中划分许多方形网格，使网格结点的坐标恰好是均布条形荷载半宽（0.5b）的整倍数，查表 4-10 可得各结点的附加应力 σ_z、σ_x 和 τ_{xz}，然后以插入法绘成均布条形荷载下三种附加应力的等值线图（图 4-27a、c、d）。此外，还附有在均布的方形荷载下 σ_z 等值线图（图 4-27b），以资比较。

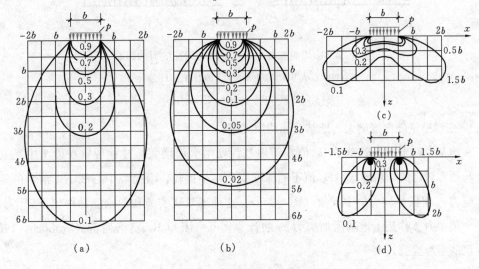

图 4-27　地基附加应力等值线

(a) 等 σ_z 线（条形荷载）; (b) 等 σ_z 线（方形荷载）;

(c) 等 σ_x 线（条形荷载）; (d) 等 τ_{xz} 线（条形荷载）

由图 4-27(a) 及图 4-27(b) 可见，方形荷载所引起的 σ_z，其影响深度要比条形荷载小得多，例如方形荷载中心下 $z=2b$ 处 $\sigma_z \approx 0.1p$，而在条形荷载下 $\sigma_z = 0.1p$ 等值线则在中心下 $z \approx 6b$ 处通过。由图 4-27(c) 及图 4-27(d) 可见，条形荷载下的 σ_x 和 τ_{xz} 的等值线图所示，σ_x 的影响范围较浅，所以基础下地基土的侧向变形主要发生于浅层;而 τ_{xz} 的最大值出现于荷载边缘，所以位于基础边缘下的土体容易发生剪切滑动而首先出现塑性变形区（详见第 7 章）。

4.4.4　非均质和各向异性地基中的附加应力

以上介绍的地基附加应力计算都是考虑柔性荷载和均质各向同性土体的情况，而实际上并非如此，如地基中土的变形模量常随深度而增大，有的地基具有较明显的薄交互层状构造，有的则是由不同压缩性土层组成的成层地基等。对于这样一些问题的考虑是比较复杂的，但从一些简单情况的解答中可以知道：把非均质或各向异性地基与均质各向同性地基相比较，其对地基竖向正应力 σ_z 的影响，不外乎两种情况：一种是发生应力集中现象（图 4-28a）；另一种则是发生应力扩散现象（图 4-28b）。

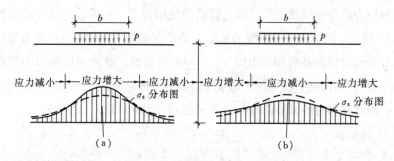

图 4-28　非均质和各向异性地基对附加应力的影响

（虚线表示均质地基中水平面上的附加应力分布）

（a）发生应力集中；（b）发生应力扩散

1. 变形模量随深度增大的地基（非均质地基）

在地基中，土的变形模量 E_0 值常随地基深度增大而增大。这种现象在砂土中尤其显著。与通常假定的均质地基（E_0 值不随深度变化）相比较，沿荷载中心线下，前者的地基附加应力 σ_z 将发生应力集中现象（图 4-28a）。这种现象从实验和理论上都得到了证实。对于一个集中力 p 作用下地基附加应力 σ_z 的计算，可采用 O. K. 费洛列希（Fröhlich，1926）等建议的半经验公式

$$\sigma_z = \frac{\nu p}{2\pi R^2}\cos^\nu\theta \tag{4-31}$$

式中　ν——大于 3 的集中因数，当 $\nu=3$ 时上式与式（4-11c）一致，即代表布辛奈斯克解答，ν 值是随 E_0 与地基深度的关系以及泊松比而异的[1]。

2. 薄交互层地基（各向异性地基）

天然沉积形成的水平薄交互层地基，其水平向变形模量 E_{0h} 常大于竖向变形模量 E_{0v}。考虑到由于土的这种层状构造特征与通常假定的均质各向同性地基作比较，沿荷载中心线下地基附加应力 σ_z 分布将发生应力扩散现象（图 4-28b）。

K. 沃尔夫（Wolf，1935）假设 $n=E_{0h}/E_{0v}$ 为大于 1 的经验常数，而得出了完全柔性均布条形荷载 p_0 中心线下竖向附加应力系数 α_s 与相对深度 z/b 的关系，如图 4-29（a）中实线

---

[1]　黄文熙等. 水工建筑物土壤地基沉降量与地基中的应力分布. 水利学报，1957（3）.

所示，而图中虚线则表示相应于均质各向同性时的解答。可见，考虑到 $E_{0h} > E_{0v}$ 的因素，附加应力系数 α_s 将随着 n 值的增加而变小。

H. M. 韦斯脱加特（Westergard, 1938）假设半空间体内夹有间距极小的、完全柔性的水平薄层，这些薄层只允许产生竖向变形，由它可得出了集中荷载 P 作用下地基中附加应力 σ_z 的公式

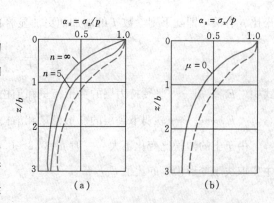

图 4-29　土的层状构造对应力系数的影响

---- 按均质等向性的解；

—— 考虑到土的层状构造的解；

(a) $E_{0h} = nE_{0v}$（$n > 1$）；

(b) 根据韦斯脱加特的解（取 $\mu = 0$）

$$\sigma_z = \frac{C}{2\pi} \cdot \frac{1}{[C^2 + (r/z)^2]^{3/2}} \cdot \frac{P}{z^2} \quad (4\text{-}32)$$

把上式与布辛奈斯克解（式 4-14）相比较，它们在形式上有相似之处，其中

$$C = \sqrt{\frac{1-2\mu}{2(1-\mu)}} \qquad\qquad (4\text{-}33)$$

式中，μ 为柔性薄层的泊松比，如取 $\mu = 0$，则 $C = 1/\sqrt{2}$。图 4-29(b) 中给出了均布条形荷载 p 中心线下的竖向应力系数 α_s 与 z/b 的关系。必须指出，土的泊松比 μ 均大于零，一般 $\mu = 0.3 \sim 0.4$，μ 值越大，所得的附加应力系数 α_s 越小。

3. 双层地基（非均质地基）

天然形成的双层地基有两种可能的情况：一种是岩层上覆盖着不厚的可压缩土层；另一种则是上层坚硬、下层软弱的双层地基。前者在荷载作用下将发生应力集中现象（图 4-28a），而后者则将发生应力扩散现象（图 4-28b）。

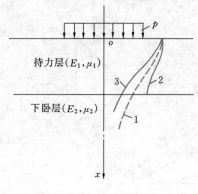

图 4-30　双层地基竖向应力
分布的比较

图 4-30 所示均布荷载中心线下竖向应力分布的比较，图中曲线 1（虚线）为均质地基中的附加应力分布图，曲线 2 为岩层上可压缩土层中的附加应力分布图，而曲线 3 则表示上层坚硬下层软弱的双层地基中的附加应力分布图。

由于下卧刚性岩层的存在而引起的应力集中的影响与岩层的埋藏深度有关，岩层埋藏越浅，应力集中的影响越显著。

在坚硬持力层（stiff bearing stratum）与软弱下卧层（soft substrata）中引起的应力扩散随持力层厚度的增大而更加显著；它还与双层地基的变形模量 E_0、泊

松比 μ 有关，即随下列参数 f 的增加而更加显著：

$$f = \frac{E_{01}}{E_{02}} \frac{1 - \mu_2^2}{1 - \mu_1^2} \tag{4-34}$$

式中　E_{01}、μ_1——坚硬持力层的变形模量和泊松比；

　　　E_{02}、μ_2——软弱下卧层的变形模量和泊松比。

由于土的泊松比变化不大（一般 $\mu = 0.3 \sim 0.4$，参见 5.4 节表 5-1），故参数 f 值的大小主要取决于变形模量的比值 E_{01}/E_{02}。

4.4.5　水平力作用时的地基附加应力

在弹性半空间表面上作用一个水平集中力时，半空间内任意点处所引起的应力和位移的弹性力学解答是由 V. 西娄提（Cerutti，1882）提出的。如图 4-31 所示，在半空间（相当于地基）中任意点 $M(x、y、z)$ 处的六个应力分量的解答如下：

$$
\begin{cases}
\sigma_x = \dfrac{Fx}{2\pi R^3}\left[\dfrac{3x^2}{R^2} - \dfrac{1-2\mu}{(R+z)^2}\left(R^2 - y^2 - \dfrac{2Ry^2}{R+z}\right)\right] \\[2mm]
\sigma_y = \dfrac{Fx}{2\pi R^3}\left[\dfrac{3y^2}{R^2} - \dfrac{1-2\mu}{(R+z)^2}\left(3R^2 - x^2 - \dfrac{2Rx^2}{R+z}\right)\right] \\[2mm]
\sigma_z = \dfrac{3Fxz^2}{2\pi R^5} \\[2mm]
\tau_{yz} = \dfrac{3Fxyz}{2\pi R^5} \\[2mm]
\tau_{zx} = \dfrac{3Fx^2z}{2\pi R^5} \\[2mm]
\tau_{xy} = \dfrac{Fy}{2\pi R^3}\left[\dfrac{3x^2}{R^2} - \dfrac{1-2\mu}{(R+z)^2}\left(-R^2 + x^2 + \dfrac{2Rx^2}{R+z}\right)\right]
\end{cases}
\tag{4-35}
$$

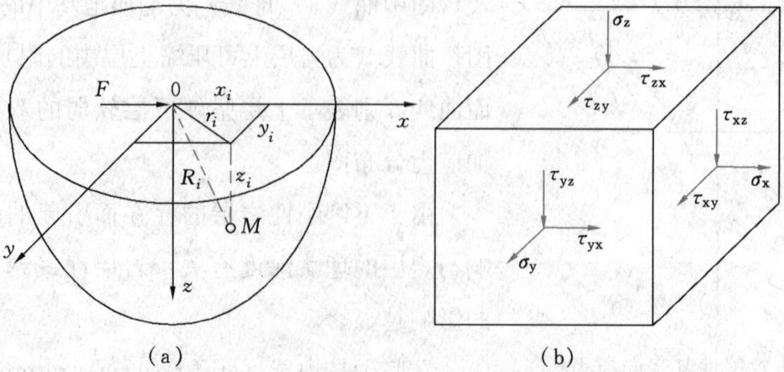

图 4-31　一个竖向集中力作用下所引起的应力

（a）半空间中任意点 $M(x、y、z)$；（b）M 点处的单元体

　　当局部荷载的平面形状或分布情况不规则时，将荷载面（或基础底面）分成若干个形状规则的单元面积，每个单元面积上的分布荷载近似地以作用在单元面积形心上的集中力来代替，然后采用式（4-35）计算某点的附加应力。

思考题与习题

4-1　何谓土中应力？它有哪些分类和用途？

4-2　怎样简化土中应力计算模型？在工程应用中应注意哪些问题？

4-3　地下水位的升降对土中自重应力有何影响？在工程实践中，有哪些问题应充分考虑其影响？

4-4　基底压力分布的影响因素有哪些？简化直线分布的假设条件是什么？

4-5　如何计算基底压力 p 和基底附加压力 p_0？两者概念有何不同？

4-6　土中附加应力的产生原因有哪些？在工程实用中应如何考虑？

4-7　在工程中，如何考虑土中应力分布规律？

4-8　某建筑场地的地层分布均匀，第一层杂填土厚 1.5m，$\gamma = 17kN/m^3$；第二层粉质黏土厚 4m，$\gamma = 19kN/m^3$，$d_s = 2.73$，$w = 31\%$，地下水位在地面下 2m 深处；第三层淤泥质黏土厚 8m，$\gamma = 18.2kN/m^3$，$d_s = 2.74$，$w = 41\%$；第四层粉土厚 3m，$\gamma = 19.5kN/m^3$，$d_s = 2.72$，$w = 27\%$；第五层砂岩未钻穿。试计算各层交界处的竖向自重应力 σ_c，并绘出 σ_c 沿深度分布图。

（答案：第四层底 $\sigma_c = 306.9kPa$）

4-9　某构筑物基础如图 4-32 所示，在设计地面标高处作用有偏心荷载 680kN，作用位置距中心线 1.31m，基础埋深为 2m，底面尺寸为 4m×2m。试求基底平均压力 p 和边缘最大压力 p_{max}，并绘出沿偏心方向的基底压力分布图。

（答案：$p_{max} = 301kPa$）

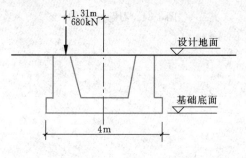

图 4-32　习题 4-9 图

4-10 某矩形基础的底面尺寸为 4m×2.4m，设计地面下埋深为 1.2m（高于天然地面 0.2m），设计地面以上的荷载为 1200kN，基底标高处原有土的加权平均重度为 18kN/m³。试求基底水平面 1 点及 2 点下各 3.6m 深度 M_1 点及 M_2 点处的地基附加应力 σ_z 值（图 4-33）。

（答案：M_1 点处 $\sigma_z = 28.3$kPa）

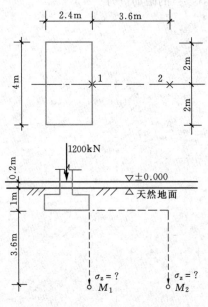

图 4-33 习题 4-10 图

4-11 某条形基础的宽度为 2m，在梯形分布的条形荷载（基底附加压力）下，边缘 $(p_0)_{max} = 200$kPa，$(p_0)_{min} = 100$kPa，试求基底宽度中点下和边缘两点下各 3m 及 6m 深度处值的 σ_z 值。

（答案：中点下 3m 及 6m 处 σ_z 分别为 59.4 及 31.2kPa）

4-12 某路基的宽度为 8m（顶）和 16m（底），高度 H 为 2m（图 4-34），填土重度 γ 为 18kN/m³，试求路基底面中心点下深度为 2m 处地基附加应力 σ_z 值。

（答案：中心点下 2m 深处 $\sigma_z = 35.41$kPa）

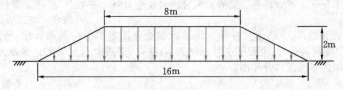

图 4-34 习题 4-12 图

第5章

土 的 压 缩 性

5.1 概述

　　土的压缩性（compressibility）是指土体在压力作用下体积缩小的特性。土的压缩性也是反映土的孔隙性规律的基本内容之一。试验研究表明，在一般压力（100～600kPa）作用下，土粒和土中水的压缩量与土体的压缩总量之比是很微小的（小于1/400），可以忽略不计，很少量封闭的土中气被压缩，也可忽略不计。因此，土的压缩（compression）是指土中孔隙的体积缩小，即土中水和土中气所占的体积缩小，此时，土粒调整位置，重新排列，互相挤紧。对于饱和土的压缩，土中孔隙的体积缩小，即土中水所占的体积缩小。饱和土压缩的全过程，即在压力作用下土中水所占体积缩小的全过程，称为土的固结（consolidation），或称土的压密（consolidation）。计算地基变形时，必须取得土的压缩性指标，无论采用室内试验还是原位测试来测定，力求试验条件与土的天然应力状态及其在外荷载作用下的实际应力条件相适应。

　　室内试验测定土的压缩性指标，常用不允许土样侧向膨胀的固结试验（confined consolidarion or oedometer test），如果不研究土压缩的时间过程，亦称压缩试验（compression test）。侧限条件的试验虽未能都符合地基土的实际工程情况，但有其简单操作和实用价值。土的固结试验可以测定土的压缩系数 a（coefficient of compressibility）、压缩模量 E_s（constrained modulus）等压缩性指标。室内土样在侧限条件下所完成的固结，称为 K_0 固结，K_0 为土的静止侧压力系数（见4.2节和5.4节），也是静止土压力系数（见8.2节）。天然土层在自重应力或大面积荷载作用下，所完成的固结可认为是 K_0 固结。另外，通过室内土的三轴压缩试验或无侧限抗压试验，可以测定土的弹性模量 E（elastic modulus or Young's modulus）；还可测定土的抗剪强度指标（见第7章7.3节）。

　　原位测试（in-situ test）测定土的压缩性指标，常用现场（静）载荷试验（plate loading

test），它是一项基本的原位测试，可以同时测定地基承载力（见第9章）和土的变形模量 E_0（deformation modulus）。一般浅层平板载荷试验（shallow plate loading test）可以模拟在半空间地基表面上作用着局部的均布荷载，测定刚性承压板稳定沉降与压力的关系，从而利用地基表面沉降的弹性力学公式来反算土的变形模量。对于深层土，可采用深层平板载荷试验（deep plate loading test）或旁压试验（PMT-Pressuremeter test）确定土的变形模量。由于现场载荷试验所需的设备笨重、操作繁杂、时间较长、费用较大，国内外发展了其他原位测试，但必须与地区的现场载荷试验成果进行对比，方可取用。例如采用标准贯入试验（SPT-Standard Penetration Test）、圆锥动力触探试验（CDPT-Cone Dynamic Penetration Test）或静力触探试验（CPT-Cone Penetration Test）资料，与现场载荷试验资料建立关系间接推算确定土的变形模量。现场载荷试验和其他原位测试与室内试验比较，可避免钻探、搬运和室内操作取来的土样受到应力释放和扰动的影响。

本章先介绍固结试验及压缩性指标、应力历史对压缩性的影响，再介绍原位测试测定土的变形模量、室内三轴压缩试验测定土的弹性模量。

5.2 固结试验及压缩性指标

5.2.1 固结试验和压缩曲线

压缩曲线是室内土的固结试验的直接成果，它是土的孔隙比与所受压力的关系曲线，由它可得到土的压缩性指标。固结试验所用的固结仪由固结容器、加压设备和量测设备组成。图5-1所示固结容器，试验时取出金属环刀小心切入保持天然结构的原状土样，并置于圆筒形固结容器的刚性护环内，土样上下各垫一块透水石，受压后土中水可以上、下双向排出。由于金属环刀和刚性护环的限制，土样在压力作用下只能发生竖向压缩，而无侧向膨胀（侧限条件），即土样的横截面面积不会变化。土样在天然状态下或经

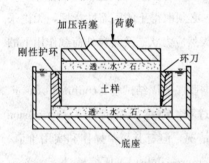

图5-1　固结仪的固结容器简图

过人工饱和后（地下水位以下的土样），进行逐级加压，测定各级压力 p_i 作用下土样竖向变形稳定后的孔隙比 e_i，下面导出 e_i 的求算式子。

设土样的初始高度为 H_0，受压后土样高度为 H_i，则 $H_i = H_0 - \Delta H_i$，ΔH_i 为压力 p_i 作用下土样的稳定压缩量，如图5-2所示。根据土的孔隙比的定义以及土粒体积 V_s 不会变化，又令 $V_s = 1$，则孔隙体积 V_v 在受压前等于初始孔隙比 e_0 和受压后为孔隙比 e_i。又根据

侧限条件土样受压前后的横截面面积不
变，则土粒的初始高度 $H_0/(1+e_0)$ 相
等于受压后土粒高度 $H_i/(1+e_i)$，得出

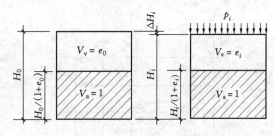

$$\frac{H_i}{H_0} = \frac{1+e_i}{1+e_0} \quad (5\text{-}1a)$$

或

$$\frac{\Delta H_i}{H_0} = \frac{e_i - e_0}{1+e_0} \quad (5\text{-}1b)$$

图 5-2　侧限条件下土样孔隙比的变化

则

$$e_i = e_0 - \frac{\Delta H_i}{H_0}(1+e_0) \quad (5\text{-}2)$$

式中 $e_0 = d_s(1+w_0)(\rho_w/\rho_0)-1$（参见2.2节），其中 d_s、w_0、ρ_0、ρ_w 分别为土粒相对密度、土样初始含水率、土样初始密度和水的密度。

因此，只要测定土样在各级压力 p_i 作用下的稳定压缩量 ΔH_i 后，就可按式（5-2）计算出相应的孔隙比 e_i，从而绘制土的压缩曲线。

压缩曲线可按两种方式绘制，一种是按普通直角坐标绘制 e-p 曲线（图 5-3a），在常规试验中，为保证试样与仪器上下各部件之间接触良好，先施加 1kPa 的预压荷载，然后调整读数为零。为了减少土的结构强度被扰动，加荷率（前后两级荷载之差与前一级荷载之比）取小于等于 1，一般按 $p=50$kPa、100kPa、200kPa、300kPa、400kPa 五级加荷，第一级压力软土宜从 12.5kPa 或 25kPa 开始，最后一级压力均应大于地基中计算点的自重应力与预估附加应力之和。另一种是横坐标改取 p 的常用对数值，即按半对数直角坐标绘制 e-$\lg p$ 曲线（图 5-3b），初始阶段的加荷率可取 0.5 或 0.25，试验时以较小的压力开始，采取小增量多级加荷，并加到较大的荷载为止，压力等级宜为 12.5kPa、18.75kPa、25kPa、37.5kPa、50kPa、100kPa、200kPa、400kPa、800kPa、1600kPa、3200kPa（通过高压固结试验可获得直线段对数值），第一级压力软土可从 12.5kPa 开始，最后一级压力均应大于地基中计算点的自重应力与预估附加应力之和。施加每级压力后每小时试样高度变形达 0.1mm 时，作为稳定标准。

另外，需要测定饱和土的沉降速率和固结系数时，施加每一级压力后宜按时间顺序测读试样的高度变化：6s、15s、1min、2min15s、4min、6min15s、9min、12min15s、16min、20min15s、25min、30min15s、36min、42min15s、49min、64min、100min、200min、400min、23h、24h……直至稳定为止，一般为 24h。

按 e-p 曲线可确定土的压缩系数 a（MPa^{-1}）、压缩模量 E_s（MPa）等压缩性指标；按 e-$\lg p$ 曲线可确定土的压缩指数 C_c 等压缩性指标。另外，固结试验结果还可绘制试样压缩量与时间平方根（或时间对数）的关系曲线，测定土的竖向固结系数 C_v（cm^2/s），它是土的单向固结理论中表示固结速度的一个变形特性指标（见 6.5 节）。

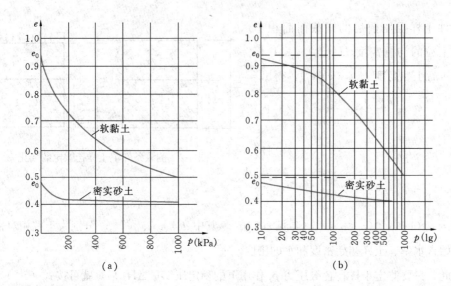

图 5-3　土的压缩曲线

(a) $e\text{-}p$ 曲线；(b) $e\text{-}\lg p$ 曲线

5.2.2　土的压缩系数和压缩指数

土的压缩系数的定义是土体在侧限条件下孔隙比减小量与有效压应力增量的比值（MPa^{-1}），即 $e\text{-}p$ 曲线中某一压力段的割线斜率。地基中压力段应取土的自重应力至土的自重应力与附加应力之和的范围。曲线越陡，说明在同一压力段内，土孔隙比的减小越显著，因而土的压缩性越高。所以，曲线上任一点的切线斜率 a 就表示相应于压力 p 作用下土的压缩性

$$a = -\,\mathrm{d}e/\mathrm{d}p \tag{5-3}$$

式中负号表示随着压力 p 的增加，孔隙比 e 逐渐减小。实用上，一般研究土中某点由原来的土中原始压力 p_1（original pressure）增加到外荷作用后的土中总和压力 p_2（summation pressure）这一压力段所表征的压缩性。如图 5-4 所示，设压力由 p_1 增加到 p_2，相应的孔隙比由 e_1 减小到 e_2，则与压力增量 $\Delta p = p_2 - p_1$ 相对应的孔隙比变化为 $\Delta e = e_1 - e_2$。此时，土的压缩性可用图中割线 $M_1 M_2$ 的斜率表示。设割线与横坐标的夹角为 β，则

$$a = \tan\beta = \frac{\Delta e}{\Delta p} = \frac{e_1 - e_2}{p_2 - p_1} \tag{5-4}$$

式中　a——土的压缩系数（MPa^{-1}）；

p_1——地基某深度处土中（竖向）自重应力（MPa），是指土中某点的"原始压力"；

p_2——地基某深度处土中（竖向）自重应力与（竖向）附加应力之和（MPa），是指土中某点的"总和应力"；

e_1、e_2——相应于 p_1、p_2 作用下压缩稳定后的孔隙比。

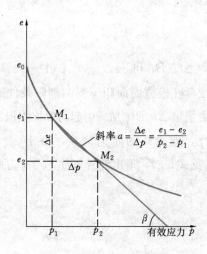

图 5-4　$e\text{-}p$ 曲线中确定 a　　　　　图 5-5　$e\text{-}\lg p$ 曲线中确定 C_c

为了便于比较，通常采用压力段由 $p_1=0.1\text{MPa}$（100kPa）增加到 $p_2=0.2\text{MPa}$（200kPa）时的压缩系数 $a_{1\text{-}2}$ 来评定土的压缩性如下：

当　　　　　　　　　　$a_{1-2}<0.1\text{MPa}^{-1}$ 时，为低压缩性土；

　　　　　$0.1\leqslant a_{1-2}<0.5\text{MPa}^{-1}$ 时，为中压缩性土；

　　　　　$a_{1-2}\geqslant0.5\text{MPa}^{-1}$ 时，为高压缩性土。

土的压缩指数的定义是土体在侧限条件下孔隙比减小量与有效压应力常用对数值增量的比值，即 $e\text{-}\lg p$ 曲线中某一压力段的直线斜率。土的 $e\text{-}p$ 曲线改绘成半对数 $e\text{-}\lg p$ 曲线时，它的后压力段接近直线（图 5-5），其斜率 C_c 为

$$C_c=\frac{e_1-e_2}{\lg p_2-\lg p_1}=\Delta e/\lg(p_2/p_1) \tag{5-5}$$

式中　C_c——土的压缩指数；

其他符号意义同式（5-2）。

同压缩系数 a 一样，压缩指数 C_c 值越大，土的压缩性越高。低压缩性土的 C_c 值一般小于 0.2，C_c 值大于 0.4 为高压缩性土。

5.2.3　土的压缩模量和体积压缩系数

土的压缩模量 E_s 的定义是土体在侧限条件下的竖向附加压应力与竖向应变之比值（MPa）。它是按 $e\text{-}p$ 曲线求得的第二个压缩性指标。如果 $e\text{-}p$ 曲线中的土样孔隙比变化 $\Delta e=e_1-e_2$ 为已知，可反算相应的土样高度变化 $\Delta H=H_1-H_2$，如图 5-6 所示，在侧限条件下压力增量 $\Delta p=p_2-p_1$ 施加前后土粒体积不变又假设等于 1 的条件，受压 p_1 时的土粒高度 $H_1/(1+e_1)$ 相等于受压 p_2 时的土粒高度 $H_2/(1+e_2)$，得

$$\frac{H_2}{H_1}=\frac{1+e_2}{1+e_1} \tag{5-6a}$$

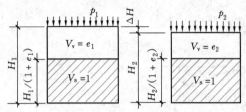

或
$$\frac{\Delta H}{H_1} = \frac{e_1 - e_2}{1 + e_1} \tag{5-6b}$$

式中 $\Delta H / H_1$ 和 $(e_1 - e_2)/(1 + e_1)$ 均表示为土样在横截面面积不变的侧限条件下由于压力增量 Δp 的施加所引起的单位体积的体积变化，即土样的竖向应变。由于 $\Delta e = a\Delta p$（参见式 5-3），得出侧限条件下的应力应变模量，即土的压缩模量 E_s（MPa）

图 5-6 侧限条件下压力增量 Δp 施加前后土样高度的变化

$$E_s = \frac{\Delta p}{(e_1 - e_2)/(1 + e_1)} = \frac{1 + e_1}{a} \tag{5-7}$$

式中其他符号意义同式（5-4）。

上式表示土体在侧限条件下，当土中应力变化不大时，压应力增量与压应变增量成正比，其比例系数 E_s，称为土的压缩模量，或称侧限模量，以便与无侧限条件下简单拉伸或压缩时的弹性模量（杨氏模量）E 相区别。

土的压缩模量 E_s 值越小，土的压缩性越高。为了便于比较，参照低压缩性土 $a_{1-2} < 0.1\text{MPa}^{-1}$ 时，近似取 $e_1 = 0.6$，则 $E_{s,1-2} > 16\text{MPa}$；高压缩性土 $a_{1-2} \geqslant 0.5\text{MPa}^{-1}$ 时，近似取 $e_1 = 1.0$，则 $E_{s,1-2} \leqslant 4\text{MPa}$。

土的体积压缩系数 m_v（coefficient of volume compressibility）是按 e-p 曲线求得的第三个压缩性指标，它的定义是土体在侧限条件下的竖向（体积）应变与竖向附加压应力之比（MPa^{-1}），亦称单向体积压缩系数，即土的压缩模量的倒数为

$$m_v = 1/E_s = a/(1 + e_1) \tag{5-8}$$

同压缩系数和压缩指数一样，体积压缩系数 m_v 值越大，土的压缩性越高。

5.2.4 回弹曲线和再压缩曲线

在室内固结试验过程中，如加压到某值 p_i 后不再加压（相应于图 5-7a 所示 e-p 曲线中的 ab 段压缩曲线），而是进行逐级退压到零，可观察到土样的回弹，测定各级压力作用下土样回弹稳定后的孔隙比，绘制相应的孔隙比与压力的关系曲线，图 5-7(a) 中的 bc 段曲线，称为回弹曲线（rebound curve）。由于土样已在压力 p_i 作用下压缩变形，卸压完毕后，土样并不能完全恢复到初始孔隙比 e_0 的 a 点处，这就显示出土的压缩变形是由弹性变形（elastic deformation）和残余变形（residual deformation）两部分组成的，而且以后者为主。如重新逐级加压，可测得土样在各级压力下再压缩稳定后的孔隙比，从而绘制再压缩曲线（recompression curve），如图中 cdf 所示。其中 df 段像 ab 段的延续，犹如其间没有经过卸压和再加压过程一样。在半对数曲线上，如图 5-7(b) 所示 e-$\lg p$ 曲线，也同样可以看到这种

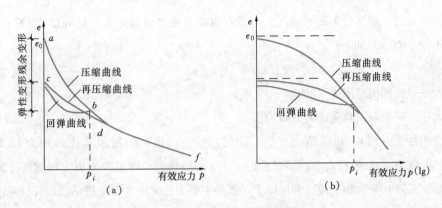

图 5-7　土的回弹曲线和再压缩曲线

（a）e-p 曲线；（b）e-lg$p$ 曲线

现象。

对于压缩、回弹、再压缩的 e-p 曲线，可以分析某些类型的基础，其底面积和埋深都较大，开挖基坑后地基受到较大的减压（应力解除），造成坑底回弹。因此，在预估基础沉降时，应考虑开挖基坑地基土的回弹，进行土的回弹再压缩试验，其压力的施加与地基中某点实际的加荷卸荷再加荷状况一致。为计算开挖基坑底面地基的回弹变形量，必须从固结试验的回弹和再压缩的 e-p 曲线确定地基土的回弹模量 E_c（注意与路堤顶面压实土的回弹模量 E_e 相区别）。地基土的回弹模量的定义是土体在侧限条件下卸荷或再加荷时竖向附加压应力与竖向应变之比值（MPa）。它是按 e-p 曲线求得的第四个压缩性指标，详见《基础工程》教材中介绍，或参见《建筑地基基础设计规范》GB 50007—2011。

利用压缩、回弹、再压缩的 e-lg$p$ 曲线，可以分析应力历史对土的压缩性的影响（见下面 5.3 中介绍）。

5.3　应力历史对压缩性的影响

5.3.1　沉积土（层）的应力历史

天然土层在历史上受过最大固结压力（指土体在固结过程中所受的最大竖向有效应力），称为先期固结压力（preconsolidation pressure），或称前期固结压力。根据应力历史可将土（层）分为正常固结土（层）、超固结土（层）和欠固结土（层）三类。正常固结土（NC soils-normally consolidated soils）在历史上所经受的先期固结压力等于现有覆盖土重；超固结土（OC soils-over consolidated soils）历史上曾经受过大于现有覆盖土重的先期固结压力；而欠固结土（under consolidated soils）的先期固结压力则小于现有覆盖土重。在研究沉积土层的应力历史时，通常将先期固结压力与现有覆盖土重之比值定义为超固结比 OCR（Over Consolidation Ratio）如下：

$$OCR = p_c/p_1 \tag{5-9}$$

式中　p_c——先期固结压力（kPa）；

　　　p_1——现有覆盖自重应力（kPa）。

正常固结土（层）、超固结土（层）和欠固结土（层）的超固结比分别为 $OCR=1$，$OCR>1$ 和 $OCR<1$。通过高压固结试验的 $e\text{-}\lg p$ 曲线指标，考虑应力历史影响来计算土层固结变形（沉降）是饱和土地区和国际上习惯的主要方法之一。为促进钻探取样技术水平和土样质量的提高，满足国外设计企业越来越多地进入中国建设市场的需要，有必要推广应用应力历史法计算地基变形。但在工程实践中，钻探取样、包装、防护和运输条件是土样质量的首要影响因素，综合考虑实践经验按超固结比略大于理论取值，当 $OCR=1.0\sim1.2$ 时，可视为正常固结土，见《高层建筑岩土工程勘察规程》JGJ 72—2017。

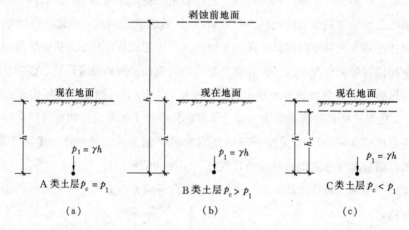

图 5-8　沉积土层按先期固结压力 p_c 分类

如图 5-8 所示，A 类覆盖土层是逐渐沉积到现在地面的，由于经历了漫长的地质年代，在土的自重作用下已经达到固结稳定状态（图 5-8a），其先期固结压力 p_c 等于现有覆盖土自重应力 $p_1=\gamma h$（γ 为均质土的天然重度，h 为现在地面下的计算点深度），所以 A 类土是正常固结土。B 类覆盖土层在历史上本是相当厚的覆盖沉积层，在土的自重作用下也已达到稳定状态，图 5-8(b) 中虚线表示当时沉积层的地表，后来由于流水或冰川等的剥蚀作用而形成现在的地表，因此先期固结压力 $p_c=\gamma h_c$（h_c 为剥蚀前地面下的计算点深度）超过了现有的土自重应力 p_1，所以 B 类土是超固结土，其 OCR 值越大就表示超固结作用越大。C 类土层也和 A 类土层一样是逐渐沉积到现在地面的，但不同的是没有达到固结稳定状态。如新近沉积黏性土、人工填土等，由于沉积后经历年代时间不久，其自重固结作用尚未完成，图 5-8(c) 中虚线表示将来固结完毕后的地表，因此 p_c（这里 $p_c=\gamma h_c$，h_c 代表固结完毕后地面下的计算点深度）还小于现有的土自重应力 p_1，所以 C 类土是欠固结土。

当考虑土层的应力历史进行变形计算时，应进行高压固结试验，确定先期固结压力、压缩指数等压缩性指标，试验成果用 $e\text{-}\lg p$ 曲线表示。确定先期固结压力 p_c 最常用的方法是 A. 卡萨格兰德（Cassagrande，1936）建议的经验作图法，作图步骤如下（图 5-9）：

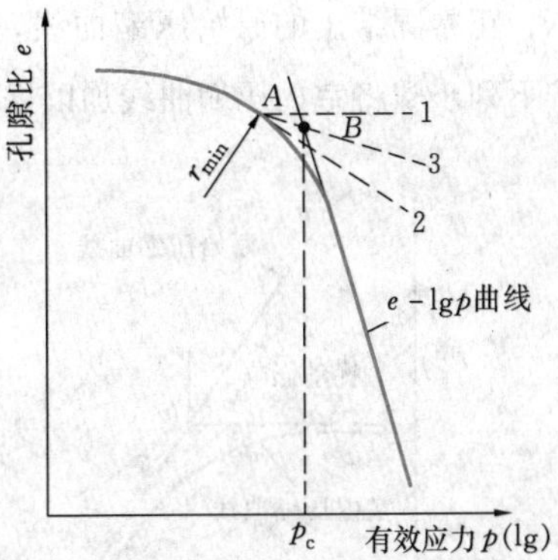

（1）从 $e\text{-}\lg p$ 曲线上找出曲率半径最小的一点 A，过 A 点作水平线 $A1$ 和切线 $A2$；

（2）作 $\angle 1A2$ 的平分线 $A3$，与 $e\text{-}\lg p$ 曲线中直线段的延长线相交于 B 点；

（3）B 点所对应的有效应力就是先期固结压力 p_c。

图 5-9　确定先期固结压力的卡萨格兰德法

必须指出，采用这种简易的经验作图法，对取土质量要求较高，绘制 $e\text{-}\lg p$ 曲线时要选用适当的比例尺等，否则，有时很难找到一个突变的 A 点，因此，不一定都能得出可靠的结果。确定先期固结压力，还应结合场地地形、地貌等形成历史的调查资料加以判断，例如历史上由于自然力（流水、冰川等地质作用的剥蚀）和人工开挖等剥去原始地表土层，或在现场堆载预压作用等，都可能使土层成为超固结土；而新近沉积的黏性土和粉土、海滨淤泥以及年代不久的人工填土等则属于欠固结土。此外，当地下水位发生前所未有的下降后，也会使土层处于欠固结状态。

5.3.2　现场原始压缩曲线及压缩性指标

现场原始压缩曲线（field virgin compression curve）是指现场土层在其沉积过程中由上覆土重原本存在的压缩曲线，简称原始压缩曲线。应从室内高压固结试验的 $e\text{-}\lg p$ 曲线，经修正后得出符合现场原始土体的孔隙比与有效应力的关系曲线。在计算地基的固结沉降时，必须弄清楚土层所经受的应力历史，处于正常固结或超固结还是欠固结状态，从而由原始压缩曲线确定其压缩性指标值。

对于正常固结土，如图 5-10 所示的 $e\text{-}\lg p$ 曲线中的 ab 段表示在现场成土的历史过程中已经达到固结稳定状态。b 点压力是土样在应力历史上所经受的先期固结压力 p_c，它等于现有的覆盖土自重应力 p_1。在现场应力增量的作用下，孔隙比 e 的变化将沿着 ab 段的延伸线发展（图中虚线 bc 段）。但是，原始压缩曲线 ab 段不能由室内试验直接测得，只有将一般室内压缩曲线加以修正后才能求得。这是由于扰动的影响，取到实验室的试样即使十分小心地保持其天然初始孔隙比不变，仍然会引起试样中有效应力的降低（图中的水平线 bd 所示）。当试样在室内加压时，孔隙比变化将沿着室内压缩曲线发展，寻求修正方法。

正常固结土的原始压缩曲线，可根据 J. H. 施默特曼（Schmertmann，1955）的方法，按下列步骤将室内压缩曲线加以修正后求得（图 5-11）：

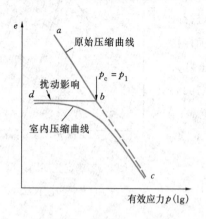

图 5-10　正常固结土的扰
动对压缩性的影响

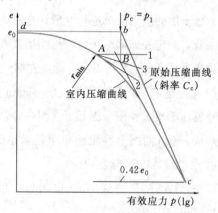

图 5-11　正常固结土的原始压缩曲线

（1）先作 b 点，其横坐标为试样的现场自重压力 p_1，由 $e\text{-}\lg p$ 曲线资料分析 p_1 等于 B 点所对应的先期固结压力 p_c，其纵坐标为现场孔隙比，如果土样保持不膨胀，取初始孔隙比 e_0；

（2）再作 c 点，由室内压缩曲线上孔隙比等于 $0.42e_0$ 处确定，这是根据许多室内压缩试验发现的，若将土试样加以不同程度的扰动，所得出的不同室内压缩曲线直线段，都大致交于孔隙比 $e=0.42e_0$ 这一点，由此推想原始压缩曲线也大致交于该点；

（3）然后作 bc 直线，这线段就是原始压缩曲线的直线段，于是可按该线段的斜率确定正常固结土的压缩指数 C_c 值，$C_c=\Delta e/\lg\ (p_2/p_1)$（参见式 5-5 和图 5-5）。

对于超固结土，如图 5-12 所示，相应于原始压缩曲线 abc 中 b 点压力是土样的应力历史上曾经受到的最大压力，就是先期固结压力 p_c（$>$ p_1），后来，有效应力减少到现有土自重应力 p_1（相当于原始回弹曲线 bb_1 上 b_1 点的压力）。在现场应力增量的作用下，孔隙比将沿着原始再压缩曲线 b_1c 变化。当压力超过先期固结压力后，曲线将与原始压缩曲线的延伸线（图中虚线 bc 段）重新连接。同样，由于土样扰动的影响，在孔隙比保持不变的情况下仍然引起了有效应力的降低（图 5-12 中水平线 b_1d 所示）。当试样在室内加压时，孔隙比变化将沿着室内压缩曲线发展。超固结土的原始压缩曲线，可按下列步骤求得（图 5-13）：

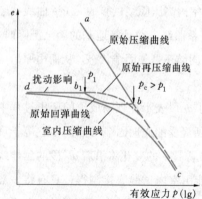

图 5-12　超固结土样的扰
动对压缩性的影响

（1）先作 b_1 点，其横、纵坐标分别为试样的现场自重压力 p_1 和现场孔隙比 e_0；

（2）过 b_1 点作一直线，其斜率等于室内回弹曲线与再压缩曲线的平均斜率，该直线与通过 B 点垂线（其横坐标相应于先期固结压力值）交于 b 点，b_1b 就作为原始再压缩曲线，其斜率为回弹指数 C_e（根据经验得知，因为试样受到扰动，使初次室内压缩曲线的斜率比原始再压缩曲线的斜率要大得多，而从室内回弹和再压缩曲线的平均斜率则比较接近于原始再压缩曲线的斜率）；

（3）作 c 点，由室内压缩曲线上孔隙比等于 $0.42e_0$ 处确定；

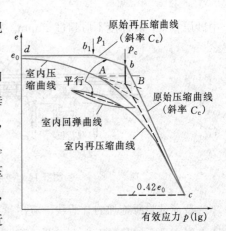

图 5-13　超固结土样的原始
压缩和原始再压缩曲线

（4）连接 bc 直线，即得原始压缩曲线的直线段，取其斜率作为压缩指数 C_c 值。

对于欠固结土，由于自重作用下的压缩尚未稳定，只能近似地按正常固结土一样的方法求得原始压缩曲线，从而确定压缩指数 C_c 值。

5.4　土的变形模量

5.4.1　浅层平板载荷试验及变形模量

浅层平板载荷试验（shallow plate loading test）是指现场（静）载荷试验（field loading test），它是工程地质勘察工作中一项基本的地基土的原位测试。试验前先在现场试坑中竖立载荷架，使施加的荷载通过承压板传到地层中，以便测试浅部地基附加应力影响范围内土的力学性质，包括测定土的变形模量、地基承载力以及研究土的湿陷性质等。承压板应有足够刚度，承压板的底面积不应小于 $0.25m^2$，对软土不应小于 $0.5m^2$（正方形边长 $0.707m \times 0.707m$ 或圆形直径 $0.798m$）。为模拟半空间地基表面的局部荷载，基坑宽度不应小于承压板宽度或直径的 3 倍，参见《建筑地基基础设计规范》GB 50007—2011。

图 5-14 所示两种千斤顶形式的载荷架，其构造由加荷稳压装置、反力装置及观测装置三部分组成。加荷稳压装置包括承压板、立柱、加荷千斤顶及稳压器；反力装置包括地锚系统或堆重系统等；观测装置包括百分表及固定支架等。载荷试验测试点通常布置在取试样的技术钻孔附近，当地质构造简单时，距离不应超过 10m，在其他情况下则不应超过 5m，但也不宜小于 2m。必须注意保持试验土层的原状结构和天然湿度，宜在拟试压表面用粗砂或

中砂层找平，其厚度不应超过 20mm。

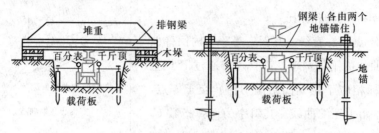

图 5-14　浅层平板载荷试验载荷架示例

载荷试验所施加的总荷载，应尽量接近地基极限荷载 p_u（见 9.4 节）。加载分级不应少于 8 级，最大加载量不应小于设计要求的两倍。第一级荷载（包括设备重）宜接近开挖浅试坑所卸除的土重，与其相应的承压板沉降量不计；其后每级荷载增量，对较松软的土可采用 10～25kPa，对较硬密的土则用 50～100kPa；加荷等级不应少于 8 级。最后一级荷载是判定承载力的关键，应细分二级加荷，以提高成果的精确度，最大加载量不应少于荷载设计值的 2 倍。

荷载试验的观测标准：①每级加载后，按间隔 10min、10min、10min、15min、15min 及以后为每隔 0.5h 读一次沉降量，当连续 2h 内，每小时的沉降量小于 0.1mm 时，则认为已趋稳定，可加下一级荷载；②当出现下列情况之一时，即可终止加载：承压板周围的土有明显的侧向挤出（砂土）或发生裂纹（黏性土和粉土）；沉降 s 急骤增大，荷载-沉降（p-s）曲线出现陡降段；在某一级荷载下，24h 内沉降速率不能达到稳定标准；$s/b \geqslant 0.06$（b 为承压板的宽度或直径）。

满足终止加载的前三种情况之一时，其对应的前一级荷载定为极限荷载。

根据各级荷载及其相应的相对稳定沉降的观测数值，即可采用适当的比例尺绘制荷载 p 与稳定沉降 s 的关系曲线，p-s 曲线，必要时还可绘制各级荷载下的沉降与时间的关系曲线，即 s-t 曲线。图 5-15 为一些代表性土类的 p-s 曲线。其中曲线的开始部分往往接近于直线，与直线段终点 1 对应的荷载 p_1 或 p_{cr} 称为地基的比例界限荷载，一般地基容许承载力或地基承载力特征值取接近于此比例界限荷载（详见 9.5 节）。所以地基的变形处于直线变形阶段，因而可以利用地基表面沉降的弹性力学公式（式 6-8）$s = \omega(1-\mu^2)bp/E_0$，$p$ 为地基表面均布荷载（kPa），ω 为沉降影响系数，按 6.2 节表 6-1 对刚性承压板应取 $\omega_r = 0.886$（方形压板）或 0.785（圆形压板），来反求地基土的变形模量，其计算公式如下：

$$E_0 = 0.886(1-\mu^2)bp_1/s_1 \tag{5-10a}$$

或
$$E_0 = 0.785(1-\mu^2)dp_1/s_1 \tag{5-10b}$$

即
$$E_0 = (1-\mu^2)P/s_1d \tag{5-10c}$$

式中　E_0——土的变形模量（MPa）；

μ——土的泊松比；

b——承压板的边长（m）；

d——承压板的直径（m）；

P——承压板的荷载（kN）；

p_1——所取定的比例界限荷载（kPa），$p_1 = P/b^2$ 或 $p_1 = 4P/\pi d^2$；

s_1——与比例界限荷载 p_1 相对应的沉降（mm），有时 $p\text{-}s$ 曲线不出现起始的直线段，可取 s_1/b 或 $s_1/d = 0.010 \sim 0.015$（低压缩性土取低值，高压缩性土取高值）及其对应的荷载 p_1 代入式中。

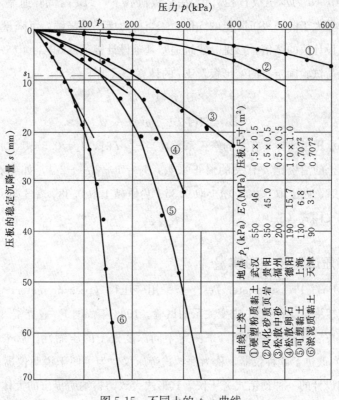

图 5-15　不同土的 $p\text{-}s$ 曲线

关于现场载荷试验确定地基承载力的规定，详见第 9 章 9.5 节介绍。

载荷试验一般适合于在浅土层进行。其优点是压力的影响深度可达 $(1.5 \sim 2)b$（b 为压板边长），因而试验成果能反应较大一部分土体的压缩性；比钻孔取样在室内试验所受到的扰动要小得多；土中应力状态在承压板较大时与实际基础情况比较接近。其缺点是试验工作量大，费时久，所规定的沉降稳定标准也带有较大的近似性，据有些地区的经验，它所反映的土的固结程度仅相当于实际建筑施工完毕时的早期沉降量。对于成层土，必须进行深层土的载荷试验。

5.4.2 深层平板载荷试验及变形模量

深层平板载荷试验（deep plate loading test）适用于深部地基土层及大直径桩桩端土层，在承压板下应力主要影响范围内的承载力及变形模量。承压板采用直径为 0.8m 的刚性板，紧靠承压板周围外侧的土层高度应不小于 0.8m，以尽量保持承压板荷载作用于半空间内部的受力状态；加荷等级可按预估极限荷载的 1/15～1/10 分级施加，最大荷载宜达到破坏，不应少于荷载设计值的 2 倍。每级加荷测读时间间隔及稳定标准与浅层平板载荷试验一样。至于终止加载标准不一样：①沉降 s 急骤增大，p-s 曲线上有可判定极限荷载的陡降段，且沉降量超过 $0.04d$（d 为承压板直径）；②在某级荷载下，24h 内沉降速率不能达到稳定标准；③本级沉降量大于前一级沉降量的 5 倍；④当持力层土质坚硬，沉降量很小时，最大加载量不小于荷载设计值的 2 倍。参见《建筑地基基础设计规范》GB 50007—2011。

深层平板载荷试验确定土的变形模量 E_0 的计算公式如下：

$$E_0 = 0.785 I_1 I_2 (1-\mu^2) dp_1/s_1 \tag{5-11a}$$

或

$$E_0 = I_1 I_2 (1-\mu^2) P/s_1 d \tag{5-11b}$$

式中　I_1——与承压板埋深 z 有关的修正系数，当 $z>d$ 时，$I_1=0.5+0.23d/z$；

　　　I_2——与土的泊松比 μ 有关的修正系数，$I_2=1+2\mu^2+2\mu^4$，如碎石土的泊松比取 0.27、砂土取 0.30、粉土取 0.35、粉质黏土取 0.38、黏土取 0.42；

其余符号意义同式（5-10）。

5.4.3 旁压试验及变形模量

旁压试验（PMT-Pressuremeter Test）是采用旁压仪（pressuremeter，pressiometer）在场地的钻孔中直接测定土的应力-应变关系的试验。1933 年德国 F. 寇克娄（Kögler）曾用一根可以膨胀的橡皮管在钻孔中加压，来测定不同深度处土的压缩性。后来法国 L. F. 梅纳（Menard，1956）改进了此种仪器，称为梅纳式旁压仪。为了便于说明仪器的工作原理，以下仅举我国早期设计的一种预钻式旁压仪，其形式大致与梅纳所提出的大体相同，它由旁压器、量测与输送系统、加压系统三部分组成（图 5-16）。

试验时将旁压器放入钻孔中，先关闭阀门 P、Q，打开阀门 M、N，此时水容器中的水充满旁压器的中腔并流入量管内。然后关闭 M、N，打开 P、Q，使上腔、下腔充满水，并使水流入蓄水管内。测试时关闭 N、P，打开 M、Q，用加压筒和稳压罐对钻孔土壁施加压力，待钻孔土壁变形稳定后量测所加的压力大小及其引起的中腔体积变化，得到压力与体积变化的关系曲线。

图 5-17 为旁压试验曲线（p-V 曲线）分为（Ⅰ）首曲线段、（Ⅱ）似直线段和（Ⅲ）尾曲线段，第Ⅰ线段是旁压器中腔的橡皮膜膨胀到与土壁完全接触，p_0 为原位水平压力，即

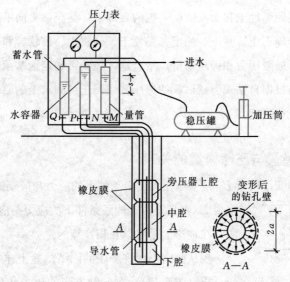

图 5-16　旁压仪示意图

初始压力；第 II 线段相当于弹性变形阶段，p_{cr} 为开始屈服的压力，即临塑压力；第 III 线段相当于塑性变形阶段，p_u 为趋向于纵轴平行的渐近线时所对应的压力，即极限压力。

根据压力与体积曲线的直线段斜率，按下式计算旁压模量：

$$E_m = 2(1+\mu)\left(V_c + \frac{V_0 + V_{cr}}{2}\right)\frac{\Delta p}{\Delta V} \quad (5-12)$$

式中　E_m——旁压模量（kPa）；

V_c——旁压器量测腔（中腔）初始固有体积（cm³）；

V_0——与初始压力 p_0 对应的体积（cm³）；

V_{cr}——与临塑压力 p_{cr} 对应的体积（cm³）；

$\Delta p / \Delta V$——旁压曲线直线段的斜率（kPa/cm³）；

μ——土的泊松比（碎石土取 0.27，砂土取 0.30，粉土取 0.35，粉质黏土取 0.38，黏土取 0.42）。

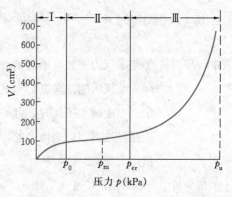

图 5-17　旁压仪压力与体积变化的关系曲线

预钻式旁压仪的仪器设备简单，易于操作，但预先钻孔对周围土壁扰动影响大，除要求钻孔垂直、横截面呈圆形外，还需钻孔大小与旁压器直径相匹配，使土壁尽量少受扰动。1996 年出现了自钻式旁压仪（SBP-Self Boring Pressuremeter），在旁压器底端装有旋转的钻头和切削套管，钻头与切削刀刃的相对位置对孔壁土层的扰动与否有密切关系，土层越软钻头越向上调整，对坚硬黏性土和密实砂层，则两者调平，甚至钻头向下超前。

旁压试验适用于碎石土、砂土、粉土、黏性土、残积土、极软岩和软岩等。根据测定初始压力、临塑压力、极限压力和旁压模量，结合地区经验可确定地基承载力（见 9.5 节）和评定地基变形参数。根据自钻式旁压试验的旁压曲线，还可测求土的原位水平压力、静止侧压力系数和不排水抗剪强度。

5.4.4 变形模量与压缩模量的关系

如前所述，土的变形模量 E_0 是土体在无侧限条件下的应力与应变的比值，而土的压缩模量 E_s 则是土体在侧限条件下的应力与应变的比值。E_0 与 E_s 两者在理论上是可以互相换算的。

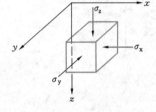

图 5-18 微单元土体

现从侧向不允许膨胀的固结试验土样中取一微单元土体进行分析（图 5-18）。在 z 轴方向的压力作用下，试样中的竖向正应力为 σ_z，由于试样的受力条件属轴对称问题，所以相应的水平向正应力 $\sigma_x = \sigma_y$，按式（4-2）为

$$\sigma_x = \sigma_y = K_0 \sigma_z \tag{5-13}$$

式中 K_0——静止土压力系数，通过侧限条件下的试验测定（见 8.2 节介绍），通常采用单向固结仪中的试样进行测定；也可在特定的三轴压缩仪中进行 K_0 固结试验测定。当无试验条件时，可采用表 5-1 所列的经验值。其值一般小于 1，如果地面是经过剥蚀后遗留来的，或者所考虑的土层曾受过其他超固结作用，则 K_0 值可大于 1。

再分析沿 x 轴方向的应变 ε_x，由 σ_x、σ_y、σ_z 分别引起的应变 σ_x/E_0、$-\mu\sigma_y/E_0$、$-\mu\sigma_z/E_0$ 三部分组成（负号表示伸长，μ 为土的泊松比）。由于土样是在不允许侧向膨胀条件下进行试验的，所以 $\varepsilon_x = \varepsilon_y = 0$，于是

$$\varepsilon_x = \frac{\sigma_x}{E_0} - \mu\frac{\sigma_y}{E_0} - \mu\frac{\sigma_z}{E_0} = 0 \tag{5-14}$$

将式（5-13）代入上式得出静止土压力系数 K_0 与泊松比 μ 的关系如下：

$$K_0 = \mu/(1-\mu) \tag{5-15a}$$

或

$$\mu = K_0/(1+K_0) \tag{5-15b}$$

K_0、μ、β 的经验值   表 5-1

土的种类和状态	K_0	μ	β
碎石土	0.18～0.33	0.15～0.25	0.95～0.83
砂　土	0.33～0.43	0.25～0.30	0.83～0.74
粉　土	0.43	0.30	0.74

续表

土的种类和状态		K_0	μ	β
粉质黏土：坚硬状态		0.33	0.25	0.83
	可塑状态	0.43	0.30	0.74
	软塑及流塑状态	0.53	0.35	0.62
黏土：坚硬状态		0.33	0.25	0 83
	可塑状态	0.53	0.35	0.62
	软塑及流塑状态	0.72	0.42	0.39

又分析沿 z 轴的应变 ε_z，可得

$$\varepsilon_z = \frac{\sigma_z}{E_0} - \mu\frac{\sigma_y}{E_0} - \mu\frac{\sigma_x}{E_0} = \frac{\sigma_z}{E_0}(1 - 2\mu K_0) \tag{5-16}$$

根据侧限条件 $\varepsilon_z = \sigma_z/E_s$，则

$$E_0 = \beta \cdot E_s \tag{5-17}$$

式中　$\beta = 1 - 2\mu K_0 = (1+\mu)(1-2\mu)/(1-\mu)$

必须指出，上式只不过是 E_0 与 E_s 之间的理论关系。实际上，由于现场载荷试验测定 E_0 和室内压缩试验测定 E_s 时，各有些无法考虑到的因素，使得上式不能准确反映 E_0 与 E_s 之间的实际关系。这些因素主要有：压缩试验的土样容易受到扰动（尤其是低压缩性土）；载荷试验与压缩试验的加荷速率、压缩稳定的标准都不一样；μ 值不易精确确定等。根据统计资料，E_0 值可能是 $\beta \cdot E_s$ 值的几倍，一般说来，土越坚硬则倍数越大，而软土的 E_0 值与 $\beta \cdot E_s$ 值比较接近。国内已有针对不同土类对理论 β 值进行修正的研究。

5.5　土的弹性模量

土的弹性模量的定义是土体在无侧限条件下瞬时压缩的应力应变模量。弹性力学解答了一个竖向集中力作用在半空间表面上，半空间内任意点处所引起的六个应力分量和三个位移分量（见式 4-11a～式 4-13c），其中位移分量包含了土的弹性模量和泊松比两个参数。由于土并非理想弹性体，它的变形包括了可恢复的（弹性）变形和不可恢复的（残余）变形两部分（图 5-7）。因此，在静荷载作用下计算土的变形时所采用的变形参数为压缩模量和变形模量等。通常地基变形计算的分层总和法公式都采用土的侧限压缩模量；当运用弹性力学公式时，则用变形模量或弹性模量进行变形计算。

如果在动荷载（如车辆荷载、风荷载、地震荷载）作用时，仍采用压缩模量或变形模量计算土的变形，将得出与实际情况不符的偏大结果，其原因是冲击荷载或反复荷载每一次作

用的时间短暂，由于土骨架和土粒未被破坏，不发生不可恢复的残余变形，而只发生土骨架的弹性变形，部分土中水排出的压缩变形、封闭土中气的压缩变形，都是可恢复的弹性变形。所以，弹性模量远大于变形模量。

确定土的弹性模量的方法，一般采用室内三轴仪进行三轴压缩试验或无侧限压缩仪进行单轴压缩试验（参见第 7 章）得到的应力-应变关系曲线所确定的初始切线模量 E_i（initial tangent modulus）或相当于现场荷载条件下的再加荷模量 E_r（reload modulus）。试验方法如下：

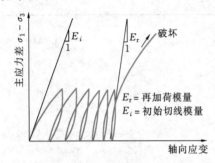

图 5-19　三轴压缩试验确定土的弹性模量

采用取样质量最好的原状土样，在三轴仪中进行固结，所施加的固结压力 σ_3 各向相等，其值取等于试样在现场 K_0 固结条件下的有效自重应力，即 $\sigma_3 = \sigma_{cx} = \sigma_{cy}$。固结后在不排水的情况下，施加轴向压力增量 $\Delta\sigma$，达到现场条件下的有效附加应力，$\Delta\sigma = \sigma_z$，此时试样中的轴向压应力为 $\sigma_3 + \Delta\sigma = \sigma_1$，然后减压到零。这样重复加荷和卸荷若干次，如图 5-19 所示，一般加、卸 5～6 个循环后，便可在主应力差 $(\sigma_1 - \sigma_3)$ 与轴向应变 ε 关系图上测得 E_i 和 E_r。该图还表明，在周期荷载作用下，土样随着应变量增大而逐渐硬化。这样确定的再加荷模量 E_r 就是符合现场条件下的土的弹性模量。

土的弹性模量也能与不排水三轴压缩试验所得到的强度联系起来，从而间接地估算得出

$$E = (250 \sim 500)(\sigma_1 - \sigma_3)_f \tag{5-18}$$

式中　$(\sigma_1 - \sigma_3)_f$——不排水三轴压缩试验土样破坏时的主应力差（kPa）。

思考题与习题

5-1　通过固结试验可以得到哪些土的压缩性指标？如何求得？

5-2　通过现场（静）载荷试验可以得到哪些土的力学性质指标？

5-3 室内固结试验和现场载荷试验都不能测定土的弹性模量，为什么？

5-4 试从基本概念、计算公式及适用条件等方面比较压缩模量、变形模量与弹性模量，它们与材料力学中的杨氏模量有什么区别？

5-5 根据应力历史可将土（层）分为哪三类土（层）？试述它们的定义。

5-6 何谓先期固结压力？实验室如何测定它？

5-7 何谓超固结比？如何按超固结比值确定正常固结土？

5-8 何谓现场原始压缩曲线？三类土的原始压缩曲线和压缩性指标由实验室的测定方法有何不同？

5-9 应力历史对土的压缩性有何影响？如何考虑？

5-10 某工程钻孔 3 号土样 3-1 粉质黏土和土样 3-2 淤泥质黏土的压缩试验数据列于表5-2，试绘制压缩曲线，并计算 a_{1-2} 和评价其压缩性。

习题 5-10 表 表 5-2

垂直压力（kPa）		0	50	100	200	300	400
孔隙比	土样 3-1	0.866	0.799	0.770	0.736	0.721	0.714
	土样 3-2	1.085	0.960	0.890	0.803	0.748	0.707

（答案：土样 3-1，$a_{1-2}=0.34\text{MPa}$）

第 6 章

地 基 变 形

6.1 概述

建筑物或堤坝（土工建筑物）荷载通过基础、填方路基（路堤）或填方坝基（水坝）传递给地基，使天然土层原有的应力状态发生变化，即在基底压力的作用下，地基中产生了附加应力和竖向、侧向（或剪切）变形（deformation），导致建筑物或堤坝及其周边环境的沉降（settlement）和位移（displacement）。沉降类包括地基表面沉降（即基础、路基或坝基的沉降）、基坑回弹、地基土分层沉降和周边场地沉降等；位移类包括建筑物主体倾斜、堤坝的垂直和水平位移、基坑支护倾斜和周边场地滑坡（边坡的垂直和水平位移）等。在建筑物或堤坝修建时，天然地基（natural ground）中早已存在着土体自身重力的自重应力，通常认为地质年代长久已经完成了自身的变形，目前只需考虑地基附加应力产生的地基变形。但对于第四纪全新世近期沉积的土（天然地基）、近期人工填土和换土垫层人工地基（artificial ground），尚应考虑土中自重应力产生的地基变形。

由于荷载差异、地基不均匀、地基应力扩散性状以及堤坝自身变形等原因，基础、路基或坝基的沉降或多或少总是不均匀的，使得上部结构或路面结构之中相应地产生额外的应力和变形。如果不均匀沉降超过了一定的限度，将导致建筑物或堤坝的开裂、歪斜甚至破坏，例如砖墙出现裂缝、吊车轮子出现卡轨或滑轨、高耸构筑物倾斜、机器转轴偏斜与建筑物连接管道断裂以及桥梁偏离墩台、梁面或路面开裂等。图 6-1 所示为楔状淤泥夹层地基上修建某实验楼，中部四层、两侧三层，由于基础不均匀沉降，实验楼纵向墙体呈现正向挠曲，导致东侧三层出现斜向于四层的斜裂缝，而西侧三层由于地下淤泥层较厚，其沉降值与四层接近；但西侧三层与四层连接处的正向挠曲上部受压很大，产生水平向的力偶弯矩，导致四层横墙内侧和纵墙外侧出现垂直裂缝；另外，两侧三层内框架的中柱少沉（荷载轻）引起横梁的顶部开裂。此例事故分析，减少基础不均匀沉降是设计的关键，实验楼的长高比很大（≫

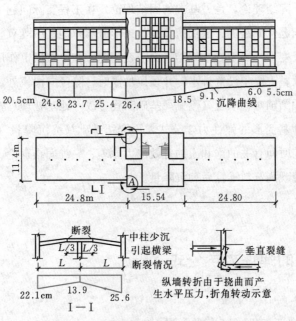

图 6-1　不均匀地基上某实验楼事故实例

2.5）是主因，如能采用两侧五层、中部六层方案，即可增强纵向整体结构的刚度。因此，研究地基变形，对于保证建筑物的正常使用、安全稳定、经济合理和环境保护，都具有很大的意义。

　　地基变形的计算方法有弹性理论法（elastic theory method）、分层总和法（layerwise summation method）、应力历史法（stress history method）、斯肯普顿-比伦法（Skempton-Bjerrum method）和应力路径法（stress path method）。应力路径法计算地基表面沉降在实际使用时不方便，但在土的强度问题中得到实际应用，应力路径的概念及其应用将在第 7 章7.6 节介绍。

　　天然土层往往由成层土组成，还可能具有尖灭（pinch）和透镜体（lens）等交错层理构造，即使是同类的厚层土，其变形性质也随深度而变，因此，地基土的非均质性是普遍存在的。通常在计算地基变形的方法上，先把地基看成是均质的线性变形体，从而引用弹性理论来计算地基中的附加应力，然后利用某些简化假设来解决成层土地基的变形计算问题。分层总和法是计算基础最终沉降量（地基最终变形量）最常用的方法。

　　透水性大的饱和无黏性土（包括碎石类土和砂类土），其固结过程在短时间内就可以结束，固结稳定所经历的时间很短，认为在外荷施加完毕时，其固结已基本完成，因此，一般不考虑无黏性土的固结问题；对于黏性土、粉土及有机土，均为细粒土，完成固结所需的时间较长，对于软黏土层，其固结需要几年甚至几十年时间才能完成。土的固结（压密）问题，就是研究土中超孔隙水压力消散、有效应力增长全过程的理论问题。饱和土的有效应力原理和单向（一维）固结理论，是最基本的固结理论。在工程实际问题中遇到的有许多是土的二维、三维固结问题，如路堤、水坝荷载是长条形分布，地基中既有竖向也有长条形垂直方向的孔隙水渗流及变形，属于二维固结平面应变问题；在厚土层上作用局部荷载时，属于三维固结问题；在软黏土层中设置排水砂井预压加固时，除竖向渗流外，还有水平向的轴对称渗流，属于三维固结轴对称问题（参见《基础工程》或《地基处理》教材）。

本章首先介绍地基变形的弹性力学公式，再介绍基础最终沉降量（地基最终变形量），最后介绍地基变形与时间有关的饱和土的有效应力原理、一维固结理论、地基固结过程中的变形量以及利用沉降观测资料推算后期沉降量。

6.2 地基变形的弹性力学公式

6.2.1 地基表面沉降的弹性力学公式

第 4 章式（4-13c）给出了一个竖向集中力 P 作用在弹性半空间表面时半空间内任意点 $M(x, y, z)$ 处产生的垂直位移 $w(x, y, z)$ 的解答。如取坐标 $z=0$，则所得的半空间表面任意点垂直位移 $w(x, y, 0)$ 就可当作地基表面任意点沉降 s（图 6-2）为

$$s = w(x, y, 0) = \frac{P(1 - \mu^2)}{\pi E r} \tag{6-1}$$

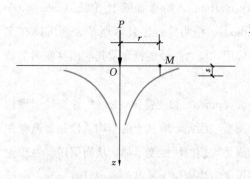

图 6-2 竖向集中力作用下地基
表面的沉降曲线

式中 s——竖向集中力 P 作用下地基表面任意点沉降；

r——地基表面任意点到竖向集中力作用点的距离，$r = \sqrt{x^2 + y^2}$；

E——地基土的弹性模量，常用土的变形模量 E_0 代之；

μ——地基土的泊松比（参见 5.4 节表 5-1）。

对于局部柔性荷载作用下的地基表面沉降，可利用上式，根据叠加原理求得。如图 6-3（a）所示，设荷载面 A 内任意点 $N(\xi, \eta)$ 处的分布荷载为 $p(\xi, \eta)$，则该点微面积 $d\xi d\eta$ 上的分布荷载可由集中力 $P = p(\xi, \eta) d\xi d\eta$ 代替。于是，与竖向集中力作用点相距为 $r = \sqrt{(x-\xi)^2 + (y-\eta)^2}$ 的 $M(x, y)$ 点沉降 $s(x, y)$，可按式（6-1）积分求得

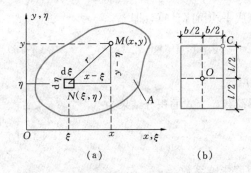

图 6-3　局部柔性荷载下的地面沉降计算

(a) 任意荷载面；(b) 矩形荷载面

$$s(x,y) = \frac{1-\mu^2}{\pi E} \iint_A \frac{p(\xi,\eta)\,\mathrm{d}\xi\mathrm{d}\eta}{\sqrt{(x-\xi)^2 + (y-\eta)^2}}$$

$$(6\text{-}2)$$

针对均布矩形荷载 $p(\xi,\eta) = p =$ 常数，如图 6-3(b) 所示，在矩形角点 C 处产生的沉降按上式积分的结果表达为

$$s = \delta_c p \qquad (6\text{-}3)$$

式中 δ_c 是单位均布矩形荷载 $p=1$ 在角点 C 处产生的沉降，称为角点沉降系数，它是矩形荷载面的长度 l 和宽度 b 的函数，即

$$\delta_c = \frac{1-\mu^2}{\pi E}\left(l\ln\frac{b+\sqrt{l^2+b^2}}{l} + b\ln\frac{l+\sqrt{l^2+b^2}}{b}\right) \qquad (6\text{-}4)$$

以长宽比 $m=l/b$ 代入上式，则式（6-3）写成

$$s = \frac{(1-\mu^2)b}{\pi E}\left[m\ln\frac{1+\sqrt{m^2+1}}{m} + \ln(m+\sqrt{m^2+1})\right]p \qquad (6\text{-}5\text{a})$$

令 $\omega_c = \dfrac{1}{\pi}\left[m\ln\dfrac{1+\sqrt{m^2+1}}{m} + \ln(m+\sqrt{m^2+1})\right]$，称为角点沉降影响系数，则上式改换为

$$s = \omega_c \frac{1-\mu^2}{E}bp \qquad (6\text{-}5\text{b})$$

利用上式，以角点法（类似 4.4 节图 4-20 所示方法）容易求得均布矩形荷载下地基表面任意点的沉降。例如图 6-3(b) 中矩形中心点（o 点）沉降量是虚线划分的 4 个相同小矩形角点（o 点）沉降量之和，由于小矩形的长宽比 $m = (l/2)/(b/2) = l/b$ 等于原矩形的长宽比，所以中心点的沉降为

$$s = 4 \cdot \omega_c \frac{1-\mu^2}{E}(b/2)p = 2\omega_c \frac{1-\mu^2}{E}bp \qquad (6\text{-}6\text{a})$$

即矩形荷载中心点沉降量为角点沉降量的两倍，如令 $\omega_0 = 2\omega_c$，称为中心点沉降影响系数，则

$$s = \omega_0 \frac{1-\mu^2}{E}bp \qquad (6\text{-}6\text{b})$$

以上角点法的计算结果和实践经验都表明，局部柔性荷载下的半空间地基具有应力扩散性状，地基表面沉降不仅产生于荷载面范围之内，还影响到荷载面以外，均布柔性荷载作用时地基表面沉降呈碟形（图 6-4a）。但一般扩展基础（柱下独立基础和墙下条形基础）都具有一定的抗弯刚度，因而基底沉降趋于均匀，所以中心荷载作用下的基底中心点沉降可以近

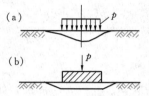

图 6-4 局部荷载作

用下的地面沉降

（a）柔性荷载下；

（b）刚性荷载下

似地按柔性荷载下基底平均沉降计算，即

$$s = \left(\iint\limits_A s(x,y)\mathrm{d}x\mathrm{d}y \right) / A \tag{6-7a}$$

式中　A——基底面积。

对于均布的矩形荷载，上式的积分结果为

$$s = \omega_m \frac{1-\mu^2}{E} bp \tag{6-7b}$$

式中　ω_m——平均沉降影响系数。

为了便于查表计算，将式（6-5b）、式（6-6b）、式（6-7b）统一表达为地基表面沉降的弹性力学公式

$$s = \omega(1-\mu^2)bp/E_0 \tag{6-8}$$

式中　s——地基表面各种计算点的沉降量（mm）；

　　　b——矩形荷载的宽度或圆形荷载的直径（m）；

　　　p——地基表面均布荷载（kPa）；

　　　E_0——地基土的变形模量（MPa），替换不常用的弹性模量 E；

　　　ω——各种沉降影响系数（influence coefficients of settlement），按基础的刚度、基底形状及计算点位置而定，由表 6-1 查得。

沉降影响系数 ω 值　　　　　　　表 6-1

荷载面形状 计算点位置		圆形	方形	矩形（l/b）										
				1.5	2.0	3.0	4.0	5.0	6.0	7.0	8.0	9.0	10.0	100.0
柔性荷载	ω_c	0.64	0.56	0.68	0.77	0.89	0.98	1.05	1.11	1.16	1.20	1.24	1.27	2.00
	ω_0	1.00	1.12	1.36	1.53	1.78	1.96	2.10	2.22	2.32	2.40	2.48	2.54	4.01
	ω_m	0.85	0.95	1.15	1.30	1.52	1.70	1.83	1.96	2.04	2.12	2.19	2.25	3.70
刚性基础	ω_r	0.785	0.886	1.08	1.22	1.44	1.61	1.72	—	—	—	—	2.12	3.40

对于中心荷载下的刚性基础（无筋扩展基础），假设它具有无限大的抗弯刚度，受荷沉降后基础不发生挠曲，因而基底各点的沉降量处处相等，即在基底范围内 $s(x,y) = s =$ 常数（图 6-4b），则式（6-2）与基础的静力平衡条件 $\iint\limits_A p(\xi,\eta)\mathrm{d}\xi\mathrm{d}\eta = P$ 联合求解后可得基底各点的反力 $p(x,y)$ 和沉降 s。s 也以式（6-8）为表达式，$p = P/A$（A 和 P 分别为基底的面积和中心荷载合力）为地基表面均布荷载，常取基底平均附加压力 p_0 代之，ω 则取刚性基础沉降影响系数 ω_r，按表 6-1 查得，其值与柔性荷载的平均沉降影响系数 ω_m 接近。

当地基土质均匀时，利用式（6-8）估算地基表面的最终沉降量是很简便的。但按这种方法计算的结果往往偏大，这是由于弹性力学公式是按均质的线性变形半空间的假设得出

的，而实际上地基常常是非均质的成层土（包括下卧基岩的存在），即使是均质土层，其变形模量 E_0 一般随深度而增大（见 4.4 节 4.4.4）。因此，利用弹性力学公式计算基础沉降问题，在于所用的 E_0 值是否能反映地基变形的真实情况。地基土层的 E_0 值，如能从已有建筑物的沉降观测资料，以弹性力学公式反算求得，这种数据是很有价值的。通常在整理地基（静）载荷试验资料时，就是利用式（6-8）来反算 E_0 值（见 5.4 节 5.4.1）。对于成层土地基，在地基压缩层深度（见 6.3 节 6.3.1）范围内应取各土层的变形模量 E_{0i} 和泊松比 μ_i 的加权平均值 $\overline{E}_0$ 和 $\overline{\mu}$，即近似按各土层厚度的加权平均取值。

6.2.2　刚性基础倾斜的弹性力学公式

刚性基础承受单向偏心荷载时，沉降后基底为倾斜平面，基底形心处的沉降（即平均沉降）可按式（6-8）取 $\omega=\omega_r$ 计算；基底倾斜的弹性力学公式如下：

圆形基础
$$\theta \approx \tan\theta = 6 \cdot \frac{1-\mu^2}{E_0} \cdot \frac{Pe}{b^3} \qquad (6\text{-}9\text{a})$$

矩形基础
$$\theta \approx \tan\theta = 8K \cdot \frac{1-\mu^2}{E_0} \cdot \frac{Pe}{b^3} \qquad (6\text{-}9\text{b})$$

式中　θ——基础倾斜角；

$\qquad P$——基底竖向偏心荷载（kN）；

$\qquad e$——偏心距（m）；

$\qquad b$——荷载偏心方向的矩形基底边长或圆形基底直径（m）；

$\qquad E_0$——地基土的变形模量，或以土的弹性模量 E 代之（kPa）；

$\qquad \mu$——地基土的泊松比（见 5.4 节表 5-1）；

$\qquad K$——矩形刚性基础的倾斜影响系数，无量纲，按 l/b（l 为矩形基底另一边长）值由图 6-5 查取。

对于成层土地基，在地基压缩层深度（见 6.3 节 6.3.1）范围内应取各土层的变形模量 E_{0i} 和泊松比 μ_i 的加权平均值 $\overline{E}_0$ 和 $\overline{\mu}$，即近似按各土层厚度的加权平均取值。

此外，弹性力学公式可用来计算短暂荷载作用下基础的倾斜，此时认为地基不产生压缩变形（体积变形）而产生剪切变形（形状变形），例如在风力或其他短暂荷载作用

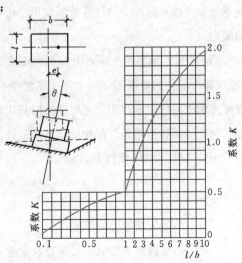

图 6-5　刚性基础的倾斜影响系数

下，基础倾斜可按式（6-9）计算，注意式中 E_0 应换取土的弹性模量 E 代入，并以土的泊松比 $\mu=0.5$（见 6.3 节 6.3.3）代入。

6.3 基础最终沉降量

6.3.1 分层总和法计算最终沉降量

按分层总和法计算基础（地基表面）最终沉降量（final settlement），应在地基压缩层深度范围内划分为若干分层，计算各分层的压缩量，然后求其总和。所谓地基压缩层深度（the depth of compressive layer），是指自基础底面向下需要计算变形所达到的深度，该深度以下土层的变形值小到可以忽略不计，亦称地基变形计算深度。土的压缩性指标从固结试验的压缩曲线中确定，即按 $e\text{-}p$ 曲线确定。下面介绍单向压缩基本公式、规范修正公式和三向变形公式。

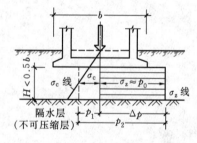

图 6-6　薄压缩土层的变形计算

1. 分层总和法单向压缩基本公式

单向压缩基本公式假定地基土压缩时不考虑侧向变形，相当于薄压缩土层位于两层坚硬密实土之间或在大面积荷载作用下地基的侧限条件。通常基础最终沉降量计算时先按基础荷载、基底形状和尺寸以及土的有关指标求得基底中心轴线下土中应力的分布（包括土中自重应力、基底附加压力和地基附加应力）。以基底中心轴线下分布的地基附加应力计算地基变形，可以弥补采用侧限条件的压缩性指标计算结果偏小的缺点。

图 6-6 所示薄压缩土层，下卧不可压缩层（地基下卧层）埋藏较浅，其上覆可压缩土层（地基持力层）的厚度 $H \leqslant 0.5$ 倍基底宽度 b 时，由于基础底面和不可压缩层顶面的摩阻力对可压缩土层的限制作用，土层压缩时只出现很少量的侧向变形，因而认为它与固结仪中土样的竖向受压和侧限条件很相近。基础最终沉降量 s 就可直接利用 5.2 节式（5-6b），以 s 代替式中的 ΔH，以 H 代替 H_1，即得

$$s = \frac{e_1 - e_2}{1 + e_1} H \tag{6-10}$$

式中　H——薄压缩土层的厚度；

e_1——根据薄土层顶、底面处自重应力的平均值 σ_c，即原有的土中"原始应力" p_1，从土的 $e\text{-}p$ 曲线上得到相应的孔隙比；

e_2——根据薄土层顶、底面处自重应力的平均值 σ_c 与附加应力的平均值 σ_z（近似等于基底平均附加压力 p_0）之和，即现有的土中"总和应力" p_2，从土的 e-p 曲线上得到相应的孔隙比。

实际上，大多数地基的可压缩土层较厚而且是成层的（图 6-7）。计算时必须先确定地基压缩层深度，且在此深度范围内进行分层，然后计算基底中心轴线下分层的顶、底面各点的自重应力平均值和附加应力平均值。地基压缩层深度的下限，取地基附加应力等于自重应力的 20％处，即 $\sigma_z = 0.2\sigma_c$ 处；在该深度以下如有较高压缩性土层，则应继续向下计算至 $\sigma_z = 0.1\sigma_c$ 处；核算精度均为 ±5kPa。地基压缩层深度范围内的分层厚度可取 $0.4b$（b 为基础短边宽度）左右，成层土的层面和地下水位面都是自然的分层面。

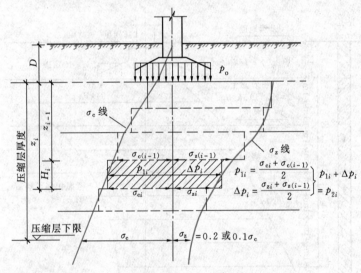

图 6-7　基础最终沉降量计算的分层总和法

基础最终沉降量 s 的分层总和法单向压缩基本公式表达如下：

$$s = \sum_{i=1}^{n} \Delta s_i = \sum_{i=1}^{n} \varepsilon_i H_i \tag{6-11a}$$

式中　Δs_i——第 i 分层土的压缩量；

ε_i——第 i 分层土的压缩应变；

H_i——第 i 分层土的厚度。

因为

$$\varepsilon_i = \frac{e_{1i} - e_{2i}}{1 + e_{1i}} = \frac{a_i(p_{2i} - p_{1i})}{1 + e_{1i}} = \frac{\Delta p_i}{E_{si}} = m_{vi}\Delta p_i \tag{6-11b}$$

和

$$\Delta s_i = \frac{e_{1i} - e_{2i}}{1 + e_{1i}} H_i = \frac{a_i \Delta p_i}{1 + e_{1i}} H_i = \frac{\Delta p_i}{E_{si}} H_i = m_{vi}\Delta p_i H_i \tag{6-11c}$$

所以
$$s = \sum_{i=1}^{n} \frac{e_{1i} - e_{2i}}{1 + e_{1i}} H_i = \sum_{i=1}^{n} \frac{a_i \Delta p_i}{1 + e_{1i}} H_i = \sum_{i=1}^{n} \frac{\Delta p_i}{E_{si}} H_i = \sum_{i=1}^{n} m_{vi} \Delta p_i H_i \qquad (6\text{-}11d)$$

式中　　e_{1i}——根据第 i 层的自重应力平均值 $(\sigma_{ci} + \sigma_{c(i-1)})/2$（即 p_{1i}），从 $e\text{-}p$ 曲线上得到相应的孔隙比；

e_{2i}——根据第 i 层的自重应力平均值 $(\sigma_{ci} + \sigma_{c(i-1)})/2$ 与附加应力平均值 $(\sigma_{zi} + \sigma_{z(i-1)})/2$ 之和（即 p_{2i}），从 $e\text{-}p$ 曲线上得到相应的孔隙比；

a_i、E_{si}、m_{vi}——第 i 分层土的压缩系数、压缩模量和体积压缩系数。

【例题 6-1】 试以分层总和法单向压缩基本公式求算在例题 4-3 中所示基础甲的最终沉降量（并应考虑左右相邻基础乙的影响），计算资料详见图 6-8 和图 6-9。

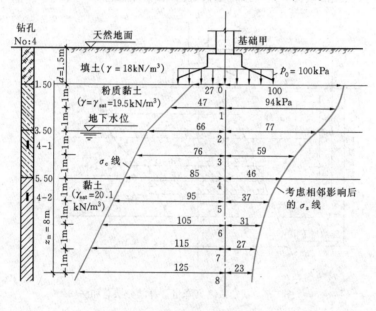

图 6-8　例题 6-1 图

【解】（1）地基的分层。基础底面下第一层粉质黏土厚 4m，地下水位分层面以上厚 2m，以下厚 2m，所以分层厚度均可取为 1m。

（2）地基（竖向）自重应力 σ_c 的计算。先分别计算基底中心轴线下各分层面（包括地下水位面）各点的自重应力：

0 点　　　　　　　　　　$\sigma_c = 18 \times 1.5 = 27\text{kPa}$

2 点　　　　　　　　　　$\sigma_c = 27 + 19.5 \times 2 = 66\text{kPa}$

4 点　　　　　　　　　　$\sigma_c = 66 + (19.5 - 10) \times 2 = 85\text{kPa}$

各分层层面处的 σ_c 计算结果列于图 6-8 和表 6-2。

（3）地基（竖向）附加应力 σ_z 的计算。在基础甲底面中心轴线下各分层界面各点的 σ_z

（包括相邻影响）的计算成果详见例题 4-3，现抄录于图 6-8 和表 6-2 中。

（4）地基各分层土的自重应力平均值和附加应力平均值的计算。例如 0-1 分层：$p_{1i}=(\sigma_{c(i-1)}+\sigma_{ci})/2=(27+47)/2=37$ kPa，$p_{2i}=p_{1i}+(\sigma_{z(i-1)}+\sigma_{zi})/2=37+(100+94)/2=134$ kPa；其余各分层的计算结果列于表 6-2。

（5）地基各分层土的孔隙比变化值的确定。按各分层的 p_{1i} 及 p_{2i} 值从土样 4-1（粉质黏土）或土样 4-2（黏土）的压缩曲线查得相应的孔隙比，见图 6-9。例如，0-1 分层：按 $p_{1i}=37$ kPa 和 $p_{2i}=134$ kPa 从土样 4-1 的压缩曲线上得 $e_{1i}=0.819$ 和 $e_{2i}=0.752$，其余各分层的确定结果列于表 6-2。

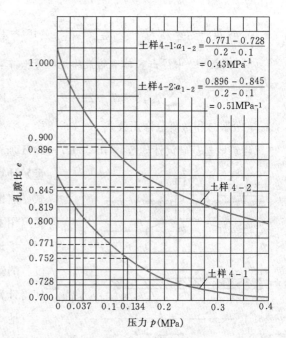

土样 4-1：$a_{1-2}=\dfrac{0.771-0.728}{0.2-0.1}=0.43$ MPa^{-1}

土样 4-2：$a_{1-2}=\dfrac{0.896-0.845}{0.2-0.1}=0.51$ MPa^{-1}

图 6-9　例题 6-1 图

分层总和法单向压缩基本公式的计算（例题 6-1）　　　　表 6-2

点	深度 z_i (m)	自重应力 σ_c (kPa)	附加应力 $\sigma_z+\sigma'_z$ (kPa)	层厚 H_i (m)	自重应力平均值 $\dfrac{\sigma_{c(i-1)}+\sigma_{ci}}{2}$ (kPa)	附加应力平均值 $\dfrac{\sigma_{z(i-1)}+\sigma_{zi}}{2}$ (kPa)	自重应力加附加应力 (kPa)	压缩曲线	受压前孔隙比 e_{1i}	受压后孔隙比 e_{2i}	$\dfrac{e_{1i}-e_{2i}}{1+e_{1i}}$	$\Delta s_i^s=10^3\times\dfrac{e_{1i}-e_{2i}}{1+e_{1i}}H_i$ (mm)
0	0	27	100									
1	1.0	47	94	1.0	37	97	134	土样 4-1	0.819	0.752	0.037	37
2	2.0	66	77	1.0	57	86	143		0.801	0.748	0.029	29
3	3.0	76	59	1.0	71	68	139		0.790	0.750	0.022	22
4	4.0	85	46	1.0	81	53	134		0.784	0.752	0.018	18
5	5.0	95	37	1.0	90	42	132	土样 4-2	0.904	0.873	0.016	16
6	6.0	105	31	1.0	100	34	134		0.896	0.872	0.013	13
7	7.0	115	27	1.0	110	29	139		0.888	0.870	0.010	10
8	8.0	125	23	1.0	120	25	145		0.882	0.867	0.008	8

注：σ'_z 为由相邻荷载引起的附加应力。

（6）地基压缩层深度的确定。按 $\sigma_z\leqslant0.2\sigma_c$ 确定深度的下限：7m 深处 $0.2\sigma_c=0.2\times115=23$ kPa，$\sigma_z=27>23$ kPa（不够）；8m 深处 $0.2\sigma_c=0.2\times125=25$ kPa，$\sigma_z=23<25$ kPa（可以）。

（7）按式（6-11c）计算地基各分层压缩量。例如，0-1 分层：

$$\Delta s_i = \varepsilon_i H_i = \frac{e_{1i} - e_{2i}}{1 + e_{1i}} H_i = \frac{0.819 - 0.752}{1 + 0.819} \times 10^3 = 37\text{mm}；\text{其余各分层的计算结果列于表 6-2。}$$

（8）从表 6-2 中得出基础甲的最终沉降量如下：

$$s = \sum_{i=1}^{n} \Delta s_i = 37 + 29 + 22 + 18 + 16 + 13 + 10 + 8 = 153\text{mm}$$

2. 分层总和法规范修正公式

《建筑地基基础设计规范》GB 50007—2011 所推荐的地基最终变形量（即基础最终沉降量）计算公式是分层总和法单向压缩的修正公式。它也采用侧限条件 $e\text{-}p$ 曲线的压缩性指标，但运用了地基平均附加应力系数 $\bar{\alpha}$ 的新参数，并规定了地基变形计算深度 z_n（即地基压缩层深度）的新标准，还提出了沉降计算经验系数 ψ_s，使得计算成果接近于实测值。

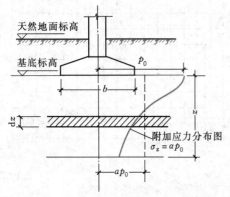

图 6-10 平均附加应力系数 $\bar{\alpha}$ 的示意图

地基平均附加应力系数 $\bar{\alpha}$ 的定义：指从基底某点下至地基任意深度 z 范围内的附加应力（分布图）面积 A 对基底附加压力与地基深度的乘积 $p_0 z$ 之比值，$\bar{\alpha} = A / p_0 z$。假设地基土是均质的，在侧限条件下的压缩模量 E_s 不随深度而变，则从基底某点下至地基深度 z 范围内的压缩量 s' 计算如下（图 6-10）：

$$s' = \int_0^z \varepsilon \mathrm{d}z = \frac{1}{E_s} \int_0^z \sigma_z \mathrm{d}z = \frac{A}{E_s} \quad (6\text{-}12\text{a})$$

式中　ε——土的压缩应变，$\varepsilon = \sigma_z / E_s$；

　　　σ_z——地基（竖向）附加应力，$\sigma_z = \alpha p_0$，p_0 为基底附加压力，α 为地基（竖向）附加应力系数；

　　　A——基底某点下至任意深度 z 范围内的附加应力面积：

$$A = \int_0^z \sigma_z \mathrm{d}z = p_0 \int_0^z \alpha \mathrm{d}z$$

为了便于计算，引入一个系数 $\bar{\alpha} = A / p_0 z$，则式（6-12a）改为

$$s' = p_0 z \bar{\alpha} / E_s \quad (6\text{-}12\text{b})$$

式中　$\bar{\alpha}$——z 范围内的（竖向）平均附加应力系数；

　　　$p_0 z \bar{\alpha}$——z 范围内 A 的等代值。

此式就是以附加应力面积 A 的等代值 $p_0 z \bar{\alpha}$（引出平均附加应力系数）表达的基础底面某点的（竖向）变形量计算公式。由此可得成层地基中第 i 分层的（竖向）变形量公式如下（图 6-11）：

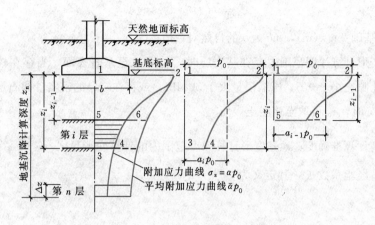

图 6-11　分层变形量的计算原理

$$\Delta s'_i = s'_i - s'_{i-1} = \frac{A_i - A_{i-1}}{E_{si}} = \frac{\Delta A_i}{E_{si}} = \frac{p_0}{E_{si}}(z_i \bar{\alpha}_i - z_{i-1} \bar{\alpha}_{i-1}) \tag{6-13}$$

式中　s'_i、s'_{i-1}——z_i 和 z_{i-1} 范围内的变形量；

　　　$\bar{\alpha}_i$、$\bar{\alpha}_{i-1}$——z_i 和 z_{i-1} 范围内竖向平均附加应力系数；

　　　$p_0 z_i \bar{\alpha}_i$——z_i 范围内附加应力面积 A_i（图中面积 1234）的等代值；

　　　$p_0 z_{i-1} \bar{\alpha}_{i-1}$——$z_{i-1}$ 范围内附加应力面积 A_{i-1}（图中面积 1256）的等代值；

　　　ΔA_i——第 i 分层的竖向附加应力面积（图中面积 5634），$\Delta A_i = A_i - A_{i-1}$。

则按分层总和法计算的地基变形量（基础沉降量）公式如下：

$$s' = \sum_1^n \Delta s'_i = \sum_1^n \frac{p_0}{E_{si}}(z_i \bar{\alpha}_i - z_{i-1} \bar{\alpha}_{i-1}) \tag{6-14}$$

地基变形计算深度 z_n 的新标准是指规范规定的采用"变形比法"替代传统的"应力比法"来确定分层总和法地基压缩层深度，它由该深度处向上取按表6-3规定的计算厚度 Δz（见图6-11），所得的计算变形量 $\Delta s'_n$ 应满足下式要求（包括考虑相邻荷载的影响）：

$$\Delta s'_n \leqslant 0.025 \sum_{i=1}^n \Delta s'_i \tag{6-15}$$

计算厚度 Δz 值　　　　　　　　　　　　表 6-3

b（m）	≤2	$2<b\leqslant4$	$4<b\leqslant8$	$b>8$
Δz（m）	0.3	0.6	0.8	1.0

按上式所确定的地基变形计算深度下如有较软弱土层时，尚应向下继续计算，直至软弱土层中所取规定厚度 Δz 的计算变形值满足上式为止。当无相邻荷载影响，基础宽度在 $1\sim30$m 范围内时，基础中点的地基变形计算深度，也可按下列简化公式计算：

$$z_{\mathrm{n}} = b(2.5 - 0.4 \ln b) \tag{6-16}$$

式中 b——基础宽度（m），$\ln b$ 为 b 的自然对数值。

在地基变形计算深度范围内存在基岩层时，z_{n} 可取至基岩表面，当存在较厚的坚硬黏性土层，其孔隙比小于 0.5、压缩模量大于 50MPa，或存在较厚的密实砂卵石层，其压缩模量大于 80MPa 时，z_{n} 可取至该层土表面。

为了提高计算准确度，地基变形计算深度范围内的计算变形量 $s' = \sum\limits_{i=1}^{n} \Delta s'_i$，尚须乘以一个沉降计算经验系数 ψ_{s}，其定义为

$$\psi_{\mathrm{s}} = s_{\infty}/s' \tag{6-17}$$

式中 s_{∞}——利用基础沉降观测资料推算的最终沉降量（见 6.4 节 6.4.6）。

综上所述，计算地基最终变形量 s 的分层总和法规范修正公式如下：

$$s = \psi_{\mathrm{s}} s' = \psi_{\mathrm{s}} \sum_{i=1}^{n} \frac{p_0}{E_{si}} (z_i \bar{\alpha}_i - z_{i-1} \bar{\alpha}_{i-1}) \tag{6-18}$$

式中 s——地基最终变形量（即基础最终沉降量）（mm）；

s'——按分层总和法计算的地基变形量（即基础沉降量）（mm）；

ψ_{s}——沉降计算经验系数，根据地区沉降观测资料及经验确定，也可采用表 6-4 数值（表中 f_{ak} 为地基承载力特征值，见 9.5 节）；

n——地基变形计算深度范围内所划分的土层数，层面和地下水位面是当然的分层面，为提高 E_{si} 取值的精确度，分层厚度不应大于 2m；

p_0——对应于荷载效应准永久组合时的基底附加压力（kPa）；

E_{si}——基础底面下第 i 层土的压缩模量（MPa），按实际应力段范围取值；

z_i、z_{i-1}——基础底面至第 i 层土、第 $i-1$ 层土底面的距离（m）；

$\bar{\alpha}_i$、$\bar{\alpha}_{i-1}$——基础底面的计算点至第 i 层土、第 $i-1$ 层土底面范围内平均附加应力系数，可按表 6-5、表 6-6 查用。

沉降计算经验系数 ψ_{s} 表 6-4

$\bar{E}_{\mathrm{s}}$ (MPa) 地基附加应力	2.5	4.0	7.0	15.0	20.0
$p_0 \geqslant f_{\mathrm{ak}}$	1.4	1.3	1.0	0.4	0.2
$p_0 \leqslant 0.75 f_{\mathrm{ak}}$	1.1	1.0	0.7	0.4	0.2

注：$\bar{E}_{\mathrm{s}}$ 为地基变形计算深度范围内压缩模量的当量值，应按下式计算：

$$\bar{E}_{\mathrm{s}} = \sum \Delta A_i / \sum \Delta A_i / E_{si} \tag{6-19}$$

式中 ΔA_i——第 i 层土附加应力系数沿土层厚度的积分值，$\Delta A_i = A_i - A_{i-1} = p_0 (z_i \bar{\alpha}_i - z_{i-1} \bar{\alpha}_{i-1})$。

均布的矩形荷载角点下的竖向平均附加应力系数 $\bar{\alpha}$ 表 6-5

z/b \ l/b	1.0	1.2	1.4	1.6	1.8	2.0	2.4	2.8	3.2	3.6	4.0	5.0	10.0
0.0	0.2500	0.2500	0.2500	0.2500	0.2500	0.2500	0.2500	0.2500	0.2500	0.2500	0.2500	0.2500	0.2500
0.2	0.2496	0.2497	0.2497	0.2498	0.2498	0.2498	0.2498	0.2498	0.2498	0.2498	0.2498	0.2498	0.2498
0.4	0.2474	0.2479	0.2481	0.2483	0.2483	0.2484	0.2485	0.2485	0.2485	0.2485	0.2485	0.2485	0.2485
0.6	0.2423	0.2437	0.2444	0.2448	0.2451	0.2452	0.2454	0.2455	0.2455	0.2455	0.2455	0.2455	0.2456
0.8	0.2346	0.2372	0.2387	0.2395	0.2400	0.2403	0.2407	0.2408	0.2409	0.2409	0.2410	0.2410	0.2410
1.0	0.2252	0.2291	0.2313	0.2326	0.2335	0.2340	0.2346	0.2349	0.2351	0.2352	0.2352	0.2353	0.2353
1.2	0.2149	0.2199	0.2229	0.2248	0.2260	0.2268	0.2278	0.2282	0.2285	0.2286	0.2287	0.2288	0.2289
1.4	0.2043	0.2102	0.2140	0.2164	0.2180	0.2191	0.2204	0.2211	0.2215	0.2217	0.2218	0.2220	0.2221
1.6	0.1939	0.2006	0.2049	0.2079	0.2099	0.2113	0.2130	0.2138	0.2143	0.2146	0.2148	0.2150	0.2152
1.8	0.1840	0.1912	0.1960	0.1994	0.2018	0.2034	0.2055	0.2066	0.2073	0.2077	0.2079	0.2082	0.2084
2.0	0.1746	0.1822	0.1875	0.1912	0.1938	0.1958	0.1982	0.1996	0.2004	0.2009	0.2012	0.2015	0.2018
2.2	0.1659	0.1737	0.1793	0.1833	0.1862	0.1883	0.1911	0.1927	0.1937	0.1943	0.1947	0.1952	0.1955
2.4	0.1578	0.1657	0.1715	0.1757	0.1789	0.1812	0.1843	0.1862	0.1873	0.1880	0.1885	0.1890	0.1895
2.6	0.1503	0.1583	0.1642	0.1686	0.1719	0.1745	0.1779	0.1799	0.1812	0.1820	0.1825	0.1832	0.1838
2.8	0.1433	0.1514	0.1574	0.1619	0.1654	0.1680	0.1717	0.1739	0.1753	0.1763	0.1769	0.1777	0.1784
3.0	0.1369	0.1449	0.1510	0.1556	0.1592	0.1619	0.1658	0.1682	0.1698	0.1708	0.1715	0.1725	0.1733
3.2	0.1310	0.1390	0.1450	0.1497	0.1533	0.1562	0.1602	0.1628	0.1645	0.1657	0.1664	0.1675	0.1685
3.4	0.1256	0.1334	0.1394	0.1441	0.1478	0.1508	0.1550	0.1577	0.1595	0.1607	0.1616	0.1628	0.1639
3.6	0.1205	0.1282	0.1342	0.1389	0.1427	0.1456	0.1500	0.1528	0.1548	0.1561	0.1570	0.1583	0.1595
3.8	0.1158	0.1234	0.1293	0.1340	0.1378	0.1408	0.1452	0.1482	0.1502	0.1516	0.1526	0.1541	0.1554
4.0	0.1114	0.1189	0.1248	0.1294	0.1332	0.1362	0.1408	0.1438	0.1459	0.1474	0.1485	0.1500	0.1516
4.2	0.1073	0.1147	0.1205	0.1251	0.1289	0.1319	0.1365	0.1396	0.1418	0.1434	0.1445	0.1462	0.1479
4.4	0.1035	0.1107	0.1164	0.1210	0.1248	0.1279	0.1325	0.1357	0.1379	0.1396	0.1407	0.1425	0.1444
4.6	0.1000	0.1070	0.1127	0.1172	0.1209	0.1240	0.1287	0.1319	0.1342	0.1359	0.1371	0.1390	0.1410
4.8	0.0967	0.1036	0.1091	0.1136	0.1173	0.1204	0.1250	0.1283	0.1307	0.1324	0.1337	0.1357	0.1379
5.0	0.0935	0.1003	0.1057	0.1102	0.1139	0.1169	0.1216	0.1249	0.1273	0.1291	0.1304	0.1325	0.1348
5.2	0.0906	0.0972	0.1026	0.1070	0.1106	0.1136	0.1183	0.1217	0.1241	0.1259	0.1273	0.1295	0.1320
5.4	0.0878	0.0943	0.0996	0.1039	0.1075	0.1105	0.1152	0.1186	0.1211	0.1229	0.1243	0.1265	0.1292
5.6	0.0852	0.0916	0.0968	0.1010	0.1046	0.1076	0.1122	0.1156	0.1181	0.1200	0.1215	0.1238	0.1266
5.8	0.0828	0.0890	0.0941	0.0983	0.1018	0.1047	0.1094	0.1128	0.1153	0.1172	0.1187	0.1211	0.1240
6.0	0.0805	0.0866	0.0916	0.0957	0.0991	0.1021	0.1067	0.1101	0.1126	0.1146	0.1161	0.1185	0.1216
6.2	0.0783	0.0842	0.0891	0.0932	0.0966	0.0995	0.1041	0.1075	0.1101	0.1120	0.1136	0.1161	0.1193
6.4	0.0762	0.0820	0.0869	0.0909	0.0942	0.0971	0.1016	0.1050	0.1076	0.1096	0.1111	0.1137	0.1171
6.6	0.0742	0.0799	0.0847	0.0886	0.0919	0.0948	0.0993	0.1027	0.1053	0.1073	0.1088	0.1114	0.1149
6.8	0.0723	0.0779	0.0826	0.0865	0.0898	0.0926	0.0970	0.1004	0.1030	0.1050	0.1066	0.1092	0.1129

续表

z/b \ l/b	1.0	1.2	1.4	1.6	1.8	2.0	2.4	2.8	3.2	3.6	4.0	5.0	10.0
7.0	0.0705	0.0761	0.0806	0.0844	0.0877	0.0904	0.0949	0.0982	0.1008	0.1028	0.1044	0.1071	0.1109
7.2	0.0688	0.0742	0.0787	0.0825	0.0857	0.0884	0.0928	0.0962	0.0987	0.1008	0.1023	0.1051	0.1090
7.4	0.0672	0.0725	0.0769	0.0806	0.0838	0.0865	0.0908	0.0942	0.0967	0.0988	0.1004	0.1031	0.1071
7.6	0.0656	0.0709	0.0752	0.0789	0.0820	0.0846	0.0889	0.0922	0.0948	0.0968	0.0984	0.1012	0.1054
7.8	0.0642	0.0693	0.0736	0.0771	0.0802	0.0828	0.0871	0.0904	0.0929	0.0950	0.0966	0.0994	0.1036
8.0	0.0627	0.0678	0.0720	0.0755	0.0785	0.0811	0.0853	0.0886	0.0912	0.0932	0.0948	0.0976	0.1020
8.2	0.0614	0.0663	0.0705	0.0739	0.0769	0.0795	0.0837	0.0869	0.0894	0.0914	0.0931	0.0959	0.1004
8.4	0.0601	0.0649	0.0690	0.0724	0.0754	0.0779	0.0820	0.0852	0.0878	0.0898	0.0914	0.0943	0.0988
8.6	0.0588	0.0636	0.0676	0.0710	0.0739	0.0764	0.0805	0.0836	0.0862	0.0882	0.0898	0.0927	0.0973
8.8	0.0576	0.0623	0.0663	0.0696	0.0724	0.0749	0.0790	0.0821	0.0846	0.0866	0.0882	0.0912	0.0959
9.2	0.0554	0.0599	0.0637	0.0670	0.0697	0.0721	0.0761	0.0792	0.0817	0.0837	0.0853	0.0882	0.0931
9.6	0.0533	0.0577	0.0614	0.0645	0.0672	0.0696	0.0734	0.0765	0.0789	0.0809	0.0825	0.0855	0.0905
10.0	0.0514	0.0556	0.0592	0.0622	0.0649	0.0672	0.0710	0.0739	0.0763	0.0783	0.0799	0.0829	0.0880
10.4	0.0496	0.0537	0.0572	0.0601	0.0627	0.0649	0.0686	0.0716	0.0739	0.0759	0.0775	0.0804	0.0857
10.8	0.0479	0.0519	0.0553	0.0581	0.0606	0.0628	0.0664	0.0693	0.0717	0.0736	0.0751	0.0781	0.0834
11.2	0.0463	0.0502	0.0535	0.0563	0.0587	0.0609	0.0644	0.0672	0.0695	0.0714	0.0730	0.0759	0.0813
11.6	0.0448	0.0486	0.0518	0.0545	0.0569	0.0590	0.0625	0.0652	0.0675	0.0694	0.0709	0.0738	0.0793
12.0	0.0435	0.0471	0.0502	0.0529	0.0552	0.0573	0.0606	0.0634	0.0656	0.0674	0.0690	0.0719	0.0774
12.8	0.0409	0.0444	0.0474	0.0499	0.0521	0.0541	0.0573	0.0599	0.0621	0.0639	0.0654	0.0682	0.0739
13.6	0.0387	0.0420	0.0448	0.0472	0.0493	0.0512	0.0543	0.0568	0.0589	0.0607	0.0621	0.0649	0.0707
14.4	0.0367	0.0398	0.0425	0.0448	0.0468	0.0486	0.0516	0.0540	0.0561	0.0577	0.0592	0.0619	0.0677
15.2	0.0349	0.0379	0.0404	0.0426	0.0446	0.0463	0.0492	0.0515	0.0535	0.0551	0.0565	0.0592	0.0650
16.0	0.0332	0.0361	0.0385	0.0407	0.0425	0.0442	0.0469	0.0492	0.0511	0.0527	0.0540	0.0567	0.0625
18.0	0.0297	0.0323	0.0345	0.0364	0.0381	0.0396	0.0422	0.0442	0.0460	0.0475	0.0487	0.0512	0.0570
20.0	0.0269	0.0292	0.0312	0.0330	0.0345	0.0359	0.0383	0.0402	0.0418	0.0432	0.0444	0.0468	0.0524

三角形分布的矩形荷载角点下的竖向平均附加应力系数 $\bar{\alpha}$　　表 6-6

z/b \ l/b	0.2		0.4		0.6		0.8		1.0	
点	1	2	1	2	1	2	1	2	1	2
0.0	0.0000	0.2500	0.0000	0.2500	0.0000	0.2500	0.0000	0.2500	0.0000	0.2500
0.2	0.0112	0.2161	0.0140	0.2308	0.0148	0.2333	0.0151	0.2339	0.0152	0.2341
0.4	0.0179	0.1810	0.0245	0.2084	0.0270	0.2153	0.0280	0.2175	0.0285	0.2184
0.6	0.0207	0.1505	0.0308	0.1851	0.0355	0.1966	0.0376	0.2011	0.0388	0.2030
0.8	0.0217	0.1277	0.0340	0.1640	0.0405	0.1787	0.0440	0.1852	0.0459	0.1883
1.0	0.0217	0.1104	0.0351	0.1461	0.0430	0.1624	0.0476	0.1704	0.0502	0.1746
1.2	0.0212	0.0970	0.0351	0.1312	0.0439	0.1480	0.0492	0.1571	0.0525	0.1621
1.4	0.0204	0.0865	0.0344	0.1187	0.0436	0.1356	0.0495	0.1451	0.0534	0.0507
1.6	0.0195	0.0779	0.0333	0.1082	0.0427	0.1247	0.0490	0.1345	0.0533	0.1405
1.8	0.0186	0.0709	0.0321	0.0993	0.0415	0.1153	0.0480	0.1252	0.0525	0.1313
2.0	0.0178	0.0650	0.0308	0.0917	0.0401	0.1071	0.0467	0.1169	0.0513	0.1232
2.5	0.0157	0.0538	0.0276	0.0769	0.0365	0.0908	0.0429	0.1000	0.0478	0.1063
3.0	0.0140	0.0458	0.0248	0.0661	0.0330	0.0786	0.0392	0.0871	0.0439	0.0931
5.0	0.0097	0.0289	0.0175	0.0424	0.0236	0.0476	0.0285	0.0576	0.0324	0.0624
7.0	0.0073	0.0211	0.0133	0.0311	0.0180	0.0352	0.0219	0.0427	0.0251	0.0465
10.0	0.0053	0.0150	0.0097	0.0222	0.0133	0.0253	0.0162	0.0308	0.0186	0.0336

续表

z/b \ 点 (l/b)	1.2		1.4		1.6		1.8		2.0	
	1	2	1	2	1	2	1	2	1	2
0.0	0.0000	0.2500	0.0000	0.2500	0.0000	0.2500	0.0000	0.2500	0.0000	0.2500
0.2	0.0153	0.2342	0.0153	0.2343	0.0153	0.2343	0.0153	0.2343	0.0153	0.2343
0.4	0.0288	0.2187	0.0289	0.2189	0.0290	0.2190	0.0290	0.2190	0.0290	0.2191
0.6	0.0394	0.2039	0.0397	0.2043	0.0399	0.2046	0.0400	0.2047	0.0401	0.2048
0.8	0.0470	0.1899	0.0476	0.1907	0.0480	0.1912	0.0482	0.1915	0.0483	0.1917
1.0	0.0518	0.1769	0.0528	0.1781	0.0534	0.1789	0.0538	0.1794	0.0540	0.1797
1.2	0.0546	0.1649	0.0560	0.1666	0.0568	0.1678	0.0574	0.1684	0.0577	0.1689
1.4	0.0559	0.1541	0.0575	0.1562	0.0586	0.1576	0.0594	0.1585	0.0599	0.1591
1.6	0.0561	0.1443	0.0580	0.1467	0.0594	0.1484	0.0603	0.1494	0.0609	0.1502
1.8	0.0556	0.1354	0.0578	0.1381	0.0593	0.1400	0.0604	0.1413	0.0611	0.1422
2.0	0.0547	0.1274	0.0570	0.1303	0.0587	0.1324	0.0599	0.1338	0.0608	0.1348
2.5	0.0513	0.1107	0.0540	0.1139	0.0560	0.1163	0.0575	0.1180	0.0586	0.1193
3.0	0.0476	0.0976	0.0503	0.1008	0.0525	0.1033	0.0541	0.1052	0.0554	0.1067
5.0	0.0356	0.0661	0.0382	0.0690	0.0403	0.0714	0.0421	0.0734	0.0435	0.0749
7.0	0.0277	0.0496	0.0299	0.0520	0.0318	0.0541	0.0333	0.0558	0.0347	0.0572
10.0	0.0207	0.0359	0.0224	0.0379	0.0239	0.0395	0.0252	0.0409	0.0263	0.0403

z/b \ 点 (l/b)	3.0		4.0		6.0		8.0		10.0	
	1	2	1	2	1	2	1	2	1	2
0.0	0.0000	0.2500	0.0000	0.2500	0.0000	0.2500	0.0000	0.2500	0.0000	0.2500
0.2	0.0153	0.2343	0.0153	0.2343	0.0153	0.2343	0.0153	0.2343	0.0153	0.2343
0.4	0.0290	0.2192	0.0291	0.2192	0.0291	0.2192	0.0291	0.2192	0.0291	0.2192
0.6	0.0402	0.2050	0.0402	0.2050	0.0402	0.2050	0.0402	0.2050	0.0402	0.2050
0.8	0.0486	0.1920	0.0487	0.1920	0.0487	0.1921	0.0487	0.1921	0.0487	0.1921
1.0	0.0545	0.1803	0.0546	0.1803	0.0546	0.1804	0.0546	0.1804	0.0546	0.1804
1.2	0.0584	0.1697	0.0586	0.1699	0.0587	0.1700	0.0587	0.1700	0.0587	0.1700
1.4	0.0609	0.1603	0.0612	0.1605	0.0613	0.1606	0.0613	0.1606	0.0613	0.1606
1.6	0.0623	0.1517	0.0626	0.1521	0.0628	0.1523	0.0628	0.1523	0.0628	0.1523
1.8	0.0628	0.1441	0.0633	0.1445	0.0635	0.1447	0.0635	0.1448	0.0635	0.1448
2.0	0.0629	0.1371	0.0634	0.1377	0.0637	0.1380	0.0638	0.1380	0.0638	0.1380
2.5	0.0614	0.1223	0.0623	0.1233	0.0627	0.1237	0.0628	0.1238	0.0628	0.1239
3.0	0.0589	0.1104	0.0600	0.1116	0.0607	0.1123	0.0609	0.1124	0.0609	0.1125
5.0	0.0480	0.0797	0.0500	0.0817	0.0515	0..0833	0.0519	0.0837	0.0521	0.0839
7.0	0.0391	0.0619	0.0414	0.0642	0.0435	0.0663	0.0442	0.0671	0.0445	0.0674
10.0	0.0302	0.462	0.0325	0.0485	0.0340	0.0509	0.0359	0.0520	0.0364	0.0526

　　所谓荷载效应是指由荷载引起结构或结构构件的反应（内力、接触应力、变形和裂缝等），荷载是指集中力和分布力。所有引起结构反应的原因统称为"作用"，结构上的作用应分为直接作用和间接作用。直接作用是直接施加于结构上的荷载，包括永久荷载（结构自重、土压力、预应力等）、可变荷载（楼面和屋面活荷载、吊车荷载、车辆荷载、人群荷载、风荷载、雪荷载等）和偶然荷载（爆炸力、撞击力等）；间接作用是引起结构反应（外加变形和约束变形）的地震、基础不均匀沉降、材料收缩、温度变化等。地基基础设计所采用的荷载效应最不利组合，在计算地基变形时，传至基础底面上的荷载效应应按正常使用极限状态下的准永久组合。正常使用极限状态是指对应于结构或结构构件达到正常使用或耐久性能的某项限值的状态，当影响正常使用或外观的变形，或耐久性能的局部损坏（包括裂缝）、

其他特定状态（如振动等），应认为超过了正常使用极限状态。准永久组合是指长期（作用或荷载）效应组合，即永久作用（或荷载）标准值效应与可变作用（或荷载）准永久值效应相组合。准永久值反映了可变作用（或荷载）的一种状态，其取值按可变作用（或荷载）出现的频繁程度和持续时间长短确定。参见《建筑结构可靠性设计统一标准》GB 50068—2018 和《公路工程结构可靠度设计统一标准》GB/T 50283—1999。

表 6-5 和表 6-6 分别为均布的矩形荷载角点下（b 为荷载面宽度）和三角形分布的矩形荷载角点下（b 为三角形分布方向荷载面的边长）的地基竖向平均附加应力系数 $\bar{\alpha}$ 的查表值，借助于该两表可以运用角点法求算基底附加压力力均布、三角形分布或梯形分布时地基中任意点的竖向平均附加应力系数 $\bar{\alpha}$ 值。《建筑地基基础设计规范》GB 50007—2011 还附有均布的圆形荷载中点下和三角形分布的圆形荷载边点下地基竖向平均附加应力系数表，本教材从略。

高层建筑由于基础埋置深度大，地基回弹再压缩变形往往在最终变形量中占重要部分，甚至某些高层建筑设置 3～4 层地下室时，总荷载有可能等于或小于该深度土的自重压力。因此，当建筑物地下室基础埋置较深时，需要考虑开挖基坑地基土的回弹再压缩，该部分回弹变形量的计算公式可参见《建筑地基基础设计规范》GB 50007—2011。

【例题 6-2】 试按分层总和法规范修正公式计算例题 4-3 中的柱基础甲的最终沉降量，并应考虑两相邻柱基础乙的影响。计算资料（见例题 6-1）：从基础底面向下第 1 层（持力层）为 4m 厚粉质黏土；第二层（下卧层）为很厚的黏土层（见图 6-8）。

【解】 （1）计算 p_0

见例题 4-3，$p_0 = 100\text{kPa}$。

（2）计算 E_{si}（分层厚度取 2m）

利用表 6-2，摘取点 1、3、5、7 处所计算的自重应力 p_{1i}、附加应力 Δp_i（包括考虑相邻影响）各值，再计算自重应力加附加应力值 $p_{2i} = p_{1i} + \Delta p_i$，即可利用图 6-9 分别查得 e_{1i} 和 e_{2i} 各值，各分层的计算结果列于表 6-7。

分层压缩模量的计算　　　　　　　　　　　　　　　表 6-7

分层深度 z_i (m)	自重应力平均值 p_{1i} (kPa)	附加应力平均值 Δp_i (kPa)	自重应力+附加应力 p_{2i} (kPa)	分层厚度 (m)	压缩曲线编号	受压前孔隙比 e_{1i}	受压后孔隙比 e_{2i}	$E_{si} = (1+e_{1i}) \times \dfrac{p_{2i}-p_{1i}}{e_{1i}-e_{2i}} \times 10^{-3}$ (MPa)
0～2	47	94	141	2.0	土样 4-1	0.810	0.749	2.79
2～4	76	59	135	2.0		0.787	0.751	2.93
4～6	95	37	132	2.0	土样 4-2	0.900	0.873	2.60
6～8	115	27	142	2.0		0.885	0.869	3.18
8～10	135	18	153	2.0		0.872	0.861	3.06

（3）计算 $\bar{\alpha}$（分层厚度取 2 m）

1）当 $z=0$ 时，$\bar{\alpha}$ 虽不为零（查表 6-5），但 $z\bar{\alpha}=0$。

2）计算 $z=2m$ 范围内的 $\bar{\alpha}$：

A. 柱基甲（荷载面积为 $oabc\times4$）。

对荷载面积 $oabc$，$l/b=2.5/2=1.25$，$z/b=2/2=1$，查表 6-5 中有

$$l/b=1.2,\ z/b=1,\ \text{得}\ \bar{\alpha}=0.2291$$
$$l/b=1.4,\ z/b=1,\ \text{得}\ \bar{\alpha}=0.2313$$

当 $l/b=1.25$，$z/b=1$ 时，内插得 $\bar{\alpha}=0.2291+(0.2313-0.2291)\dfrac{1.25-1.2}{1.4-1.2}$

$=0.2297$。

柱基甲基底下 $z=2m$ 范围内的 $\bar{\alpha}=4\times0.2297=0.9188$。

B. 两相邻柱基乙的影响（荷载面积 $[oafg-oaed]\times2\times2$）。

对荷载面积 $oafg$，$l/b=8/2.5=3.2$，$z/b=2/2.5=0.8$，查表 6-5 得 $\bar{\alpha}=0.2409$；

对荷载面积 $oaed$，$l/b=4/2.5=1.6$，$z/b=2/2.5=0.8$，$\bar{\alpha}=0.2395$；

由于两相邻柱基乙的影响，在 $z=2m$ 范围内 $\bar{\alpha}=2\times2(0.2409-0.2395)=0.0056$。

C. 考虑两相邻柱基乙的影响后，基础甲在 $z=2m$ 范围内的 $\bar{\alpha}=0.9188+0.0056$ $=0.9244$。

3）按表 6-3 规定，当 $b=4m$ 时，确定沉降计算深度处向上取计算厚度 $\Delta z=0.6m$，分别计算 $z=4m$、$6m$、$8m$、$8.4m$、$9m$ 深度范围内的 $\bar{\alpha}$ 值，列于表 6-8。

（4）计算 $\Delta s'_i$

$z=0\sim2m$（粉质黏土层位于地下水位以上）：

$$\Delta s'_i=\frac{p_0}{E_{si}}(z_i\bar{\alpha}_i-z_{i-1}\bar{\alpha}_{i-1})=\frac{100}{2.79}\times(2\times0.9244-0\times1)=66mm$$

$z=2\sim4m$（粉质黏土层位于地下水位以下）：

$$\Delta s'_i=\frac{100}{2.93}\times(4\times0.7596-2\times0.9244)=41mm$$

其余详见表 6-8。

（5）确定 z_n

由表 6-8，$z=9m$ 深度范围内的计算变形量 $\sum\Delta s'=160mm$，相应于 $z=8.4\sim9m$（按表 6-3 规定为向上取 0.6m）土层的计算变形量 $\Delta s'_i=4mm\leqslant0.025\times160mm$，满足要求，故确定地基变形计算深度 $z_n=9m$。注意 $z=8\sim8.4m$ 土层（$<0.6m$）的 $\Delta s'_i$ 值不能验算沉降计算深度。

（6）确定 ψ_s

表6-8

分层总和法规范修正公式的计算

z (m)	基础甲			两相邻基础乙对基础甲的影响			考虑影响后的基础甲 $\bar{\alpha}$	$z\bar{\alpha}$	$z_i\bar{\alpha}_i - z_{i-1}\bar{\alpha}_{i-1}$	E_s (MPa)	$\Delta s'_i$ (mm)	$\Sigma \Delta s'_i$ (mm)
	l/b	z/b	$\bar{\alpha}$	l/b	z/b	$\bar{\alpha}$						
0	$\dfrac{2.5}{2}=1.25$	0	4×0.2500 $=1.0000$	$\dfrac{8}{2.5}=3.2$ $\dfrac{4}{2.5}=1.6$	0 0	$4\times(0.2500-0.2500)$ $=0$	1.0000	0				
2	1.25	$\dfrac{2}{2}=1$	4×0.2297 $=0.9188$	3.2 1.6	$\dfrac{2}{2.5}=0.8$ 0.8	$4\times(0.2409-0.2395)$ $=0.0056$	0.9244	1.849	1.849	2.79	66	66
4	1.25	$\dfrac{4}{2}=2$	4×0.1835 $=0.7340$	3.2 1.6	$\dfrac{4}{2.5}=1.6$ 1.6	$4\times(0.2143-0.2079)$ $=0.0256$	0.7596	3.038	1.189	2.93	41	107
6	1.25	$\dfrac{6}{3}=3$	4×0.1464 $=0.5856$	3.2 1.6	$\dfrac{6}{2.5}=2.4$ 2.4	$4\times(0.1873-0.1757)$ $=0.0464$	0.6320	3.792	0.754	2.60	29	136
8	1.25	$\dfrac{8}{2}=4$	4×0.1204 $=0.4816$	3.2 1.6	$\dfrac{8}{2.5}=3.2$ 3.2	$4\times(0.1645-0.1497)$ $=0.0592$	0.5408	4.326	0.534	3.18	17	153
8.4	1.25	$\dfrac{8.4}{2}=4.2$	4×0.1162 $=0.4648$	3.2 1.6	$\dfrac{8.4}{2.5}=3.36$ 3.36	$4\times(0.1605-0.1452)$ $=0.0612$	0.5260	4.418	0.092	3.06	3	156
9	1.25	$\dfrac{9}{2}=4.5$	4×0.1102 $=0.4408$	3.2 1.6	$\dfrac{9}{2.5}=3.6$ 3.6	$4\times(0.1548-0.1389)$ $=0.0636$	0.5044	4.540	0.122	3.06	$4\leqslant0.025$ $\times160$ 可以	160

按式 (6-19) 计算 z_n 深度范围内压缩模量的当量值 $\overline{E}_s$：

$$\overline{E}_s = \sum_1^n \Delta A_i \Big/ \sum_1^n \Delta A_i/E_{si}$$

$$= \cfrac{p_0(z_n \overline{a}_n - 0 \times \overline{a}_0)}{\cfrac{p_0(z_1 \overline{a}_1 - 0 \times \overline{a}_0)}{E_{s1}} + \cfrac{p_0(z_2 \overline{a}_2 - z_1\overline{a}_1)}{E_{s2}} + \cdots\cdots + \cfrac{p_0(z_n \overline{a}_n - z_{n-1} \times \overline{a}_{n-1})}{E_{sn}}}$$

$$= \cfrac{p_0 \times 4.540}{p_0\left(\cfrac{1.849}{2.79} + \cfrac{1.189}{2.93} + \cfrac{0.754}{2.60} + \cfrac{0.534}{3.18} + \cfrac{0.092}{3.06} + \cfrac{0.122}{3.06}\right)} = 2.84\text{MPa}$$

查表（当 $p_0 = 0.75 f_{ak}$）得：$\psi_s = 1.08$。

(7) 计算地基最终变形量（基础最终沉降量）

$$s = \psi_s s' = \psi_s \sum_{i=1}^n \Delta s_i' = 1.08 \times 160 = 173\text{mm}$$

3. 分层总和法三向变形公式

分层总和法单向压缩公式适用于求算薄压缩层地基和大面积分布荷载下的基础最终沉降量，为了考虑土的侧向变形的影响，国内外学者提出了三向变形分层总和法，仍采用简便的固结试验得出的压缩性指标。

根据广义虎克定律考虑侧向变形影响，分层竖向应变和竖向变形的计算公式如下：

$$\varepsilon_{zi} = [\sigma_{zi} - \mu_i(\sigma_{xi} + \sigma_{yi})]/E_{0i} \tag{6-20a}$$

和
$$s_i = [\sigma_{zi} - \mu_i(\sigma_{xi} + \sigma_{yi})]h_i/E_{0i} \tag{6-20b}$$

或
$$s_i = [(1+\mu_i)\sigma_{zi} - \mu_i\Theta_i]h_i/E_{0i} \tag{6-20c}$$

式中 ε_{zi}、s_i——第 i 分层的竖向应变和竖向变形；

σ_{xi}、σ_{yi}、σ_{zi}——第 i 分层沿 x、y、z 三个方向的平均应力；

E_{0i}、μ_i——第 i 分层土的变形模量和泊松比；

h_i、Θ_i——第 i 分层的土层厚度和全应力，$\Theta_i = \sigma_{xi} + \sigma_{yi} + \sigma_{zi}$。

根据变形模量 E_0 与压缩模量 E_s 的关系式（见式 5-17）有

$$E_{0i} = \beta E_{si} \tag{6-21a}$$

即
$$E_{0i} = \frac{(1+\mu_i)(1-2\mu_i)}{1-\mu_i} \frac{1+e_{1i}}{a_i} \tag{6-21b}$$

或
$$E_{0i} = \frac{(1+\mu_i)(1-2\mu_i)}{1-\mu_i} \cdot \frac{1}{m_{vi}} \tag{6-21c}$$

式中 e_{1i}、a_i、m_{vi}——分别为第 i 分层自重应力下相应的孔隙比、压缩系数和体积压缩系数。

将式 (6-21c) 代入式 (6-20c) 得

$$s_i = \frac{1-\mu}{(1+\mu)(1-2\mu)}[(1+\mu)\sigma_{zi} - \mu_i\Theta_i]m_{vi}h_i \tag{6-22}$$

可得出分层总和法三向变形公式

$$s = \sum_{i=1}^{n} s_i = \sum_{i=1}^{n} \frac{1-\mu}{1-2\mu}\left[\sigma_{zi} - \frac{\mu_i}{1+\mu_i}\Theta_i\right]m_{vi}h_i \tag{6-23}$$

此三向变形公式计算的基础最终沉降量值要比单向压缩基本公式计算的增大较多，具体计算时可查阅在矩形、条形荷载面积作用下地基中任意点处全应力值的表格[1]。也可与单向压缩基本公式比较，其分层沉降计算表达式如下：

$$s_{3i} = K_{3i}s_{1i} \tag{6-24}$$

式中　s_{3i}、s_{1i}——第 i 层三向变形和单向压缩的沉降量，$s_{1i} = \sigma_{zi}m_{vi}h_i$；

　　　K_{3i}——三向与单向分层总和法计算的沉降量的比值；

$$K_{3i} = \frac{1-\mu}{1-2\mu}\left(1 - \frac{\mu_i}{1+\mu_i} \cdot \frac{\Theta_i}{\sigma_{zi}}\right)，可查阅不同 \mu 值的 K_{3i} 值[2]。$$

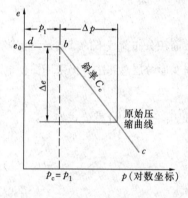

图 6-12　正常固结土的孔隙比变化

6.3.2　应力历史法计算基础最终沉降量

在 5.3 节中介绍了按应力历史划分三类固结土，即正常固结、超固结和欠固结；并从固结试验 e-$\lg p$ 曲线确定压缩性指标。按应力历史法计算基础最终沉降量，通常采用分层总和的侧限条件单向压缩公式，但三类固结土的压缩性指标从 e-$\lg p$ 曲线确定，即从原始压缩曲线或原始再压缩曲线中确定。

1. 正常固结土的沉降

计算正常固结土的沉降时，由原始压缩曲线确定的压缩指数 C_c，按下列公式计算固结沉降 s_c（图 6-12）：

$$s_c = \sum_{i=1}^{n} \varepsilon_i H_i \tag{6-25a}$$

式中　ε_i——第 i 分层的压缩应变；

　　　H_i——第 i 分层的厚度。

因为

$$\varepsilon_i = \frac{\Delta e_i}{1+e_{0i}} = \frac{1}{1+e_{0i}}C_{ci}\lg\frac{p_{1i}+\Delta p_i}{p_{1i}} \tag{6-25b}$$

所以

$$s_c = \sum_{i=1}^{n}\frac{H_i}{1+e_{0i}}C_{ci}\lg\frac{p_{1i}+\Delta p_i}{p_{1i}} \tag{6-25c}$$

式中　Δe_i——从原始压缩曲线确定的第 i 层土的孔隙比变化；

---

① 黄文熙等著. 水工建筑物土壤地基沉降量与地基中的应力分布. 水利学报，1957 年第 3 期.

② 魏汝龙. 三维变形条件下的最终沉降量计算. 水利水运科学研究，1979 年第 2 期.

C_{ci}——从原始压缩曲线确定的第 i 层土的压缩指数；

p_{1i}——第 i 层土自重应力的平均值，$p_{1i} = (\sigma_{ci} + \sigma_{c(i-1)})/2$；

Δp_i——第 i 层土附加应力的平均值（有效应力增量），$\Delta p_i = (\sigma_{zi} + \sigma_{z(i-1)})/2$；

e_{0i}——第 i 层土的初始孔隙比。

2. 超固结土的沉降

计算超固结土的沉降时，由原始压缩曲线和原始再压缩曲线分别确定土的压缩指数 C_c 和回弹指数 C_e（图 6-13）。

计算时应按下列两种情况区别对待。

如果某分层土的有效应力增量 Δp 大于 $(p_c - p_1)$，则分层土的孔隙比将先沿着原始再压缩曲线 $b_1 b$ 段减少 $\Delta e'$，然后沿着原始压缩曲线 bc 段减少 $\Delta e''$，即相应于 Δp 的孔隙比变化 Δe 应等于这两部分之和（图 6-13a）。其中第一部分（相应的有效应力由现有的土自重压力 p_1 增大到先期固结压力 p_c）的孔隙比变化 $\Delta e'$ 为

$$\Delta e' = C_e \lg(p_c/p_1) \tag{6-26a}$$

式中　C_e——回弹指数，其值等于原始再压缩曲线的斜率。

第二部分 $[$相应的有效应力由 p_c 增大到 $(p_1 + \Delta p)]$ 的孔隙比变化 $\Delta e''$ 为

$$\Delta e'' = C_c \lg[(p_1 + \Delta p)/p_c] \tag{6-26b}$$

式中　C_c——压缩指数，等于原始压缩曲线的斜率。

总的孔隙比变化 Δe 为

$$\Delta e = \Delta e' + \Delta e'' = C_e \lg(p_c/p_1) + C_c \lg[(p_1 + \Delta p)/p_c] \tag{6-26c}$$

因此，对于 $\Delta p > (p_c - p_1)$ 的各分层总和的固结沉降量 s_{cn} 为

$$s_{cn} = \sum_{i=1}^{n} \frac{H_i}{1 + e_{0i}} \{C_{ei} \lg(p_{ci}/p_{1i}) + C_{ci} \lg[(p_{1i} + \Delta p_i)/p_{ci}]\} \tag{6-27}$$

式中　n——分层计算沉降时，压缩土层中有效应力增量 $\Delta p > (p_c - p_1)$ 的分层数；

C_{ei}、C_{ci}——第 i 层土的回弹指数和压缩指数；

p_{ci}——第 i 层土的先期固结压力；

其余符号意义同式（6-25）。

如果分层土的有效应力增量 Δp 不大于 $(p_c - p_1)$，则分层土的孔隙比变化 Δe 只沿着再压缩曲线 $b_1 b$ 发生（图 6-13b），其大小为

$$\Delta e = C_e \log[(p_1 + \Delta p)/p_1] \tag{6-28}$$

因此，对于 $\Delta p \leqslant (p_c - p_1)$ 的各分层总和固结沉降量 s_{cm} 为

$$s_{cm} = \sum_{i=1}^{m} \frac{H_i}{1 + e_{0i}} [C_{ei} \log(p_{1i} + \Delta p_i)/p_{1i}] \tag{6-29}$$

式中　m——分层计算沉降时，压缩土层中具有 $\Delta p \leqslant (p_c - p_1)$ 的分层数。

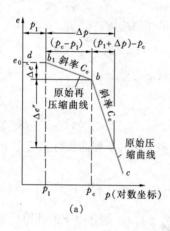 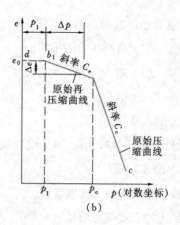

图 6-13 超固结土的孔隙比变化

总的地基固结沉降 s_c 为上述两部分之和，即

$$s_c = s_{cn} + s_{cm} \tag{6-30}$$

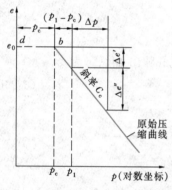

图 6-14 欠固结土的孔隙比变化

3. 欠固结土的沉降

欠固结土的沉降包括由于地基附加应力所引起，以及原有土自重应力作用下的固结还没有达到稳定的那一部分沉降在内。

欠固结土的孔隙比变化（减量），可近似地按与正常固结土一样的方法求得原始压缩曲线确定（图 6-14）。因此，这种土的固结沉降等于在土自重应力作用下继续固结的那一部分沉降与附加应力引起的沉降之和，计算公式如下：

$$s_c = \sum_{i=1}^{n} \frac{H_i}{1+e_{0i}} \left[C_{ci} \log(p_{1i} + \Delta p_i)/p_{ci} \right] \tag{6-31}$$

式中 p_{ci} ——第 i 层土的实际有效压力，小于土的自重应力 p_{1i}。

尽管欠固结土并不常见，在计算固结沉降时，必须考虑土自重应力作用下继续固结所引起的一部分沉降。否则，若按正常固结的土层计算，所得结果将远小于实际观测的沉降量。

6.3.3 斯肯普顿-比伦法计算基础最终沉降量

根据对黏性土地基，在外荷载作用下，实际变形发展的观察和分析，可以认为地基表面总沉降量 s 是由三个分量组成的（图 6-15），即

$$s = s_d + s_c + s_s \tag{6-32}$$

式中 s_d ——瞬时沉降（畸变沉降）；

s_c ——固结沉降（主固结沉降）；

s_s——次压缩沉降（次固结沉降）。

此法是 A. W. 斯肯普顿（Skempton）和 L. 比伦（Bjerrum）在 1955 年提出的比较全面的计算黏性土地基表面最终沉降量的方法，称为斯肯普顿-比伦法。

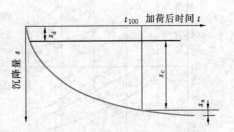

图 6-15　地基表面某点总沉降量
的三个分量示意图

1. 瞬时沉降

瞬时沉降或畸变沉降（immediate or distortion settlement）是紧随着加压之后地基即时发生的沉降，地基土在外荷载作用下其体积还来不及发生变形，而是地基土的不排水剪切变形（形状变形），也称初始沉降或不排水沉降。斯肯普顿提出黏性土层（透水性小）初始不排水变形所引起的瞬时沉降可用弹性力学公式进行计算，其后的室内大比例尺模型试验和现场实测结果表明，当饱和的和接近饱和的黏性土在受到中等的应力增量的作用时，整个土层的弹性模量可近似地假定为常数。与此相反，无黏性土的弹性模量明显地与其侧限条件有关，线性弹性理论的假设已不适用；通常用有限元法等数值解法，对土层内采用相应于各点应力大小的弹性模量进行分析，即无黏性土的弹性模量是根据介质内各点的应力水平而确定的。所谓应力水平是指实际应力与破坏时的应力之比，例如地基土在应力变化的过程中达到的最大剪应力（或土样受到的最大周围压力）与抗剪强度的比值，称为剪应力水平，简称应力水平。

无黏性土地基由于其透水性大，加荷后固结沉降很快，瞬时沉降和固结沉降已分不开来，而且次压缩现象不显著，更由于其弹性模量随深度增加，应用弹性力学公式分开来求算瞬时沉降不正确。对于无黏性土的瞬时沉降量，可采用 J. H. 施默特曼（Schmertmann 1970）提出的半经验法计算，可参阅 H. F. 温特科恩（Winterkorn）和方晓阳主编的《基础工程手册》，本教材从略。

黏性土地基上基础的瞬时沉降 s_d，按下式（参见式 6-8）估算：

$$s_d = \omega(1-\mu^2)p_0 b/E \qquad (6\text{-}33)$$

式中 μ 和 E 分别为土的泊松比和弹性模量，A. W. 司肯普顿考虑了饱和黏性土在瞬时加荷的体积变化等于零的特点，先确定土的泊松比 μ，根据广义虎克定律（参见式 6-20），$\Delta V/V = \varepsilon_x + \varepsilon_y + \varepsilon_z = \Theta(1-2\mu)/E = 0$，而取 $\mu = 0.5$，则上式可变为

$$s_d = 0.75\omega p_0 b/E \qquad (6\text{-}34)$$

确定弹性模量 E 的适当数值更为困难，它必须在体积变化为零的条件下（饱和土不排水试验体积变化为零），一般由三轴压缩试验或无侧限单轴压缩试验（见第 7 章）得到的应力-应变曲线上确定的初始切线模量 E_i 或相当于现场荷载条件下的再加荷模量 E_r（见 5.4 节）。也

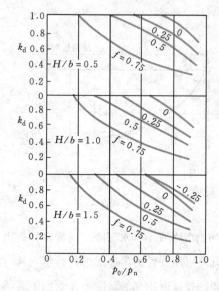

图 6-16　瞬时沉降修正系数 k_d

可近似采用 $E=(250\sim500)(\sigma_1-\sigma_3)=(500\sim1000)$ c_u，式中 $(\sigma_1-\sigma_3)$ 和 c_u 分别为主应力差和不排水抗剪强度（见第 7 章）。对于成层土地基，计算参数 E 和 μ 也应在地基压缩深度范围内近似均按各土层厚度的加权平均取值。

瞬时沉降 s_d 还与地基表面外加的荷载水平有关。所谓荷载水平是指基底外加荷载 p_0（基底附加压力）与极限荷载 p_u（地基极限承载力）之比值，此作用荷载和极限荷载的单位均为应力，荷载水平也就是应力水平。因为荷载水平越高，土中产生塑性变形区会越大，s_d 也越大。为此，应对式（6-34）算出的 s_d 值除以小于 1 的修正系数，得到修正后的瞬时沉降 s'_d 如下：

$$s'_d = s_d/k_d \tag{6-35}$$

式中　k_d——瞬时沉降修正系数，D. J. 德阿普乐尼亚（D' Appolonia，1971）等学者用有限单元法计算得出，可以从图 6-16 中查得，图中 H/b 表示黏性土地基的厚度与基础宽度之比，f 为加荷前现场土的剪应力与不排水抗剪强度之比为 $f=(\sigma'_v-\sigma'_h)/2s_u=(1-K_0)\sigma'_v/2s_u$，其中 σ'_v，σ'_h 分别为初始有效竖向应力和水平向应力，K_0 为土的静止侧压力系数。

2. 固结沉降

固结沉降（consolidation settlement）是由于在荷载作用下随着土中超孔隙水压力的消散，有效应力的增长而完成的。斯肯普顿认为黏性土按其成因（应力历史）的不同可以有超固结土、正常固结土和欠固结土之分，而分别计算这三种不同固结状态黏性土在外荷载作用下的固结沉降，它们的压缩性指标必须在 $e\text{-}\lg p$ 曲线上得到（见前面 6.3.2 应力历史法计算基础最终沉降量的介绍）。

由于所得来的压缩性指标是单向压缩的条件，与工程实际情况有差异，A. W. 斯肯普顿（Skempton）和 L. 比伦（Bjerrum）建议将单向压缩条件下计算的固结沉降 s_c 乘上一个修正系数，得到考虑侧向变形的修正后的固结沉降 s'_c 如下：

$$s'_c = \lambda s_c \tag{6-36}$$

式中　λ——固结沉降修正系数，$\lambda=0.2\sim1.2$ 由偏差应力作用下的孔隙压力系数 A 值从图 6-17 中查得，或从下面推导公式中求算。

在单向（竖向）压缩的固结仪中，在加荷初始，竖向大主应力增量 $\Delta\sigma_1$ 等于孔压（超孔隙水压力）增量 Δu，则土样的压缩量 ΔH（参见式 6-11c）：

$$\Delta H = m_V \Delta\sigma_1 H_0 \tag{6-37}$$

式中　m_V——土的体积压缩系数；

　　　H_0——土样初始厚度。

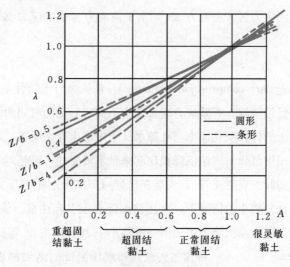

图 6-17　固结沉降修正系数 λ

地基土层（厚度为 H）单向压缩的固结沉降公式为

$$s_c = \int_0^H m_V \Delta \sigma_1 \mathrm{d}z \tag{6-38}$$

在三轴压缩仪中考虑侧向变形（轴对称三向应力状态）的饱和土体中某处 $\Delta \sigma_1$ 和 $\Delta \sigma_3$ 共同作用下的总孔压增量 Δu 为（见式7-28）：

$$\Delta u = \Delta \sigma_3 + A(\Delta \sigma_1 - \Delta \sigma_3) = A\Delta \sigma_1 + (1-A)\Delta \sigma_3 \tag{6-39}$$

式中　A——在偏差应力条件下的孔隙压力系数，它是饱和土体在偏差应力状态

　　　　　时单位偏差应力增量（$\Delta \sigma_1 - \Delta \sigma_3$）所引起的孔压增量（$\Delta u_1 = \Delta u - \Delta u_3$）；

　　　$\Delta \sigma_3$——小主应力周围压力增量，在 $\Delta \sigma_3$ 作用下孔压增量为 Δu_3（见第 7 章图 7-13）。

地基土层（厚度为 H）考虑侧向变形时的固结沉降公式如下：

$$s'_c = \int_0^H m_V \Delta u \mathrm{d}z = \int_0^H m_V[A\Delta \sigma_1 + (1-A)\Delta \sigma_3]\mathrm{d}z \tag{6-40}$$

得出

$$s'_c/s_c = \lambda = \frac{\int_0^H m_V[A\Delta \sigma_1 + (1-A)\Delta \sigma_3]\mathrm{d}z}{\int_0^H m_V \Delta \sigma_1 \mathrm{d}z} \tag{6-41}$$

假定 m_V 和 A 均为常数，则

$$\lambda = A + (1-A)\int_0^H \Delta \sigma_3 \mathrm{d}z / \int_0^H \Delta \sigma_1 \mathrm{d}z \tag{6-42}$$

考虑土在固结过程中有侧向变形，得到修正后的固结沉降，提高了计算精度，例如上海

地区较高灵敏度的软黏土，用单向压缩条件下算得的固结沉降偏小，这种土的 A 值大于 1 得出 λ 值总大于 1；又如南京地区下蜀黄土，其 A 值小于 1 很多，λ 值必然小于 1。必须指出，在推导中假定竖向应力为大主应力 $\Delta\sigma_1$，水平向应力为小主应力 $\Delta\sigma_3$，这仅在对称轴线上，才是合适的。

3. 次压缩沉降

次压缩沉降（secondary compression settlement）被认为与土的骨架蠕变（creep）有关；它是在超孔隙水压力已经消散、有效应力增长基本不变之后仍随时间而缓慢增长的压缩。在次压缩沉降过程中，土的体积变化速率与孔隙水从土中流出速率无关，即次压缩沉降的时间与土层厚度无关。次压缩沉降与固结沉降相比起来是不重要的，可是对于软黏土，尤其是土中含有一些有机质（如胶态腐殖质等），或是在深处可压缩土层中当压力增量比（指土中附加应力与自重应力之比）较小的情况下，次压缩沉降必须引起注意。根据曾国熙等 1994 年的研究成果，次压缩沉降在总沉降所占比例一般都小于 10%（按 50 年计）。

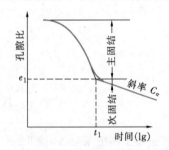

图 6-18　次压缩沉降计算
时的 e-lg$t$ 曲线

许多室内试验和现场测试的结果都表明，在主固结完成之后发生的次固结的大小与时间关系在半对数图上接近于一条直线，如图 6-18 所示，因而次压缩引起的孔隙比变化可近似地表示为

$$\Delta e = C_\alpha \log \frac{t}{t_1} \tag{6-43}$$

式中　C_α——半对数图上直线的斜率，称为次压缩系数；

t——所求次压缩沉降的时间，$t>t_1$；

t_1——相当于主固结度为 100% 的时间，根据 e-lg$t$ 曲线外推而得。

地基土层单向压缩的次压缩沉降的计算公式如下：

$$s_\alpha = \sum_{i=1}^{n} \frac{H_i}{1+e_{0i}} C_{\alpha i} \log \frac{t}{t_1} \tag{6-44}$$

根据许多室内和现场试验结果，C_α 值主要取决于土的天然含水率 w，近似计算时取 $C_\alpha = 0.018w$，C_α 值的一般范围见表 6-9。

C_α 的一般值　　　表 6-9

土　类	C_α
正常固结土	0.005~0.020
超固结土（$OCR>2$）	<0.001
高塑性黏土、有机土	≥0.03

注：OCR 为超固结比，见 5.3 节式（5-9）。

6.3.4　讨论

基础（地基表面）最终沉降量计算方法有弹性理论法、分层总和法、应力历史法、应力路径法和斯肯普顿-比伦法，其中以分层总和法较为方便实用，采用侧限条件下的压缩性指标，以地基压缩层深度（地基变形计算深度）范围内的各分层（近似取得薄分层地基附加应力分布是线性的）计算压缩量加以总和。在分层总和法中，第一以单向压缩基本公式最为简单方便，对于中小型基础，通常取基底中心轴线下的地基附加应力进行计算，以弥补所采用的压缩性指标偏小的不足。对于基底形状简单，尺寸不大的民用建筑基础，根据经验给以一个合适的地基变形允许值（如 12cm）也能解决地基变形问题。随着社会生产力的发展，作用荷载、基础尺寸不断加大，基础形式复杂多样，只计算基底中心点的沉降是不够的；第二以规范修正公式最为接近实测值，它运用了简化的平均附加应力系数（按实际的附加应力分布图面积计算）、规定了合理的地基变形计算深度、提出了关键的沉降计算经验系数，还有配套的各种变形特征的建筑物地基变形允许值；第三以三向变形公式最符合土体受力性状，它是单向压缩公式的一个发展，考虑了侧向变形，由于没有积累出相应的沉降计算经验系数，实用上受到了限制，但对于大型、复杂、重要的基础，采用此法的计算成果作为宏观、定性分析的控制沉降量也是有益的。

应力历史法计算基础最终沉降量，也采用分层总和的侧限条件单向压缩公式，但土的压缩性指标从原始压缩曲线和原始再压缩曲线确定，即按 $e\text{-lg}p$ 曲线确定，优于单向压缩基本公式按 $e\text{-}p$ 曲线无法考虑应力历史的影响。不同应力历史生成的三种固结土（层），其变形参数（即压缩性指标）及固结沉降量是不同的；同样应力历史对土的强度也有影响，三种固结土的强度参数（即抗剪强度指标）也是不同的（见第 7 章），可见土的变形和强度的性质是紧密地联系在一起的。此外，在加荷过程中土体内某点的应力状态的变化，对土的变形和强度也是有影响的，在外力作用下土中某点的应力变化过程在应力坐标图上的移动轨迹，称为应力路径，应力路径法计算基础沉降在实际使用时不方便，但在土的强度问题中得到实际应用（见第 7 章）。

弹性理论法计算基础最终沉降量，由于弹性力学公式是按均质线性变形半空间地基的假设得出的，而实际地基的压缩层厚度总是有限的，土的变形模量常随地基深度而增大，所以计算结果往往偏大；还有一个缺点是无法考虑相邻基础荷载的影响。但是弹性力学公式可用来计算短暂荷载作用下基础的沉降和倾斜以及黏性土的瞬时沉降，计算时必须注意所取用的应力应变模量是土的弹性模量，土的泊松比取值由于地基不产生压缩变形（体积变形）μ =0.5。

斯肯普顿-比伦法计算基础最终沉降量，全面考虑了地基变形发展过程中由三个部分组成，将瞬时沉降、固结（主固结）沉降及次压缩（次固结）沉降分开来计算，然后叠加。黏性土层瞬时沉降可按弹性力学公式计算。固结沉降又考虑了不同应力历史生成的三类固结土（层），分别采用各自不同的压缩性指标和计算各自不同的固结沉降。对于正常固结土的固结沉降与前面单向压缩分层总和法的总沉降，其计算结果是基本一致的，因为压缩性指标均由单向压缩固结试验的侧限条件下得到的，不过这里各指标取自 $e\text{-lg}p$ 曲线替代取自 $e\text{-}p$ 曲线，在沉降计算公式中的 $1+e_0$ 替代 $1+e_1$。本法计算的三类固结土层各自的固结沉降，再叠加瞬时沉降和次压缩沉降后更趋于接近实际的最终沉降。本法又提出了将单向压缩条件下计算的固结沉降乘上一个修正系数，得到轴对称线上的地基考虑侧向变形的修正后的固结沉降，提高了计算精度。但本法计算最终沉降量只适用于黏性土层。

6.4 地基变形与时间的关系

前面介绍了基础的最终沉降量（地基最终变形量），在工程实践中往往还需要确定施工期间和完工后某一时间的基础沉降量（地基变形量），以便控制施工速度，考虑建筑物不均匀沉降危害采取措施，如砌体结构房屋控制长高比、设置沉降缝或圈梁以增强整体刚度、建筑物有关部分之间的预留净空或柔性连接方法，单层工业厂房不用连续吊车梁和刚性屋面防水层等。有时基底各点的计算最终沉降量虽然差异不大，但沉降速率很不相同时，也就需要考虑各点沉降过程中任意时间的沉降差异。此外，对于堆载预压加固处理的地基，往往也要验算变形与时间的关系。

本节介绍饱和土中的有效应力、一维固结理论（主固结）、地基固结度、地基固结过程中任意时刻的变形量、利用沉降观测资料推算后期沉降量。

6.4.1 饱和土中的有效应力原理

1. 有效应力原理

土中任意截面上都包含有土粒截面积和土中孔隙截面积，如图 6-19（a）所示的土中任意水平面 a-a 截面。通过土粒接触点传递的粒间应力，称为土中有效应力，它是控制土的体积变形和强度变化的土中应力。通过土中孔隙传递的应力称为孔隙应力，习称孔隙压力，包括孔隙水压力和孔隙气压力。土中某点的有效应力与孔隙压力之和，称为总应力。饱和土中没有孔隙气压力，而孔隙水压力有静水压力和超（静）孔隙水压力两种。已知总应力为自重应力时，饱和土中孔隙水压力为静水压力，静水压力不会产生土体变形，在自重应力作用下由粒间有效应力产生土的体积变形。已知总应力为附加应力时，饱和土中开始全部由孔隙水压力传递附加应力，此孔隙水压力称为超孔隙水压力，随着超孔隙水压力的消散，有效应力才有增长，从而产生附加应力作用下土的体积变形。

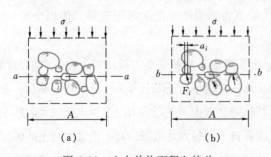

图 6-19　土中单位面积上的总
应力和有效应力示意图

　　为了研究饱和土中的有效应力，并不切断任何一个土粒，而只是通过上下土粒之间的那些接触点、面的一个水平截面，如图 6-19（b）中所示的 b-b 截面。图中横截面面积为 $A \times 1$，外荷作用应力（即附加应力）σ 为总应力。在图 6-19（b）中 b-b 截面上，作用于孔隙面积的孔隙水压力 u（已知总应力为附加应力时，孔隙水压力是指超孔隙水压力，不包括原来存在于土中的静水压力），以及作用于土粒接触面的各力 F_1、F_2、F_3……，相应的接触面积为 a_1、a_2、a_3……，而各力的竖向分量之和应等于横截面积上的有效应力 σ' 的合力，即 $\sigma' \times A = F_{1V} + F_{2V} + F_{3V} + \cdots\cdots = \sum F_{iV}$，于是得出平衡方程

$$\sum F_{iV} + u(A - \sum a_i) = \sigma \times A \tag{6-45}$$

式中 $\sum a_i$ 为土横截面积内土粒接触面积的总量，它不会大于土的横截面积 A 的 3%，因此，可将式（6-45）换成

$$\sigma' + u = \sigma \tag{6-46a}$$

或

$$\sigma' = \sigma - u \tag{6-46b}$$

　　得出结论：饱和土中任意点的总应力 σ 总是等于有效应力加上孔隙水压力；或有效应力 σ' 总是等于总应力减去孔隙水压力。此即饱和土中的有效应力原理。

　　由于有效应力 σ' 作用在土骨架的颗粒之间，很难直接测定，通常都是在已知总应力 σ 和测定孔隙水压力 u 之后，利用式（6-46b）求得。

　　在非饱和土的孔隙中，既有水，又有气。在这种情况下，由于水、气界面上的表面张力和弯液面的存在，孔隙气压力 u_a 往往大于孔隙水压力 u_w。当土的饱和度较大时，可不考虑表面张力的影响，则 u_a 大致上等于 u_w，为简化起见，孔隙压力均以 u 表示。

　　2. 土中水渗流时的土中有效应力

　　图 6-20 为一土层剖面，已知总应力为自重应力，地下水位位于地面下深度 h_1 处，则作用在地面下深度 h_1 处 B 点水平面上的总应力 σ，应等于该点以上单位土柱体的自重为 $\sigma = \gamma h_1$，式中 γ 为地下水位以上土的（湿）重度。作用在地面下深度为 $h_1 + h_2$ 处

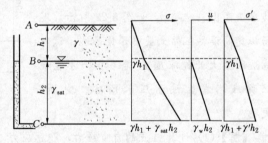

图 6-20　静水条件下土中的 σ、u 和 σ' 分布

C 点水平面上的总应力 σ，应等于该点以上单位土柱体和水柱体的总重为 $\sigma = \gamma h_1 + \gamma_{sat} h_2$，式中 γ_{sat} 为地下水位以下土的饱和重度；静水压力为 $u = \gamma_w h_2$（侧压管中水位与地下水位齐平）。根据有效应力原理 C 点处的竖向有效应力应为

$$\sigma' = \sigma - u = \gamma h_1 + \gamma_{sat} h_2 - \gamma_w h_2 = \gamma h_1 + \gamma' h_2$$

式中，γ' 为浮重度。得出 C 点的竖向自重应力为有效应力，与第 4 章 4.2 节中地下水位以下水对土柱体有浮力作用的概念是一致的。

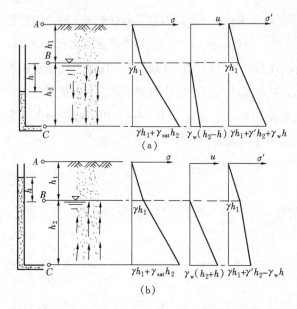

图 6-21　土中水渗流时的 σ、u 和 σ' 分布

（a）水自上向下渗流；（b）水自下向上渗流

在第 3 章介绍当土中有地下水渗流时，土中水将对土粒作用有渗流（动水）力，这就必然影响到土中有效应力的分布。现通过图 6-21 所示两种情况，说明土中水一维渗流时对有效应力分布的影响，已知总应力仍为自重应力，$\gamma_w h_2$ 为静水压力。

在图 6-21（a）中表示土中 B、C 两点有水头差 h，水自上向下渗流；图 6-21（b）表示土中 B、C 两点的水头差也是 h，但水自下向上渗流。土中的总应力 σ、孔隙水压力 u 及有效应力 σ' 的计算值及其分布，分别示于图中。

不同情况水渗流时土中总应力 σ 的分布是相同的，土中水的渗流不影响总应力值。水渗流时土中产生渗流力，致使土中有效应力及孔隙水压力发生变化。土中水自上向下渗流时，渗流力方向与土重力方向一致，于是有效应力增加，而孔隙水压力相应减小。反之，土中水自下向上渗流时，导致土中有效应力减小，孔隙水压力增加。

【例题 6-3】有一 10m 厚饱和黏土层，其下为砂土层，砂土层中有承压水，已知其水头高出 A 点 6m，如图 6-22 所示。现场拟建高楼要在黏土层中开挖基坑，试求基坑的最大开挖深度 H 是多少，才能确保坑底不发生被承压水顶破"突涌"失稳。

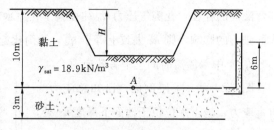

图 6-22　例题 6-3 图

【解】（1）计算 A 点的自重应力，即总应力

$$\sigma_A = \gamma_{sat}(10-H) = 18.9 \times (10-H)\,\mathrm{kPa}$$

（2）计算 A 点的承压水头，即孔隙水压力

$$u_A = \gamma_w h = 9.81 \times 6 = 58.86\,\mathrm{kPa}$$

（3）验算 A 点的自重应力等于承压水头，即有效应力取为零

$$\sigma'_A = \sigma_A - u_A = 18.9 \times (10-H) - 58.86 = 0$$

解得 $H = 6.886\mathrm{m}$，故求得基坑的最大开挖深度为 6.8m。

3. 饱和土固结时的土中有效应力

一般认为当土中孔隙体积的 80% 以上为水充满时，土中虽有少量气体存在，但大都是封闭气体，就可视为饱和土。

饱和土的固结包括渗透固结（主固结）和次固结两部分，前者由土孔隙中自由水的排出速度所决定；后者由土骨架的蠕变速度所决定。饱和土在附加压应力作用下，孔隙中相应的一些自由水将随时间而逐渐被排出，同时孔隙体积也随着缩小，这个过程称为饱和土的渗透固结。饱和土的渗透固结，可借助弹簧活塞模型来说明。如图 6-23 所示，在一个盛满水的圆筒中装着一个带有弹簧的活塞，弹簧上下端连接活塞和筒底，活塞上有许多透水的小孔。当在活塞上施加外压力的一瞬间，弹簧没

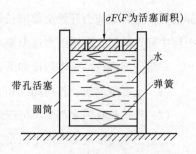

图 6-23　土骨架与土中水分担应力变化的简单模型

有受压而全部压力由圆筒内的水所承担。水受到超孔隙水压力后开始经活塞小孔逐渐排出，受压活塞随之下降，才使得弹簧受压而且逐渐增加，直到外压力全部由弹簧承担时为止。设想以弹簧来模拟土骨架，圆筒内的水就相当于土孔隙中的水，则此模拟可以用来说明饱和土在渗透固结中，土骨架和孔隙水对压力的分担作用，即施加在饱和土上的外压力开始时全部由土中水承担，随着土孔隙中一些自由水的被挤出，外压力逐渐转嫁给土骨架，直到全部由土骨架承担为止。

前已指出，在饱和土的固结过程中任一时间 t，根据平衡条件，土中任意点的有效应力 σ' 与孔隙水压力 u 之和总是等于总应力 σ。饱和土渗透固结时的土中总应力通常是指作用在土中的附加应力 σ_z，即

$$\sigma' + u = \sigma_z \tag{6-47}$$

由上式可知，在加压的一瞬间，由于 $u = \sigma_z$，所以 $\sigma' = 0$；而当固结变形完全稳定时，则 $\sigma' = \sigma_z$，$u = 0$。因此，只要土中超孔隙水压力还存在，就意味着土的渗透固结变形尚未完成。换言之，饱和土的渗透固结就是孔隙水压力的消散和有效应力相应增长的过程。

6.4.2 一维固结理论

1. 基本假设（一维课题）

为求饱和土层在渗透固结过程中任意时间的变形，通常采用 K. 太沙基（Terzaghi, 1925）提出的一维固结理论进行计算。其适用条件为荷载面积远大于可压缩土层的厚度，地基中孔隙水主要沿竖向渗流。

如图 6-24（a）所示的是一维固结的情况之一，其中厚度为 H 的饱和土层的顶面是透水的、底面是不透水的。该土层在自重作用下的固结变形已经完成，只是由于透水面上一次施加的连续均布荷载 p_0 才产生土层的固结变形。此连续均布荷载 p_0 引起的地基附加应力沿深

度均匀分布为 $\sigma_z = p_0$，其在时间 $t=0$ 时全部由孔隙水承担，土层中超孔隙水压力沿深度均为 $u = \sigma_z = p_0$。由于土层下部边界不透水，孔隙水向上流出，上部边界超孔隙水压力首先全部消散，而有效应力开始全部增长，向下形成消散曲线，即增长曲线；随时间的推后 $t > 0$，土层中某点的超孔隙水压力逐渐变小；而有效应力逐渐变大。

一维固结理论的基本假设如下：

（1）土层是均质、各向同性和完全饱和的；

（2）土粒和孔隙水都是不可压缩的；

（3）土中附加应力沿水平面是无限均匀分布的，因此土层的固结和土中水的渗流都是竖向的；

（4）土中水的渗流服从于达西定律；

（5）在渗透固结中，土的渗透系数 k 和压缩系数 a 都是不变的常数；

（6）外荷是一次骤然施加的，在固结过程中保持不变；

（7）土体变形完全是由土层中超孔隙水压力消散引起的。

2. 微分方程的建立（竖向固结）

在饱和土层顶面下 z 深度处的一个单元体（图 6-24b），由于固结时渗流只能是自下向上的，在外荷载一次施加后某时间 $t(s)$ 流入和流出单元体的单位渗水量 q' 和 q''（cm^3/s）分别为

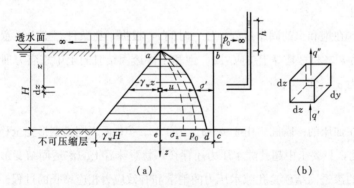

图 6-24　饱和土层中孔隙水压力（或有效应力）的分布随时间而变化

(a) 一维固结情况之一；(b) 单元体

$$q' = kiA = k\left(-\frac{\partial h}{\partial z}\right)dxdy$$

$$q'' = k\left(-\frac{\partial h}{\partial z} - \frac{\partial^2 h}{\partial z^2}dz\right)dxdy$$

(6-48)

式中　k——z 方向的渗透系数（cm/s），$1cm/s \approx 3 \times 10^7 cm/$年；

　　　i——水力梯度；

　　　h——透水面下 z 深度处的超静水头（cm）；

A——土单元体的过水面积（cm^2），$A = dxdy$。

于是，单元体的单位时间渗水量变化（渗出）为

$$q'' - q' = -k \frac{\partial^2 h}{\partial z^2} dxdydz \tag{6-49}$$

已知单元体中孔隙体积 $V_V = V_W$（cm^3）的变化（减少）为

$$\frac{\partial V_W}{\partial t} = -\frac{\partial}{\partial t}\left(\frac{e}{1+e} dxdydz\right) \tag{6-50}$$

式中　e——土的天然孔隙比。

根据固结渗流的连续条件，单元体在某时间 t 的渗水量变化应等于同一时间 t 该单元体中孔隙体积的变化，因此可令式（6-49）与式（6-50）相等，并考虑到单元体中土粒体积 $\frac{1}{1+e} dxdydz$ 为不变的常数，从而得

$$k \frac{\partial^2 h}{\partial z^2} = \frac{1}{1+e} \frac{\partial e}{\partial t} \tag{6-51}$$

再根据土的应力-应变关系的侧限条件 $de = -adp = -ad\sigma'$[参见 5.2 节式（5-3）] 得

$$\frac{\partial e}{\partial t} = -a \frac{\partial \sigma'}{\partial t} \tag{6-52}$$

式中　a——土的压缩系数（MPa^{-1}）；

　　$\partial \sigma'$——有效应力增量。

将式（6-52）代入式（6-51）得

$$\frac{k(1+e)}{a} \frac{\partial^2 h}{\partial z^2} = -\frac{\partial \sigma'}{\partial t} \tag{6-53a}$$

或

$$k \frac{\partial^2 h}{\partial z^2} = -m_v \frac{\partial \sigma'}{\partial t} \tag{6-53b}$$

根据土骨架和孔隙水共同分担外压的平衡条件（见式 6-47）

$$\sigma' = \sigma_z - u \tag{6-54}$$

式中　σ_z——单元体中的附加应力，如在连续均布荷载作用下则 $\sigma_z = p$；

　　u——单元体中的超孔隙水压力，$u = h\gamma_w$（γ_w 为水的重度）。

以 $\frac{\partial^2 h}{\partial z^2} = \frac{1}{\gamma_w} \frac{\partial^2 u}{\partial z^2}$ 和 $\frac{\partial \sigma'}{\partial t} = -\frac{\partial u}{\partial t}$ 代入式（6-53a）得

$$\frac{k(1+e)}{\gamma_w a} \frac{\partial^2 u}{\partial z^2} = \frac{\partial u}{\partial t} \tag{6-55a}$$

或

$$\frac{k}{\gamma_w} \frac{\partial^2 u}{\partial z^2} = m_v \frac{\partial u}{\partial t} \tag{6-55b}$$

令 $C_v = k(1+e)/\gamma_w a = k/\gamma_w m_v$ 得

$$\tag{6-55c}$$

$$C_v \frac{\partial^2 u}{\partial z^2} = \frac{\partial u}{\partial t} \tag{6-56}$$

式中　C_v——土的竖向固结系数（cm^2/s），它是渗透系数 k、压缩系数 a、天然孔隙比 e 的
函数，一般通过固结试验直接测定。

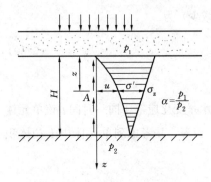

图 6-25　单面排水条件下超静
孔隙水压力的消散

上式即饱和土的一维固结微分方程，其中有关土性参数 k、a、e 均假定为常数，实际上，随有效应力的增加而略有变化。为简化计算，常取土样固结前后的平均值。这一方程不仅适用于假设单面排水的边界条件，也可用于双面排水的边界条件。

3. 微分方程的解析解

单向固结微分方程可根据土层的边界条件和初始条件求得其解。

（1）土层为单面排水，起始超静孔隙水压力为线性分布，如图 6-25 所示。

设土层排水面的起始超孔隙水压力为 p_1，不透水面的起始超孔隙水压力为 p_2，两者的比值为

$$\alpha = \frac{p_1}{p_2} \tag{6-57}$$

深度 z 处的起始超孔隙水压力 u_z 为

$$u_z = p_2 \left[1 + (\alpha - 1) \frac{H - z}{H} \right] \tag{6-58}$$

求解的起始条件和边界条件为

当 $t = 0$ 和 $0 \leqslant z \leqslant H$ 时，$u = p_2 \left[1 + (\alpha - 1) \frac{H - z}{H} \right]$；

$0 < t < \infty$ 和　$z = 0$ 时，$u = 0$；

$0 < t < \infty$ 和　$z = H$ 时　$\frac{\partial u}{\partial z} = 0$；

$t = \infty$ 和 $0 \leqslant z \leqslant H$ 时，$u = 0$。

根据以上的初始条件和边界条件，采用分离变量法可求得式（6-56）的特解如下：

$$u(z,t) = \frac{4p_2}{\pi^2} \sum_{m=1}^{\infty} \frac{1}{m^2} \left[m\pi\alpha + 2(-1)^{\frac{m-1}{2}}(1-\alpha) \right] \exp\left(-\frac{m^2\pi^2}{4} T_v \right) \cdot \sin\frac{m\pi z}{2H} \tag{6-59}$$

在实用中常取第一项值，即取 $m = 1$ 得

$$u = \frac{4p_2}{\pi^2} \left[\alpha(\pi - 2) + 2 \right] \exp\left(-\frac{\pi^2}{4} T_v \right) \cdot \sin\frac{\pi z}{2H} \tag{6-60}$$

当起始超孔隙水压力分布为矩形时，一般称为"0"型，当起始超孔隙水压力分布为三

角形时，称为"1"型，如图 6-26 所示。

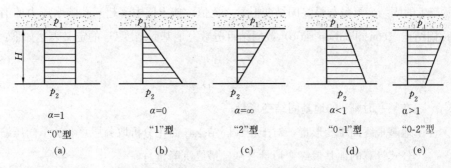

图 6-26　几种不同的起始超孔隙压力分布图

（2）土层为双面排水时，如图 6-27 所示。

令 $\alpha=\dfrac{p_1}{p_2}=1$，土层厚度为 $2H$，求解的起始条件和边界条件为

当 $t=0$ 和 $0\leqslant z\leqslant H$ 时，$u=p_2\Big[1+(\alpha-1)\dfrac{H-z}{H}\Big]$；

$0<t<\infty$ 和 $z=0$ 时，$u=0$；

$0<t<\infty$ 和 $z=H$ 时，$u=0$。

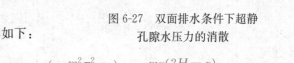

图 6-27　双面排水条件下超静
孔隙水压力的消散

采用分离变量法可求得式（6-56）的特解如下：

$$u(z,t)=\frac{p_2}{\pi}\sum_{m=1}^{\infty}\frac{2}{m}\big[1-(-1)^m\alpha\big]\exp\Big(-\frac{m^2\pi^2}{4}T_\mathrm{v}\Big)\cdot\sin\frac{m\pi(2H-z)}{2H}\qquad(6\text{-}61)$$

在实用中常取第一项值，即取 $m=1$ 得：

$$u=\frac{2p_2}{\pi}(1+\alpha)\exp\Big(-\frac{\pi^2}{4}T_\mathrm{v}\Big)\cdot\sin\frac{\pi(2H-z)}{2H}\qquad(6\text{-}62)$$

式中　m——正奇数（1、3、5……）；

　　　$\exp$——指数函数；

　　　H——压缩土层最远的排水距离（cm），当土层为单向（上面或下面）排水时，H 取土层厚度，双面排水时，水由土层中心分别向上下两方向排出，此时 H 应取土层厚度之半；

　　　T_v——竖向固结时间因数（无量纲），按下式计算：

$$T_\mathrm{v}=C_\mathrm{v}t/H^2\qquad(6\text{-}63)$$

　　　t——固结历时（s）。

6.4.3　地基固结度

1. 地基固结度的概念

地基固结（压密）度（degree of consolidation）是指地基土层在某一压力作用下，经历时间 t 所产生的固结变形量与最终固结变形量之比值，或土层中（超）孔隙水压力的消散程度，亦称固结比（consolidation ratio）或固结百分数。地基固结度 U_z 的定义表达如下：

$$U_z = s_{ct}/s_c \tag{6-64}$$

或

$$U_z = (u_0 - u)/u_0 \tag{6-65}$$

式中 s_{ct}——在某一时刻 t 的地基固结变形量；

　　　s_c——地基最终固结变形量，对于正常固结土，简化分析取分层总和法单向压缩基本公式计算的地基最终变形量（基础最终沉降量）；

　　　u_0——$t=0$ 时的起始超孔隙水压力（应力）；

　　　u——t 时刻的超孔隙水压力（应力）。

式（6-64）是应变表达式，以基底某点地基压缩层深度范围内 t 时刻的固结变形量与最终固结变形量之比表达；而式（6-65）是应力表达式，以土层中某点的有效应力与总应力之比表达；由于土体为非线性变形体，两式结果实际上是不相等的。

土层中某点的固结度对于实际工程问题不好解决，为此，引入某一土层的平均固结度的概念是必要的。对于竖向排水情况，由于固结变形与有效应力成正比，所以某一时刻有效应力图面积和最终有效应力图面积之比值（图6-24a），称为竖向平均固结度 $\overline{U}_z$

$$\overline{U}_z = \frac{应力面积\,abcd}{应力面积\,abce} = \frac{应力面积\,abce - 应力面积\,ade}{应力面积\,abce}$$

$$= 1 - \left(\int_0^H u_{z,t}\mathrm{d}z\right)\Big/\left(\int_0^H \sigma_z\mathrm{d}z\right) \tag{6-66}$$

式中 $u_{z,t}$——深度 z 处某一时刻 t 的超孔隙水压力；

　　　σ_z——深度 z 处的竖向附加应力（产生 $t=0$ 时刻的起始超孔隙水压力），在连续均布荷载 p_0 作用下，$\int_0^H \sigma_z\mathrm{d}z = p_0 H$。

2. 荷载一次瞬时施加情况的地基平均固结度

（1）土层为单面排水时，将式（6-58）、式（6-60）代入式（6-66）得任一时刻土层固结度 $\overline{U}_z$

$$\overline{U}_z = 1 - \frac{\left(\frac{\pi}{2}\alpha - \alpha + 1\right)}{1+\alpha} \cdot \frac{32}{\pi^3} \cdot \exp\left(-\frac{\pi^2}{4}T_v\right) \tag{6-67}$$

α 取 1，即 "0" 型，起始超孔隙水压力分布图为矩形，其固结度表达式为

$$\overline{U}_z = 1 - \frac{8}{\pi^2} \cdot \exp\left(-\frac{\pi^2}{4}T_v\right) \tag{6-68}$$

α 取 0，即 "1" 型，起始超孔隙水压力分布图为三角形，其固结度表达式为

$$\overline{U}_z = 1 - \frac{32}{\pi^3} \cdot \exp\left(-\frac{\pi^2}{4}T_v\right) \tag{6-69}$$

不同 α 值时，固结度 $\overline{U}_z$ 与时间因数 T_v 之间的关系见表 6-10。

单面排水，不同 $\alpha=\dfrac{p_1}{p_2}$ 下，$\overline{U}_z$ 与时间因数 T_v 之间的关系　　　　表 6-10

$\alpha=\dfrac{p_1}{p_2}$	固结度 $\overline{U}_z$											类　型
	0	0.1	0.2	0.3	0.4	0.5	0.6	0.7	0.8	0.9	1.0	
0	0	0.049	0.101	0.154	0.217	0.290	0.384	0.501	0.665	0.946	∞	"1"
0.2	0	0.027	0.073	0.126	0.186	0.26	0.35	0.46	0.63	0.92	∞	
0.4	0	0.016	0.056	0.106	0.164	0.24	0.33	0.44	0.60	0.90	∞	"0-1"
0.6	0	0.012	0.042	0.092	0.148	0.22	0.31	0.42	0.58	0.88	∞	
0.8	0	0.010	0.036	0.079	0.134	0.20	0.29	0.41	0.57	0.86	∞	
1.0	0	0.008	0.031	0.071	0.126	0.197	0.286	0.403	0.567	0.848	∞	"0"
1.5	0	0.006	0.024	0.058	0.107	0.17	0.26	0.38	0.54	0.83	∞	
2	0	0.005	0.019	0.050	0.095	0.16	0.24	0.36	0.52	0.81	∞	
3	0	0.004	0.016	0.041	0.082	0.14	0.22	0.34	0.50	0.79	∞	
4	0	0.004	0.014	0.040	0.080	0.13	0.21	0.33	0.49	0.78	∞	"0-2"
5	0	0.003	0.013	0.034	0.069	0.12	0.20	0.32	0.48	0.77	∞	
7	0	0.003	0.012	0.030	0.065	0.12	0.19	0.31	0.47	0.76	∞	
10	0	0.003	0.011	0.028	0.060	0.11	0.18	0.30	0.46	0.75	∞	
20	0	0.003	0.010	0.026	0.060	0.11	0.17	0.29	0.45	0.74	∞	
∞	0	0.002	0.009	0.024	0.048	0.09	0.16	0.23	0.44	0.73	∞	"2"

（2）土层为双面排水时，将式（6-58）、式（6-62）代入式（6-66）得任一时刻土层固结度 $\overline{U}_z$

$$\overline{U}_z = 1 - \frac{8}{\pi^2} \cdot \exp\left(-\frac{\pi^2}{4} T_v\right) \tag{6-70}$$

3. 一级或多级等速加载情况的地基平均固结度

上述一次瞬时加载情况的平均固结度计算是偏大的，因为在实际工程中多为一级或多级等速加载情况，如图 6-28 所示，当固结时间为 t 时，对应于累加荷载 $\sum \Delta p$ 的地基平均固结度可按下式计算：

$$\overline{U}_t = \sum_{i=1}^{n} \frac{\dot{q}_i}{\sum \Delta p}\left[(T_i - T_{i-1}) - \frac{\alpha}{\beta}(e^{\beta T_i} - e^{\beta T_{i-1}})e^{-\beta t}\right] \tag{6-71}$$

式中　$\overline{U}_t$——t 时间地基的平均固结度；

$\dot{q}_i$——第 i 级荷载的加载速率（kPa/d），$\dot{q}_i = \Delta p_i / (T_i - T_{i-1})$；

$\sum \Delta p$——与一级或多级等速加载历时 t 所对应的累加荷载（kPa）；

T_{i-1}、T_i——第 i 级荷载加载的起始和终止时间

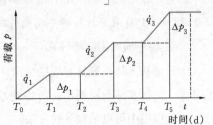

图 6-28　多级等速加载图

（从零点起算）（d），当计算第 i 级荷载加载过程中某时间 t 的固结度时，T_i 改为 t；

α、β——两参数，根据地基土的排水条件确定，参见《建筑地基处理技术规范》JGJ 79—2012，对于天然地基的竖向排水固结条件（$U > 30\%$），α、β 分别取 $8/\pi^2$ 和 $\pi^2 C_v / 4H^2$，其中 C_v 为竖向固结系数，符号意义见式（6-55c）。

【例题 6-4】 设某一软土地基上的路堤工程，软土层厚度为 16m，下卧坚硬黏土层（可视为不可压缩的不透水层）。经勘探试验得到地基土的竖向固结系数 $C_v = 1.5 \times 10^{-3} \mathrm{cm}^2/\mathrm{s}$。路堤

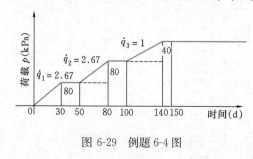

图 6-29　例题 6-4 图

填筑荷载分三级等速施加（图 6-29），$\Delta p_1 = 80\mathrm{kPa}$、$\Delta p_2 = 80\mathrm{kPa}$、$\Delta p_3 = 40\mathrm{kPa}$，各级累加荷载分别为 80kPa、160kPa、200kPa；填筑时间 T_0、T_1、T_2、T_3、T_4、T_5 分别为 0d、30d、50d、80d、120d、140d；则三级加载速率 $\dot{q}_1$、$\dot{q}_2$、$\dot{q}_3$ 分别为 2.67kPa/d、2.67kPa/d、1.0kPa/d。试求历时 150d 的地基平均固结度。

【解】 根据已知 C_v 值、$H = 1600\mathrm{cm}$（单面排水），即可计算参数 $\alpha = 8/\pi^2$，$\beta = \pi^2 C_v / 4H^2$，$\beta = \pi^2 \times 1.5 \times 10^{-3} \times 60 \times 60 \times 24 / (4 \times 1600^2) = 1.249 \times 10^{-4}$（1/d），$\alpha/\beta = 6.489 \times 10^3$。

本路堤在三级等速加载条件下历时 150d 的累加荷载为 200kPa，由式(6-71)计算天然地基平均固结度为

$$\overline{U}_z = \frac{2.67}{200}\left[(30-0) - 6.489 \times 10^3 \frac{(e^{0.000125 \times 30} - 1)}{e^{0.000125 \times 150}}\right]$$

$$+ \frac{2.67}{200}\left[(80-50) - 6.489 \times 10^3 \frac{(e^{0.000125 \times 80} - e^{0.000125 \times 50})}{e^{0.000125 \times 150}}\right]$$

$$+ \frac{1}{200}\left[(140-100) - 6.489 \times 10^3 \frac{(e^{0.000125 \times 140} - e^{0.000125 \times 100})}{e^{0.000125 \times 150}}\right]$$

$$= 0.081 + 0.079 + 0.038 = 19.8\%$$

上述计算结果表明，在 16m 厚的软土层上填筑路堤 150d 时，天然地基的平均固结度仅接近 20%，需要采用打入砂井或塑料排水板等地基处理方案，以提高软土层的平均固结度。

4. 成层土地基固结度计算

天然地基土体一般具有成层结构，如果各层土之间的固结特性相差较大，则宜按成层地基考虑。根据实际土层剖面，可将地基分为若干个水平分层，每个分层的土性视为均匀一致。工程应用中可以采取下列方法。

（1）化引当量层法

泊姆（Palmer）建议从各分层中选择某一层的固结系数 C_{vc} 作为整个土层的参数，通过改变该层以外的其他各层的厚度，得到总化引当量层 H_c，则实际土层固结按 C_{vc} 和 H_c 的均一土层计算。

设双层地基如图 6-30 取第 1 层 C_{v1} 作为整个土层的固结系数，即 $C_{vc}=C_{v1}$。在某时刻 t，第 2 层的时间因数为

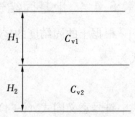

$$T_v = \frac{C_{v2}t}{H_2^2} \qquad (6\text{-}72)$$

改变上式中的 C_{v2} 为 C_{v1}，并使其同样时刻 t 达到同样固结度，则其原厚度 H_2 需改为化解厚度 H_2'

图 6-30 双层地基计算
示意图

$$T_v = \frac{C_{v1}t}{H_2'^2} \qquad (6\text{-}73)$$

以上两式应相等，则有

$$H_2' = \sqrt{\frac{C_{v1}}{C_{v2}}} \cdot H_2 \qquad (6\text{-}74)$$

对于多层地基，按均一土层计算时，其土层厚为 $H_c = H_1 + H_2' + H_3' + \cdots$，而固结系数固定为 $C_{vc} = C_{v1}$。

上述方法适用于各层土 C_v 相差不是很大且土层分布不太复杂的情况。

（2）平均固结系数法

格雷（Gray）建议成层地基的固结可以仍按单层计算，但采用平均固结系数指标。

设第 i 分层的厚度、体积压缩系数、固结系数和渗透系数分别为 h_i、m_{vi}、C_{vi} 和 k_i，则成层土体达到某固结度（相应的时间因数为 T_v）所需时间 t 可由下式计算：

$$t = \frac{H^2}{\overline{C}_v} T_v \qquad (6\text{-}75)$$

式中 H——整个土层厚，即各分层厚度之和，$H = \Sigma h$；

$\overline{C}_v$——整个土层的平均固结系数。

平均固结系数 $\overline{C}_v$ 可按下式求得：

$$\overline{C}_v = \frac{\overline{k}}{\overline{m}_v \gamma_w} \qquad (6\text{-}76)$$

符号"—"表示平均值。$\overline{k}$ 和 $\overline{m}_v$ 则按下式求得

$$\overline{k} = \frac{\Sigma h_i}{\Sigma \dfrac{h_i}{k_i}} \qquad (6\text{-}77)$$

$$\overline{m}_v = \frac{\Sigma m_{vi} h_i}{\Sigma h_i} \qquad (6\text{-}78)$$

代入式（6-75），可得

$$t = \sum \frac{h_i}{m_{vi} C_{vi}} \sum m_{vi} h_i T_v \qquad (6\text{-}79)$$

6.4.4 地基固结过程中任意时刻的变形量

根据土的固结度的定义（式 6-64），可得地基固结过程中任意时刻的变形量的计算表达式为

$$s_{ct} = U_z s_c \qquad (6\text{-}80)$$

式中符号意义同式（6-64）。

其计算步骤如下：

（1）计算地基附加应力沿深度的分布；

（2）计算地基竖向固结变形量；

（3）计算土层的竖向固结系数和竖向固结时间因数；

（4）求解地基固结过程中某一时刻 t 的（竖向）变形量。

【例题 6-5】某饱和黏土层的厚度为 10m，在大面积荷载 $p_0 = 120$kPa 作用下，设该土层的初始孔隙比 $e_0 = 1$，压缩系数 $a = 0.3$MPa^{-1}，压缩模量 $E_s = 6.0$MPa，渗透系数 $k = 5.7 \times 10^{-8}$cm/s。对黏土层在单面排水或双面排水条件下分别求（1）加荷后 1 年时的变形量；（2）变形量达 156mm 所需的时间。

【解】（1）求 $t = 1$ 年时的变形量

黏土层中附加应力沿深度是均布的：$\sigma_z = p_0 = 120$kPa；

黏土层的最终变形量 $s = \dfrac{\sigma_z}{E_s} H = \dfrac{120}{6000} \times 10^4 = 200$mm；

黏土层的竖向固结系数 $C_v = \dfrac{k(1 + e_0)}{\gamma_w a} = \dfrac{5.7 \times 10^{-8}(1+1)}{10 \times 10^{-6} \times 3} = 3.8 \times 10^{-3}$cm^2/s $= 1.2 \times 10^5$ cm^2/年；

对于单向排水条件下：竖向固结时间因数 $T_v = \dfrac{C_v t}{H^2} = \dfrac{1.2 \times 10^5 \times 1}{1000^2} = 0.12$；$\alpha = 1$，由表 6-10 中的 U_z-T_v 关系查得相应的固结度 $U_z = 0.39$；则得 $t = 1$ 年时的变形量 $s_t = U_z s = 0.39 \times 200 = 78$mm。

在双面排水条件下仍用表 6-10，但压缩土层厚度取半数：时间因数 $T_v = \dfrac{1.2 \times 10^5 \times 1}{500^2} = 0.48$；查得固结度 $U_z = 0.75$；$t = 1$ 年时的变形量 $s_t = 0.75 \times 200 = 150$mm。

（2）求变形量达 156mm 所需的时间

平均固结度将为 $U_z = \dfrac{s_t}{s} = \dfrac{156}{200} = 0.78$，由表 6-10 查得时间因数 $T_v = 0.53$；

在单向排水条件下： $t = \dfrac{T_v H^2}{C_v} = \dfrac{0.53 \times 1000^2}{1.2 \times 10^5} = 4.4$ 年；

在双向排水条件下： $t = \dfrac{0.53 \times 500^2}{1.2 \times 10^5} = 1.1$ 年。

6.4.5 土的固结系数

土的固结系数是反映土体固结快慢的一个重要指标。在地基土层的固结变形计算中，固结系数 C_v 是一个控制指标，式（6-56）表明 C_v 与固结过程中孔隙水压力消散的速度 $\partial u / \partial t$ 成正比。C_v 值越大，在其他条件相同的情况下，土体内孔隙水排出速度也越快。

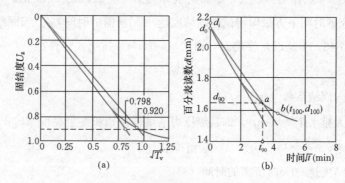

图 6-31 时间平方根法求 t_{90}

（a）理论曲线；（b）固结试验曲线

固结系数的确定方法有多种，如果能测出某一孔隙比时的渗透系数和压缩系数，就可计算出相应的固结系数（见式 6-55c）。但最常用的方法是通过固结试验直接测定，得到某一级压力下的试样压缩量与时间的关系曲线，对固结理论中的 U_z-T_v 关系曲线进行拟合。因为试样压缩量与固结度 U_z 成正比，而时间又与时间因素 T_v 成正比，所以这两种曲线有相似形状得以拟合。必须指出，所测定的固结系数是针对某一级压力的，应尽可能与实际工程的荷载一致。目前在从固结试验确定固结系数时，传统地都利用试样的应变固结度来表示应力固结度，必须加以修正，有待积累更多资料得出成熟的换算关系。

固结试验测定固结系数的方法有时间平方根法、时间对数法和时间对数坡度法等多种方法，现行国标《土工试验方法标准》GB/T 50123—2019 和《公路土工试验规程》JTG E40—2007 推荐两种误差较小的时间平方根法和时间对数法。在应用时，宜先采用误差小的时间平方根法，如此法不能准确定出首段为直线，再使用时间对数法。

时间平方根法是根据 U_z-T_v 理论曲线，按式（6-70）$U_z = 1 - (8/\pi^2) \exp(-\pi^2 T_v / 4)$，首段为抛物线的特征，以固结度 U_z 为纵坐标、时间因素 T_v 的平方根为横坐标，绘成 U_z-$\sqrt{T_v}$ 曲线图，如图 6-31（a）所示，首段为一直线。此直线关系可用 $U_z = 1.128 \sqrt{T_v}$ 或

$T_v = \pi U_z^2 / 4$ 来近似表达。现若将该直线延长到 $U_z = 90\%$ 处，则其所对应的 $\sqrt{T_v} = 0.798$，而理论曲线达到 90% 的固结度处则为曲线段上的一点，算出 $T_v = 0.848$ 或 $\sqrt{T_v} = \sqrt{0.848} = 0.920$，两者之比为 $0.920/0.798 = 1.15$ 备用。

时间平方根法室内固结试验利用上述特征，推求出固结试验百分表读数 d 与时间平方根 $\sqrt{t}$ 曲线的理论零点和对应于 90% 固结度的时间 t_{90}，据此计算竖向固结系数。如图 6-31（b）所示，为求某一级压力下固结度为 90% 的时间 t_{90}，以百分表读数 d（mm）为纵坐标，时间平方根 $\sqrt{t}$（min）为横坐标，绘制 d-$\sqrt{t}$ 曲线，延长曲线开始段的直线，交纵坐标轴于 d_0 点（理论零点），通过 d_0 点作另一直线，令其横坐标为前一直线段的 1.15 倍，与 d-$\sqrt{t}$ 曲线交点（a 点）所对应的时间平方根即得试样固结度达 90% 所需的时间 t_{90}。当固结度为 90% 时，时间因数 $T_v = 0.848$，于是以 $\bar{h}$ 替代 H，由式（6-64）C_v 按下式计算：

$$C_v = 0.848\,\bar{h}^2 / t_{90} \qquad\qquad (6\text{-}81)$$

式中 　C_v——竖向固结系数（cm²/s）；

$\bar{h}$——最大排水距离（cm），即某级压力下试样初始和终了高度（$h_1 + h_2$）的平均值之半，$\bar{h} = (h_1 + h_2)/4$（双面排水）；

t_{90}——固结度达 90% 时所需的时间（s）。

时间对数法也是根据 U_z-T_v 理论曲线表达的首段为抛物线的特征，推求出固结试验百分表读数与时间对数的关系曲线上的理论零点和终点及其对应于固结度为 50% 的时间 t_{50}，据此计算竖向固结系数。即以固结度 U_z 为纵坐标、时间因素的常用对数 $\lg T_v$ 为横坐标，绘在半对数纸上作成 U_z-$\lg T_v$ 曲线图，如图 6-32（a）所示，又发现理论曲线反弯点之切线与尾段之渐近线交点的纵坐标恰好为 100% 的固结度。在首段任选两点 a 和 b，使 b 点的横坐标为 a 点的 4 倍（即时间比值为 1:4），则 b 点的纵坐标为 a 点的两倍（即固结度比值为 1:2）。

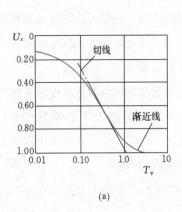 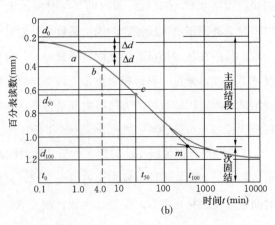

(a)　　　　　　　　　　(b)

图 6-32　时间对数法求 t_{50}

（a）理论曲线；（b）固结试验曲线

为求某一级压力下固结度为 50％的时间 t_{50}，以百分表读数 d（mm）为纵坐标，时间的常用对数 $\lg t$（min）为横坐标，在半对数纸上作 d-$\lg t$ 曲线，如图 6-32（b）所示，推求出固结试验百分表读数与时间对数的关系曲线上的理论零点和终点及其对应于 0、100％固结度的 t_0、t_{100}，从而得到 t_{50}，据此计算竖向固结系数。在曲线首段选择任意时间 t_1（b 点）和相应百分表读数 d_1，再取时间 t_2（a 点），$t_2 = t_1/4$ 处得相应 d_2，根据纵坐标两读数之差相等关系求得理论零点读数 d_{01}，即 $d_1 - d_2 = d_2 - d_{01}$，则 $2d_2 - d_1 = d_{01}$；另取时间依同法求得理论零点读数 d_{02}、d_{03}、d_{04} 等，取其平均值为理论零点 d_0。延长曲线中部的直线段和曲线尾段数点的切线相交点即为理论终点 d_{100}。则 $d_{50} = (d_0 + d_{100})/2$，对其对应的时间即为试样固结度达 50％时所需的时间 t_{50}。按式（6-70），当固结度为 50％的时间因素 $T_v = 0.196$，由式（6-64）C_v 按下式计算：

$$C_v = 0.196\, \overline{h}^2 / t_{50} \tag{6-82}$$

式中 $\overline{h}$ 意义同式（6-81）。

6.4.6　利用沉降观测资料推算后期沉降量

基础最终沉降量考虑应力历史影响由瞬时沉降、固结沉降和次压缩沉降三个分量组成。对于大多数工程问题，次压缩沉降与固结沉降相比是不重要的。因此，基础最终沉降量通常仅取瞬时沉降量与固结沉降量之和，即 $s = s_d + s_c$，相应的施工期 T 以后（$t > T$）的沉降量为

$$s_t = s_d + s_{ct} \tag{6-83}$$

或

$$s_t = s_d + U_z s_c \tag{6-84}$$

上式中的沉降量如按一维固结理论计算，其结果往往与实测成果不相符合，因为基础沉降多属于三维课题而实际情况又很复杂，因此，利用沉降观测资料推算后期沉降（包括最终沉降量）有其重要的现实意义。下面介绍常用的两种经验方法——对数曲线法（三点法）和双曲线法（二点法）。

1. 对数曲线法

不同条件的固结度 U_z 的计算公式，可用一个普遍表达式来概括

$$U_z = 1 - A\exp(-Bt) \tag{6-85}$$

式中 A 和 B 是两个参数，如将上式与一维固结理论的公式（6-68）比较，可见在理论上参数 A 是个常数值 $8/\pi^2$，B 则与时间因数 T_v 中的固结系数、排水距离有关。如果 A 和 B 作为实测的沉降与时间关系曲线中的参数，则其值是特定的。

将式（6-85）代入式（6-84），得

$$\frac{s_t - s_d}{s_c} = 1 - A\exp(-Bt) \tag{6-86}$$

再将 $s = s_d + s_c$ 代入上式，并以推算的最终沉降量 s_∞ 代替 s，则得

$$s_t = s_\infty[1 - A\exp(-Bt)] + s_d A\exp(-Bt) \tag{6-87}$$

如果 s_∞ 和 s_d 也是未知数，加上 A 和 B，则上式包含四个未知数。从实测的早期 s-t 曲线（图6-33）选择荷载停止施加以后的三个时间 t_1、t_2 和 t_3，其中 t_3 应尽可能与曲线末端对应，时间差 $(t_2 - t_1)$ 和 $(t_3 - t_2)$ 必须相等且尽量大些。将所选时间分别代入上式，得

$$\left.\begin{aligned}
s_{t1} &= s_\infty[1 - A\exp(-Bt_1)] + s_d A\exp(-Bt_1) \\
s_{t2} &= s_\infty[1 - A\exp(-Bt_2)] + s_d A\exp(-Bt_2) \\
s_{t3} &= s_\infty[1 - A\exp(-Bt_3)] + s_d A\exp(-Bt_3)
\end{aligned}\right\} \tag{6-88}$$

$$s_d = \frac{s_{t1} - s_\infty[1 - A\exp(-Bt_1)]}{A\exp(-Bt_1)} = \frac{s_{t2} - s_\infty[1 - A\exp(-Bt_2)]}{A\exp(-Bt_2)}$$

$$= \frac{s_{t3} - s_\infty[1 - A\exp(-Bt_3)]}{A\exp(-Bt_3)} \tag{6-89}$$

附加条件

$$t_2 - t_1 = t_3 - t_2 \tag{6-90a}$$

或

$$\exp[B(t_2 - t_1)] = \exp[B(t_3 - t_2)] \tag{6-90b}$$

联解式（6-88）和式（6-90）可得

$$B = \frac{1}{t_2 - t_1}\ln\frac{s_{t2} - s_{t1}}{s_{t3} - s_{t2}} \tag{6-91}$$

和

$$s_\infty = \frac{s_{t3}(s_{t2} - s_{t1}) - s_{t2}(s_{t3} - s_{t2})}{(s_{t2} - s_{t1}) - (s_{t3} - s_{t2})} \tag{6-92}$$

将实测的 t_1、t_2 和 s_{t1}、s_{t2}、s_{t3} 计算 B 和 s_∞；一起代入式（6-88）求算 s_d，式中参数 A 一般采用一维固结理论近似值 $8/\pi^2$；然后按式（6-87）推算任一时刻的后期沉降量 s_t。

以上各式中的时间 t 均应由修正后零点 $0'$ 算起，如施工期荷载等速增长，则 $0'$ 点在加荷期的中点，如图6-33所示。

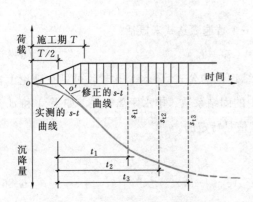

图6-33　沉降与时间关系实测曲线

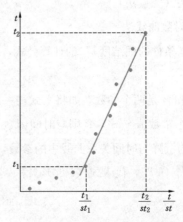

图6-34　双曲线法推算后期沉降量

2. 双曲线法（二点法）

建筑物的沉降观测资料表明其沉降与时间的关系曲线，s-t 曲线，接近于双曲线（施工期间除外），双曲线经验公式如下：

$$s_{t1} = s_\infty t_1/(a_t + t_1) \tag{6-93a}$$

$$s_{t2} = s_\infty t_2/(a_t + t_2) \tag{6-93b}$$

式中　s_∞——推算最终沉降量，理论上所需时间 $t=\infty$；

s_{t1}、s_{t2}——经历时间 t_1 和 t_2 出现的沉降量，时间应从施工期一半起算（假设为一级等速加荷）；

a_t——曲线常数，待定。

在式（6-93）中两组 s_{t1}、t_1 和 s_{t2}、t_2 为实测已知值，就可求解 s_∞ 和 a_t 如下：

$$s_\infty = (t_2 - t_1) \Big/ \left(\frac{t_2}{s_{t2}} - \frac{t_1}{s_{t1}} \right) \tag{6-94}$$

和

$$a_t = s_\infty \frac{t_1}{s_{t1}} - t_1 = s_\infty - \frac{t_2}{s_{t2}} - t_2 \tag{6-95}$$

为了消除观测资料可能有的误差，包括仪器设备的系统误差，粗心大意的人为误差以及随机误差，一般将后段的观测点 s_{ti} 和 t_i 都要加以利用，然后计算各 t_i/s_{ti} 值，点在 t-t/s_t 直角坐标图上，其后段应为一直线（个别误差较大的点应剔除），如图 6-34 所示。从测定的直线段上任选两个代表性点 t_1'、t_2' 和 s_{t1}'、s_{t2}' 即可代入式（6-94）和式（6-95）确定最终沉降量 s_∞ 和常数 a_t；此两值又代入式（6-93）确定后期任意时刻的沉降量。

3. Asaoka 法

Asaoka 采用 Mikasa（1963）提出的一维固结方程（式 6-88）代替太沙基一维固结方程

$$\frac{\partial \varepsilon}{\partial t} = C_v \frac{\partial^2 \varepsilon}{\partial z^2} \tag{6-96}$$

式中　$\varepsilon(t, z)$——竖向应变；

　　　　z——深度；

　　　　C_v——固结系数。

式（6-96）的级数解

$$\varepsilon(t,z) = T + \frac{1}{2!}\left(\frac{z^2}{C_v}\dot{T}\right) + \frac{1}{4!}\left(\frac{z^4}{C_v^2}\ddot{T}\right) + \cdots\cdots + zF + \frac{1}{3!}\left(\frac{z^3}{C_v}\dot{F}\right) + \frac{1}{5!}\left(\frac{z^5}{C_v^2}\ddot{F}\right) + \cdots\cdots$$

$$\tag{6-97}$$

式中　T、F——时间 t 的函数；

$$T = \varepsilon(t, z=0), \quad F = \frac{\partial \varepsilon}{\partial z}(t, z=0);$$

$\dot{T}$、$\ddot{T}$ 和 $\dot{F}$、$\ddot{F}$ 分别为 T 和 F 对时间 t 的一阶和二阶导数，并基于以下边界条件：

(1) 双面排水：

$$\varepsilon\ (t,\ z=0)\ =\varepsilon_1\ （常数）$$

$$\varepsilon\ (t,\ z=H)\ =\varepsilon_2\ （常数）$$

式中　H——固结排水层厚度。

(2) 单面排水：

$$\varepsilon\ (t,\ z=0)\ =\varepsilon_1\ （常数）$$

$$\frac{\partial \varepsilon}{\partial z}\ (t,\ z=H)\ =0$$

则 t 时的沉降 $s_{(t)}=\int_0^H \varepsilon(t,z)\mathrm{d}z$，可解得：$s_j=\beta_0+\sum_{i=1}^n \beta_i s_{j-1}$，式中 s_j 代表 $s(t_j)$，即时间 t_j 时的沉降，β_0,β_i 为待定系数，采用第一级展开即得

$$s_j=\beta_0+\beta_1 s_{j-1} \tag{6-98}$$

其中 $\ln\ (\beta_1)\ =\begin{cases}-\dfrac{6C_v}{H^2}\Delta t & 双面排水 \\[2mm] -\dfrac{2C_v}{H^2}\Delta t & 单面排水\end{cases}$

$\beta_0=\begin{cases}(1-\beta_1)\ \dfrac{H}{2}\ (\varepsilon_1+\varepsilon_2) & 双面排水 \\[2mm] (1-\beta_1)\ H\varepsilon_1 & 单面排水\end{cases}$

式中 Δt 为时间间隔。

当时间趋近于无穷大，即沉降稳定时 $s_j=s_{j-1}=s_\infty$，将该关系带入式（6-98），得到最终沉降的表达式如下：

$$s_\infty=\frac{\beta_0}{1-\beta_1} \tag{6-99}$$

根据表达式（6-99）利用图解法即可求解出某级荷载作用下地基的最终沉降量，推算步骤如下（图 6-35 和图 6-36）：

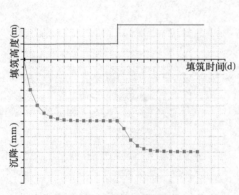

图 6-35　沉降历时曲线

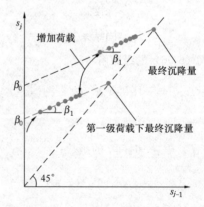

图 6-36　Asaoka 法预测沉降

（1）将沉降观测时间划分成相等的时间段 Δt，在实测的沉降曲线上读出 t_1、t_2、t_3……所对应的沉降量 s_1、s_2、s_3……。

（2）在 $s_{j-1} - s_j$ 的坐标平面上点绘 (s_1,s_2)、(s_2,s_3)、(s_3,s_4)……，并在同一平面上作出 $s_{j-1} = s_j$ 的 45°直线。

（3）过系列点 (s_1,s_2)、(s_2,s_3)、(s_3,s_4) ……作拟合直线，与 $s_{j-1} = s_j$ 的 45°直线相交，交点所对应的沉降值即为推算的最终沉降量。

思考题与习题

6-1 成层土地基可否采用弹性力学公式计算基础的最终沉降量？

6-2 在计算基础最终沉降量（地基最终变形量）以及确定地基压缩层深度（地基变形计算深度）时，为什么自重应力要用有效重度进行计算？

6-3 有一个基础埋置在透水的可压缩性土层上，当地下水位上下发生变化时，对基础沉降有什么影响？当基础底面为不透水的可压缩性土层时，地下水位上下变化时，对基础沉降又有什么影响？

6-4 两个基础的底面面积相同，但埋置深度不同，若地基土层为均质各向同性体等其他条件相同，试问哪一个基础的沉降大？若基础底面积不同，但埋置深度相同，哪一个基础的沉降大？为什么？

6-5 正常固结土主固结沉降量是否相当于分层总和法单向压缩基本公式计算的沉降量？

6-6 采用斯肯普顿-比伦法计算基础最终沉降量在什么情况下可以不考虑次压缩沉降？

6-7 简述有效应力原理的基本概念。在地基土的最终变形量计算中，土中附加应力是指有效应力还是总应力？

6-8 一维固结微分方程的基本假设有哪些？如何得出解析解？

6-9 何谓土层的平均固结度？如何确定一次瞬时加载、一级加载和多级加载时的地基平均固结度？

6-10 某矩形基础的底面尺寸为 4m×2.5m，天然地面下基础埋深为 1m，设计地面高出天然地面 0.4m，计算资料见图 6-37（压缩曲线用例题 6-1 中图 6-9）。试绘出土中竖向应力分布图 [计算精度：重度（kN/m³）和应力（kPa）均至一位小数]，并分别按分层总和法的单向压缩基本公式和规范修正公式计算基础底面中点沉降量（$p_0 < 0.75 f_{ak}$）。

6-11 由于建筑物传来的荷载，地基中某一饱和黏土层产生梯形分布的竖向附加应力，该层顶面和底面的附加应力分别为 $\sigma'_z = 240$kPa 和 $\sigma''_z = 160$kPa，顶底面透水（图 6-38），土层平均 $k = 0.2$cm/年，$e = 0.88$，$a = 0.39$MPa^{-1}，$E_s = 4.82$MPa。试求①该土层的最终沉降量；②当达到最终沉降量之半所需的时间；③当达到 120mm 沉降所需的时间；④如果该饱和黏土层下卧不透水层，则达到 120mm 沉降所需的时间。

（答案：④所需时间 $t = 6.75$ 年）

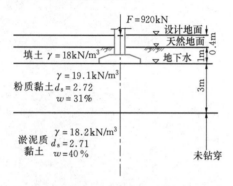
图 6-37 习题 6-10 图

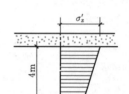
图 6-38 习题 6-11 图

6-12 已知某公路路基实测沉降量如图 6-39 所示，当时间 $t_1 = 316$d 时，测得其沉降量为 $s_1 = 19.2$mm，当时间 $t_2 = 362$d 时，测得其沉降量为 $s_2 = 22.0$mm，当时间 $t_3 = 408$d 时，测得其沉降量为 $s_3 = 22.4$mm，试根据指数曲线法和 Asaoka 法推算路基最终沉降量。

（答案：指数曲线法 $s_\infty = 22.5$mm；Asaoka 法 $s_\infty = 22.5$mm）

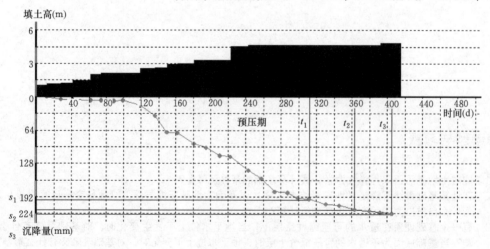
图 6-39 习题 6-12 图

第7章

土 的 抗 剪 强 度

7.1 概述

外荷载作用下地基土体中将产生土剪应力和剪切变形，土体具有抵抗剪应力的潜在能力——剪阻力或抗剪力（shear resistance），它随着剪应力的增加而逐渐发挥。当剪阻力完全发挥时，土体就处于剪切破坏的极限状态（limit state），此时剪应力也就达到极限，这个极限值就是土的抗剪强度（shear strength）。土的抗剪强度可定义为土体抵抗剪应力的极限值，或土体抵抗剪切破坏（shear failure）的受剪能力（强度）。土的抗剪强度是土的重要力学性质之一，是土力学的重要组成部分。

如果土体内某一部分的剪应力达到了抗剪强度，在该部分就出现剪切破坏。随着荷载的增加，剪切破坏的范围逐渐扩大，最终可能在土体中形成连续的滑动面，而使土体丧失稳定性。工程实践和土工试验都验证了土体受剪发生的破坏，剪切破坏是土的强度破坏的重要特点。图7-1所示四种与土的强度破坏有关的工程问题。土木工程中的挡土墙侧土压力、地基承载力、土坡和地基稳定性等问题都与土的抗剪强度直接有关。影响土的抗剪强度因素很多，土的组成成分、土体结构、应力历史、排水条件、加荷速率、剪破面方向等都对土的抗剪强度有影响。

土的抗剪强度用抗剪强度指标表示，通过室内或现场试验测定。常用的主要试验方法有：室内的直接剪切试验（direct shear test）、三轴压缩试验（triaxial compression test）、无侧限抗压强度试验（unconfined compression test）和现场的十字板剪切试验（vane shear strength test）。还有室内天然休止角试验（适用于测定无黏性土边坡的抗剪强度指标）和现场大型直接剪切试验（适用于测定堆石料的抗剪强度指标）等。

本章先介绍土的抗剪强度理论、土的抗剪强度试验、三轴压缩试验中的孔隙压力系数，再介绍饱和黏性土的抗剪强度（包括抗剪强度指标的选择）、应力路径在强度问题中的应用，

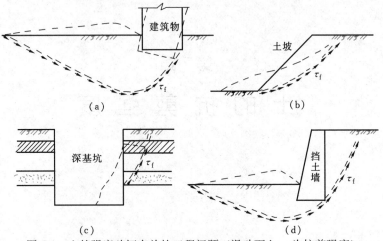

图 7-1　土的强度破坏有关的工程问题（滑动面上 τ_f 为抗剪强度）

(a) 建筑物地基的承载力；(b) 土工建筑物的土坡稳定性；

(c) 深基坑土壁的稳定性；(d) 挡土墙地基的稳定性

最后介绍无黏性土的抗剪强度。

7.2　土的抗剪强度理论

7.2.1　库仑公式及抗剪强度指标

C・A・库仑（Coulomb，1773）根据砂土的试验，将土的抗剪强度 τ_f 表达为剪切破坏面上法向总应力 σ 的函数，即

$$\tau_f = \sigma\tan\varphi \tag{7-1}$$

以后又提出了适合黏性土的更普遍的表达式

$$\tau_f = c + \sigma\tan\varphi \tag{7-2}$$

式中　τ_f——抗剪强度（kPa）；

　　　σ——总应力（kPa）；

　　　c——土的黏聚力（cohesion），或称内聚力（kPa）；

　　　φ——土的内摩擦角（angle of internal friction）（°）。

式（7-1）和式（7-2）统称为库仑公式，或库仑定律，式中 c、φ 称为抗剪强度指标（参数）。σ-τ_f 坐标中库仑公式表示为两条直线，如图 7-2 所示。可称之为库仑强度线。由库仑公式可见，无黏性土的抗剪强度与剪切面上的法向应力成正比，还与内摩擦角有关，无黏性

土的抗剪强度主要取决于土粒表面的粗糙度、土的密实度以及颗粒级配等因素。黏性土和粉土的抗剪强度由两部分组成，一部分是摩阻力（与法向应力成正比例）；另一部分是与法向应力无关的、抵抗土体颗粒间相互滑动的黏聚力，主要由黏土颗粒之间的胶结作用和静电引力效应等因素引起（见 2.3 节 2.3.3）。

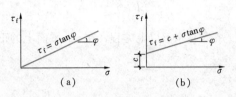

图 7-2　抗剪强度与法向压应力之间的关系
(a) 无黏性土；(b) 黏性土和粉土

长期试验研究表明，土的抗剪强度不仅与土的性质有关，还与试验时的排水条件、剪切速率、应力状态和应力历史等许多因素有关，其中最重要的是试验时的排水条件，根据 K·太沙基（Terzaghi）的有效应力原理，土体内的剪应力只能由土颗粒骨架承担，因此，土的抗剪强度 τ_f 应表示为剪切破坏面上法向有效应力 σ' 的函数，库仑公式应表达为

$$\left. \begin{array}{l} \tau_f = \sigma' \tan\varphi' \\[2mm] \tau_f = c' + \sigma' \tan\varphi' \end{array} \right\} \tag{7-3}$$

式中　σ'——有效应力（kPa）；

　　　c'——有效黏聚力（kPa）；

　　　φ'——有效内摩擦角（°）。

因此，土的抗剪强度有两种表达方法，一种是以总应力 σ 表示剪切破坏面上的法向应力，称为抗剪强度总应力法，相应的 c、φ 称为总应力强度指标（参数）；另一种则以有效应力 σ' 表示剪切破坏面上的法向应力，称为抗剪强度有效应力法，c' 和 φ' 称为有效应力强度指标（参数）。试验研究表明，土的抗剪强度取决于土粒间的有效应力，然而，总应力法在应用上比较方便，许多土工问题的分析方法都还建立在总应力概念的基础上，故在工程上仍沿用至今。需要强调的是土的抗剪强度指标、指标的试验测定方法要与计算分析方法相匹配。

7.2.2　莫尔-库仑强度理论及极限平衡条件

当土体处于三维应力状态，土体中任意一点在某一平面上发生剪切破坏时，该点即处于极限平衡状态，根据德国工程师 O. 莫尔（Mohr，1882）的应力圆理论，可得到土体中一点的剪切破坏准则，即土的极限平衡条件，下面仅研究平面应变问题。

在土体中取一微元体（图 7-3a），设作用在该单元体上的两个主应力为 σ_1 和 σ_3（$\sigma_1 > \sigma_3$），在单元体内与大主应力 σ_1 作用平面成任意角 α 的 mn 平面上有正应力 σ 和剪应力 τ。为了建立 σ、τ 与 σ_1、σ_3 之间的关系，取微棱柱体 abc 为隔离体（图 7-3b），将各力分别在水平和垂直方向投影，根据静力平衡条件得

$$\sigma_3 ds \sin\alpha - \sigma ds \sin\alpha + \tau ds \cos\alpha = 0$$

$$\sigma_1 \, \mathrm{d}s\cos\alpha - \sigma \mathrm{d}s\cos\alpha - \tau \mathrm{d}s\sin\alpha = 0$$

联立求解以上方程，在 mn 平面上的正应力和剪应力为

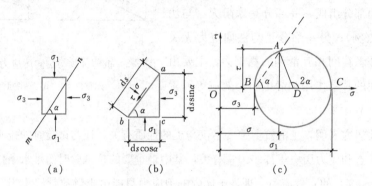

图 7-3 土体中任意点的应力

(a) 微单元体上的应力；(b) 隔离体 abc 上的应力；(c) 莫尔圆

$$\left.\begin{aligned}
\sigma &= \frac{1}{2}(\sigma_1 + \sigma_3) + \frac{1}{2}(\sigma_1 - \sigma_3)\cos 2\alpha \\
\tau &= \frac{1}{2}(\sigma_1 - \sigma_3)\sin 2\alpha
\end{aligned}\right\} \tag{7-4}$$

采用莫尔圆原理，σ、τ 与 σ_1、σ_3 之间的关系可用莫尔应力圆表示（图 7-3c），即在 σ-τ 直角坐标系中，按一定的比例尺，沿 σ 轴截取 OB 和 OC 分别表示 σ_3 和 σ_1，以 D 点为圆心，$(\sigma_1 - \sigma_3)/2$ 为半径作一圆，从 DC 开始逆时针旋转 2α 角，使 DA 线与圆周交于 A 点，可以证明，A 点的横坐标即为斜面 mn 上的正应力 σ，纵坐标即为剪应力 τ。这样，莫尔圆就可以表示土体中一点的应力状态，莫尔圆圆周上各点的坐标就表示该点在相应平面上的正应力和剪应力。

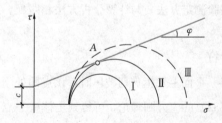

图 7-4 莫尔圆与抗剪强度之间的关系

如果给定了土的抗剪强度参数 c、φ 以及土中某点的应力状态，则可将抗剪强度包线与莫尔圆画在同一张坐标图上（图 7-4）。它们之间的关系有以下三种情况：①整个莫尔圆（圆Ⅰ）位于抗剪强度包线的下方，说明该点在任何平面上的剪应力都小于土所能发挥的抗剪强度（$\tau < \tau_\mathrm{f}$），因此不会发生剪切破坏；②莫尔圆（圆Ⅱ）与抗剪强度包线相切，切点为 A，说明在 A 点所代表的平面上，剪应力正好等于抗剪强度（$\tau = \tau_\mathrm{f}$），该点就处于极限平衡状态，此莫尔圆（圆Ⅱ）称为极限应力圆（limiting stress circle）；③抗剪强度包线是莫尔圆（圆Ⅲ，以虚线表示）的一条割线，实际上这种情况是不可能存在的，因为该点任何方向上的剪应力都不可能超过土的抗剪强度，即不存在 $\tau > \tau_\mathrm{f}$ 的情况，根据极限莫尔应力圆

与库仑强度线相切的几何关系，可建立下面的极限平衡条件，该条件称为莫尔-库仑强度理论。

设在土体中取一微单元体，如图 7-5（a）所示，mn 为破裂面，它与大主应力的作用面呈破裂角 α_f。该点处于极限平衡状态时的莫尔圆如图 7-5（b）所示。将抗剪强度包线延长与 σ 轴相交于 R 点，由三角形 ARD 可知：$\overline{AD} = \overline{RD}\sin\varphi$。

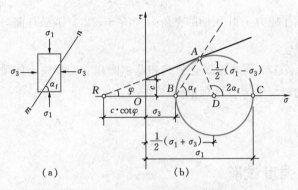

图 7-5　土体中一点达极限平衡状态时的莫尔圆

（a）微单元体；（b）极限平衡状态时的莫尔圆

因
$$\overline{AD} = \frac{1}{2}(\sigma_1 - \sigma_3),\ \overline{RD} = c \cdot \cot\varphi + \frac{1}{2}(\sigma_1 + \sigma_3)$$

故
$$\sin\varphi = (\sigma_1 - \sigma_3)/(\sigma_1 + \sigma_3 + 2c\cot\varphi) \tag{7-5}$$

化简后得
$$\sigma_1 = \sigma_3 \frac{1+\sin\varphi}{1-\sin\varphi} + 2c\sqrt{\frac{1+\sin\varphi}{1-\sin\varphi}} \tag{7-6}$$

或
$$\sigma_3 = \sigma_1 \frac{1-\sin\varphi}{1+\sin\varphi} - 2c\sqrt{\frac{1-\sin\varphi}{1+\sin\varphi}} \tag{7-7}$$

由三角函数可以证明

$$\frac{1+\sin\varphi}{1-\sin\varphi} = \tan^2\left(45° + \frac{\varphi}{2}\right)$$

或
$$\frac{1-\sin\varphi}{1+\sin\varphi} = \tan^2\left(45° - \frac{\varphi}{2}\right)$$

代入式（7-7）、式（7-8），得出黏性土和粉土的极限平衡条件为

$$\sigma_1 = \sigma_3 \tan^2\left(45° + \frac{\varphi}{2}\right) + 2c\tan\left(45° + \frac{\varphi}{2}\right) \tag{7-8}$$

或
$$\sigma_3 = \sigma_1 \tan^2\left(45° - \frac{\varphi}{2}\right) - 2c\tan\left(45° - \frac{\varphi}{2}\right) \tag{7-9}$$

对于无黏性土，由于 $c=0$，则由式（7-8）和式（7-9）可知，无黏性土的极限平衡条件为

$$\sigma_1 = \sigma_3 \tan^2\left(45° + \frac{\varphi}{2}\right) \tag{7-10}$$

或
$$\sigma_3 = \sigma_1 \tan^2\left(45° - \frac{\varphi}{2}\right) \tag{7-11}$$

在图 7-5（b）的三角形 ARD 中，由外角与内角的关系可得破裂角为

$$\alpha_f = 45° + \varphi/2 \tag{7-12}$$

说明破坏面与大主应力 σ_1 作用面的夹角为（$45° + \varphi/2$），或破坏面与小主应力 σ_3 作用面的夹角为（$45° - \varphi/2$）。

式（7-8）～式（7-12）是根据库仑公式和莫尔圆建立的反映土体单元处于极限平衡状态时的应力条件，即莫尔-库仑强度理论。

7.3 土的抗剪强度试验

本节将介绍室内的直接剪切试验、三轴压缩试验、无侧限抗压强度试验和现场的十字板剪切试验。

7.3.1 直接剪切试验

直接剪切仪分为应变控制式和应力控制式两种，前者是控制试样产生一定位移，如量力环中量表指针不再前进，表示试样已剪损，测定其相应的水平剪应力；后者则是控制对试样分级施加一定的水平剪应力，如相应的位移不断增加，认为试样已剪损。目前我国普遍采用的是应变控制式直剪仪，如图 7-6 所示，该仪器的主要部件由固定的上盒和活动的下盒组成，试样放在上下盒内上下两块透水石之间。试验时，由杠杆系统通过加压活塞和上透水石对试样施加某一垂直压力 σ，然后等速转动手轮对下盒施加水平推力，使试样在上下盒之间的水平接触面上产生剪切

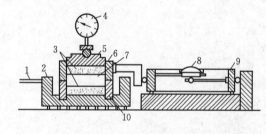

图 7-6 应变控制式直剪仪

1—轮轴；2—底座；3—透水石；4—量表；5—活塞；
6—上盒；7—土样；8—量表；9—量力环；10—下盒

变形，直至破坏。剪应力的大小可借助于上盒接触的量力环的变形值计算确定。在剪切过程中，随着上下盒相对剪切变形的发展，土样中的抗剪强度逐渐发挥出来，直到剪应力等于土的抗剪强度时，土样剪切破坏，所以土样的抗剪强度是用剪切破坏时的剪应力来度量。

图 7-7（a）表示剪切过程中剪应力 τ 与剪切位移 δ 之间关系，通常可取峰值或稳定值作

为破坏点，如图中箭头所示。对同一种土
（重度和含水率相同）至少取 4 个试样，分别
在不同垂直压力 σ 下剪切破坏，一般可取垂
直压力为 100kPa、200kPa、300kPa、400kPa，
将试验结果绘制成如图 7-7（b）所示的抗剪
强度 τ_f 和垂直压力 σ 之间关系，试验结果表
明，对于黏性土和粉土，τ_f-σ 关系曲线基本
上呈直线关系，该直线与横轴的夹角为内摩
擦角 φ，在纵轴上的截距为黏聚力 c，直线方

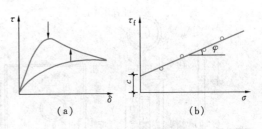

图 7-7　直接剪切试验结果
(a) 剪应力 τ 与剪切位移 δ 之间关系；
(b) 黏性土试验结果

程可用库仑公式（7-2）表示，对于无黏性土，τ_f 与 σ 之间关系则是通过原点的一条直线，
可用式（7-1）表示。

　　为了近似模拟土体在现场受剪的排水条件，直接剪切试验可分为快剪、固结快剪和慢剪
三种方法。快剪试验（Q-test，quick shear test）是在试样施加竖向压力 σ 后，立即快速
（0.8mm/min）施加水平剪应力使试样剪切。固结快剪试验（consolidated quick shear test）
是允许试样在竖向压力下排水，待固结稳定后，再快速（0.8mm/min）施加水平剪应力使
试样剪切破坏。慢剪试验（S-test，slow shear test）也是允许试样在竖向压力下排水，待固
结稳定后，则以缓慢的速率（小于 0.02mm/min）施加水平剪应力使试样剪切。

　　直剪仪具有构造简单、操作方便等优点，但它存在若干缺点，主要有：①剪切面限定在
上下盒之间的平面，而不是沿土样最薄弱面剪切破坏；②剪切面上剪应力分布不均匀，土样
剪切破坏时先从边缘开始，在边缘发生应力集中现象；③在剪切过程中，土样剪切面逐渐缩
小，而在计算抗剪强度时却是按土样的原截面积计算的；④试验时不能严格控制排水条件，
不能量测孔隙水压力，在进行不排水剪切时，试样仍有可能排水，因此快剪试验和固结快剪
试验仅适用于渗透系数小于 10^{-6}cm/s 的细粒土。

7.3.2　三轴压缩试验

　　三轴压缩试验测定土的抗剪强度是一种较为完善的方法，在三轴压缩仪上进行。三轴压
缩仪由压力室、轴向加荷系统、施加周围压力系统、孔隙水压力量测系统等组成，如图 7-8
所示，压力室是三轴压缩仪的主要组成部分，它是一个有金属上盖、底座和透明有机玻璃圆
筒组成的密闭容器。

　　常规试验方法的主要步骤如下：将土切成圆柱体套在橡胶膜内，放在密封的压力室中，
然后向压力室内充水，使试样在各向受到围压 σ_3 作用，并使液压在整个试验过程中保持不
变，这时试样内各向的三个主应力都相等，因此不产生剪应力（图 7-9a）。然后再通过传力
杆对试样施加竖向压力，这样，竖向主应力就大于水平向主应力，当水平向主应力保持不

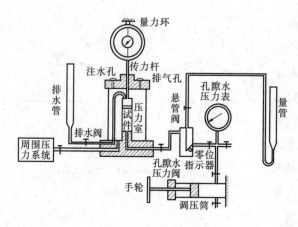

图 7-8　三轴压缩仪

变，而竖向主应力逐渐增大时，最终试样受剪而破坏（图 7-9b）。设剪切破坏时由传力杆加在试样上的竖向压应力增量为 $\Delta\sigma_1$，则试样上的大主应力为 $\sigma_1 = \sigma_3 + \Delta\sigma_1$，而小主应力为 σ_3，以（$\sigma_1 - \sigma_3$）为直径可画出一个极限应力圆，如图 7-9（c）中圆 A。用同一种土样的若干个试样（3 个及 3 个以上）按上述方法分别进行试验，每个试样施加不同的围压 σ_3，可分别得出剪切破坏时的大主应力 σ_1，将这些结果绘成一组极限应力圆，如图 7-9（c）中的圆 A、B 和 C。由于这些试样都剪切至破坏，根据莫尔-库仑理论，作一组极限应力圆的公共切线，为土的抗剪强度包线，通常近似取为一条直线，该直线与横坐标的夹角为土的内摩擦角 φ，直线与纵坐标的截距为土的黏聚力 c。

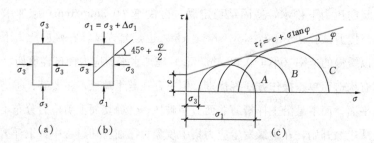

图 7-9　三轴压缩试验原理

（a）试样受周围压力；（b）破坏时试件上的主应力；（c）莫尔破坏包线

　　如果量测试验过程中的孔隙水压力，可以打开孔隙水压力阀，在试样上施加压力以后，由于土中孔隙水压力增加迫使零位指示器的水银面下降。为量测孔隙水压力，可用调压筒调整零位指示器的水银面始终保持原来的位置，这样，孔隙水压力表中的读数就是孔隙水压力值。如要量测试验过程中的排水量，可打开排水阀门，让试样中的水排入量水管中，根据量水管中水位的变化可算出试验过程中的排水量。

　　对应于直接剪切试验的快剪、固结快剪和慢剪试验，三轴压缩试验按剪切前受到周围压力 σ_3 的固结状态和剪切时的排水条件，分为如下三种方法：

　　（1）不固结不排水三轴试验（UU-test, unconsolidation undrained test），简称不排水试验：试样在施加围压和随后施加竖向压力直至剪切破坏的整个过程中都不允许排水，试验自始至终关闭排水阀门。

（2）固结不排水三轴试验（CU-test，consolidation undrained test），简称固结不排水试验：试样在施加围压 σ_3 时打开排水阀门，允许排水固结，待固结稳定后关闭排水阀门，再施加竖向压力，使试样在不排水的条件下剪切破坏。

（3）固结排水三轴试验（CD-test，consolidation drained test），简称排水试验：试样在施加围压 σ_3 时允许排水固结，待固结稳定后，再在排水条件下施加竖向压力至试样剪切破坏。

三轴压缩仪的突出优点是能较为严格地控制排水条件以及可以量测试样中孔隙水压力的变化。此外，试样中的应力状态也比较明确，破裂面是在最弱处，而不像直接剪切仪那样限定在上下盒之间。三轴压缩仪还用以测定土的其他力学性质，如土的弹性模量（见 5.5 节），因此它是土工试验不可缺少的设备。三轴压缩试验的缺点是试样中的主应力 $\sigma_2 = \sigma_3$，而实际上土体的受力状态未必都属于这类轴对称情况。已经问世的各种真三轴压缩仪、空心圆柱扭剪仪中的试样可在不同的三个主应力（$\sigma_1 \neq \sigma_2 \neq \sigma_3$）作用下进行试验。

7.3.3 无侧限抗压强度试验

无侧限抗压强度试验如同在三轴仪中进行 $\sigma_3 = 0$ 的不排水试验一样，试验时将圆柱形试样放在如图 7-10（a）所示的无侧限抗压试验仪中，在不加任何侧向压力的情况下施加垂直压力，直到使试样剪切破坏为止。它是三轴压缩试验的一种特殊情况。剪切破坏时试样所能承受的最大轴向压力 q_u 称为无侧限抗压强度。试验中 σ_3 始终保持为零，大主应力等于轴向压力，根据试验结果，只能作一个极限应力圆（$\sigma_1 = q_u$，$\sigma_3 = 0$）。对于饱和黏性土，根据在三轴不固结不排水试验的结果，其破坏包线近似于一条水平线，即 $\varphi_u = 0$。这样，如仅为了测定饱和黏性土的不排水抗剪强度，就可以利用

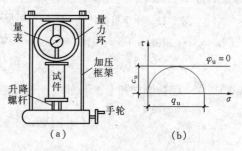

图 7-10　无侧限抗压强度试验

（a）无侧限抗压试验仪；（b）无侧限抗压强度试验结果

构造比较简单的无侧限抗压试验仪代替三轴压缩仪。此时，取 $\varphi_u = 0$，则由无侧限抗压强度试验所得的极限应力圆的水平切线就是破坏包线，由图 7-10（b）得

$$\tau_f = c_u = q_u/2 \tag{7-13}$$

式中　　c_u——土的不排水抗剪强度（kPa）；

$\quad\quad q_u$——无侧限抗压强度（kPa）。

无侧限抗压试验仪还可以用来测定土的灵敏度 S_t（见 2.3 节式 2-14）。无侧限抗压试验的缺点是试样的中段部位完全不受约束，因此，当试样接近破坏时，往往被压成鼓形，这时试样中的应力显然不是均匀的（三轴仪中的试样也有此问题，但三轴试验中试样受橡皮膜约束，而有较高强度）。

7.3.4 十字板剪切试验

室内的抗剪强度试验要求取得原状土试样，由于试样在采取、运送、保存和制备等方面不可避免地受到扰动，特别是对于高灵敏度的软黏土，室内试验结果的精度就受到影响。因此，发展原位测试土性的仪器具有重要意义。在原位应力条件下进行测试，测定土体的范围大，能反映土体天然受力状态和排水条件，有些原位测试方法连续贯入测试能获得土层的完整剖面。在抗剪强度的原位测试方法中，国内广泛应用的是十字板剪切试验，其原理如下：

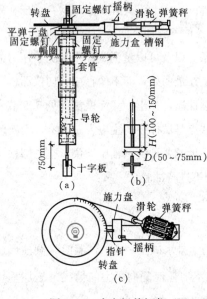

图 7-11　十字板剪切仪

(a) 剖面图；(b) 十字板；

(c) 扭力设备

十字板剪切仪的构造如图 7-11 所示。试验时先将套管打到预定的深度，并将套管内的土清除。将十字板装在转杆的下端后，通过套管压入土中，压入深度约为 750mm。然后由地面上的扭力设备对钻杆施加扭矩，使埋在土中的十字板旋转，直至土剪切破坏。破坏面为十字板旋转所形成的圆柱面。设剪切破坏时所施加的扭矩为 M，则它应该与剪切破坏圆柱面（包括侧面和上、下面）上土的抗剪强度所产生的抵抗力矩相等，即

$$M = \pi DH \cdot \frac{D}{2}\tau_V + 2 \cdot \frac{\pi D^2}{4} \cdot \frac{D}{3} \cdot \tau_H$$

$$= \frac{1}{2}\pi D^2 H\tau_V + \frac{1}{6}\pi D^3 \tau_H \qquad (7\text{-}14)$$

式中　M——剪切破坏时的扭力矩（kN·m）；

τ_V、τ_H——剪切破坏时的圆柱体侧面和上、下面土的抗剪强度（kPa）；

H、D——十字板的高度和直径（m）；

在实际土层中，τ_V 和 τ_H 是不同的。G. 爱斯（Aas，1965）曾利用不同 D/H 的十字板剪切仪测定饱和软黏土的抗剪强度。试验结果表明：对于所试验的正常固结饱和软黏土，$\tau_H/\tau_V = 1.5\sim2.0$；对于稍超固结的饱和软黏土，$\tau_H/\tau_V = 1.1$。这一试验结果说明天然土层的抗剪强度是非等向的，即水平面上的抗剪强度大于垂直面上的抗剪强度。这主要是由于水平面上的固结压力大于侧向固结压力的缘故。

实用上为了简化计算，在常规的十字板试验中仍假设 $\tau_H = \tau_V = \tau_f$，将这一假设代入式 (7-14)，得

$$\tau_f = \frac{2M}{\pi D^2 \left(H + \dfrac{D}{3} \right)} \qquad (7\text{-}15)$$

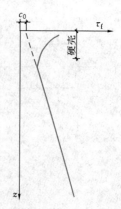

图 7-12 由十字板测定的
抗剪强度随深度的变化

式中 τ_f ——现场十字板剪切试验测定的土的抗剪强度（kPa）；

其余符号同前。

图 7-12 表示正常固结饱和软黏土用十字板测定的结果，硬壳层以下的软土层中抗剪强度随深度基本上呈直线变化，可用下式表示：

$$\tau_f = c_0 + \lambda z \qquad (7\text{-}16)$$

式中 λ ——直线段的斜率（kN/m^3）；

   z ——以地表为起点的深度（m）；

   c_0 ——直线段的延长线在水平坐标轴（即原地面）上的截距（kPa）。

十字板剪切试验在现场测定的土的抗剪强度，属于不排水剪切的试验条件，因此其结果一般与无侧限抗压强度试验结果接近，即 $\tau_f \approx q_u/2$。

十字板剪切试验适用于饱和软黏土（$\varphi = 0$），它的优点是构造简单，操作方便，原位测试时对土的结构扰动也较小，故在实际中广泛得到应用。但在软土层中夹砂薄层时，测试结果可能失真或偏高。

7.4 三轴压缩试验中的孔隙压力系数

根据有效应力原理，给出土中总应力后，求取有效应力的关键在于孔隙压力。为此，A. W. 斯肯普顿（Skempton，1954）提出以孔隙压力系数表示孔隙水压力的发展和变化。根据三轴试验结果，引入孔隙压力系数 A 和 B，建立轴对称应力状态下土中孔隙压力与大、小主应力之间的关系。图 7-13 表示三轴压缩试验中试样的孔隙压力发展，设一土单元在各向相等的围压 σ_c 作用下固结，初始孔隙水压力 $u_0 = 0$，这是模拟试样的原位应力状态；如果受到各向相等的围压 $\Delta \sigma_3$ 的作用，孔隙压力增量为 Δu_3，则有效应力增量为

$$\Delta \sigma_3' = \Delta \sigma_3 - \Delta u_3 \qquad (7\text{-}17)$$

根据弹性理论，如果弹性材料的弹性模量和泊松比分别为 E 和 μ，在各向应力相等而无剪应力的情况下，土体积的变化为

$$\Delta V = \frac{3(1 - 2\mu)}{E} V \cdot \Delta \sigma_3'$$

将式（7-17）代入上式得

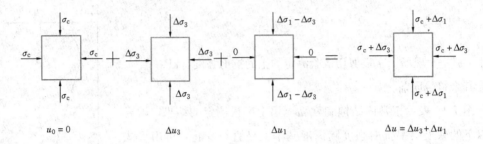

图 7-13 孔隙压力的变化

$$\Delta V = C_S V (\Delta \sigma_3 - \Delta u_3) \tag{7-18}$$

式中　C_S——土骨架的三向体积压缩系数，$C_S = 3(1-2\mu)/E$，它是土样在三轴压缩试验中土颗粒骨架体积应变 $\Delta V/V$ 与三向有效应力增量 $(\Delta \sigma_3 - \Delta u_3)$ 的比值；

　　V——土试样体积。

围压 $\Delta \sigma_3$ 作用下，土体孔隙中增加了孔隙压力 Δu_3，使土中气和水被压缩，其压缩量为

$$\Delta V_v = C_V n V \Delta u_3 \tag{7-19}$$

式中　n——土的孔隙率；

　　C_V——孔隙的三向体积压缩系数，它是土样在三轴压缩试验中孔隙体积应变 $\Delta V_v/V_v$ 与孔隙压力增量 Δu_3 的比值。

由于土固体颗粒的压缩量很小，可以认为骨架体积的变化 ΔV 等于孔隙体积的变化 ΔV_v，则由式（7-18）和式（7-19）得

$$C_S V (\Delta \sigma_3 - \Delta u_3) = C_V n V \Delta u_3$$

整理后得　　　　　　　　　　　　$\Delta u_3 = B \cdot \Delta \sigma_3 \tag{7-20}$

式中孔隙压力系数 $B = 1/[1+nC_V/C_S]$，反映试样在等向围压作用下的孔隙水压力变化，即土体在等向压缩应力状态时单位围压增量所引起的孔隙压力增量。

对于饱和土，孔隙中完全充满水，由于水的压缩性比土骨架的压缩性小得多，$C_V/C_S \to 0$，因而 $B=1$，故 $\Delta u_3 = \Delta \sigma_3$；对于干土，孔隙的压缩性接近于无穷大，$C_V/C_S \to \infty$，故 $B=0$；对于非饱和土，$0 < B < 1$，土的饱和度越小，B 值也越小。

图 7-13 所示，如果在试样上施加轴向压力增量 $(\Delta \sigma_1 - \Delta \sigma_3)$，设试样中产生的孔隙压力增量为 Δu_1；相应的轴向和侧向有效应力增量分别为

$$\Delta \sigma_1' = (\Delta \sigma_1 - \Delta \sigma_3) - \Delta u_1 \tag{7-21}$$

和　　　　　　　　　　　　　　$\Delta \sigma_3' = -\Delta u_1 \tag{7-22}$

根据弹性理论，其体积变化应为

$$\Delta V = C_S V \frac{1}{3} (\Delta \sigma_1' + 2\Delta \sigma_3')$$

再将式（7-21）及式（7-22）代入，得

$$\Delta V = C_S V \cdot \frac{1}{3}(\Delta \sigma_1 - \Delta \sigma_3 - 3\Delta u_1) \tag{7-23}$$

同理，由于孔隙压力增量 Δu_1 使土孔隙体积的变化为

$$\Delta V_V = C_V n V \Delta u_1 \tag{7-24}$$

因为假设 $\Delta V = \Delta V_V$，即得

$$\Delta u_1 = B \cdot \frac{1}{3}(\Delta \sigma_1 - \Delta \sigma_3) \tag{7-25}$$

将式（7-20）和式（7-25）相加，得到在 $\Delta\sigma_1$ 和 $\Delta\sigma_3$ 共同作用下总的孔隙压力增量为

$$\Delta u = \Delta u_3 + \Delta u_1 = B\left[\Delta \sigma_3 + \frac{1}{3}(\Delta \sigma_1 - \Delta \sigma_3)\right] \tag{7-26a}$$

因为土并非理想弹性体，上式系数 1/3 不适用，而以 A 代替，于是可写为

$$\Delta u = B[\Delta \sigma_3 + A(\Delta \sigma_1 - \Delta \sigma_3)] \tag{7-26b}$$

式中　A——偏应力增量作用下的孔隙压力系数。

对于饱和土，$B=1$，则在不排水试验中总孔隙压力增量为

$$\Delta u = \Delta \sigma_3 + A(\Delta \sigma_1 - \Delta \sigma_3) \tag{7-27}$$

在固结不排水试验中，试样在 $\Delta\sigma_3$ 作用下固结稳定，故 $\Delta u_3 = 0$，于是

$$\Delta u = \Delta u_1 = A(\Delta \sigma_1 - \Delta \sigma_3) \tag{7-28}$$

在排水试验中，试样在固结和剪切过程中孔隙压力全部消散，则 $\Delta u = 0$。

孔隙压力系数 A 值的大小受很多因素的影响，它随偏应力增加呈非线性变化，高压缩性土的 A 值比较大，超固结黏土在偏应力作用下将发生体积膨胀，产生负的孔隙压力，故 A 是负值。即便同一种土，A 也不是常数，它还受应变大小、初始应力状态和应力历史等因素影响。各类土的孔隙压力系数 A 值可参考表 7-1，如要准确计算土的孔隙压力，应根据实际的应力和应变条件，进行三轴压缩试验，直接测定 A 值。

孔隙压力系数 A 表 7-1

土样（饱和）	A（用于验算土体破坏的数值）	土样（饱和）	A'（用于计算地基变形的数值）
很松的细砂	2～3	高灵敏度的软黏土	>1
灵敏黏土	1.5～2.5	正常固结黏土	0.5～1
正常固结黏土	0.7～1.3	超固结黏土	0.25～0.5
弱超固结黏土	0.3～0.7	强超固结黏土	0～0.25
强超固结黏土	−0.5～0		

7.5 饱和黏性土的抗剪强度

广义的黏性土包括粉土、饱和黏性土。粉土的抗剪强度最好由三轴压缩试验测定，按剪切前的固结状态和剪切时的排水条件分为三种试验，测得的土体抗剪强度分别为：不固结不排水抗剪强度，简称不排水抗剪强度；固结不排水抗剪强度；固结排水抗剪强度，简称排水抗剪强度。

7.5.1 不排水抗剪强度

不固结不排水试验是在施加围压增量 $\Delta\sigma_3$ 和轴向压力（$\Delta\sigma_1-\Delta\sigma_3$）直至试样剪切破坏的整个试验过程中都不允许排水。如果每一组饱和黏性土试样，都先在某一周围压力 σ_c 下

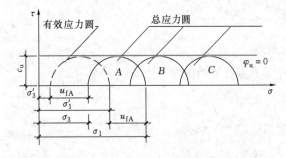

图 7-14 饱和黏性土、粉土的不排水试验结果

固结至稳定，试样中的初始孔隙水压力为静水压力，然后分别在不排水条件下施加围压 $\Delta\sigma_3$ 和轴向压力（$\Delta\sigma_1-\Delta\sigma_3$）直至剪切破坏，试验结果如图 7-14 所示，图中三个实线半圆 A、B、C 分别表示三个试样在不同的 σ_3（$\sigma_c+\Delta\sigma_3$）作用下破坏时的总应力圆，虚线是有效应力圆。试验结果表明，虽然三个试样的周围压力 σ_3 不同，但破坏时的主应力差相等，在 $\tau_f-\sigma$ 图上表现为三个总应力圆直径相同，因而破坏包线是一条水平线，即

$$\varphi_u = 0 \tag{7-29a}$$
$$\tau_f = c_u = (\sigma_1-\sigma_3)/2 \tag{7-29b}$$

式中 φ_u——不排水内摩擦角（°）；

c_u——不排水黏聚力，即不排水抗剪强度（kPa）。

在试验中如果分别量测试样破坏时的孔隙水压力 u_f，试验成果可以用有效应力整理，结果表明，三个试样只能得到同一个有效应力圆，并且有效应力圆的直径与三个总应力圆直径相等，即

$$\sigma_1'-\sigma_3' = (\sigma_1-\sigma_3)_A = (\sigma_1-\sigma_3)_B = (\sigma_1-\sigma_3)_C \tag{7-30}$$

这是因为在不排水条件下，试样在试验过程中含水率不变，体积不变，饱和黏性土的孔隙压力系数 $B=1$，改变周围压力增量只能引起孔隙水压力的变化，并不会改变试样中的有效应力，各试样在剪切前的有效应力相等，因此抗剪强度不变。如果在较高的剪前固结压力

（σ_c）下进行不固结不排水试验，就会得出较大的不排水抗剪强度 c_u（$\varphi_u = 0$）。

由于一组试样试验的结果，有效应力圆是同一个，因而无法得到有效应力破坏包线和 c'、φ' 值，所以这种试验一般只用于测定饱和土的不排水强度。

不固结不排水试验的"不固结"是在三轴压缩试验中围压增量 $\Delta\sigma_3$ 下不再固结，而保持试样原来的有效应力不变，原来试样的有效应力是在天然土体中存在的，或者在试样制备时具有的，只不过在围压增量 $\Delta\sigma_3$ 下不再固结，有效应力不再增大。由于试验前试样已在 σ_c 下固结，所以这里的不固结不排水抗剪强度实际上相当于 $\sigma_3 = \sigma_c$ 的固结不排水强度。如果饱和黏性土从未固结过，如泥浆状土，抗剪强度也必然等于零。一般从天然土层中取出的试样，相当于在某一压力 σ_c 下已经固结，总具有一定天然强度。天然土层的有效固结压力是随深度变化的，所以不排水抗剪强度 c_u 也随深度变化，均质正常固结黏土的不排水强度随固结压力线性增大。超固结饱和黏土的不固结不排水强度包线也是一条水平线，即 $\varphi_u = 0$。

7.5.2　固结不排水抗剪强度

饱和黏性土的固结不排水抗剪强度在一定程度上受应力历史的影响，因此，在研究黏性土的固结不排水强度时，要区别试样是正常固结还是超固结。将 5.3 节的 5.3.1 提到的正常固结土层和超固结土层的概念应用到三轴固结不排水试验中，如果试样所受到的周围固结压力 σ_3 大于它曾受到的最大固结压力 p_c，属于正常固结试样；如果 $\sigma_3 < p_c$，则属于超固结试样。试验结果证明，这两种不同固结状态的试样，其抗剪强度性状是不同的。

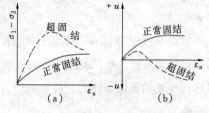

图 7-15　固结不排水试验的孔隙水压力

(a)主应力差($\sigma_1 - \sigma_3$)与轴向应变 ε_a 关系；

(b)孔隙水压力 u 与轴向应变 ε_a 关系

饱和黏性土、粉土固结不排水试验时，试样在 σ_3（$\sigma_c + \Delta\sigma_3$）作用下充分排水固结，$\Delta u_3 = 0$，在不排水条件下施加偏应力（$\Delta\sigma_1 - \Delta\sigma_3$）剪切时，试样中的孔隙水压力随偏应力的增加而不断变化，$\Delta u_1 = A(\Delta\sigma_1 - \Delta\sigma_3)$，如图 7-15 所示，对正常固结试样剪切时体积有减少的趋势（剪缩），但由于不允许排水，故产生正的孔隙水压力，由试验得到的孔隙压力系数都大于零，而超固结试样在剪切时体积有增加的趋势（剪胀），强超固结试样在剪切过程中，开始时产生正的孔隙水压力，随后转为负值。

图 7-16 表示正常固结饱和黏性土、粉土固结不排水试验结果，图中以实线表示的为总应力圆和总应力破坏包线，如果试验时量测孔隙水压力，试验结果可以用有效应力整理，图中虚线表示有效应力圆和有效

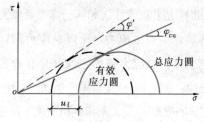

图 7-16　正常固结饱和黏性土、粉土固结不排水试验结果

应力破坏包线，u_f 为剪切破坏是的孔隙水压力，由于 $\sigma'_1 = \sigma_1 - u_f, \sigma'_3 = \sigma_3 - u_f$，故 $\sigma'_1 - \sigma'_3 = \sigma_1 - \sigma_3$，即有效应力圆与总应力圆直径相等，但位置不同，两者之间的距离为 u_f，因为正常固结试样在剪切破坏时产生正的孔隙水压力，故有效应力圆在总应力圆的左方。总应力破坏包线和有效应力破坏包线都通过原点，说明未受任何固结压力的土（如泥浆状土）不会具有抗剪强度。总应力破坏包线的倾角以 φ_{cu} 表示，有效应力破坏包线的倾角 φ' 称为有效内摩擦角，φ' 比 φ_{cu} 大一倍左右。

超固结土的固结不排水总应力破坏包线如图 7-17（a）所示，是一条略平缓的曲线，可近似用直线 ab 代替，与正常固结破坏包线 bc 相交，bc 线的延长线仍通过原点，实用上将 abc 折线取为一条直线，如图 7-17（b）所示，总应力强度指标为 c_{cu} 和 φ_{cu}，于是，固结不排水剪切的总应力破坏包线可表达

$$\tau_f = c_{cu} + \sigma\tan\varphi_{cu} \tag{7-31}$$

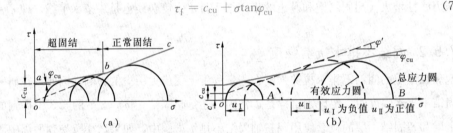

图 7-17 超固结土的固结不排水试验结果

如以有效应力表示，有效应力圆和有效应力破坏包线如图中虚线所示，由于超固结土在剪切破坏时，产生负的孔隙水压力，有效应力圆在总应力圆的右方（图中圆 A），正常固结试样产生正的孔隙水压力，故有效应力圆在总应力圆的左方（图中圆 B），有效应力强度包线可表示为

$$\tau_f = c' + \sigma'\tan\varphi' \tag{7-32}$$

式中 c' 和 φ' 为固结不排水试验得出的有效应力强度指标，通常 $c' < c_{cu}, \varphi' > \varphi_{cu}$。

7.5.3 排水抗剪强度

固结排水试验在整个试验过程中，无论是施加围压 $\sigma_3(\sigma_c + \Delta\sigma_3)$，还是施加偏压力（$\Delta\sigma_1 -$

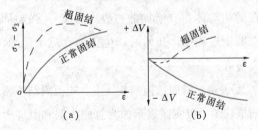

图 7-18 排水试验的应力-应变关系和体积变化
(a) 应力-应变关系；(b) 体积变化

$\Delta\sigma_3$）剪切时，超孔隙水压力始终为零，总应力最后全部转化为有效应力，所以总应力圆就是有效应力圆，总应力破坏包线就是有效应力破坏包线。图 7-18（a）和图 7-18（b）分别为排水试验的应力-应变关系和体积变化，在剪切过程中，正常固结黏土发生剪缩，而超固结土则是先压缩，继而主要呈现剪胀的特性。

图 7-19 为排水试验结果，正常固结土的破坏包线通过原点，如图 7-19（a）所示，黏聚力 $c_d=0$，内摩擦角 φ_d 约为 $20°\sim40°$，超固结土的破坏包线略弯曲，实际应用时近似取为一条直线代替，如图 7-19（b）所示，c_d 约为 $5\sim25kPa$，φ_d 比正常固结土的内摩擦角要小。

试验证明，c_d、φ_d 与固结不排水试验得到的有效应力指标 c'、φ' 很接近，由于排水试验所需的时间太长，故实用上以 c'、φ' 代替 c_d 和 φ_d，但是两者的试验条件有差别，固结不排水试验在剪切过程中试样的体积保持不变，而固结排水试验在剪切过程中试样的体积一般要发生变化，c_d、φ_d 略大于 c'、φ'。

在直接剪切试验中进行慢剪试验得到的结果常常偏大，根据经验可将慢剪试验结果乘以 0.9。

图 7-20 表示同一种黏性土分别在三种不同排水条件下的试验结果，由图可见，如果以总应力表示，将得出完全不同的试验结果，而以有效应力表示，则不论采用哪种试验方法，都得到近乎同一条有效应力破坏包线（如图中虚线所示），由此可见，抗剪强度与有效应力有唯一的对应关系。

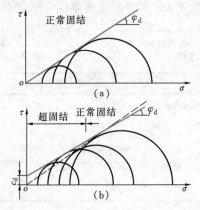

图 7-19 固结排水试验结果
(a) 正常固结；(b) 超固结

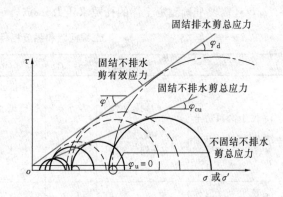

图 7-20 三种试验方法结果比较

7.5.4 抗剪强度指标的选择

如前所述，黏性土的强度性状很复杂，它不仅随剪切条件不同而异，还受许多因素（例如土的各向异性、应力历史、蠕变等）的影响。同一种土的抗剪强度指标与试验方法、试验条件有关，实际工程情况千变万化，用室内试验条件去模拟现场情况毕竟还会有差别。因此，对于某个具体工程问题，如何确定土的抗剪强度指标并不是一件容易的事情。

首先要根据工程问题的性质确定不同的试验排水条件，进而决定采用总应力或有效应力的强度指标，然后选择室内或现场的试验方法。一般认为，由三轴固结不排水试验确定的有

效应力强度指标 c' 和 φ' 宜用于分析地基的长期稳定性（例如土坡的长期稳定性分析，估计挡土结构物的长期土压力、位于软土地基上结构物的长期稳定分析等）；而对于饱和软黏土的短期稳定性问题，则宜采用不固结不排水试验的强度指标 c_u，即 $\varphi_u = 0$，以总应力法进行分析。一般工程问题多采用总应力法分析，其指标和测试方法的选择大致如下：

若建筑物施工速度较快，而地基土的透水性和排水条件不良时，可采用不固结不排水三轴试验或直接剪切试验的快剪试验结果；如果地基荷载增长速率较慢，地基土的透水性不太小（如低塑性黏土）以及排水条件又较佳时（如黏土层中夹砂层），则可以采用固结排水三轴或直接剪切试验的慢剪试验结果；如果介于以上两种情况之间，可用固结不排水或固结快剪试验结果。由于实际加荷情况和土的性质非常复杂，而且在建筑物的施工和使用过程中都要经历不同的固结状态，因此，在确定强度指标时还应结合工程经验。

土的抗剪强度指标的实际应用，A. 辛格（Singh，1976）对一些工程问题需要采用的抗剪强度指标及其测定方法列了一个表（表7-2），可供参考。该表主要推荐用有效应力法分析工程的稳定性；在某些情况下，如应用于饱和黏性土的稳定性验算，可用 $\varphi_u = 0$ 总应力法分析。具体应用时，仍需结合工程的实际条件，不能照搬该表。如果采用有效应力强度指标 c'、φ'，还需要准确测定土体的孔隙水压力分布。

工程问题和强度指标的选用 表 7-2

工程类别	需要解决问题	强度指标	试验方法	备　注
1. 位于饱和黏土上结构或填方的基础	1. 短期稳定性	c_u, $\varphi_u = 0$	不排水三轴或无侧限抗压试验现场十字板试验；	长期安全系数高于短期的
	2. 长期稳定性	c', φ'	排水或固结不排水试验	
2. 位于部分饱和砂和粉质砂土上的基础	短期和长期稳定性	c', φ'	用饱和试样进行排水或固结不排水试验	可假定 $c' = 0$，最不利的条件室内在无荷载下将试样饱和
3. 无支撑开挖地下水位以下的紧密黏土	1. 快速开挖时的稳定性	c_u, $\varphi_u = 0$	不排水试验；	除非有专用的排水设备降低地下水位，否则长期安全系数是最小的
	2. 长期稳定性	c', φ'	排水或固结不排水试验	
4. 开挖坚硬的裂缝土和风化黏土	1. 短期稳定性 2. 长期稳定性	c_u, $\varphi_u = 0$ c', φ'	不排水试验；排水或固结不排水试验	试样应在无荷载下膨胀；现场的 c' 比室内测定的要低，假定 $c' = 0$ 较安全
5. 有支撑开挖黏土	抗挖方底面的隆起	c_u, $\varphi_u = 0$	不排水试验	

续表

工程类别	需要解决问题	强度指标	试验方法	备　　注
6. 天然边坡	长期稳定性	c', φ'	排水或固结不排水试验	对坚硬的裂缝黏土，假定 $c'=0$； 对特别灵敏的黏土和流动性黏土，室内测定的 φ 偏大，不能采用 $\varphi_u=0$ 分析
7. 挡土结构物的土压力	1. 估计挖方时的总压力 2. 估计长期土压力	c_u, $\varphi_u=0$ c', φ'	不排水试验； 排水或固结不排水试验	$\varphi_u=0$ 分析，不能正确反映坚硬裂缝黏土的性状，在应力减小情况下，甚至开挖后短期也不行
8. 不透水的土坝	1. 施工期或完工后的短期稳定性 2. 稳定渗流期的长期稳定性 3. 水位骤降时的稳定性	c', φ' c', φ' c', φ'	排水或固结不排水试验； 排水或固结不排水试验； 排水或固结不排水试验	试样用填筑含水率（或施工期具有的含水率范围）增加试样含水率，将大大降低 c'，但 φ 几乎无变化； 在稳定渗流和水位骤降两种情况下，对试样施加主应力差之前，应使试样在适当范围内软化，假定 $c'=0$ 针对稳定渗流做排水试验时，可使水在小水头下流过试样模拟坝体透水作用
9. 透水土坝	上述三种稳定性	c', φ'	排水试验	对自由排水材料采用 $c'=0$
10. 黏土地基上的填方，其施工速率允许土体部分固结	短期稳定性	c_u, $\varphi_u=0$ 或 c', φ'	不排水试验；排水或固结不排水试验	不能肯定孔隙水压力消散速率，对所有重要工程都应进行孔隙水压力观测

【例题 7-1】某正常固结饱和黏性土试样在三轴仪中进行固结不排水试验，施加周围压力 $\sigma_3=200\text{kPa}$，试样破坏时的主应力差 $\sigma_1-\sigma_3=280\text{kPa}$，如果破坏面与水平面的夹角 $\alpha_f=57°$，试求破坏面上的法向应力和剪应力以及试样中的最大剪应力。

【解】由总应力法

$$\sigma_1=280+200=480\text{kPa}, \quad \sigma_3=200\text{kPa}$$

$$\alpha_f=57°$$

按式（7-5）计算破坏面上的法向应力 σ 和剪应力 τ

$$\sigma = (1/2)(\sigma_1+\sigma_3)+(1/2)(\sigma_1-\sigma_3)\cos2\alpha_f$$

$$= 283\text{kPa}$$

$$\tau = (1/2)(\sigma_1-\sigma_3)\sin2\alpha_f$$

$$= 128\text{kPa}$$

最大剪应力发生在 $\alpha=45°$ 的平面上，得

$$\tau_{\max} = (\sigma_1 - \sigma_3)/2 = 140\text{kPa}$$

【例题 7-2】 在例题 7-1 中，由试样固结不排水试验结果，测得孔隙水压力 $u_f = 180\text{kPa}$，有效内摩擦角 $\varphi' = 25°$，有效黏聚力 $c' = 80\text{kPa}$，试说明为什么试样的破坏面发生在 $\alpha_f = 57°$ 的平面而不发生在最大剪应力的作用面？

【解】 由有效应力法

$$\sigma'_1 = 480 - 180 = 300\text{kPa}, \ \sigma'_3 = 200 - 180 = 20\text{kPa}$$

$$\tau_{\max} = (\sigma_1 - \sigma_3)/2 = (\sigma'_1 - \sigma'_3)/2 = 140\text{kPa}$$

在破坏面上的有效正应力 σ' 和抗剪强度 τ_f 计算如下：

$$\sigma' = \sigma - u = 283 - 180 = 103\text{kPa}$$

$$\tau_f = c' + \sigma'\tan\varphi' = 80 + 103\tan25° = 128\text{kPa}$$

可见，在 $\alpha = 57°$ 的平面上土的抗剪强度等于该面上的剪应力，即 $\tau_f = \tau = 128\text{kPa}$，故在该面上发生剪切破坏。

在最大剪应力的作用面 （$\alpha = 45°$） 上

$$\sigma = 1/2(480 + 200) + 1/2(480 - 200)\cos90° = 340\text{kPa}$$

$$\sigma' = 1/2(300 + 20) + 1/2(300 - 20)\cos90° = 160\text{kPa}$$

或

$$\sigma' = \sigma - u = 340 - 180 = 160\text{kPa}$$

$$\tau_f = c' + \sigma'\tan\varphi' = 80 + 160\tan25° = 155\text{kPa}$$

由例题 7-1 算得在 $\alpha = 45°$ 的平面上最大剪应力 $\tau_{\max} = 140\text{kPa}$，可见，在该面上剪应力虽然比较大 （$>128\text{kPa}$），但抗剪强度 τ_f （$=155\text{kPa}$） 大于剪应力 $\tau_{\max}$，故在剪应力最大的作用平面上不发生剪切破坏。

7.6 应力路径在强度问题中的应用

对加荷过程中的土体内某点，其应力状态的变化可在应力坐标图中以莫尔应力圆上一个特征点的移动轨迹表示，这种轨迹称为应力路径。在三轴压缩试验中，如果保持 σ_3 不变，逐渐增加 σ_1，这个应力变化过程可以用一系列应力圆表示。为了避免在一张图上画很多应力圆使图面很不清晰，可在圆上适当选择一个特征点来代表一个应力圆。常用的特征点是应力圆的顶点 （剪应力为最大），其坐标为 $p = (\sigma_1 + \sigma_3)/2$ 和 $q = (\sigma_1 - \sigma_3)/2$，见图 7-21(a)。按应力变化过程顺序把这些点连接起来就是应力路径，见图 7-21 （b），并以箭头指明应力状态的发展方向。

加荷方法不同，应力路径也不同，如图 7-22 所示，在三轴压缩试验中，如果保持 σ_3 不变，

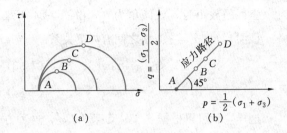

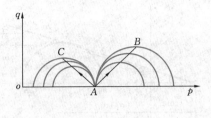

图 7-21 应力路径 图 7-22 不同加荷方法的应力路径

逐渐增加 σ_1，最大剪应力面上的应力路径为 AB 线，如保持 σ_1 不变，逐渐减少 σ_3，则应力路径为 AC 线。

应力路径可以用来表示总应力的变化也可以表示有效应力的变化，图 7-23 (a) 表示正常固结黏土三轴固结不排水试验的应力路径，图中总应力路径 AB 是直线，而有效应力路径 AB' 则是曲线，两者之间的距离即为孔隙水压力 u，因为正常固结黏土在不排水剪切时产生正的孔隙水压力，如果总应力路径 AB 线上任意一点的坐标为 $q = (\sigma_1 - \sigma_3)/2$ 和 $p = (\sigma_1 + \sigma_3)/2$，则相应于有效应力路径 AB' 上该点的坐标为 $q = (\sigma_1 - \sigma_3)/2 = (\sigma'_1 - \sigma'_3)/2$，$p' = (\sigma_1 + \sigma_3)/2 - u$，故有效应力路径在总应力路径的左边，从 A 点开始，沿曲线至 B' 点剪破，图中 K_f 线和 K'_f 线分别为以总应力和有效应力表示的极限应力圆顶点的连线，u_f 为剪切破坏时的孔隙水压力。图 7-23 (b) 为超固结土的应力路径，AB 和 AB' 为弱超固结试样的总应力路径和有效应力路径，由于弱超固结土在受剪过程中产生正的孔隙水压力，故有效应力路径在总应力路径左边；CD 和 CD' 表示某一强超固结试样的应力路径，由于强超固结试样开始出现正的孔隙水压力，以后逐渐转为负值，故有效应力路径开始在总应力路径左边，后来逐渐转移到右边，至 D' 点剪切破坏。

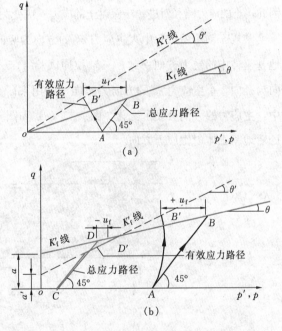

图 7-23 三轴压缩固结不排水试验中的应力路径
(a) 正常固结；(b) 超固结

利用固结不排水试验的有效应力路径确定的 K'_f 线，可以求得有效应力强度指标 c' 和 φ'。多数试验表明，在试样发生剪切破坏时，应力路径发生转折或趋向于水平，因此认为应力路径的转折点可作为判断试样破坏的标准，将 K'_f 线与破坏包线绘在同一张图上，设 K'_f 线与纵

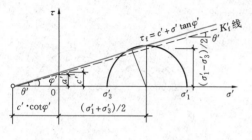

图 7-24 a'、θ' 和 c'、φ' 之间的关系

坐标的截距为 a'，倾角为 θ'，由图 7-24 不难证明，θ'、a' 与 c'、φ' 之间有如下关系：

$$\sin\varphi' = \tan\theta' \qquad (7\text{-}33)$$

$$c' = a'/\cos\varphi' \qquad (7\text{-}34)$$

这样，就可以根据 θ'、a' 反算 c'、φ'，这种方法称为应力路径法，比较容易从同一批土样较为分散的试验结果中得出 c'、φ' 值。

　　土体的变形和强度不仅与受力的大小以及应力历史有关，更重要的还与土的应力路径有关，土的应力路径可以模拟土体实际的应力变化，全面地研究应力变化过程对土的力学性质的影响，因此，土的应力路径对进一步探讨土的应力—应变关系和强度都具有十分重要的意义。

　　常规三轴压缩试验中大主应力 σ_1 的方向为竖向，小主应力 σ_3 的方向为径向，这与一般地基土体中的受力方向一致。三轴拉伸试验（triaxial extension test）中，大主应力 σ_1 的方向为径向，小主应力 σ_3 的方向为竖向，常用来研究卸载下土体的抗剪强度。然而实际工程中，主应力的方向会发生变化，图 7-25（a）和图 7-25（b）分别给出了堤坝填筑后和基坑开挖后地基土体中主应力方向。

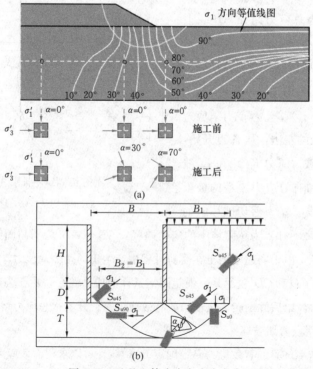

图 7-25 地基土体中大主应力方向

（a）堤坝填筑引起地基中大主应力方向改变；（b）基坑开挖后地基土体中大主应力方向

　　为研究不同主应力方向下土体的抗剪强度，可以采用空心圆柱扭剪仪，如图7-26所示。该仪器的试验试样为空心圆柱形，通过四个加载参数（内压 p_i、外压 p_0、轴力 W、扭矩 M_T），可以实现大主应力方向角 α（与竖直方向的夹角）在 $-90°$ $\sim 90°$ 间变化，从而为研究复杂应力路径下土体的强度特性提供了可能。

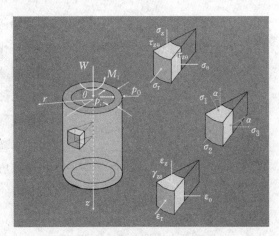

图 7-26　空心圆柱扭剪仪

7.7　无黏性土的抗剪强度

　　图 7-27 表示不同初始孔隙比的同一种砂土在相同周围压力 σ_3 下受剪时的应力-应变关系和体积变化。由图可见，密实的紧砂初始孔隙比较小，其应力-应变关系有明显的峰值，超过峰值后，随着应变的增加应力逐步降低，呈应变软化型（strain softening model）；其体积变化是开始稍有减少，继而增加（剪胀），这是由于密实砂土颗粒排列比较紧密，剪切时砂土颗粒之间产生相对滚动，土颗粒重新排列的结果。松砂的应力-应变关系呈应变硬化型（strain hardening model），松砂的强度随轴向应变的增加而增大，剪切过程中体积逐渐减小。由图 7-25 还可以看到，同一种土随着轴向应变增加，紧砂和松砂的强度最终趋向同一值，一般将这个稳定的强度称为残余强度，用 τ_r 表示。

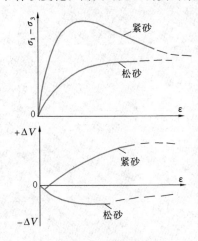

图 7-27　砂土受剪时的应力-
应变-体变关系曲线

　　低围压下砂土会发生剪胀（体积增加），也会发生剪缩（体积减小），这取决于砂土的初始孔隙比。高围压下，不论砂土的松紧如何，受剪时都将剪缩，不会发生剪胀。于是会存在这样的初始孔隙比，使砂土在低围压下既不发生剪缩，也不发生剪胀，即剪切破坏时砂土的体积不发生变化，这个初始孔隙比称为临界初始孔隙比 e_{cr}，见图 7-28。

　　不同初始孔隙比的试样在同一压力下进行剪切试验，可以得出初始孔隙比 e_0 与体积变化 $\Delta V/V$ 之间的关系，如图 7-28 所示。在三轴试验中，临界孔隙比与围压 σ_3 有关，不同的 σ_3 可以得到不同的 e_{cr} 值。如果饱和砂土的初始孔隙比 e_0 大于临界孔隙比 e_{cr}，剪应力作用下由于剪缩必然使孔隙水压力增高，而有效应力降低，致使砂土的抗剪强度降低。当饱和松砂

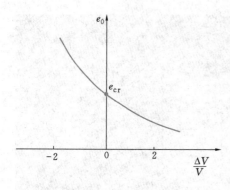

图 7-28 砂土的临界孔隙比

受到动荷载作用（例如地震），由于孔隙水来不及排出，孔隙水压力不断增加，就有可能使有效应力降低到零，因而使砂土像流体那样完全失去抗剪强度，这种现象称为砂土的液化，因此，临界孔隙比对研究砂土液化具有重要的意义。

无黏性土的抗剪强度决定于有效法向应力和内摩擦角。密实砂土的内摩擦角与初始孔隙比、土粒表面的粗糙度以及颗粒级配等因素有关。初始孔隙比小、土粒表面粗糙，级配良好的砂土，其内摩擦角较大。松砂的内摩擦角大致与干砂的天然休止角相等（天然休止角是指干燥无黏性土堆积起来所形成的最大坡角），可以在实验室用简单的方法测定。近年来的研究表明，无黏性土的强度性状也十分复杂，它还受各向异性、试样的沉积方法、应力历史等因素影响。无黏性土的有效内摩擦角可以采用现场原位试验方法通过经验关系获得，可以参考有关规程，如《孔压静力触探测试技术规程》TCCES 1—2017。

思考题与习题

7-1 同一种土所测定的抗剪强度指标是有变化的，为什么？

7-2 何谓土的极限平衡条件？黏性土和粉土与无黏性土的表达式有何不同？

7-3 为什么土中某点剪应力最大的平面不是剪切破坏面？如何确定剪切破坏面与小主应力作用方向夹角？

7-4 试比较直剪试验和三轴压缩试验的土样的应力状态有什么不同？并指出直剪试验土样的大主应力方向。

7-5 试比较直剪试验三种方法和三轴压缩试验三种方法的异同点和适用性。

7-6 根据孔隙压力系数 A、B 的物理意义，说明三轴 UU 和 CU 试验中求 A、B 两系数的区别。

7-7 某土样进行直剪试验，在法向压力为 100kPa、200kPa、300kPa、400kPa 时，测得抗剪强度 τ_f 分别为 52kPa、83kPa、115kPa、145kPa，试求：（a）用作图方法确定该土样的抗剪强度指标 c 和 φ；（b）如果在土中的某一平面上作用的法向应力为 260kPa，剪应力为 92kPa，该平面是否会剪切破坏？为什么？

（答案（a）$c=20$kPa，$\varphi=18°$）

7-8 某饱和黏性土无侧限抗压强度试验的不排水抗剪强度 $c_u = 70kPa$，如果对同一土样进行三轴不固结不排水试验，施加周围压力 $\sigma_3 = 150kPa$，试问土样将在多大的轴向压力作用下发生破坏？

（答案：290kPa）

7-9 某黏土试样在三轴仪中进行固结不排水试验，破坏时的孔隙水压力为 u_f，两个试样的试验结果为

试样 Ⅰ：$\sigma_3 = 200kPa$ $\sigma_1 = 350kPa$ $u_f = 140kPa$

试样 Ⅱ：$\sigma_3 = 400kPa$ $\sigma_1 = 700kPa$ $u_f = 280kPa$

试求：(a) 用作图法确定该黏土试样的 c_{cu}、φ_{cu} 和 c'、φ'；(b) 试样 Ⅱ 破坏面上的法向有效应力和剪应力；(c) 剪切破坏时的孔隙压力系数 A。

（答案：(a) $c_{cu} = 0$，$\varphi_{cu} = 16°$，$c' = 0$，$\varphi' = 34°$；
(b) $\sigma' = 186.12kPa$，$\tau' = 124.36kPa$；(c) $A = 0.93$)

7-10 某饱和黏性土在三轴仪中进行固结不排水试验，得 $c' = 0$，$\varphi' = 28°$，如果这个试样受到 $\sigma_1 = 200kPa$ 和 $\sigma_3 = 150kPa$ 的作用，测得孔隙水压力 $u = 100kPa$，问该试样是否会破坏？为什么？

（答案：不会破坏）

7-11 某正常固结饱和黏土试样进行不固结不排水试验得 $\varphi_u = 0$，$c_u = 20kPa$，对同样的土进行固结不排水试验，得有效抗剪强度指标 $c' = 0$，$\varphi' = 30°$，如果试样在不排水条件下破坏，试求剪切破坏时的有效大主应力和小主应力。

（答案：$\sigma_1' = 60kPa$ $\sigma_3' = 20kPa$）

7-12 在 7-11 题中的黏土层，如果某一面上的法向应力 σ 突然增加到 200kPa，法向应力刚增加时沿这个面的抗剪强度是多少？经很长时间后这个面的抗剪强度又是多少？

（答案：刚增加时 $\tau_f = 20kPa$，经很长时间后 $\tau_f = 115kPa$）

7-13 某黏性土试样由固结不排水试验得出有效抗剪强度指标 $c' = 24kPa$，$\varphi' = 22°$，如果该试样在周围压力 $\sigma_3 = 200kPa$ 下进行固结排水试验至破坏，试求破坏时的大主应力 σ_1。

（答案：$\sigma_1 = 510kPa$）

7-14 某正常固结黏土试样进行固结不排水试验，周围压力分别为 100、200、300kPa，试验结果为

试样 Ⅰ：$\sigma_3 = 100kPa$，$\sigma_1 = 220kPa$ $u_f = 60kPa$

试样 Ⅱ：$\sigma_3 = 200kPa$，$\sigma_1 = 402kPa$ $u_f = 132kPa$

试样 Ⅲ：$\sigma_3 = 300kPa$，$\sigma_1 = 599kPa$ $u_f = 204kPa$

试绘出 K_f' 线，并由 K_f' 线确定土的有效应力参数。

（答案：$c' = 0$，$\varphi' = 38.67°$）

第 8 章

土 压 力

8.1 概述

土压力（earth pressure）通常是指土因自重对挡土结构物产生的侧向压力，是作用于挡土结构物上的主要荷载。因此，在设计挡土结构物时首先要确定土压力的大小、方向和作用点。土压力的计算是个比较复杂的问题，它随挡土结构物可能位移的方向分为主动土压力、被动土压力和静止土压力。土压力的大小还与土的性质以及挡土结构物的形式、刚度等因素有关。

挡土结构物在房屋建筑、桥梁、道路以及水利等工程中得到广泛应用，例如，支撑建筑物周围填土或作为山区边坡支挡结构的挡土墙、地下室侧墙、桥台以及基坑开挖支护结构，如图 8-1 所示。

本章以挡土墙为例介绍土压力的基本概念、静止土压力的计算、两种古典理论计算主动、被动土压力以及规范计算土压力方法。

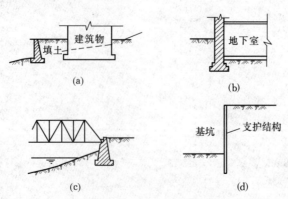

图 8-1　挡土结构应用举例

（a）支撑建筑物周围填土的挡土墙；（b）地下室侧墙；（c）桥台；（d）基坑支护结构

8.2　挡土墙侧的土压力

8.2.1　基本概念

挡土墙侧的土压力大小及其分布规律受到墙体可能的位移方向、墙背填土的种类、填土面的形式、墙的截面刚度和地基的变形等一系列因素的影响。仓库挡墙侧的谷物压力也可采用土压力理论来计算。根据墙的位移情况和墙后土体所处的应力状态，土压力可分为以下三种。

（1）主动土压力：当挡土墙向离开土体方向偏移至土体达到极限平衡状态时，作用在墙上的土压力称为主动土压力（active earth pressure），用 E_a 表示，如图 8-2（a）所示。

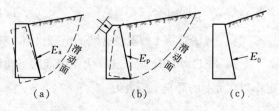

图 8-2　挡土墙侧的三种土压力

(a) 主动土压力；(b) 被动土压力；(c) 静止土压力

（2）被动土压力：当挡土墙向土体方向偏移至土体达到极限平衡状态时，作用在挡土墙上的土压力称为被动土压力（passive earth pressure），用 E_p 表示，如图 8-2（b）所示。桥台受到桥上荷载推向土体时，土对桥台产生的侧压力属被动土压力。

（3）静止土压力：当挡土墙静止不动，土体处于弹性平衡状态时，土对墙的压力称为静止土压力（earth pressure at rest），用 E_0 表示。如图 8-2（c）所示，上部结构建起的地下室外墙可视为受静止土压力的作用。

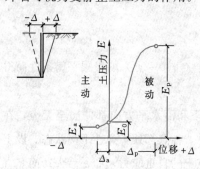

图 8-3　墙身位移和土压力的关系

挡土墙计算均属平面应变问题，故在土压力计算中，均取一延米的墙长度，土压力单位取"kN/m"，而土压力强度则取"kPa"。土压力的计算理论主要有古典的 W. J. M. 朗肯（Rankine，1857）理论和 C. A. 库仑（Coulomb，1773）理论。自从库仑理论发表以来，人们先后进行过多次多种挡土墙模型实验、原型观测和理论研究。实验表明：在相同条件下，主动土压力小于静止土压力，而静止土压力又小于被动土压力，亦即 $E_a <$ $E_0 < E_p$，而且产生于被动土压力所需的微小位移 Δ_p 大大超过产生于主动土压力所需的微小位移 Δ_a（图 8-3）。

8.2.2 静止土压力

静止土压力可按以下所述方法计算。在墙背填土表面下任意深度 z 处取一单元体（图 8-4），其上作用着竖向的土自重应力 γz，则该点的静止土压力强度可按下式计算：

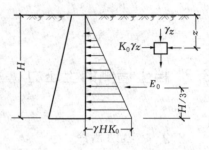

图 8-4 静止土压力的分布

$$\sigma_0 = K_0 \gamma z \qquad (8\text{-}1)$$

式中 σ_0——静止土压力强度（kPa）；

K_0——静止土压力系数（coefficient of earth pressure at rest），可按 J. 杰基（Ja′ky，1948）对于正常固结土提出的经验公式 $K_0 = 1 - \sin\varphi'$（φ' 为土的有效内摩擦角）计算；

γ——墙背填土的重度（kN/m³）。

由式（8-1）可知，静止土压力沿墙高为三角形分布。如图 8-4 所示，如果取单位墙长，则作用在墙上的静止土压力为

$$E_0 = (1/2)\gamma H^2 K_0 \qquad (8\text{-}2)$$

式中 E_0——静止土压力（kN/m），E_0 的作用点在距墙底 $H/3$ 处；

H——挡土墙高度（m）；

其余符号意义同前。

8.3 朗肯土压力理论

8.3.1 基本假设

朗肯土压力理论是根据半空间的应力状态和土单元体（土中一点）的极限平衡条件而得出的土压力古典理论之一。

图 8-5（a）表示地表为水平面的半空间，即土体向下和沿水平方向都伸展至无穷，在离地表 z 处取一单元体 M，当整个土体都处于静止状态时，各点都处于弹性平衡状态。设土的重度为 γ，显然 M 单元水平截面上的法向应力等于该点土的自重应力，即 $\sigma_z = \gamma z$；而竖直截面上的水平法向应力相当于静止土压力强度，即 $\sigma_x = \sigma_0 = K_0 \gamma z$。

由于半空间内每一竖直面都是对称面，因此竖直截面和水平截面上的剪应力都等于零，因而相应截面上的法向应力 σ_z 和 σ_x 都是主应力，此时的应力状态用莫尔圆表示为如图 8-5（b）所示的圆 I，由于该点处于弹性平衡状态，故莫尔圆没有和抗剪强度包线相切。

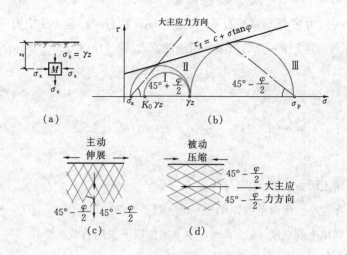

图 8-5　半空间的极限平衡状态

(a) 半空间内的微单元体；(b) 用莫尔圆表示主动和被动朗肯状态；

(c) 半空间的主动朗肯状态；(d) 半空间的被动朗肯状态

设想由于某种原因将使整个土体在水平方向均匀地伸展或压缩，使土体由弹性平衡状态转为塑性平衡状态。如果土体在水平方向伸展，则 M 单元竖直截面上的法向应力逐渐减少，在水平截面上的法向应力 σ_z 不变而满足极限平衡条件时，它是小主应力，而 σ_z 是大主应力，即莫尔圆与抗剪强度包线相切，如图 8-5 (b) 中的圆 Ⅱ 所示，称为主动朗肯状态。此时 σ_x 达最低限值，若土体继续伸展，则只能造成塑性流动，而不改变其应力状态。反之，如果土体在水平方向压缩，那么 σ_x 不断增加而 σ_z 仍保持不变，直到满足极限平衡条件，称为被动朗肯状态。这时 σ_x 达到极限值，是大主应力，而 σ_z 是小主应力，莫尔圆为图 8-5 (b) 中的圆 Ⅲ。

由于土体处于主动朗肯状态时大主应力 σ_1 所作用的面是水平面，故剪切破坏面与竖直面的夹角为 ($45° - \varphi/2$) (图 8-5c)；当土体处于被动朗肯状态时，大主应力 σ_1 的作用面是竖直面，剪切破坏面与水平面的夹角为 ($45° - \varphi/2$) (图 8-5d)；整个土体由相互平行的两簇剪切面组成。

朗肯将上述原理应用于挡土墙土压力计算中，假设以墙背光滑、直立、填土面水平的挡土墙代替半空间左边的土 (图 8-6)，则墙背与土的接触面上满足剪应力为零的边界应力条件以及产生主动或被动朗肯状态的边界变形条件，由此推导出主动、被动土压力计算的理论公式。

8.3.2　主动土压力

对于图 8-6 所示的挡土墙，设墙背光滑（为了满足剪应力为零的边界应力条件）、直立、填土面水平。当挡土墙偏移土体时，由于墙背任意深度 z 处的竖向应力 $\sigma_z = \gamma z$ 不变，它是

大主应力 σ_1；水平应力 σ_x 逐渐减少直至产生主动朗肯状态，σ_x 是小主应力 σ_3，就是主动土压力强度 σ_a，由 7.2 节土中一点的极限平衡条件公式（7-11）和式（7-9）分别得

无黏性土： $$\sigma_a = \gamma z \tan^2 \ (45° - \varphi/2) \tag{8-3a}$$

或 $$\sigma_a = \gamma z K_a \tag{8-3b}$$

黏性土、粉土： $\sigma_a = \gamma z \tan^2 \ (45° - \varphi/2) \ - 2c\tan \ (45° - \varphi/2) \tag{8-4a}$

或 $$\sigma_a = \gamma z K_a - 2c \ \sqrt{K_a} \tag{8-4b}$$

式中 σ_a——主动土压力强度（kPa）；

K_a——朗肯主动土压力系数，$K_a = \tan^2 \ (45° - \varphi/2)$；

γ——墙后填土的重度（kN/m³），地下水位以下采用有效重度；

c——填土的黏聚力（kPa）；

φ——填土的内摩擦角（°）；

z——计算点离填土面的深度（m）。

由式（8-3）可知：无黏性土的主动土压力强度与 z 呈正比，沿墙高的压力呈三角形分布，如图 8-6（b）所示，如取单位墙长计算，则主动土压力为

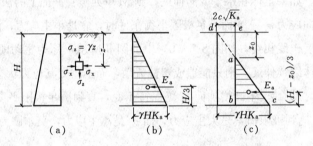

图 8-6　主动土压力强度分布图

（a）主动土压力的作用；（b）无黏性土；（c）黏性土

$$E_a = (1/2)\gamma H^2 \tan^2(45° - \varphi/2) \tag{8-5a}$$

或 $$E_a = (1/2)\gamma H^2 K_a \tag{8-5b}$$

式中 E_a——无黏性土主动土压力（kN/m），E_a 通过三角形的形心，即作用在离墙底 $H/3$ 处。

由式（8-4）可知，黏性土和粉土的主动土压力强度包括两部分：一部分是土自重引起的土压力 $\gamma z K_a$，另一部分是由黏聚力 c 引起的负侧压力 $2c \ \sqrt{K_a}$。这两部分土压力叠加的结果如图 8-6（c）所示，其中 ade 部分是负侧压力，对墙背是拉力，但实际上墙与土在很小的拉力作用下就会分离，故在计算土压力时，这部分应忽略不计，因此黏性土和粉土的土压力分布仅是 abc 部分。

a 点离填土面的深度 z_0 常称为临界深度，在填土面无荷载的条件下，可令式（8-4b）为零求得 z_0 值，即

$$\sigma_a = \gamma z_0 K_a - 2c\sqrt{K_a} = 0$$

得

$$z_0 = 2c/(\gamma \times \sqrt{K_a}) \tag{8-6}$$

如取单位墙长计算，则黏性土、粉土主动土压力 E_a 为

$$E_a = (H - z_0)\left[\gamma H K_a - 2(\sqrt{K_a})/2\right] \tag{8-7a}$$

或

$$E_a = (1/2)\gamma H^2 K_a - 2cH\sqrt{K_a} + 2c^2/\gamma \tag{8-7b}$$

式中 E_a——黏性土、粉土主动土压力（kN/m），E_a 通过在三角形压力分布图 abc 的形心，即作用在离墙底 $(H-z_0)/3$ 处。

【例题 8-1】有一挡土墙，高 5m，墙背直立、光滑、填土面水平。填土的物理力学性质指标如下：c = 10kPa，φ = 20°，γ = 18kN/m³。试求主动土压力及其作用点，并绘出主动土压力分布图。

【解】在墙底处的主动土压力强度按朗肯土压力理论为

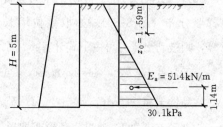

图 8-7 例题 8-1 图

$$\begin{aligned}
\sigma_a &= \gamma H \tan^2(45° - \varphi/2) - 2c\tan(45° - \varphi/2) \\
&= 18 \times 5 \times \tan^2(45° - 20°/2) - 2 \times 10 \\
&\quad \times \tan(45° - 20°/2) \\
&= 30.1\text{kPa}
\end{aligned}$$

主动土压力为

$$E_a = (1/2)\gamma H^2 \tan^2(45° - \varphi/2) - 2cH\tan(45° - \varphi/2) + 2c^2/\gamma = 51.4\text{kN/m}$$

临界深度

$$z_0 = 2c/\gamma\sqrt{K_a} = 2 \times 10/18\tan(45° - 20°/2) \approx 1.59\text{m}$$

主动土压力 E_a 作用在离墙底的距离为

$$(H - z_0)/3 = (5 - 1.59)/3 = 1.14\text{m}$$

主动土压力分布图如图 8-7 所示。

8.3.3 被动土压力

当墙受到外力作用而推向土体时（图 8-8a），填土中任意一点的竖向应力 $\sigma_z = \gamma z$ 仍不变，它是小主应力 σ_3；而水平向应力 σ_x 却逐渐增大，直至出现被动朗肯状态，达最大极限值是大主应力 σ_1，它就是被动土压力强度 σ_p，于是由 7.2 节式（7-10）和式（7-8）分别可得

无黏性土：

$$\sigma_p = \gamma z K_p \tag{8-8}$$

黏性土、粉土：

$$\sigma_p = \gamma z K_p + 2c\sqrt{K_p} \tag{8-9}$$

式中　K_p——朗肯被动土压力系数，$K_p = \tan^2(45° + \varphi/2)$；

其余符号意义同前。

由式（8-8）和式（8-9）可知，无黏性土被动土压力强度呈三角形分布（图8-8b），黏性土、粉土被动土压力强度呈梯形分布（图8-8c）。如取单位墙长计算，则被动土压力可由下式计算：

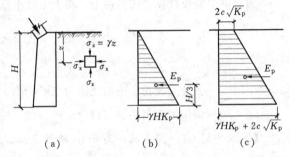

图 8-8　被动土压力强度分布图

(a) 被动土压力的作用；(b) 无黏性土；(c) 黏性土

无黏性土：$E_p = (1/2)\gamma H^2 K_p$ （8-10）

黏性土和粉土：$E_p = (1/2)\gamma H^2 K_p + 2cH\sqrt{K_p}$ （8-11）

被动土压力 E_p 通过三角形或梯形压力分布图的形心。

8.3.4　有超载时的土压力

通常将挡土墙后填土面上的分布荷载称为超载。当挡土墙后填土面有连续均布荷载 q 作用时，土压力的计算方法是将均布荷载换算成当量的土重，即用假想的土重代替均布荷载。当填土面水平时（图8-9a），当量的土层厚度为

$$h = q/\gamma \tag{8-12}$$

式中　γ——填土的重度（kN/m^3）。

然后，以 $A'B$ 为墙背，按填土面无荷载的情况计算土压力。以无黏性填土为例，则填土面 A 点的主动土压力强度，按朗肯土压力理论为

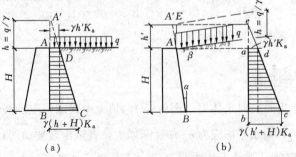

图 8-9　填土面有均布荷载时的主动土压力

(a) 填土面水平；(b) 填土面倾斜

$$\sigma_{aA} = \gamma h K_a = q K_a \tag{8-13}$$

墙底 B 点的土压力强度

$$\sigma_{aB} = \gamma(h + H)K_a = (q + \gamma H)K_a \tag{8-14}$$

压力分布如图 8-9（a）所示，实际的土压力分布图为梯形 $ABCD$ 部分，土压力的作用点在梯形的重心。

当填土面和墙背倾斜时（图 8-9b），当量土层的厚度仍为 $h = q/\gamma$，假想的填土面与墙背 AB 的延长线交于 A' 点，故以 $A'B$ 为假想墙背计算主动土压力，但由于填土面和墙背面倾斜，假想的墙高应为 $h' + H$，根据 $\triangle A'AE$ 的几何关系可得

$$h' = h\cos\beta \cdot \cos\alpha / \cos(\alpha - \beta) \tag{8-15}$$

然后，同样以 $A'B$ 为假想的墙背按地面无荷载的情况计算土压力。

当填土表面上的均布荷载从墙背后某一距离开始，如图 8-10（a）所示，在这种情况下的土压力计算可按以下方法进行：自均布荷载起点 O 作两条辅助线 $\overline{OD}$ 和 $\overline{OE}$，分别与水平面的夹角为 φ 和 θ，对于认为 D 点以上的土压力不受地面荷载的影响，E 点以下完全受均布荷载影响，D 点和 E 点间的土压力用直线连接，因此墙背 AB 上的土压力为图中阴影部分。若地面上均布荷载在一定宽度范围内时，如图 8-10（b）所示，从荷载的两端 O 点及 O' 点作两条辅助线 $\overline{OD}$ 和 $\overline{O'E}$，都与水平面呈 θ 角。认为 D 点以上和 E 点以下的土压力都不受地面荷载的影响，D、E 之间的土压力按均布荷载计算，AB 墙面上的土压力如图中阴影部分。

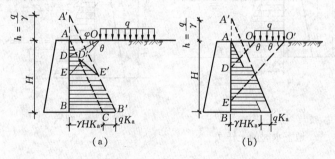

图 8-10　填土面有局部均布荷载时的主动土压力

8.3.5　非均质填土时的土压力

1. 成层填土

如图 8-11 所示的挡土墙，墙后有几层不同种类的水平土层，在计算土压力时，第一层的土压力按均质土计算，土压力的分布为图中的 abc 部分；计算第二层土压力时，将第一层土按重度换算成与第二层土相同的当量土层，即其当量土层厚度为 $h'_1 = h_1\gamma_1/\gamma_2$，然后以 $(h'_1 + h_2)$ 为墙高，按均质土计算土压力，但只在第二层土层厚度范围内有效，如图中的 bd-

fe 部分。必须注意，由于各层土的性质不同，朗肯主动土压力系数 K_a 值也不同。图中所示的土压力强度计算是以无黏性填土和 $\varphi_1 < \varphi_2$ 为例。

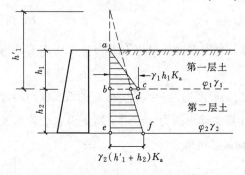

图 8-11　成层填土的土压力计算

2. 墙后填土有地下水

挡土墙后的回填土常会部分或全部处于地下水位以下，地下水的存在使土的含水率增加，抗剪强度降低，而使土压力增大，因此，挡土墙应该有良好的排水措施。

当墙后填土有地下水时，作用在墙背上的侧压力有土压力和水压力两部分。地下水位以下土的重度应采用浮重度，地下水位以上和以下土的抗剪强度指标也可能不同（地下水对无黏性土的影响可忽略），因而有地下水情况，也是成层填土的一个特定情况。有地下水位计算土压力时假设地下水位上下土的内摩擦角 φ 相同，在图 8-12 中，$abdec$ 部分为土压力分布图，cef 部分为水压力分布图，总侧压力为土压力和水压力之和。图中所示的土压力强度计算也是以无黏性填土为例。当具有地区工程经验时，对黏性填土，也可按水土合算原则计算土压力，地下水位以下取饱和重度（γ_{sat}）和总应力固结不排水抗剪强度指标（c_{cu}、φ_{cu}）计算。

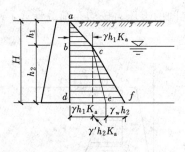

图 8-12　填土中有
地下水时的土压力

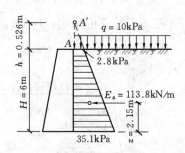

图 8-13　例题 8-2 图

【例题 8-2】挡土墙高 6m，并有均布荷载 $q = 10\text{kPa}$，见图 8-13，填土的物理力学性质指标：$\varphi = 34°$，$c = 0$，$\gamma = 19\text{kN/m}^3$，墙背直立、光滑、填土面水平，试求挡土墙的主动土压力 E_a 及作用点位置，并绘出土压力分布图。

【解】将地面均布荷载换算成填土的当量土层厚度为

$$h = q/\gamma = 10/19 = 0.526\text{m}$$

在填土面处的土压力强度为

$$\sigma_{aA} = \gamma h K_a = q K_a = 10 \times \tan^2(45° - 34°/2) = 2.8\text{kPa}$$

在墙底处的土压力强度为

$$\sigma_{aB} = \gamma(h+H)K_a = (q+\gamma H)\tan^2(45° - \varphi/2)$$
$$= (10 + 19 \times 6)\tan^2(45° - 34°/2) = 35.1\text{kPa}$$

主动土压力为

$$E_a = (\sigma_{aA} + \sigma_{aB})H/2 = (2.8 + 35.1) \times 6/2 = 113.7\text{kN/m}$$

土压力作用点位置离墙底或离墙顶分别为

$$z = \frac{H}{3} \cdot \frac{2\sigma_{aA} + \sigma_{aB}}{\sigma_{aA} + \sigma_{aB}} = \frac{6}{3} \cdot \frac{2 \times 2.8 + 35.1}{2.8 + 35.1} = 2.15\text{m}$$

$$z = \frac{H}{3} \cdot \frac{\sigma_{aA} + 2\sigma_{aB}}{\sigma_{aA} + \sigma_{aB}} = \frac{6}{3} \cdot \frac{2.8 + 2 \times 35.1}{2.8 + 35.1} = 3.85\text{m}$$

土压力分布图如图 8-13 所示。

【例题 8-3】挡土墙高 5m，墙背直立、光滑、墙后填土面水平，共分两层。各层土的物理力学性指标如图 8-14 所示，试求主动土压力 E_a 并绘出土压力的分布图。

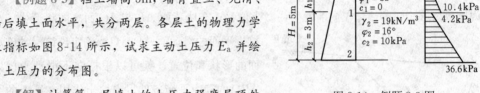

图 8-14　例题 8-3 图

【解】计算第一层填土的土压力强度层顶处和层底处分别为

$$\sigma_{a0} = \gamma_1 z \tan^2(45° - \varphi_1/2) = 0$$
$$\sigma_{a1} = \gamma_1 \times h_1 \tan^2(45° - \varphi_1/2) = 17 \times 2 \times \tan^2(45° - 32°/2)$$
$$= 17 \times 2 \times 0.307 = 10.4\text{kPa}$$

第二层填土顶面和底面的土压力强度分别为

$$\sigma_{a1} = \gamma_1 h_1 \tan^2(45° - \varphi_2/2) - 2c_2 \tan(45° - \varphi_2/2)$$
$$= 17 \times 2 \times \tan^2(45° - 16°/2) - 2 \times 10 \times \tan(45° - 16°/2)$$
$$= 4.2\text{kPa}$$

$$\sigma_{a2} = (\gamma_1 h_1 + \gamma_2 h_2)\tan^2(45° - \varphi_2/2) - 2c_2 \tan(45° - \varphi_2/2)$$
$$= (17 \times 2 + 19 \times 3) \times \tan^2(45° - 16°/2) - 2 \times 10 \times \tan(45° - 16°/2)$$
$$= 36.6\text{kPa}$$

主动土压力 E_a 为

$$E_a = 10.4 \times 2/2 + (4.2 + 36.6) \times 3/2 = 71.6\text{kN/m}$$

主动土压力分布如图 8-14 所示。

8.4 库仑土压力理论

8.4.1 基本假设

上述朗肯土压力理论是根据半空间的应力状态和土单元体的极限平衡条件而得出的土压力古典理论之一。另一种土压力古典理论就是库仑土压力理论,它是以整个滑动土体上力系的平衡条件来求解主动、被动土压力计算的理论公式。

如果挡土墙墙后的填土是干的无黏性土,或挡墙墙后的储存料是干的粒料,当墙体突然移去时,干土或粒料将沿一平面滑动,如图 8-15 中的 AC 面,AC 面与水平面的倾角等于粒料的内摩擦角(φ)。若墙体仅向前发生一微小位移,在墙背面 AB 与 AC 面之间将产生一个接近平面的滑动面 AD。只要确定出该滑动破坏面的形状和位置,就可以根据向下滑动土楔体 ABD 的静力平衡条件得出填土作用在墙上的主动土压力。相反,若墙体向填土推压,在 AC 面与水平面之间产生另一个近似平面的滑动面 AE。根据向上滑动土楔体 ABE 的静力平衡条件可以得出填土作用在墙上的被动土压力。

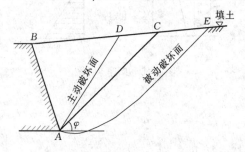

图 8-15 墙后填料中的破坏面

库仑土压力理论是根据墙后土体处于极限平衡状态并形成一滑动楔体时,从楔体的静力平衡条件得出的土压力计算理论。其基本假设:①墙后的填土是理想的散粒体(黏聚力 $c=0$);②滑动破坏面为一平面;③滑动土楔体视为刚体。

8.4.2 主动土压力

一般挡土墙的计算均属于平面应变问题,故在下述讨论中均沿墙的长度方向取 1m 进行分析,如图 8-16(a)所示。当墙向前移动或转动而使墙后土体沿某一破坏面 $\overline{BC}$ 破坏时,土楔 ABC 向下滑动而处于主动极限平衡状态。此时,作用于土楔 ABC 上的力有:

(1) 土楔体的自重 $G=\triangle ABC \cdot \gamma$,$\gamma$ 为填土的重度,只要破坏面 $\overline{BC}$ 的位置确定,G 的大小就是已知值,其方向向下;

(2) 破坏面 $\overline{BC}$ 上的反力 R,其大小是未知的,R 与破坏面 $\overline{BC}$ 的法线 N_1 之间的夹角等于土的内摩擦角 φ,并位于 N_1 的下侧;

(3) 墙背对土楔体的反力 E,与它大小相等、方向相反的作用力就是墙背上的土压力。

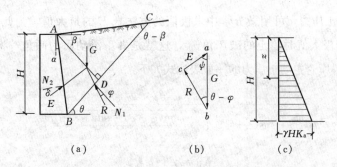

图 8-16　按库仑理论求主动土压力

(a) 土楔上的作用力；(b) 力矢三角形；(c) 主动土压力分布

反力 E 的方向必与墙背的法线 N_2 呈 δ 角，δ 角为墙背与填土之间的摩擦角，称为外摩擦角。当土楔体下滑时，墙对土楔体的阻力是向上的，故 E 也位于 N_2 的下侧。

土楔体在以上三力作用下处于静力平衡状态，因此构成一闭合的力矢三角形（图 8-16b），按正弦定律可得

$$E = G\sin(\theta - \varphi) / \sin(\theta - \varphi + \psi) \tag{8-16}$$

式中　$\psi = 90° - \alpha - \delta$；

其余符号如图 8-16 所示；

G——土楔重，为

$$G = \gamma \cdot \triangle ABC = \gamma \cdot \overline{BC} \cdot \overline{AD} / 2 \tag{8-17}$$

在 $\triangle ABC$ 中，利用正弦定律得

$$\overline{BC} = \overline{AB} \cdot \sin\,(90° - \alpha + \beta)\,/ \sin\,(\theta - \beta)$$

因为 $\overline{AB} = H / \cos\alpha$，故

$$\overline{BC} = H \cdot \cos(\alpha - \beta) / [\cos\alpha \cdot \sin(\theta - \beta)] \tag{8-18}$$

再通过 A 点作 $\overline{BC}$ 线的垂线 $\overline{AD}$，由 $\triangle ADB$ 得

$$\overline{AD} = \overline{AB} \cdot \cos(\theta - \alpha) = H \cdot \cos(\theta - \alpha) / \cos\alpha \tag{8-19}$$

将式（8-18）和式（8-19）代入式（8-17）得

$$G = \frac{\gamma H^2}{2} \cdot \frac{\cos(\alpha - \beta) \cdot \cos(\theta - \alpha)}{\cos^2\alpha \cdot \sin(\theta - \beta)}$$

此式代入式（8-16）得 E 的表达式为

$$E = \frac{1}{2} \gamma H^2 \cdot \frac{\cos(\alpha - \beta) \cdot \cos(\theta - \alpha) \cdot \sin(\theta - \varphi)}{\cos^2\alpha \cdot \sin(\theta - \beta) \cdot \sin(\theta - \varphi + \psi)} \tag{8-20}$$

在式（8-20）中，γ、H、α、β 和 φ、δ 都是已知的，而滑动面 $\overline{BC}$ 与水平面的倾角 θ 则是任意假定的，因此，假定不同的滑动面可以得出一系列相应的土压力 E 值，也就是说，E 是 θ 的函数。E 的最大值 E_{max} 即为墙背的主动土压力。其所对应的滑动面即是土楔最危险的滑

动面。为求主动土压力，可用微分学中求极值的方法求 E 的最大值，为此可令 $\mathrm{d}E/\mathrm{d}\theta=0$，从而解得使 E 为极大值时填土的破坏角 θ_{cr}，这就是真正滑动面的倾角，将 θ_{cr} 代入式（8-20），整理后可得库仑主动土压力的一般表达式如下：

$$E_{\mathrm{a}} = \frac{1}{2}\gamma H^2 \cdot \frac{\cos^2(\varphi-\alpha)}{\cos^2\alpha \cdot \cos(\alpha+\delta)\left[1+\sqrt{\dfrac{\sin(\varphi+\delta) \cdot \sin(\varphi-\beta)}{\cos(\alpha+\delta) \cdot \cos(\alpha-\beta)}}\right]^2} \tag{8-21}$$

或

$$E_{\mathrm{a}} = \gamma H^2 K_{\mathrm{a}}/2 \tag{8-22}$$

式中　K_{a}——库仑主动土压力系数，是式（8-21）的后面部分或查表 8-1 确定；

　　　H——挡土墙高度（m）；

　　　γ——墙后填土的重度（kN/m³）；

　　　φ——墙后填土的内摩擦角（°）；

　　　α——墙背的倾斜角（°）俯斜时取正号（如图 8-16 所示），仰斜为负号；

　　　β——墙后填土面的倾角（°）；

　　　δ——土对挡土墙背的外摩擦角（°），查表 8-2 确定。

当墙背垂直（$\alpha=0$）、光滑（$\delta=0$），填土面水平时，式（8-21）可写为

$$E_{\mathrm{a}} = (1/2)\gamma H^2 \tan^2(45°-\varphi/2) \tag{8-23}$$

可见，在上述条件下，库仑公式和朗肯公式相同。

由式（8-22）可知，主动土压力强度沿墙高的平方呈正比，为求得离墙顶任意深度 z 处的主动土压力强度 σ_{a}，可将 E_{a} 对 z 取导数而得，即

$$\sigma_{\mathrm{a}} = \frac{\mathrm{d}E_{\mathrm{a}}}{\mathrm{d}z} = \frac{\mathrm{d}}{\mathrm{d}z}\left(\frac{1}{2}\gamma z^2 K_{\mathrm{a}}\right) = \gamma z K_{\mathrm{a}} \tag{8-24}$$

由上式可见，主动土压力强度沿墙高呈三角形分布（图 8-16c）。主动土压力的作用点在离墙底 $H/3$ 处，方向与墙背法线的夹角为 δ。必须注意，在图 8-16（c）中所示的土压力分布图只表示其大小，而不代表其作用方向。

【例题 8-4】挡土墙高 4m，墙背倾斜角 $\alpha=10°$（俯斜），填土坡角 $\beta=30°$，填土重度 $\gamma=18\mathrm{kN/m^3}$，$\varphi=30°$，$c=0$，填土与墙背的摩擦角 $\delta=2\varphi/3=20°$，如图 8-17 所示，试按库仑理论求主动土压力 E_{a} 及其作用点。

【解】根据 $\delta=20°$、$\alpha=10°$、$\beta=30°$、$\varphi=30°$，由式（8-21）或查表 8-1 得库仑主动土压力系数 $K_{\mathrm{a}}=1.051$，由式（8-22）计算主动土压力

$$E_{\mathrm{a}} = \gamma H^2 K_{\mathrm{a}}/2 = 18\times4^2\times1.051/2 = 151.3\mathrm{kN/m}$$

土压力作用点在离墙底 $H/3=4/3=1.33\mathrm{m}$ 处。

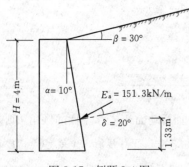

图 8-17　例题 8-4 图

库仑主动土压力系数 K_a 值　　　　　　　　　表 8-1

δ	α	φ / β	15°	20°	25°	30°	35°	40°	45°	50°
0°	−20°	0°	0.497	0.380	0.287	0.212	0.153	0.106	0.070	0.043
		10°	0.595	0.439	0.323	0.234	0.166	0.114	0.074	0.045
		20°		0.707	0.401	0.274	0.188	0.125	0.080	0.047
		30°				0.498	0.239	0.147	0.090	0.051
		40°						0.301	0.116	0.060
	−10°	0°	0.540	0.433	0.344	0.270	0.209	0.158	0.117	0.083
		10°	0.644	0.500	0.389	0.301	0.229	0.171	0.125	0.088
		20°		0.785	0.482	0.353	0.261	0.190	0.136	0.094
		30°				0.614	0.331	0.226	0.155	0.104
		40°						0.433	0.200	0.123
	0°	0°	0.589	0.490	0.406	0.333	0.271	0.217	0.172	0.132
		10°	0.704	0.569	0.462	0.374	0.300	0.238	0.186	0.142
		20°		0.883	0.573	0.441	0.344	0.267	0.204	0.154
		30°				0.750	0.436	0.318	0.235	0.172
		40°						0.587	0.303	0.206
	10°	0°	0.652	0.560	0.478	0.407	0.343	0.288	0.238	0.194
		10°	0.784	0.655	0.550	0.461	0.384	0.318	0.261	0.211
		20°		1.051	0.685	0.548	0.444	0.360	0.291	0.231
		30°				0.925	0.566	0.433	0.337	0.262
		40°						0.785	0.437	0.316
	20°	0°	0.736	0.648	0.569	0.498	0.434	0.375	0.322	0.274
		10°	0.896	0.768	0.663	0.572	0.492	0.421	0.358	0.302
		20°		1.205	0.834	0.688	0.576	0.484	0.405	0.337
		30°				1.169	0.740	0.586	0.474	0.385
		40°						1.064	0.620	0.469
5°	−20°	0°	0.457	0.352	0.267	0.199	0.144	0.101	0.067	0.041
		10°	0.557	0.410	0.302	0.220	0.157	0.108	0.070	0.043
		20°		0.688	0.380	0.259	0.178	0.119	0.076	0.045
		30°				0.484	0.228	0.140	0.085	0.049
		40°						0.293	0.111	0.058
	−10°	0°	0.503	0.406	0.324	0.256	0.199	0.151	0.112	0.080
		10°	0.612	0.474	0.369	0.286	0.219	0.164	0.120	0.085
		20°		0.776	0.463	0.339	0.250	0.183	0.131	0.091
		30°				0.607	0.321	0.218	0.149	0.100
		40°						0.428	0.195	0.120
	0°	0°	0.556	0.465	0.387	0.319	0.260	0.210	0.166	0.129
		10°	0.680	0.547	0.444	0.360	0.289	0.230	0.180	0.138
		20°		0.886	0.558	0.428	0.333	0.259	0.199	0.150
		30°				0.753	0.428	0.311	0.229	0.168
		40°						0.589	0.299	0.202
	10°	0°	0.622	0.536	0.460	0.393	0.333	0.280	0.233	0.191
		10°	0.767	0.636	0.534	0.448	0.374	0.311	0.255	0.207
		20°		1.035	0.676	0.538	0.436	0.354	0.286	0.228
		30°				0.943	0.563	0.428	0.333	0.259
		40°						0.801	0.436	0.314
	20°	0°	0.709	0.627	0.553	0.485	0.424	0.368	0.318	0.271
		10°	0.887	0.775	0.650	0.562	0.484	0.416	0.355	0.300
		20°		1.250	0.835	0.684	0.571	0.480	0.402	0.335
		30°				1.212	0.746	0.587	0.474	0.385
		40°						1.103	0.627	0.472

δ	α	β \ φ	15°	20°	25°	30°	35°	40°	45°	50°
10°	−20°	0°	0.427	0.330	0.252	0.188	0.137	0.096	0.064	0.039
		10°	0.529	0.388	0.286	0.209	0.149	0.103	0.068	0.041
		20°		0.675	0.364	0.248	0.170	0.114	0.073	0.044
		30°			0.475	0.220	0.135	0.082	0.047	
		40°				0.288	0.108	0.056		
	−10°	0°	0.477	0.385	0.309	0.245	0.191	0.146	0.109	0.078
		10°	0.590	0.455	0.354	0.275	0.221	0.159	0.116	0.082
		20°		0.773	0.450	0.328	0.242	0.177	0.127	0.088
		30°			0.605	0.313	0.212	0.146	0.098	
		40°				0.426	0.191	0.117		
	0°	0°	0.533	0.447	0.373	0.309	0.253	0.204	0.163	0.127
		10°	0.664	0.531	0.431	0.350	0.282	0.225	0.177	0.136
		20°		0.897	0.549	0.420	0.326	0.254	0.195	0.148
		30°			0.762	0.423	0.306	0.226	0.166	
		40°				0.596	0.297	0.201		
	10°	0°	0.603	0.520	0.448	0.384	0.326	0.275	0.230	0.189
		10°	0.759	0.626	0.524	0.440	0.369	0.307	0.253	0.206
		20°		1.064	0.674	0.534	0.432	0.351	0.284	0.227
		30°			0.969	0.564	0.427	0.332	0.258	
		40°				0.823	0.438	0.315		
	20°	0°	0.695	0.615	0.543	0.478	0.419	0.365	0.316	0.271
		10°	0.890	0.752	0.646	0.558	0.482	0.414	0.354	0.300
		20°		1.308	0.844	0.687	0.573	0.481	0.403	0.337
		30°			1.268	0.758	0.594	0.478	0.388	
		40°				0.155	0.640	0.480		
15°	−20°	0°	0.405	0.314	0.240	0.180	0.132	0.093	0.062	0.038
		10°	0.509	0.372	0.201	0.201	0.144	0.100	0.066	0.040
		20°		0.667	0.239	0.352	0.164	0.110	0.071	0.042
		30°				0.470	0.214	0.131	0.080	0.046
		40°			0.298			0.284	0.105	0.055
	−10°	0°	0.458	0.371	0.344	0.237	0.186	0.142	0.106	0.076
		10°	0.576	0.442	0.441	0.267	0.205	0.155	0.114	0.081
		20°		0.776		0.320	0.237	0.174	0.125	0.087
		30°				0.607	0.308	0.209	0.143	0.097
		40°			0.363			0.428	0.189	0.116
	0°	0°	0.518	0.434	0.423	0.301	0.248	0.201	0.160	0.125
		10°	0.656	0.522	0.546	0.343	0.277	0.222	0.174	0.135
		20°		0.914		0.415	0.323	0.251	0.194	0.147
		30°				0.777	0.422	0.305	0.225	0.165
		40°			0.441			0.608	0.298	0.200
	10°	0°	0.592	0.511	0.520	0.378	0.323	0.273	0.228	0.189
		10°	0.760	0.623	0.679	0.437	0.366	0.305	0.252	0.206
		20°		1.103		0.535	0.432	0.351	0.284	0.228
		30°				1.005	0.571	0.430	0.334	0.260
		40°			0.540			0.853	0.445	0.319
	20°	0°	0.690	0.611	0.649	0.476	0.419	0.366	0.317	0.273
		10°	0.904	0.757	0.862	0.560	0.484	0.416	0.357	0.303
		20°		1.383		0.697	0.579	0.486	0.408	0.341
		30°				1.341	0.778	0.606	0.487	0.395
		40°						1.221	0.659	0.492

续表

δ	α	φ / β	15°	20°	25°	30°	35°	40°	45°	50°
20°	−20°	0°			0.231	0.174	0.128	0.090	0.061	0.038
		10°			0.266	0.195	0.140	0.097	0.064	0.039
		20°			0.344	0.233	0.160	0.108	0.069	0.042
		30°				0.468	0.210	0.129	0.079	0.045
		40°						0.283	0.104	0.054
	−10°	0°			0.291	0.232	0.182	0.140	0.105	0.076
		10°			0.337	0.262	0.202	0.153	0.113	0.080
		20°			0.437	0.316	0.233	0.171	0.124	0.086
		30°				0.614	0.306	0.207	0.142	0.096
		40°						0.433	0.188	0.115
	0°	0°			0.357	0.297	0.245	0.199	0.160	0.125
		10°			0.419	0.340	0.275	0.220	0.174	0.135
		20°			0.547	0.414	0.322	0.251	0.193	0.147
		30°				0.798	0.425	0.306	0.225	0.166
		40°						0.625	0.300	0.202
	10°	0°			0.438	0.377	0.322	0.273	0.229	0.190
		10°			0.521	0.438	0.367	0.306	0.254	0.208
		20°			0.690	0.540	0.436	0.354	0.286	0.230
		30°				1.015	0.582	0.437	0.338	0.264
		40°						0.893	0.456	0.325
	20°	0°			0.543	0.479	0.422	0.370	0.321	0.277
		10°			0.659	0.568	0.490	0.423	0.363	0.309
		20°			0.891	0.715	0.592	0.496	0.417	0.349
		30°				1.434	0.807	0.624	0.501	0.406
		40°						1.305	0.685	0.509
25°	−20°	0°				0.170	0.125	0.089	0.060	0.037
		10°				0.191	0.137	0.096	0.063	0.039
		20°				0.229	0.157	0.106	0.069	0.041
		30°				0.470	0.207	0.127	0.078	0.045
		40°						0.284	0.103	0.053
	−10°	0°				0.228	0.180	0.139	0.104	0.075
		10°				0.259	0.200	0.151	0.112	0.080
		20°				0.314	0.232	0.170	0.123	0.086
		30°				0.620	0.307	0.207	0.142	0.096
		40°						0.441	0.189	0.116
	0°	0°				0.296	0.245	0.199	0.160	0.126
		10°				0.340	0.275	0.221	0.175	0.136
		20°				0.417	0.324	0.252	0.195	0.148
		30°				0.828	0.432	0.309	0.228	0.168
		40°						0.647	0.306	0.205
	10°	0°				0.379	0.325	0.276	0.232	0.193
		10°				0.443	0.371	0.311	0.258	0.211
		20°				0.551	0.443	0.360	0.292	0.235
		30°				1.112	0.600	0.448	0.346	0.270
		40°						0.944	0.471	0.335
	20°	0°				0.488	0.430	0.377	0.329	0.284
		10°				0.582	0.502	0.433	0.372	0.318
		20°				0.740	0.612	0.512	0.430	0.360
		30°				1.553	0.846	0.650	0.520	0.421
		40°						1.414	0.721	0.532

土对挡土墙墙背的外摩擦角

表 8-2

挡土墙情况	外摩擦角 δ	挡土墙情况	外摩擦角 δ
墙背平滑、排水不良	$(0-0.33)\varphi$	墙背很粗糙、排水良好	$(0.5-0.67)\varphi$
墙背粗糙、排水良好	$(0.33-0.5)\varphi$	墙背与填土间不可能滑动	$(0.67-1.0)\varphi$

注：1. φ 为墙背填土的内摩擦角；

    2. 当考虑汽车冲击以及渗水影响，填土对桥台背的摩擦角可取 $\delta=\varphi/2$。

8.4.3 被动土压力

当墙受外力作用推向填土，直至土体沿某一破坏面 $\overline{BC}$ 破坏时，土楔 ABC 向上滑动，并处于被动极限平衡状态（图 8-18a）。此时土楔 ABC 在其自重 G 和反力 R 和 E 的作用下平衡（图 8-18b），R 和 E 的方向都分别在 $\overline{BC}$ 和 $\overline{AB}$ 面法线的上方。按上述求主动土压力同样的原理可求得被动土压力的库仑公式为

$$E_{\mathrm{p}} = \frac{1}{2}\gamma H^2 \cdot \frac{\cos^2(\varphi+\alpha)}{\cos^2\alpha\cos(\alpha-\delta)\left[1-\sqrt{\dfrac{\sin(\varphi+\delta)\cdot\sin(\varphi+\beta)}{\cos(\alpha-\delta)\cdot\cos(\alpha-\beta)}}\right]^2} \tag{8-25}$$

或

$$E_{\mathrm{p}} = (1/2)\gamma H^2 K_{\mathrm{p}} \tag{8-26}$$

式中　K_{p}——库仑被动土压力系数，是式（8-25）的后面部分；

　　　　δ——土对挡土墙背或桥台背的外摩擦角（°），查表 8-2 确定；

　　其余符号意义同前。

如果墙背直立（$\alpha=0$）、光滑（$\delta=0$）以及墙后填土水平（$\beta=0$），则式（8-25）变为

$$E_{\mathrm{p}} = (1/2)\gamma H^2 \tan^2(45°+\varphi/2) \tag{8-27}$$

可见，在上述条件下，库仑被动土压力公式也与朗肯被动土压力公式相同。

被动土压力强度 σ_{p} 可按下式计算：

$$\sigma_{\mathrm{p}} = \frac{\mathrm{d}E_{\mathrm{p}}}{\mathrm{d}z}$$

$$= \frac{\mathrm{d}}{\mathrm{d}z}\left(\frac{1}{2}\gamma z^2 K_{\mathrm{p}}\right)$$

$$= \gamma z K_{\mathrm{p}} \tag{8-28}$$

被动土压力强度沿墙高也呈三角形分布，如图 8-18（c）所示，土压力的作用点在距离墙底 $H/3$ 处，方向与墙背法线的夹角为 δ。必须注意，在图 8-18（c）中所示的土压力

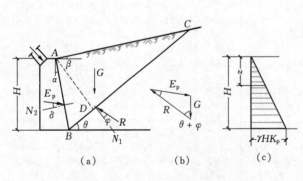

图 8-18　按库仑理论求被动土压力

（a）土楔上的作用力；（b）力矢三角形；（c）被动土压力分布

分布图只表示其大小，而不代表其作用方向。

8.4.4 黏性填土时的土压力计算

库仑土压力理论假设墙后填土是理想的散体，也就是填土只有内摩擦角 φ 而没有黏聚力 c，因此，从理论上说只适用于无黏性土。但在实际工程中常不得不采用黏性填土，为了考虑土的黏聚力 c 对土压力数值的影响，在应用库仑公式时，曾有将内摩擦角 φ 增大，采用所谓"等值内摩擦角 φ_D"来综合考虑黏聚力对土压力的效应，但误差较大。在这种情况下，可用以下方法确定黏性填土的主动土压力。

1. 图解法

如果挡土墙的位移很大，足以使黏性填土的抗剪强度全部发挥，在填土顶面 z_0 深度处将出现张拉裂缝，引用朗肯土压力理论的临界深度 $z_0 = 2c/\gamma\sqrt{K_a}$（$K_a$ 为朗肯主动土压力系数）。

先假设一滑动面 $\overline{BD'}$，如图 8-19 (a) 所示，作用于滑动土楔 $A'BD'$ 上的力有：

（1）土楔体自重 G；

（2）滑动面 $\overline{BD'}$ 的反力 R，与 $\overline{BD'}$ 面的法线呈 φ 角；

（3）$\overline{BD'}$ 面上的总黏聚力 $C = c \cdot \overline{BD'}$，$c$ 为填土的黏聚力；

（4）墙背与接触面 $A'B$ 的总黏聚力 C_a $= c_a \cdot \overline{A'B}$，$c_a$ 为墙背与填土之间的黏聚力；

（5）墙背对土的反力 E，与墙背法线方向呈 δ 角。

在上述各力中，G、C、c_a 的大小和方向均已知，R 和 E 的方向已知，但大小未知，考虑到力系的平衡，由力矢多边形可

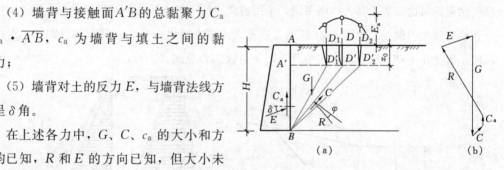

图 8-19 黏性填土的图解法

以确定 E 的数值，如图 8-19 (b) 所示，假定若干滑动面按以上方法试算，其中最大值即为主动土压力 E_a。

2. 规范推荐的公式

《建筑地基基础设计规范》GB 50007—2011 推荐的主动土压力计算公式也适用于黏性土和粉土，按土体达到极限平衡状态条件下推导，得出如下公式：

$$E_a = \frac{1}{2}\psi_a \gamma h^2 k_a \tag{8-29}$$

式中 E_a——主动土压力（kN/m）；

　　ψ_a——主动土压力增大系数，土坡高度小于 5m 时宜取 1.0，高度为 5～8m 时宜取 1.1，高度大于 8m 时宜取 1.2；

γ——填土重度（kN/m³）；

h——挡土墙高度（m）；

k_a——规范主动土压力系数，按下列式（8-30）～式（8-32）确定：

$$k_a = \frac{\sin(\alpha'+\beta)}{\sin^2\alpha'\sin^2(\alpha'+\beta-\varphi-\delta)}\{k_q[\sin(\alpha'+\beta)\sin(\alpha'-\delta)$$
$$+\sin(\varphi+\delta)\sin(\varphi-\beta)]$$
$$+2\eta\sin\alpha\cos\varphi\times\cos(\alpha'+\beta-\varphi-\delta)$$
$$-2[(k_q\sin(\alpha'+\beta)\sin(\varphi-\delta)+\eta\sin\alpha'\cos\varphi)$$
$$(k_q\sin(\alpha'-\delta)\sin(\varphi+\delta)$$
$$+\eta\sin\alpha'\cos\varphi)]^{1/2}\} \tag{8-30}$$

$$k_q = 1 + 2q\sin\alpha'\cos\beta/[\gamma h\sin(\alpha'+\beta)] \tag{8-31}$$

$$\eta = 2c/\gamma h \tag{8-32}$$

式中　q——地表均布荷载（以单位水平投影面上的荷载强度计）；

　　φ、c——填土的内摩擦角和黏聚力；

　　α'、β、δ 如图 8-20 所示。

关于边坡挡墙上的土压力计算，目前国际上仍采用楔体试算法。根据大量的试算与实际观测结果的对比，对于高大挡墙来说，采用古典土压力理论计算的结果偏小，土压力强度的分布也有较大的偏差，如图 8-21 所示。通常高大挡土墙也不允许出现达到极限状态时的位移值，因此在主动土压力计算式中计入增大系数 ψ_c，见式（8-29）。

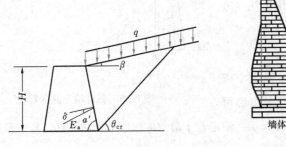

图 8-20　计算简图

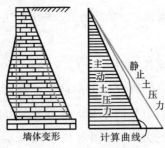

图 8-21　墙体变形与土压力

8.4.5　有车辆荷载时的土压力

在桥台或路堤挡土墙设计时，应考虑车辆荷载引起的侧土压力，按照库仑土压力理论，先将桥台台背或挡墙墙背填土的破坏棱体（滑动土楔）范围内的车辆荷载，用均布荷载 q 或换算为等代土层来代替（见《公路桥涵设计通用规范》JTG D60—2015）。当填土面水平（$\beta=0$）时，等代均布土层厚度 h 的计算公式如下（图 8-22）：

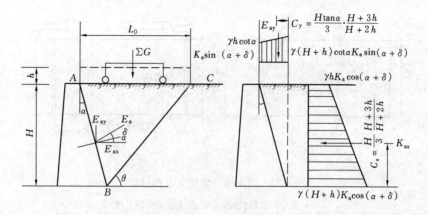

图 8-22 有车辆荷载时的土压力

$$h=q/\gamma=\sum G/BL_0\gamma \tag{8-33}$$

式中 γ——填土的重度（kN/m^3）；

$\sum G$——布置在 $b\times l_0$ 面积内的车轮的总重力（kN），计算挡土墙的土压力时，车辆荷载应按图 8-23 中的横向布置，车辆外侧中线距路面边缘 0.5m，计算中涉及多车道加载时，车轮总重力应进行折减，详见《公路桥涵设计通用规范》JTG D60—2015；

B——桥台横向全宽或挡土墙的计算长度（m）；

L_0——台背或墙背填土的破坏棱体长度（m）；对于墙顶以上有填土的路堤式挡土墙，l_0 为破坏棱体范围内的路基宽度部分。

挡土墙的计算长度可按下列公式计算，但不应超过挡土墙分段长度（图 8-24b）：

$$B=13+H\tan30° \tag{8-34}$$

式中 H——挡土墙高度（m），对于墙顶以上有填土的挡土墙，为两倍墙顶填土厚度加墙高。

当挡土墙分段长度小于 13m 时，B 取分段长度，并在该长度内按不利情况布置轮重。在实际工程中，挡土墙的分段长度一般为 $10\sim15$m，新规范按照汽车-超 20 级的车辆荷载，其前后轴轴距为 12.8m≈13m。当挡土墙分段长度大于 13m 时，其计算长度取为扩散长度（图 8-24a），如果扩散长度超过挡土墙分段长度，则取分段长度计算。

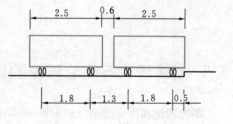

图 8-23 车辆荷载横向布置

关于台背或墙背填土的破坏棱体长度 L_0，对于墙顶以上有填土的挡土墙，L_0 为破坏棱体范围内的路基宽度部分；对于桥台或墙顶以上没有填土的挡土墙，L_0 可用下式计算（见图 8-22）：

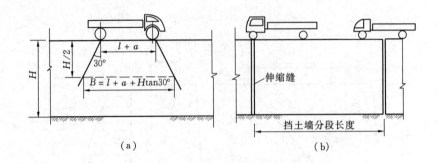

图 8-24　挡土墙计算长度 B 的计算

(a) 重车的扩散长度；(b) 挡土墙的分段长度

$$L_0 = H(\tan\alpha + \cot\theta) \tag{8-35}$$

式中　H——桥台或挡土墙的高度；

α——台背或墙背倾斜角，仰斜时以负值代入，垂直时则 $\alpha=0$；

θ——滑动面倾斜角，确定时忽略车辆荷载对滑动面位置的影响，按没有车辆荷载时的式（8-20）解得，使主动土压力 E 为极大值时最危险滑动面的破裂倾斜角，当填土面倾斜角 $\beta=0°$ 时，破坏棱体破裂面与水平面夹角 θ 的余切值可按下式计算：

$$\cot\theta = -\tan(\alpha+\delta+\varphi) + \sqrt{[\cot\varphi + \tan(\alpha+\delta+\varphi)][\tan(\alpha+\delta+\varphi) - \tan\alpha]} \tag{8-36}$$

式中，α、δ、φ 分别为墙背倾斜角（取值同上）、墙背与填土间的外摩擦角和填土内摩擦角。

以上求得等代均布土层厚度 h 后，有车辆时的主动土压力（当 $\beta=0°$）可按下式计算：

$$E_a = (1/2)\gamma H(H+2h)BK_a \tag{8-37}$$

式中各符号意义同式（8-22）～式（8-34）。

主动土压力的着力点自计算土层底面起，$Z=\dfrac{H}{3}\cdot\dfrac{H+3h}{H+2h}$。

8.5　朗肯理论与库仑理论的比较

朗肯理论和库仑理论分别根据不同的假设，以不同的分析方法计算土压力，只有在最简单的情况下（$\alpha=0$，$\beta=0$，$\delta=0$，$c=0$），用这两种古典理论计算结果才相同，否则将得出不同的结果。

朗肯土压力理论应用半空间中的应力状态和极限平衡理论的概念比较明确，公式简单，便于记忆，对于黏性土和无黏性土都可以用该公式直接计算，故在工程中得到广泛应用。但为了使墙后的应力状态符合半空间的应力状态，必须假设墙背是直立、光滑的，墙后填土面是水平的。由于该理论忽略了墙背与填土之间摩擦影响,使计算的主动土压力增大,而计算的被动土压力偏小。朗肯理论可推广用于非均质填土、有地下水情况,也可用于填土面上有均布荷载(超载)的几种情况(其中也有墙背倾斜和墙后填土面倾斜)。

库仑土压力理论根据墙后滑动土楔的静力平衡条件导得计算公式,考虑了墙背与土之间的摩擦力,并可用于墙背倾斜,填土面倾斜情况,但由于该理论假设填土是无黏性土,因此不能用库仑理论的原始公式直接计算黏性土的土压力。库仑理论假设墙后填土破坏时,破坏面是一平面,而实际上却是一曲面,实验证明,在计算主动土压力时,只有当墙背的斜度不大,墙背与填土间的摩擦角较小时,破坏面才接近于一平面,因此,计算结果与按曲线滑动面计算的有出入。在通常情况下,这种偏差在计算主动土压力时为 $2\% \sim 10\%$,可以认为已满足实际工程所要求的精度;但在计算被动土压力时,由于破坏面接近于对数螺线,因此计算结果误差较大,有时可达 $2 \sim 3$ 倍,甚至更大。库仑理论可以用数解法也可以用图解法。用图解法时,填土表面可以是任何形状,可以有任意分布的荷载(超载),还可以推广用于黏性土、粉土填料以及有地下水的情况。用数解法时,也可以推广用于黏性土、粉土填料以及墙后有限填土(有较陡峻的稳定岩石坡面)的情况。

思考题与习题

8-1 静止土压力的墙背填土处于哪一种平衡状态?它与主动、被动土压力状态有何不同?

8-2 挡土墙的位移及变形对土压力有何影响?

8-3 分别指出下列变化对主动土压力和被动土压力各有什么影响?①内摩擦角 φ 变大;②外摩擦角 δ 变小;③填土面倾角 β 增大;④墙背倾斜(俯斜)角 α 减小。

8-4 为什么挡土墙墙后要做好排水设施?地下水对挡土墙的稳定性有何影响?

8-5 某挡土墙高 5m,墙背直立、光滑、墙后填土面水平,填土重度 $\gamma = 19kN/m^3$,$\varphi = 30°$,$c = 10kPa$,试确定:(1) 主动土压力强度沿墙高的分布;(2) 主动土压力的大小和作用点位置。

(答案:$E_a = 32kN/m$)

8-6 某挡土墙高 4m,墙背倾斜角 $\alpha = 20°$,填土面倾角 $\beta = 10°$,填土重度 $\gamma = 20kN/m^3$,$\varphi = 30°$,$c = 0$,填土与墙背的摩擦角 $\delta = 15°$,如图 8-25 所示,试按库仑理论求:(1) 主动土压力大小、作用点位置和方向;(2) 主动土压力强度沿墙高的分布。

(答案:$E_a = 89.6kN/m$)

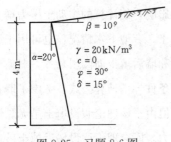

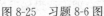

图 8-25　习题 8-6 图

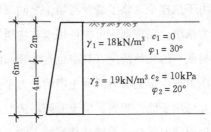

图 8-26　习题 8-7 图

8-7 某挡土墙高 6m，墙背直立、光滑、墙后填土面水平，填土分两层，第一层为砂土，第二层为黏性土，各层土的物理力学性指标如图 8-26 所示，试求：主动土压力强度，并绘出土压力沿墙高分布图。

（答案：第一层底 $\sigma_a = 12$kPa，第二层顶 $\sigma_a = 3.7$kPa，第二层底 $\sigma_a = 40.9$kPa）

8-8 某挡土墙高 6m，墙背直立、光滑、墙后填土面水平，填土重度 $\gamma = 18$kN/m³，$\varphi = 30°$，$c = 0$kPa，试确定：（1）墙后无地下水时的主动土压力；（2）当地下水位离墙底 2m 时，作用在挡土墙上的总压力（包括水压力和土压力），地下水位以下填土的饱和重度为 19kN/m³。

（答案：$E_a = 108$kN/m；$E = 122$kN/m）

8-9 某挡土墙高 5m，墙背直立、光滑、墙后填土面水平，作用有连续均布荷载 $q = 20$kPa，土的物理力学性指标如图 8-27 所示，试求主动土压力。

（答案：$E_a = 78.1$kN/m）

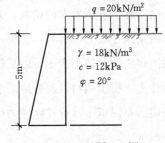

图 8-27　习题 8-9 图

第 9 章

地基承载力

9.1 概述

土木工程在整个使用年限内都要求地基稳定,地基不因承载力不足、渗流破坏而失去稳定性,也不因变形过大而影响正常使用。地基承载力(subgrade bearing capacity)是指地基承受荷载的能力。在荷载作用下,地基要产生变形。随着荷载的增大,地基变形逐渐增大,初始阶段地基土中应力处在弹性平衡状态,具有安全承载能力。当荷载增大到地基中开始出现某点或小区域内各点在其某一方向平面上的剪应力达到土的抗剪强度时,该点或小区域内各点就发生剪切破坏而处在极限平衡状态,土中应力将发生重分布。这种小范围的剪切破坏区,称为塑性区(plastic zone)。地基小范围的极限平衡状态大都可以恢复到弹性平衡状态,地基尚能趋于稳定,仍具有安全的承载能力。当荷载继续增大,地基出现较大范围的塑性区时,将显示地基承载力不足而失去稳定。此时地基达到极限承载能力。地基承载力是地基土抗剪强度的一种宏观表现,影响地基土抗剪强度的因素对地基承载力也产生类似影响。

地基承载力问题是土力学中的一个重要的研究课题,其目的是为了掌握地基的承载规律,充分发挥地基的承载能力,合理确定地基承载力,确保地基不因荷载作用而发生剪切破坏,产生变形过大而影响建筑物或土工建筑物的正常使用。为此,地基基础设计一般都限制基底压力不超过基础深宽修正后的地基承载力特征值(设计值)。

确定地基承载力的方法一般有原位试验法、理论公式法、规范表格法、经验法四种。原位试验法(in-situ testing method)是通过现场直接试验确定承载力的方法,原位试验包括(静)载荷试验、静力触探试验、标准贯入试验、旁压试验等,其中以载荷试验法为最可靠原位试验法。理论公式法(theoretical equation method)是根据土的抗剪强度指标理论公式确定承载力的方法。规范表格法(code method)是根据室内试验指标、现场测试指标或野外鉴别指标,通过查规范所列表格得到承载力的方法,规范不同(包括不同部门、不同行业、不同地区的规范），其承载力值也会完全不同，应用时需注意各自的使用条件。经验法（empirical method）是一种基于地区的使用经验，通过类比判断确定承载力的方法，它是一种宏观辅助的方法。

本章先介绍浅基础的地基破坏模式，再介绍浅基础的地基承载力，包括地基临界荷载和地基极限承载力（地基极限荷载），最后介绍理论公式法和原位试验法确定地基承载力特征值。有关规范表格法和当地经验法确定地基承载力，详见《基础工程》教材。

9.2 浅基础的地基破坏模式

9.2.1 三种破坏模式

荷载作用下地基因承载力不足引起的破坏，一般都由地基土的剪切破坏引起。试验研究表明，浅基础的地基破坏模式（ground failure modes of shallow foundation）有三种：整体剪切破坏、局部剪切破坏和冲切剪切破坏，如图 9-1 所示。

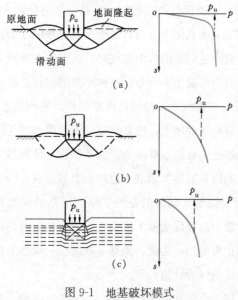

图 9-1　地基破坏模式

(a) 整体剪切破坏；(b) 局部剪切破坏；(c) 冲切剪切破坏

整体剪切破坏（general shear failure）是一种浅基础在荷载作用下地基发生连续剪切滑动面的地基破坏模式，其概念最早由 L. 普朗德尔（Prandtl，1920）提出。它的破坏特征是：地基在较小荷载作用下产生近似线弹性（$p\text{-}s$ 曲线的首段呈线性）变形。当荷载达到一定数值时，基础边缘下的土体首先发生剪切破坏，随着荷载的继续增加，剪切破坏区（或称塑性变形区）也逐渐扩大，$p\text{-}s$ 曲线由线性开始向非线性变化。当剪切破坏区在地基中形成一片，成为连续的滑动面时，基础就会急剧下沉并向一侧倾斜、倾倒，基础两侧的地面向上隆起，地基发生整体剪切破坏，地基基础失去了继续承载能力。描述这种破坏模式的典型荷载-沉降曲线（$p\text{-}s$ 曲线）具有明显的转折点，破坏前建筑物一般不会发生过大的沉降，它是一种典型的因土体强度不足而导致的破坏，破坏有一定的突然性，如图 9-1 (a) 所示。整体剪切破坏一般在密砂和坚硬的黏土中最有可能发生。

局部剪切破坏（local shear failure）是一种浅基础在荷载作用下地基某一范围内发生剪切破坏的地基破坏模式，其概念最早由 K. 太沙基（Terzaghi，1943）提出。其破坏特征是：在荷载作用下，地基在基础边缘以下开始发生剪切破坏，随着荷载的继续增大，地基变形增大，剪切破坏区域继续扩大，基础两侧土体有部分隆起，但剪切破坏只集中在某一个区域，没有形成连续的滑动面延伸至地面，基础没有明显的倾斜和倒塌。基础由于产生过大的沉降而丧失继续承载能力。描述这种破坏模式的 p-s 曲线，一般没有明显的转折点，其直线段范围较小，是一种以变形较快发展为主要特征的破坏模式，如图 9-1（b）所示。

冲切剪切破坏（punching shear failure）是一种在浅基础荷载作用下地基土体发生垂直剪切破坏，使基础产生较大沉降的地基破坏模式，也称刺入剪切破坏。冲切剪切破坏的概念由 E. E. 德贝尔和 A. S. 魏锡克（De Beer，Vesic，1959）提出，其破坏特征是：荷载作用下基础产生较大沉降，基础周围的部分土体也产生下陷，破坏时基础好像"刺入"地基土层中，不出现明显的破坏区和滑动面，基础没有明显的倾斜，其 p-s 曲线没有转折点，是一种典型的以变形为特征的破坏模式，如图 9-1（c）所示。在压缩性较大的松砂、软土地基中或基础埋深较大情况下较容易发生冲切剪切破坏。

9.2.2　破坏模式的影响因素和判别

影响地基破坏模式的因素有：地基土的条件，如种类、密度、含水率、压缩性、抗剪强度等；基础条件，如形式、埋深、尺寸等，其中土的压缩性是影响破坏模式的主要因素。如果土的压缩性低，土体相对比较密实，一般容易发生整体剪切破坏。反之，如果土比较疏松，压缩性高，则容易发生冲切剪切破坏。

地基压缩性对破坏模式的影响也会随着其他因素的变化而变化。建在密实土层中的基础，如果埋深大或受到瞬时冲击荷载，也会发生冲切剪切破坏；如果密实砂层下面有可压缩的软弱土层，也可能发生冲切剪切破坏。建在饱和正常固结黏土上的基础，若地基土在加载时不发生体积变化，将会发生整体剪切破坏；如果加荷很慢，使地基土固结，发生体积变化，则有可能发生刺入破坏。对于具体工程可能会发生何种破坏模式，需考虑各方面的因素后综合确定。

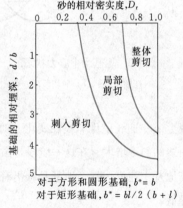

图 9-2　砂土中模型
基础下的地基破坏模式

图 9-2 是魏锡克在砂土上的模型基础试验结果，该图说明地基破坏模式与基础相对埋深和砂土相对密实度密切相关。

9.3 地基临界荷载

9.3.1 地基塑性变形区边界方程

1. 地基土中应力状态的三个阶段

现场载荷试验（见5.4节）根据各级荷载及其相应的相对稳定沉降值，可得荷载与沉降的关系曲线，即 p-s 曲线。还可得到各级荷载作用下的沉降与时间的关系曲线，即 s-t 曲线。在某一瞬间内载荷板沉降与该瞬时时间之比（ds/dt），称为土的变形速度，根据它在荷载增大过程中的变化，可将土中应力状态分为三个阶段：压缩阶段（compression stage）、剪切阶段（shear stage）和隆起阶段（heave stage），如图9-3所示。

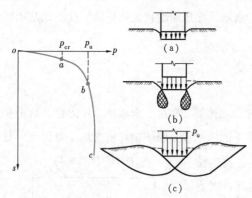

图 9-3　地基土中应力状态的三个阶段

(a) 压缩阶段；(b) 剪切阶段；(c) 隆起阶段

（1）压缩阶段，又称直线变形阶段，对应于 p-s 曲线的 oa 段。这个阶段的外加荷载较小，地基土以压缩变形为主，压力与变形之间基本呈线性关系，此时地基中的应力尚处在弹性平衡状态，地基中任一点的剪应力均小于该点的抗剪强度。该阶段的应力一般可近似采用弹性理论进行分析。

（2）剪切阶段，又称塑性变形阶段，对应于 p-s 曲线的 ab 段。在这一阶段，从基础两侧底边缘开始，局部区域土中剪应力等于该处土的抗剪强度，土体发生塑性变形，宏观上 p-s 曲线呈现非线性变化。随着荷载的增大，基础下土的塑性变形区扩大，荷载-变形曲线的斜率增大。在这一阶段，虽然地基土的部分区域发生了塑性变形，但塑性变形区并未在地基中连成一片，地基基础仍有一定的稳定性，地基的安全度则随着塑性变形区的扩大而降低。

（3）隆起阶段，又称塑性流动阶段，对应 p-s 曲线的 bc 段。该阶段基础以下两侧的地基塑性变形区贯通并连成一片，基础两侧土体隆起，在这个阶段，很小的荷载增量都会引起基础大的沉降，这个变形主要不是由土的压缩引起，而是由地基土的塑性流动引起，是一种随时间不稳定的变形，其结果是基础向一侧倾倒，地基整体失去稳定性。

对应于地基土中应力状态的三个阶段，有两个界限荷载：前一个是从压缩阶段过渡到剪切阶段的界限荷载，称为比例界限荷载（proportional limit loading），或称临塑荷载（critical edge loading)，一般记为 p_{cr}，它是 $p\text{-}s$ 曲线上 a 点所对应的荷载；后一个是从剪切阶段过渡到隆起阶段的界限荷载，称为极限荷载（ultimate loading），记为 p_u，它是 $p\text{-}s$ 曲线上 b 点所对应的荷载。一般取 p_{cr} 或 p_u/K（K 为安全系数）确定浅基础的地基承载力特征值（见 9.5 节）。

    2. 地基塑性变形区边界方程

根据弹性理论，均布条形荷载下地基中任一点 M 处（如图 9-4a 所示）产生的大、小主应力可按下式表达（参见 4.4 节式 4-28）：

$$\sigma_1 = \frac{p_0}{\pi}(\beta_0 + \sin\beta_0) \tag{9-1a}$$

$$\sigma_3 = \frac{p_0}{\pi}(\beta_0 - \sin\beta_0) \tag{9-1b}$$

式中 p_0——均布条形荷载（kPa）；

    β_0——任意点 M 到均布条形荷载两端点的夹角（弧度）。

实际工程中基础一般都有埋深 d，如图 9-4（b）所示，则条形基础两侧荷载 $q = \gamma_m d$，γ_m 为基础埋置深度范围内土层的加权平均重度，地下水位以下取浮重度。这种情况下，均布条形荷载 p 应替换为 p_0（$p_0 = p - q$）。

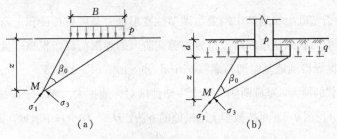

图 9-4   均布条形荷载作用下地基中的主应力

（a）无埋置深度；（b）有埋置深度

M 点处 σ_1 的作用方向与 β_0 角的平分线一致，作用在 M 点的应力，除了由基底平均附加压力 p_0 引起的地基附加应力外，还有土自重应力为 $q + \gamma z$，γ 为持力层土的重度，地下水位以下取浮重度。

为了推导方便，假设地基土原有的自重应力场的静止侧压力系数 $K_0 = 1$，具有静水压力性质，即 $\sigma_x = \sigma_z = q + \gamma z$，则自重应力场没有改变 M 点附加应力场的大小以及主应力的作用方向，因此，地基中任意点 M 的大、小主应力分别为

$$\sigma_1 = \frac{p_0}{\pi}(\beta_0 + \sin\beta_0) + q + \gamma z \tag{9-2a}$$

$$\sigma_3 = \frac{p_0}{\pi}(\beta_0 - \sin\beta_0) + q + \gamma z \tag{9-2b}$$

式中 p_0——基底平均附加压力（见 4.3.3 小节）；

q——基础两侧荷载，$q = \gamma_m d$（d 为基础埋深）；

γ——基础底面以下土层重度，地下水位以下用浮重度；

其余符号的意义见图 9-4 所示。

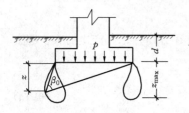

图 9-5　条形基础

底面边缘的塑性区

当 M 点应力达到极限平衡状态时，该点的大、小主应力应满足下式极限平衡条件（见 7.2 节式 7-5）：

$$\sin\varphi = (\sigma_1 - \sigma_3)/(\sigma_1 + \sigma_3 + 2c\cot\varphi) \tag{9-3}$$

将式（9-2）代入上式得

$$z = \frac{p_0}{\gamma\pi}\left(\frac{\sin\beta_0}{\sin\varphi} - \beta_0\right) - \frac{1}{\gamma}(c\cot\varphi + q) \tag{9-4}$$

此式即为满足极限平衡条件的地基塑性变形区边界方程，给出了边界上任意一点的坐标 z 与 β_0 角的关系，如图 9-5 所示。如果荷载 p_0、基础两侧超载 q 以及土的 γ、c、φ 为已知，则根据此式可绘出塑性变形区的边界线。

9.3.2　地基的临塑荷载和临界荷载

1. 临塑荷载

临塑荷载是指基础边缘地基中刚要出现塑性变形区时基底单位面积上所承担的荷载，它相当于地基土中应力状态从压缩阶段过渡到剪切阶段的界限荷载，根据塑性变形区边界方程（式 9-4），即可推导得到地基临塑荷载（critical edge load of subsoil）。

随着基础荷载的增大，基础两侧以下土中塑性区对称地扩大。在一定荷载作用下，塑性区的最大深度 z_{max}（见图 9-5）可按数学上求极值的方法，从式（9-4）中求得，即计算 $dz/d\beta_0$

$$\frac{dz}{d\beta_0} = \frac{p_0}{\pi\gamma}\left(\frac{\cos\beta_0}{\sin\varphi} - 1\right) = 0$$

则有

$$\beta_0 = \frac{\pi}{2} - \varphi$$

将它代入式（9-4）得出 z_{max} 的表达式为

$$z_{max} = \frac{p_0}{\gamma\pi}\left(\cot\varphi + \varphi - \frac{\pi}{2}\right) - \frac{1}{\gamma}(c\cot\varphi + q) \tag{9-5}$$

由上式可见，当荷载 p_0 增大时，塑性区发展扩大，塑性区的最大深度也增大。根据定义，临塑荷载为地基刚要出现塑性区时的荷载，即 $z_{max} = 0$ 时的荷载，则令式（9-5）右侧为零，可得临塑荷载 p_{cr} 的公式如下：

$$p_{cr} = \frac{\pi(c\cot\varphi + q)}{\cot\varphi + \varphi - \pi/2} + q \tag{9-6a}$$

或

$$p_{cr} = cN_C + qN_q \tag{9-6b}$$

式中，N_C、N_q 为承载力系数，均为 φ 的函数：

$$N_C = \pi\cot\varphi/(\cot\varphi + \varphi - \pi/2),$$

$$N_q = (\cot\varphi + \varphi + \pi/2)/(\cot\varphi + \varphi - \pi/2)$$

从式（9-6a）、式（9-6b）可看出，临塑荷载 p_{cr} 由两部分组成，第一部分为地基土黏聚力 c 的作用，第二部分为基础两侧超载 q 或基础埋深 d 的影响，这两部分都是内摩擦角 φ 的函数，p_{cr} 随 φ、c、q 的增大而增大。

2. 临界荷载

临界荷载（critical loading）是指允许地基产生一定范围塑性变形区所对应的荷载。工程实践表明，如果采用不允许地基产生塑性区的临塑荷载 p_{cr} 作为地基承载力特征值，往往不能充分发挥地基的承载能力，取值偏于保守。对于中等强度以上地基土，将控制地基中塑性区在一定深度范围内的临界荷载作为地基承载力特征值，使地基既有足够的安全度，保证稳定性，又能比较充分地发挥地基的承载能力，从而达到优化设计，减少基础工程量，节约投资的目的，符合经济合理的原则。允许塑性区开展深度的范围大小与建筑物的重要性、荷载性质和大小、基础形式和特性、地基土的物理力学性质等有关。

根据工程实践经验，在中心荷载作用下，控制塑性区最大开展深度 $z_{max} = b/4$，在偏心荷载下控制 $z_{max} = b/3$，对一般建筑物是允许的。$p_{1/4}$、$p_{1/3}$ 分别是允许地基产生 $z_{max} = b/4$ 和 $b/3$ 范围塑性区所对应的两个临界荷载。此时，地基变形会有所增加，必须验算地基的变形值不超过允许值。

根据定义，分别将 $z_{max} = b/4$ 和 $z_{max} = b/3$ 代入式（9-5）得

$$p_{1/4} = \frac{\pi(c\cot\varphi + q + \gamma b/4)}{\cot\varphi + \varphi - \pi/2} + q \tag{9-7a}$$

或

$$p_{1/4} = cN_c + qN_q + \gamma bN_{1/4} \tag{9-7b}$$

和

$$p_{1/3} = \frac{\pi(c\cot\varphi + q + \gamma b/3)}{\cot\varphi + \varphi - \pi/2} + q \tag{9-8a}$$

或

$$p_{1/3} = cN_c + qN_q + \gamma bN_{1/3} \tag{9-8b}$$

式中，$N_{1/4}$、$N_{1/3}$ 为承载力系数，均为 φ 的函数：

$$N_{1/4} = \pi/[4(\cot\varphi + \varphi - \pi/2)]$$
$$N_{1/3} = \pi/[3(\cot\varphi + \varphi - \pi/2)]$$

从式（9-7b）、式（9-8b）可以看出，两个临界荷载由三部分组成，第一、第二部分分别反映了地基土黏聚力和基础埋深对承载力的影响，这两部分组成了临塑荷载；第三部分表现为基础宽度和地基土重度的影响，实际上受塑性区开展深度的影响。这三部分都随内摩擦角 φ 的增大而增大，其值可从公式计算得到。临界荷载随 c、φ、q、γ、b 的增大而增大。

必须指出，临塑荷载和临界荷载公式都是在条形荷载情况下（平面应变问题）推导得到的，对于矩形或圆形基础（空间问题），用此公式计算，其结果偏于安全。临界荷载 $p_{1/4}$ 和 $p_{1/3}$ 的推导中，地基中已出现塑性区，但仍近似用弹性力学公式计算，其所引起的误差随塑性区扩大而增大。此外推导过程中假设静止土压力系数 $K_0 = 1$，以及均布条形荷载分布形式与实际情况有较大出入，也给计算结果带来了误差。

【例题 9-1】某条形基础置于一均质地基上，宽 3m，埋深 1m，地基土天然重度 18.0kN/m^3，天然含水率 38%，土粒相对密度 2.73，抗剪强度指标 $c=15$kPa，$\varphi=12°$，试问该基础的临塑荷载 p_{cr}、临界荷载 $p_{1/4}$、$p_{1/3}$ 各为多少？若地下水位上升至基础底面，假定土的抗剪强度指标不变，其 p_{cr}、$p_{1/4}$、$p_{1/3}$ 有何变化？

【解】根据 $\varphi=12°$，算得 $N_C=4.42$，$N_q=1.94$，$N_{1/4}=0.23$，$N_{1/3}=0.31$；计算 $q=\gamma_m d=18.0\times1.0=18.0$kPa。按式（9-6b）、式（9-7b）、式（9-8b）分别求算如下：

$$p_{cr}=cN_c+qN_q=15\times4.42+18.0\times1.94=101\text{kPa}$$

$$\begin{aligned}p_{1/4}&=cN_c+qN_q+\gamma bN_{1/4}\\&=15\times4.42+18.0\times1.94+18.0\times3.0\times0.23=114\text{kPa}\end{aligned}$$

$$\begin{aligned}p_{1/3}&=cN_c+qN_q+\gamma bN_{1/3}\\&=15\times4.42+18.0\times1.94+18.0\times3.0\times0.31=118\text{kPa}\end{aligned}$$

地下水位上升到基础底面，此时 γ 需取浮重度 γ' 为

$$\gamma'=\frac{(d_s-1)\gamma}{d_s(1+w)}=\frac{(2.73-1)\times18.0}{2.73\times(1+0.38)}=8.27\text{kN/m}^3$$

则

$$p_{cr}=15\times4.42+18.0\times1.94=101\text{kPa}$$

$$p_{1/4}=15\times4.42+18.0\times1.94+8.27\times3.0\times0.23=107\text{kPa}$$

$$p_{1/3}=15\times4.42+18.0\times1.94+8.27\times3.0\times0.31=109\text{kPa}$$

由比较可知，当地下水位上升到基底时，地基的临塑荷载没有变化，地基的临界荷载值降低了，其减小量达 6.1%～7.6%。不难看出，如果地下水位上升到基底以上时，临界荷载还将降低。由此可知，对工程而言，做好排水工作，防止地表水渗入地基，保持水环境对保证地基稳定、有足够的承载能力具有重要意义。

9.4 地基极限承载力

地基极限承载力（ultimate subsoil bearing capacity）是指地基剪切破坏发展即将失稳时所能承受的极限荷载，亦称地基极限荷载。它相当于地基土中应力状态从剪切阶段过渡到隆起阶段时的界限荷载。在土力学的发展中，地基极限承载力的理论公式很多，大多是按整体剪切破坏模式推导，而用于局部剪切或冲切剪切破坏情况时根据经验加以修正。

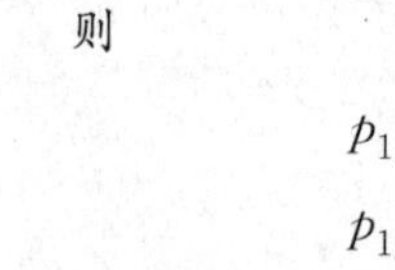

图 9-6 理想塑性体的应力-应变关系

极限承载力的求解方法有两大类：一类是按照极限平衡理论求解，假定地基土是刚塑性体，当应力小于土体屈服应力 σ_a 时，土体不产生变形，如同刚体一样；当达到屈服应力时，塑性变形将不断增加，直

至土样发生破坏。图 9-6 所示的是理想塑性体的应力-应变关系。这类方法是在土中任取一微分单元体，通过该单元体的受力满足极限平衡条件建立微分方程，计算地基土中各点达到极限平衡时的应力及滑动面方向，由此求解基底的极限荷载。此解法由于存在着数学上的困难，仅能对某些边界条件比较简单的情况得出解析解。另一类是按照假定滑动面求解，通过基础模型试验，研究地基整体剪切破坏模式的滑动面形状，并简化为假定滑动面，根据滑动土体的静力平衡条件求解极限承载力。

本节介绍按极限平衡理论求解的普朗德尔和赖斯纳极限承载力，假定滑动面按静力平衡条件求解的太沙基、汉森等极限承载力公式，以及公式间的比较。

9.4.1 普朗德尔和赖斯纳极限承载力

L. 普朗德尔（Prandtl, 1920）根据极限平衡理论对刚性模子压入半无限刚塑性体的问题进行了研究。普朗德尔假定条形基础具有足够大的刚度，等同于条形刚性模子，且底面光滑，地基材料具有刚塑性性质，地基土重度为零，基础置于地基表面。当作用在基础上的荷载足够大时，基础陷入地基中，地基产生如图 9-7 所示的整体剪切破坏。

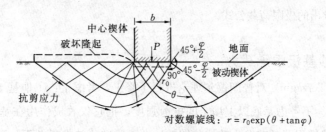

图 9-7 普朗德尔地基整体剪切破坏模式

图 9-7 所示的塑性极限平衡区分为五个部分，一个是位于基础底面下的中心楔体，又称朗肯主动区，该区的大主应力 σ_1 的作用方向为竖向，小主应力 σ_3 作用方向为水平向，根据极限平衡理论小主应力作用方向与破坏面呈（$45°+\varphi/2$）角，即该中心区两侧面与水平面的夹角。与中心区相邻的是两个剪切区，又称普朗德尔区，由一组对数螺线和一组辐射向直线组成，该区形似以对数螺旋线 $r_0\exp（\theta\tan\varphi）$ 为弧形边界的扇形，其中心角为直角。与普朗德尔区另一侧相邻的是朗肯被动区，该区大主应力作用方向为水平向，小主应力 σ_3 作用方向为竖向，破裂面与水平面的夹角为（$45°-\varphi/2$）。

普朗德尔导出在图 9-7 所示情况下作用在基底的极限荷载，即极限承载力为

$$p_u = cN_c \tag{9-9}$$

式中 N_c——承载力系数，$N_c = \cot\varphi[\exp(\pi\tan\varphi)\tan^2(45°+\varphi/2)-1]$；

$c、\varphi$——土的抗剪强度指标。

H. 赖斯纳（Ressiner, 1924）在普朗德尔理论解的基础上，考虑了基础埋深的影响，

如图 9-8 所示，即把基底以上土视同为作用在基底水平面上的柔性超载 q（$\gamma_m d$），导出了地基极限承载力计算公式如下：

$$p_u = cN_c + qN_q \tag{9-10}$$

式中　N_c、N_q——承载力系数，$N_q = \exp(\pi\tan\varphi)\tan^2(45° + \varphi/2)$；

　　　其余符号意义与式（9-9）相同。

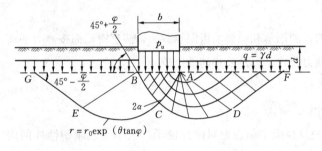

图 9-8　基础有埋置深度时的赖斯纳解

虽然赖斯纳的修正比普朗德尔理论公式有了进步，但由于没有考虑地基土的重量，没有考虑基础埋深范围内侧面土的抗剪强度的影响，其结果与实际工程仍有较大差距，为此，许多学者，如 K. 太沙基（Terzaghi，1943）、G. G. 迈耶霍夫（Meyerhoff，1951）、J. B. 汉森（Hansen，1961）、A. S. 魏锡克（Vesic，1963）等先后进行了研究并取得了进展，都是根据假定滑动面法导出的极限荷载公式。

9.4.2　太沙基极限承载力

K. 太沙基（Terzaghi）对普朗德尔理论进行了修正，考虑了：①地基土有重量，即 $\gamma \neq 0$；②基底粗糙；③不考虑基底以上填土的抗剪强度，把它仅看成作用在基底水平面上的超载；④在极限荷载作用下基础发生整体剪切破坏；⑤假定地基中滑动面的形状如图 9-9（a）所示。由于基底与土之间的摩擦力阻止了发生剪切位移，因此，基底以下的 I 区就像弹性核一样随着基础一起向下移动，为弹性区。由于 $\gamma \neq 0$，弹性 I 区与过渡区（II 区）的交界面（ab 和 a_1b）为一曲面，弹性核的尖端 b 点必定是左右两侧的曲线滑动的相切点，为了便于推导公式，交界面在此假定为平面。如果弹性核的两个侧面 ab 和 a_1b 也是滑动面，如图 9-9（d）所示，则按极限平衡理论，它与水平面夹角为（45° + $\varphi/2$）（参见图 9-7，图 9-8）；而基底完全粗糙，根据几何条件，其夹角为 φ，如图 9-9（b）所示；基底的摩擦力不足以完全限制弹性核的侧向变形，它与水平面的夹角 ψ 介于 φ 与（45° + $\varphi/2$）之间。II 区的滑动面假定由对数螺旋线和直线组成。除弹性核外，滑动区域范围 II、III 区内的所有土体均处于塑性变形状态，取弹性核为脱离体，并取竖直方向力的平衡，考虑单位长条基础，有

$$p_u b = 2P_p \cos(\psi - \varphi) + cb\tan\psi - G \tag{9-11a}$$

或

$$p_u = (2P_p/b)\cos(\psi - \varphi) + (c - \gamma b/4)\tan\psi \tag{9-11b}$$

式中　b——基础宽度；

　　　γ——地基土重度；

G——弹性核自重，$G = \dfrac{1}{4}\gamma b^2 \tan\psi$；

ψ——弹性楔体与水平面的夹角，$45° + \varphi/2 > \psi > \varphi$；

c——地基土的黏聚力；

φ——地基土的内摩擦角；

P_p——作用于弹性核边界面 ab（或 $a_1 b$）的被动土压力合力，即 $P_p = P_{pc} + P_{pq} + P_{p\gamma}$，三项分别是 c、q、γ 项的被动土压力系数 K_{pc}、K_{pq}、$K_{p\gamma}$ 的函数。太沙基建议采用下式简化确定（见图 9-9）：

$$P_p = \frac{b}{2\cos^2\varphi}\left(cK_{pc} + qK_{pq} + \frac{1}{4}\gamma b\tan\varphi\, K_{p\gamma}\right) \tag{9-12}$$

将式（9-12）代入式（9-11），可得

$$p_u = cN_c + qN_q + (1/2)\gamma bN_r \tag{9-13}$$

式中，N_c、N_q、N_γ 为粗糙基底的承载力系数，是 φ、ψ 的函数。

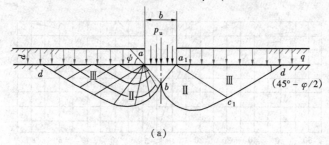

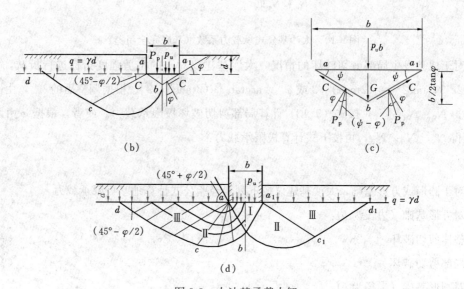

图 9-9　太沙基承载力解

（a）粗糙基底；（b）完全粗糙基底；（c）弹性楔体受力状态；（d）完全光滑基底

式（9-13）即为基底不完全粗糙情况下太沙基承载力理论公式。其中弹性核两侧对称边界面与水平面的夹角 ψ 为未知值。

太沙基给出了基底完全粗糙情况的解答。此时，弹性核两侧面与水平面的夹角 $\psi=\varphi$，承载力系数确定如下：

$$N_c = (N_q - 1)\cot\varphi \tag{9-14}$$

$$N_q = \exp[(3\pi/2 - \varphi)\tan\varphi]/2\cos^2(45° + \varphi/2) \tag{9-15}$$

$$N_\gamma = [(K_{p\gamma}/2\cos^2\varphi) - 1]\tan\varphi/2 \tag{9-16}$$

从式（9-14）~式（9-16）可知，承载力系数为土的内摩擦角 φ 的函数，其中表示土重影响的承载力系数 N_γ 包含被动土压力系数 $K_{p\gamma}$，需由试算确定。

对完全粗糙情况，太沙基给出了承载力系数曲线图（图9-10），由内摩擦角 φ 直接从图中可查得 N_c、N_q、N_γ 值。式（9-13）是在假定条形基础下地基发生整体剪切破坏时得到的，对于实际工程中地基发生局部剪切破坏情况，或存在的方形、圆形和矩形基础，太沙基也给出了相应的经验公式。

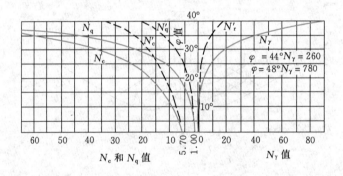

图 9-10　太沙基公式承载力系数（基底完全粗糙）

对于地基发生局部剪切破坏的情况，太沙基建议对土的抗剪强度指标进行折减，即取 $c^* = 2c/3$，$\tan\varphi^* = (2\tan\varphi)/3$ 或 $\varphi^* = \arctan[(2\tan\varphi)/3]$。根据调整后的 φ^*，由图9-10查得 N_c、N_q、N_γ，按式（9-13）计算局部剪切破坏极限承载力。或者，根据 φ 由图9-10查得 N'_c、N'_q、N'_γ，再按下式计算极限承载力：

$$p_u = (2/3)cN'_c + qN'_q + (1/2)\gamma bN'_\gamma \tag{9-17}$$

对于圆形或方形基础，太沙基建议按下列半经验公式计算地基极限承载力。

对方形基础（边长为 b）：

整体剪切破坏　　　　$p_u = 1.2cN_c + qN_q + 0.4\gamma bN_\gamma$ ㅤㅤㅤㅤㅤㅤ(9-18)

局部剪切破坏　　　　$p_u = 0.8cN'_c + qN'_q + 0.4\gamma bN'_\gamma$ ㅤㅤㅤㅤㅤ(9-19)

对圆形基础（半径为 b）：

整体剪切破坏　　　　$p_u = 1.2cN_c + qN_q + 0.6\gamma bN_\gamma$ ㅤㅤㅤㅤㅤㅤ(9-20)

局部剪切破坏 $\qquad p_u = 0.8cN'_c + qN'_q + 0.6\gamma bN'_\gamma$ $\qquad$ (9-21)

对宽度 b、长度 l 的矩形基础，可按 b/l 值在条形基础（$b/l=0$）和方形基础（$b/l=1$）的计算极限承载力之间用插值法求得。

根据太沙基理论求得的是地基极限承载力，一般取它的 $1/3 \sim 1/2$ 作为地基承载力特征值，它的取值大小与结构类型、建筑物重要性、荷载的性质等有关，即对太沙基理论的安全系数一般取 $K=2 \sim 3$。

【例题 9-2】资料同例题 9-1，要求：

（1）按太沙基理论求地基整体剪切破坏和局部剪切破坏时的极限承载力，取安全系数 K 为 2，求相应的地基承载力特征值。

（2）直径或边长为 3m 的圆形、方形基础，其他条件不变，地基产生了整体剪切破坏和局部剪切破坏，试按太沙基理论求地基极限承载力。

（3）要求（1）、（2）中，若地下水位上升到基础底面，问承载力各为多少？

【解】根据题意 $\quad c=15\text{kPa}$，$\varphi=12°$，$\gamma=18.0\text{kN/m}^3$，$b=3\text{m}$，$d=1\text{m}$，$q=18\text{kPa}$

查得 $\quad N_c=10.90$，$N_q=3.32$，$N_\gamma=1.66$

当 $c^*=(2/3)c=10\text{kPa}$，$\varphi^*=\arctan[(2\tan\varphi)/3]=8.1°$ 时，$N_c=8.50$，$N_q=2.20$，$N_\gamma=0.86$

1. 对条形基础

整体剪切破坏，按式（9-13）计算

$$p_u = cN_c + qN_q + (1/2)\gamma bN_\gamma$$
$$= 15.0 \times 10.90 + 18.0 \times 3.32 + (1/2) \times 18.0 \times 3.0 \times 1.66$$
$$= 268.08\text{kPa}$$

地基承载力特征值

$$f_a = p_u/K = 268.08/2 = 134.04\text{kPa}$$

局部剪切破坏用 c^*、φ^* 仍代入式（9-13）计算

$$p_u = c^* N_c + qN_q + (1/2)\gamma bN_\gamma$$
$$= 10 \times 8.50 + 18.0 \times 2.20 + (1/2) \times 18.0 \times 3.0 \times 0.86$$
$$= 147.82\text{kPa}$$

地基承载力特征值

$$f_a = p_u/K = 147.82/2 = 73.91 \approx 74\text{kPa}$$

2. 边长为 3m 的方形基础

整体剪切破坏，按式（9-18）计算

$$p_u = 1.2cN_c + qN_q + 0.4\gamma bN_\gamma$$
$$= 1.2 \times 15.0 \times 10.90 + 18.0 \times 3.32 + 0.4 \times 18.0 \times 3.0 \times 1.66$$
$$= 291.82\text{kPa}$$

$$f_a = p_u/K = 291.82/2 = 145.91 \approx 146\text{kPa}$$

局部剪切破坏，按式（9-19）计算

$$p_u = 0.8cN'_c + qN'_q + 0.4\gamma bN'_\gamma$$

$$= 0.8 \times 15.0 \times 8.5 + 18.0 \times 2.20 + 0.4 \times 18.0 \times 3.0 \times 0.86$$

$$= 160.18\text{kPa}$$

$$f_a = p_u/K = 80.09 \approx 80\text{kPa}$$

3. 半径为 1.5m 的圆形基础

整体剪切破坏，按式（9-20）计算

$$p_u = 1.2cN_c + qN_q + 0.6\gamma bN_\gamma$$

$$= 1.2 \times 15.0 \times 10.90 + 18.0 \times 3.32 + 0.6 \times 18.0 \times 1.5 \times 1.66$$

$$= 282.85\text{kPa}$$

$$f_a = p_u/K = 141.43 \approx 141\text{kPa}$$

局部剪切破坏，按式（9-21）计算

$$p_u = 0.8cN'_c + qN'_q + 0.6\gamma bN'_\gamma$$

$$= 0.8 \times 15.0 \times 8.50 + 18.0 \times 2.20 + 0.6 \times 18.0 \times 1.5 \times 0.86$$

$$= 155.53\text{kPa}$$

$$f_a = p_u/K = 77.77 \approx 78\text{kPa}$$

4. 地下水位上升到基础底面

各公式中的 γ 应由 γ' 代替，从例 9-1 知，$\gamma' = 8.27\text{kN/m}^3$，则有

条形基础整体剪切破坏，按式（9-13）计算

$$p_u = 15.0 \times 10.90 + 18.0 \times 3.32 + (1/2) \times 8.27 \times 3.0 \times 1.66$$

$$= 243.85\text{kPa}$$

$$f_a = p_u/K = 121.93 \approx 122\text{kPa}$$

条形基础局部剪切破坏，用 c^*、φ^* 按式（9-13）计算

$$p_u = 10 \times 8.5 + 18.0 \times 2.20 + (1/2) \times 8.27 \times 3.0 \times 0.86$$

$$= 135.27\text{kPa}$$

$$f_a = p_u/K = 67.63 \approx 68\text{kPa}$$

方形基础整体剪切破坏，按式（9-18）计算

$$p_u = 1.2 \times 15.0 \times 10.90 + 18.0 \times 3.32 + 0.4 \times 8.27 \times 3.0 \times 1.66$$

$$= 272.43\text{kPa}$$

$$f_a = p_u/K = 136.22 \approx 136\text{kPa}$$

方形基础局部剪切破坏，按式（9-19）计算

$$p_u = 0.8 \times 15.0 \times 8.50 + 18.0 \times 2.20 + 0.4 \times 8.27 \times 3.0 \times 0.86$$
$$= 150.13 \text{kPa}$$

$$f_a = p_u / K = 75.07 \approx 75 \text{kPa}$$

圆形基础整体剪切破坏，按式（9-20）计算

$$p_u = 1.2 \times 15.0 \times 10.90 + 18.0 \times 3.32 + 0.6 \times 8.27 \times 1.5 \times 1.66$$
$$= 268.32 \text{kPa}$$

$$f_a = p_u / K = 134.16 \approx 134 \text{kPa}$$

圆形基础局部剪切破坏，按式（9-21）计算

$$p_u = 0.8 \times 15.0 \times 8.50 + 18.0 \times 2.20 + 0.6 \times 8.27 \times 1.5 \times 0.86$$
$$= 148.00 \text{kPa}$$

$$f_a = p_u / K = 74 \text{kPa}$$

9.4.3　汉森和魏锡克极限承载力

实际工程中，中心荷载作用的情况不是很多，许多时候荷载是偏心的甚至是倾斜的，这时情况相对复杂一些，基础可能会发生整体剪切破坏，也可能发生水平滑动破坏。其理论破坏模式如图 9-11 所示。与中心荷载下不同的是，水平荷载作用时地基的整体剪切破坏沿水平荷载作用方向一侧发生滑动，弹性区的边界面也不对称，滑动方向一侧为平面，另一侧为圆弧，其圆心即为基础转动中心（图 9-11a）。随着荷载偏心距的增大，滑动面明显缩小（图 9-11b）。

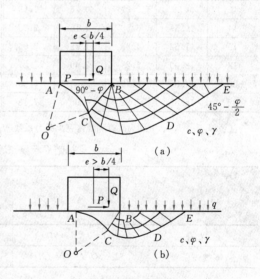

图 9-11　偏心和倾斜荷载下的理论滑动图式

J. B. 汉森（Hansen）和 A. S. 魏锡克（Vesic）在太沙基理论基础上假定基底光滑，考虑基础形状、荷载倾斜与偏心、基础埋深、地面倾斜、基底倾斜等的影响，对承载力计算公式提出了修正公式如下：

$$p_u = cN_c S_c i_c d_c g_c b_c + qN_q S_q i_q d_q g_q b_q + (1/2)\gamma b N_\gamma S_\gamma i_\gamma d_\gamma g_\gamma b_\gamma \tag{9-22}$$

式中　N_c、N_q、N_γ——承载力系数；

　　　S_c、S_q、S_γ——基础形状修正系数，见表 9-2；

　　　i_c、i_q、i_γ——荷载倾斜修正系数，见表 9-3；

d_c、d_q、d_γ——基础埋深修正系数，见表 9-4；

g_c、g_q、g_γ——地面倾斜修正系数，见表 9-5；

b_c、b_q、b_γ——基底倾斜修正系数，见表 9-6。

式（9-22）是一个普遍表达式，各修正系数可相应查表 9-2～表 9-6 得到。

汉森和魏锡克承载力系数 N_c、N_q、$N_{\gamma(H)}$、$N_{\gamma(V)}$，见表 9-1。

系数 N_γ、N_q、N_c　　　　　　　表 9-1

$\varphi°$	N_c	N_q	$N_{\gamma(H)}$	$N_{\gamma(V)}$	$\varphi°$	N_c	N_q	$N_{\gamma(H)}$	$N_{\gamma(V)}$
0	5.14	1.00	0	0	24	19.33	9.61	6.90	9.44
2	5.69	1.20	0.01	0.15	26	22.25	11.83	9.53	12.54
4	6.17	1.43	0.05	0.34	28	25.80	14.71	13.13	16.72
6	6.82	1.72	0.14	0.57	30	30.15	18.40	18.09	22.40
8	7.52	2.06	0.27	0.86	32	35.50	23.18	24.95	30.22
10	8.35	2.47	0.47	1.22	34	42.18	29.45	34.54	41.06
12	9.29	2.97	0.76	1.69	36	50.61	37.77	48.08	56.31
14	10.37	3.58	1.16	2.29	38	61.36	48.92	67.43	78.03
16	11.62	4.33	1.72	3.06	40	75.36	64.23	95.51	109.41
18	13.09	5.25	2.49	4.07	42	93.69	85.36	136.72	155.55
20	14.83	6.40	3.54	5.39	44	118.41	115.35	198.77	224.64
22	16.89	7.82	4.96	7.13	45	133.86	134.86	240.95	271.76

注：$N_{\gamma(H)}$、$N_{\gamma(V)}$ 分别为汉森和魏锡克承载力系数 N_γ。

基础形状修正系数 S_c、S_q、S_γ　　　　　表 9-2

系数 公式来源	S_c	S_q	S_γ
汉森	$1+0.2i_c\,(b/l)$	$1+i_q\,(b/l)\,\sin\varphi$	$1+0.4i_\gamma,\ (b/l)\geqslant0.6$
魏锡克	$1+(b/l)(N_q/N_c)$	$1+(b/l)\tan\varphi$	$1-0.4(b/l)$

注：1. b、l 分别为基础的宽度和长度。

2. i 为荷载倾斜系数，见表 9-3。

荷载倾斜修正系数 i_c、i_q、i_γ　　　　　表 9-3

系数 公式来源	i_c	i_q	i_γ
汉森	$\varphi=0°$：$0.5+0.5\sqrt{1-\dfrac{H}{cA}}$ $\varphi>0°$：$i_q-\dfrac{1-i_q}{N_c\tan\varphi}$	$\left(1-\dfrac{0.5H}{Q+cA\cot\varphi}\right)^5>0$	水平基底： $\left(1-\dfrac{0.7H}{Q+cA\cot\varphi}\right)^5>0$ 倾斜基底： $\left(1-\dfrac{(0.7-\eta/450°)\,H}{Q+cA\cot\varphi}\right)^5>0$

续表

系数 公式来源	i_c	i_q	i_γ
魏锡克	$\varphi=0°$ $1-mH/cAN_c$ $\varphi>0°$ $i_q-(1-i_q)/N_c\tan\varphi$	$\left(1-\dfrac{H}{Q+cA\cot\varphi}\right)^m$	$\left(1-\dfrac{H}{Q+cA\cot\varphi}\right)^{m+1}$

注：1. 基底面积 $A=bl$，当荷载偏心时，则用有效面积 $A_e=b_e l_e$；

2. H 和 Q 分别为倾斜荷载在基底上的水平分力和垂直分力；

3. η 为基础底面与水平面的倾斜角；

4. 当荷载在短边倾斜时，$m=2+(b/l)/[1+(b/l)]$；在长边倾斜时，$m=2+(l/b)/[1+(l/b)]$；对于条形基础 $m=2$；

5. 当进行荷载倾斜修正时，必须满足 $H\leqslant c_a A+Q\tan\delta$ 的条件，c_a 为基底与土之间的黏着力，可取用土的不排水剪切强度 c_u，δ 为基底与土之间的摩擦角。

深度修正系数 d_c、d_q、d_γ 表 9-4

系数 公式来源	d_c	d_q	d_γ
汉 森	$1+0.4(d/b)$	$1+2\tan\varphi(1-\sin\varphi)^2(d/b)$	1.0
魏锡克	$\varphi=0°$，$d\leqslant b$：$1+0.4(d/b)$ $\varphi=0°$，$d>b$：$1+0.4\arctan(d/b)$ $\varphi>0°$：$d_q-\dfrac{1-d_q}{N_c\tan\varphi}$	$d\leqslant b$： $1+2\tan\varphi(1-\sin\varphi)^2(d/b)$ $d>b$： $1+2\tan\varphi(1-\sin\varphi)\arctan(d/b)$	1.0

地面倾斜修正系数 g_c、g_q、g_γ 表 9-5

系数 公式来源	g_c	$g_q=g_\gamma$
汉 森	$1-\beta/147°$	$(1-0.5\tan\beta)^5$
魏锡克	$\varphi=0°$：$1-2\beta/(2+\pi)$ $\varphi>0°$：$g_q-(1-g_q)/N_c\tan\varphi$	$(1-\tan\beta)^2$

注：1. β 为倾斜地面与水平面之间的夹角；

2. 魏锡克公式规定，当基础放在 $\varphi=0°$ 的倾斜地面上时，承载力公式中的 N_γ 项应为负值，其值为 $N_\gamma=-2\sin\beta$，并且应满足 $\beta<45°$ 和 $\beta<\varphi$ 的条件。

$$基底倾斜修正系数 b_c、b_q、b_\gamma \qquad 表 9\text{-}6$$

系数\公式来源	b_c	b_q	b_γ
汉 森	$1-\eta/147°$	$e^{-2\eta\tan\varphi}$	$e^{-2.7\eta\tan\varphi}$
魏锡克	$\varphi=0°：1-2\eta/5.14$ $\varphi>0：b_q-(1-b_q)/N_c\tan\varphi$	$(1-\eta\tan\varphi)^2$	$(1-\eta\tan\varphi)^2$

注：η 为倾斜基底与水平面之间的夹角，应满足 $\eta<45°$ 的条件。

汉森公式和魏锡克公式适用安全系数见表 9-7、表 9-8。

$$汉森公式安全系数表 \qquad 表 9\text{-}7$$

土或荷载条件	K
无黏性土	2.0
黏性土	3.0
瞬时荷载（如风、地震和相当的活荷载）	2.0
静荷载或者长期活荷载	2 或 3（视土样而定）

$$魏锡克公式安全系数表 \qquad 表 9\text{-}8$$

种类	典型建筑物	所属的特征	土的查勘	
			完全、彻底的	有限的
A	铁路桥、仓库、高炉、水工建筑、土工建筑	最大设计荷载极可能经常出现，破坏的结果是灾难性的	3.0	4.0
B	公路桥、轻工业和公共建筑	最大设计荷载可能偶然出现，破坏的结果是严重的	2.5	3.5
C	房屋和办公室建筑	最大设计荷载不可能出现	2.0	3.0

注：1. 对于临时性建筑物，可以将表中数值降低至 75%，但不得使安全系数低于 2.0 来使用；

2. 对于非常高的建筑物，例如烟囱和塔，或者随时可能发展成为承载力破坏危险的建筑物，表中数值将增加 20%~50%；

3. 如果基础设计是由沉降控制，必须采用高的安全系数。

9.4.4 极限承载力公式的比较

太沙基极限承载力不考虑基底以上填土的抗剪强度，仅把它看成作用在基底平面上的超载，这将引起计算误差。G. G. 迈耶霍夫（Meyerhoff，1951）为此开展研究，提出了考虑地基土塑性平衡区随着基础埋置深度的不同，扩展到最大可能的到达程度，并考虑基础两侧土体抗剪强度对承载力影响的地基承载力计算方法。图 9-12 为条形基础滑动面形状，图 9-13 为条形浅基础承载力确定方法示意图。

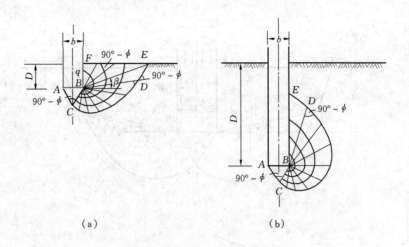

图 9-12　迈耶霍夫条形基础滑动面形状

(a) 浅基础；(b) 深基础

　　鉴于数学推导上的困难，迈耶霍夫在提出方法时仍然引入了一些假定，尽管如此，其极限承载力的计算仍然相当复杂，在此不作详细介绍。

　　各种承载力理论都是在一定的假设前提下导出的，它们之间的结果不尽一致，各公式承载力系数和特定条件下极限承载力比较见表 9-9、表 9-10。从表可知，迈耶霍夫考虑到基础两侧超载土抗剪强度的影响，其计算值最大；太沙基考虑基底摩擦，其值相对较大；魏锡克和汉森假定基底光滑，计算结果相对较小，偏安全。

承 载 力 系 数 比 较 表　　　　　　　　　　　　　　　　表 9-9

N 值 φ		0°	10°	20°	30°	40°	45°
N_c	迈耶霍夫公式	—	10.00	18.0	39.0	100.00	185.00
	太沙基公式	5.70	9.10	17.30	36.40	91.20	169.00
	魏锡克公式	5.14	8.35	14.83	30.14	75.32	133.87
	汉森公式	5.14	8.35	14.83	30.14	75.32	133.87
N_q	迈耶霍夫公式	—	3.00	8.00	27.00	85.00	190.00
	太沙基公式	1.00	2.60	7.30	22.00	77.50	170.00
	魏锡克公式	1.00	2.47	6.40	18.40	64.20	134.87
	汉森公式	1.00	2.47	6.40	18.40	64.20	134.87
N_γ	迈耶霍夫公式	—	0.75	5.50	25.50	135.00	330.00
	太沙基公式	0	1.20	4.70	21.00	130.00	330.00
	魏锡克公式	0	1.22	5.39	22.40	109.41	271.76
	汉森公式	0	0.47	3.54	18.08	95.45	241.00

　　注：表中太沙基公式指基底完全粗糙的情况。

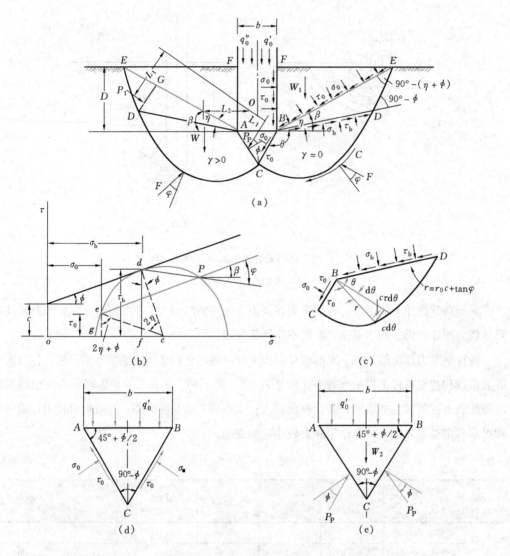

图 9-13　迈耶霍夫条形浅基础承载力确定方法示意图

极 限 承 载 力 q_u 比 较 表　　　　　　　表 9-10

计算公式 \ d/b	0	0.25	0.50	0.75	1.00
迈耶霍夫公式	712.0	908.0	1126.5	1360.0	1612.0
太沙基公式	673.0	868.0	1063.0	1258.0	1453.0
魏锡克公式	616.0	811.0	1029.0	1273.0	1541.5
汉森公式	532.0	731.0	844.0	1185.0	1389.0

注：1. 表中计算值所用资料：$\gamma = 19.5 \text{kN/m}^3$，$c = 20 \text{kPa}$，$\varphi = 22°$，$b = 4\text{m}$；

　　2. 极限承载力单位为"kPa"；

　　3. 表中公式的情况同表 9-9。

9.5 地基承载力特征值确定方法

所有建筑物和土工构筑物的地基基础设计时，均应满足地基承载力和变形的要求，对经常受水平荷载作用的高层建筑、高耸结构、高路堤和挡土墙以及建造在斜坡上或边坡附近的建筑物，尚应验算地基稳定性。通常地基计算时，首先应限制基底压力小于等于基础深宽修正后的地基承载力特征值（characteristic value of subgrade bearing capacity），以便确定基础或路基的埋置深度和底面尺寸，然后验算地基变形，必要时验算地基稳定性。

地基承载力特征值是指地基稳定有保证可靠度的承载能力，它作为随机变量是以概率理论为基础的，以分项系数表达的实用极限状态设计法确定的地基承载力；同时也要验算地基变形不超过允许变形值。按《建筑地基基础设计规范》GB 50007—2011，地基承载力特征值定义为由载荷试验测定的地基土压力-变形曲线线性变形段内规定的变形对应的压力值，其最大值为比例界限值。

地基临塑荷载 p_{cr}、临界荷载 $p_{1/4}$、$p_{1/3}$（9.3 节）和地基极限荷载 p_u（9.4 节）的理论公式，都属于地基承载力的表达方式，均为基底接触面的地基抗力（foundation soils resistance）。地基承载力是土的黏聚力 c、内摩擦角 φ、重度 γ、基础埋深 d 和宽度 b 的函数。其中土的抗剪强度指标 c、φ 值可根据现场条件采用不同仪器和方法测定，试验数据剔除异常值后，承载力定值法应取平均值或最小平均值（其中一个最大值舍去后的平均值）；承载力概率极限状态法应取特征值。

按照承载力概率极限状态法计算时，基底荷载效应 p_k 不得超过修正后的地基承载力特征值 f_a。修正后的地基承载力特征值指所确定的承载力包含了基础埋深和宽度两个因素。如理论公式法直接得出修正后的地基承载力特征值 f_a；而原位试验法和规范表格法确定的地基承载力均未包含基础埋深和宽度两个因素，需先求得地基承载力特征值 f_{ak}，再经过深宽修正，得出修正后的地基承载力特征值 f_a。

理论公式法确定地基承载力特征值，在《建筑地基基础设计规范》GB 50007—2011 中采用地基临界荷载 $p_{1/4}$ 的修正公式，由土的抗剪强度指标确定：

$$f_a = c_k M_c + q M_d + \gamma b M_b \tag{9-23}$$

式中　　f_a——由土的抗剪强度指标确定的修正后的地基承载力特征值；

　　　　c_k——基底下一倍短边宽度的深度内土的黏聚力标准值（kPa）；

　　　　γ——基础底面以下地基土的重度，地下水位以下取浮重度；

　　　　b——基础底面宽度，大于 6m 时，按 6m 考虑，对于砂土小于 3m 按 3m 考虑；

　　　　q——基础两侧超载 $q = \gamma_m d$（γ_m 为基础埋深 d 范围内土层的加权平均重度，地下水位以下取浮重度）；

M_c、M_d、M_b——承载力系数，按土的内摩擦角标准值（φ_k）由表 9-11 查取，φ_k 为基底下一倍短边宽度的深度内土的内摩擦角标准值（°）。

承载力系数 M_c、M_d、M_b 表 9-11

土的内摩擦角标准值 φ_k（°）	M_c	M_d	M_b
0	3.14	1.00	0
2	3.32	1.12	0.03
4	3.51	1.25	0.06
6	3.71	1.39	0.10
8	3.93	1.55	0.14
10	4.17	1.73	0.18
12	4.42	1.94	0.23
14	4.69	2.17	0.29
16	5.00	2.43	0.36
18	5.31	2.72	0.43
20	5.66	3.06	0.51
22	6.04	3.44	0.61
24	6.45	3.87	0.80
26	6.90	4.37	1.10
28	7.40	4.93	1.40
30	7.95	5.59	1.90
32	8.55	6.35	2.60
34	9.22	7.21	3.40
36	9.97	8.25	4.20
38	10.80	9.44	5.00
40	11.73	10.84	5.80

表 9-11 中 M_c、M_d 值与 $p_{1/4}$ 公式中相应的 N_c、N_q 值完全相等，而 M_b 值与相应的 $N_{1/4}$ 值不同，根据在卵石层上现场载荷试验所得实测值 M_b 对理论值 $N_{1/4}$ 作了部分修正。

浅层平板载荷试验确定地基承载力特征值，《建筑地基基础设计规范》GB 50007—2011 规定如下：

（1）当 p-s 曲线上有比例界限时，取该比例界限所对应的荷载值；

（2）当极限荷载小于对应比例界限荷载值的 2 倍时，取极限荷载值的一半；

（3）不能按上两点要求确定时，当压板面积为 $0.25 \sim 0.50 \text{m}^2$ 时，可取 $s/b = 0.01 \sim 0.015$ 所对应的荷载，但其值不应大于最大加载量的一半；

（4）同一土层参加统计的试验点不应少于三点，各试验实测值的极差不得超过其平均值的 30%，取此平均值作为土层的地基承载力特征值 f_{ak}。再经过深宽修正，得出修正后的地基承载力特征值 f_a。

深层平板载荷试验成果确定地基承载力特征值 f_{ak}，同浅层平板载荷试验，仅作宽度修正，得出修正后的地基承载力特征值 f_a。

　　旁压试验确定地基承载力特征值，可参见《高层建筑岩土工程勘察标准》JGJ/T 72—2017。

思考题与习题

9-1　地基破坏模式有几种? 发生整体剪切破坏时 p-s 曲线的特征如何?

9-2　何谓地基塑性变形区 (简称地基塑性区)? 如何按地基塑性区开展深度确定 p_{cr}、$p_{1/4}$?

9-3　何谓地基极限承载力 (或称地基极限荷载)? 比较各种 p_u 公式的异同点。

9-4　何谓地基承载力特征值? 如何确定?

9-5　某一条形基础，宽 1.5m，埋深 1.0m。地基土层分布：第一层素填土，厚 0.8m，密度 1.80g/cm³，含水率 35%；第二层黏性土，厚 6m，密度 1.82g/cm³，含水率 38%，土粒相对密度 2.72，土的黏聚力 10kPa，内摩擦角 13°。求该基础的临塑荷载 p_{cr}，临界荷载 $p_{1/3}$ 和 $p_{1/4}$? 若地下水位上升到基础底面，假定土的抗剪强度指标不变，其 p_{cr}，$p_{1/3}$，$p_{1/4}$ 相应为多少? 据此可得到何种规律?

9-6　例题 9-2 中，当基础为长边 6m，短边 3m 的矩形时，按太沙基理论计算相应整体剪切破坏、局部剪切破坏及地下水位上升到基础底面时的极限承载力和承载力特征值。列表表示例题 9-2 及上述计算结果，分析表示的结果及其规律。

9-7　试将式 (9-14) 代入式 (9-13) 进行推导，写成式 (9-15) 形式，写出相应的 N_c、N_q、N_γ 表达式。

9-8　某条形基础宽 1.5m，埋深 1.2m，地基为黏性土，密度 1.84g/cm³，饱和密度 1.88g/cm³，土的黏聚力 8kPa，内摩擦角 15°，试按太沙基理论计算，问：

　　(1) 整体破坏时地基极限承载力为多少? 取安全度为 2.5，地基承载力特征值为多少?

　　(2) 分别加大基础埋深至 1.6m 和 2.0m，承载力有何变化?

　　(3) 若分别加大基础宽度至 1.8m 和 2.1m，承载力有何变化?

　　(4) 若地基土内摩擦角为 20°，黏聚力为 12kPa，承载力有何变化?

　　(5) 根据以上的计算比较，可得出哪些规律?

9-9　试从式 (9-15) 推导，当内摩擦角为 0° 时，地基极限承载力为 $p_u = (2 + \pi) c_u$。

9-10　一方形基础受垂直中心荷载作用，基础宽度 3m，埋深 2.5m，土的重度 18.5kN/m³，$c = 30$kPa，$\varphi = 0$，试按魏锡克承载力公式计算地基的极限承载力。若取安全度为 2.5，求出相应的地基承载力特征值。

(答案：$p_u = 290$kPa)

第 10 章

土坡和地基的稳定性

10.1 概述

土坡（earth slope）是指具有倾斜坡面的土体。通常可分为天然土坡（由于地质作用自然形成的土坡，如山坡、江河岸坡等）和人工土坡（经人工挖、填的土工建筑物边坡，如基坑、渠道、土坝、路堤等）。当土坡的顶面和底面都是水平的，并延伸至无穷远，且由均质土组成时，则称为简单土坡。图 10-1 给出了简单土坡的外形和各部分名称。由于土坡表面倾斜，土体在自重及外荷载作用下，将出现自上而下的滑动趋势。土坡上的部分岩石或土体在自然或人为因素的影响下沿某一明显界面发生剪切破坏向坡下运动的现象称为滑坡（slide）或边坡破坏（slope failure）。

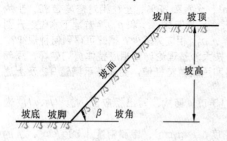

图 10-1　简单土坡

影响土坡滑动的因素复杂多变，但其根本原因在于土体内部某个滑动面上的剪应力达到了它的抗剪强度，使稳定平衡遭到破坏。因此，导致土坡滑动失稳的原因主要有以下两种：①外界荷载作用或土坡环境变化等导致土体内部剪应力加大，例如路堑或基坑的开挖，堤坝施工中上部填土荷重的增加，降雨导致土体饱和增加重度，土体内部水的渗透力，坡顶荷载过量或由于地震、打桩等引起的动力荷载等；②由于外界各种因素影响导致土体抗剪强度降低，促使土坡失稳破坏，例如孔隙水压力的升高，气候变化产生的干裂、冻融，黏土夹层因雨水等侵入而软化以及黏性土蠕变导致的土体强度降低等。

土坡稳定性是高速公路、铁路、机场、高层建筑深基坑开挖以及露天矿井和土坝等土木工程建设中十分重要的问题，可通过土坡稳定分析解决，但有待研究的不定因素较多，如滑动面形式的确定，土体抗剪强度参数的合理选取，土的非均质性以及土坡水渗流时的影响等。因此，必须掌握土坡稳定分析各种方法的基本原理。

地基承载力不足而失稳（见第 9 章）、建（构）筑物基础在水平荷载作用下的倾覆和滑动失稳（参见第 8 章 8.1 节）、基础在水平荷载下连同地基一起滑动失稳以及土坡坡顶建（构）筑物地基失稳，都是地基稳定性问题。

本章先介绍无黏性土坡的稳定性、黏性土坡的稳定性、土坡稳定性的影响因素，最后介绍地基的稳定性。

10.2　无黏性土坡的稳定性

图 10-2（a）给出一坡度为 β 的均质无黏性土坡。假设坡体及其地基为同一种土，并且完全干燥或完全浸水，即不存在渗流作用。由于无黏性土土粒间缺少黏聚力，因此，只要位于坡面上的土单元体能保持稳定，则整个土坡就是稳定的。

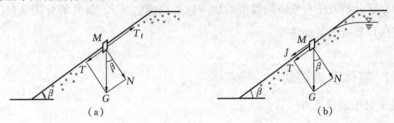

图 10-2　无黏性土坡的稳定性

(a) 重力作用；(b) 重力和渗流作用

在坡面上任取一侧面竖直、底面与坡面平行的土单元体 M，不计单元体两侧应力对稳定性的影响，单元体自重为 G，土的内摩擦角为 φ，故使土单元下滑的剪切力为 G 在顺坡方向的分力 $T=G\sin\beta$；而阻止土体下滑的力则为单元体与下面土体之间的抗剪力 T_f，其等于单元体自重在坡面法线方向的分力 N 引起的摩擦力，即 $T_f=N\tan\varphi=G\cos\beta\tan\varphi$。抗滑力和滑动力的比值称为稳定安全系数，用 K 表示，亦即

$$K = \frac{T_f}{T} = \frac{G\cos\beta\tan\varphi}{G\sin\beta} = \frac{\tan\varphi}{\tan\beta} \tag{10-1}$$

由上可见，对于均质无黏性土坡，理论上土坡的稳定性与坡高无关，只要坡角小于土的内摩擦角（$\beta<\varphi$），$K>1$，土体就是稳定的。当坡角与土的内摩擦角相等（$\beta=\varphi$）时，稳定安全系数 $K=1$，此时抗滑力等于滑动力，土坡处于极限平衡状态，相应的坡角就等于无黏性土的内摩擦角，特称之为自然休止角（natural angle of repose）。通常为了保证土坡具有足够的安全储备，可取 $K\geqslant1.3\sim1.5$。

当无黏性土坡受到一定的渗流力作用时，坡面上渗流溢出处的单元土体，除本身重量外，还受到渗流力 $J=\gamma_w i$ （i 为水力梯度，$i=\sin\beta$）的作用，如图10-2（b）所示。若渗流为顺坡出流，则溢出处渗流及渗流力方向与坡面平行，此时土单元体下滑的剪切力为 $T+J=G\sin\beta+\gamma_w i$，且此时对于单位土体来说，土体自重 G 就等于有效重度 γ'，故土坡的稳定安全系数变为

$$K=\frac{T_f}{T+J}=\frac{\gamma'\cos\beta\tan\varphi}{(\gamma'+\gamma_w)\sin\beta}=\frac{\gamma'\tan\varphi}{\gamma_{sat}\tan\beta} \tag{10-2}$$

可见，与式（10-1）相比，相差 γ'/γ_{sat} 倍，此值约为 1/2。因此，当坡面有顺坡渗流作用时，无黏性土坡的稳定安全系数约降低一半。

10.3 黏性土坡的稳定性

根据土的分类方法，黏性土坡应包括粉土土坡和黏性土（黏土、粉质黏土）土坡。黏性土坡常用的稳定分析方法有整体圆弧滑动法（包括稳定数法）、瑞典条分法（包括总应力法和有效应力法）和折线滑动法等。

10.3.1 整体圆弧滑动法

1. 黏性土坡的滑动特点

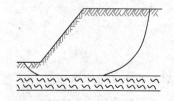

图 10-3 通过软弱层的非均质土坡滑动面

黏性土坡的失稳形态与工程地质条件有关。在非均质土层中，若土坡下存在软弱层，则滑动面很大部分将通过软弱土层形成曲折的复合滑动面（图 10-3），而当土坡位于倾斜岩层面上时，滑动面往往沿岩层面产生。

对于均质黏性土坡，由于剪切而破坏的滑动面大多为一曲面，破坏前，一般在坡顶首先出现张力裂缝，然后沿某一曲面产生整体滑动。此外，滑动体沿纵向也有一定范围，并且也是曲面，为了简化，进行稳定性分析时往往假设滑动面为圆筒面，并按平面应变问题处理。根据土坡的坡角大小、土体强度指标以及土中硬层位置的不同，圆筒滑动面的形式一般有以下三种：

（1）圆弧滑动面通过坡脚 B 点（图 10-4a），称为坡脚圆；

（2）圆弧滑动面通过坡面上 E 点（图 10-4b），称为坡面圆；

（3）圆弧滑动面通过坡脚以外的 A 点（图 10-4c），称为中点圆。

2. 整体圆弧滑动法

对于均质简单土坡，假定黏性土坡失稳破坏时的滑动面为一圆柱面，将滑动面以上土体视为刚体，并以其为脱离体，分析在极限平衡条件下脱离体上作用的各种力，而以整个滑动

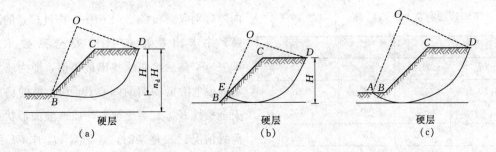

图 10-4 均质黏性土土坡的三种圆弧滑动面

(a) 坡脚圆；(b) 坡面圆；(c) 中点圆

面上的平均抗剪强度与平均剪应力之比来定义土坡的稳定安全系数，即

$$K = \frac{\tau_f}{\tau} \tag{10-3}$$

若以滑动面上的最大抗滑力矩与滑动力矩之比来定义，其结果完全一致。黏性土坡如图 10-5 所示，AC 为假定的滑动面，圆心为 O，半径为 R。当土体 ABC 保持稳定时必须满足力矩平衡条件（滑弧上的法向反力 N 通过圆心），故稳定安全系数为

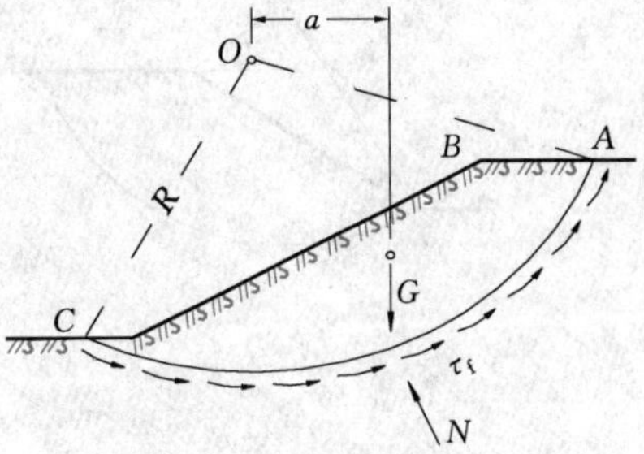

$$K = \frac{抗滑力矩}{滑动力矩} = \frac{\tau_f \widehat{AC} R}{Ga} \tag{10-4}$$

式中 $\widehat{AC}$——滑弧弧长；

图 10-5 均质土土坡的整体圆弧滑动

a——土体重心离滑弧圆心的水平距离。

一般情况下，土的抗剪强度由黏聚力 c 和摩擦力 $\sigma\tan\varphi$ 两部分组成，土体中法向应力 σ 沿滑动面并非常数，因此土的抗剪强度亦随滑动面的位置不同而变化。但对饱和黏土来说，在不排水剪条件下，$\varphi_u = 0$，故 $\tau_f = c_u$，因此上式可写为

$$K = \frac{c_u \widehat{AC} R}{Ga} \tag{10-5}$$

此分析方法通常称为 φ_u 等于零分析法。

由于计算上述安全系数时，滑动面为任意假定，并不是最危险滑动面，因此，所求结果并非最小安全系数。通常在计算时需假定一系列的滑动面，进行多次试算，计算工作量颇大。为此，W. 费伦纽斯（Fellenius，1927）通过大量计算分析，提出了确定最危险滑动面圆心的经验方法，一直沿用至今。该法主要内容如下：

对于均质黏性土坡，当土的内摩擦角 $\varphi = 0$ 时，其最危险滑动面常通过坡脚。其圆心位置可由图 10-6 (a) 中 CO 与 BO 两线的交点确定，图中 β_1 及 β_2 的值可根据坡角由表 10-1 查出。当 $\varphi > 0$ 时，最危险滑动面的圆心位置可能在图 10-6 (b) 中 EO 的延长线上。自 O 点

坡 比	坡 角	β_1	β_2
1：0.58	60°	29°	40°
1：1	45°	28°	37°
1：1.5	33.79°	26°	35°
1：2	26.57°	25°	35°
1：3	18.43°	25°	35°
1：4	14.04°	25°	37°
1：5	11.32°	25°	37°

不同边坡的 β_1、β_2 数据表　　表 10-1

向外分别取圆心 O_1、O_2……，作过 C 点的滑弧，并求出相应的抗滑安全系数 K_1、K_2……，然后绘曲线找出最小值，即为所要求的最危险滑动面的圆心 O_m 和土坡的稳定安全系数 K_{min}。当土坡非均质或坡面形状及荷载情况比较复杂时，还需自 O_m 作 OE 线的垂直线，并在垂线上再取若干点作为圆心进行计算比较，才能找出最危险滑动面的圆心和土坡稳定安全系数。

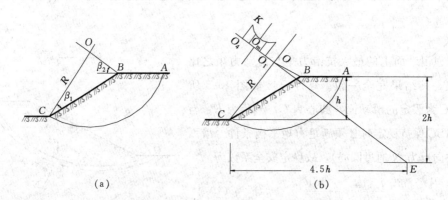

图 10-6　最危险滑动面圆心位置的确定

当土坡外形和土层分布都比较复杂时，最危险滑动面不一定通过坡脚，此时费伦纽斯法不一定可靠。目前电算分析表明，无论多么复杂的土坡，其最危险滑弧圆心的轨迹都是一根类似于双曲线的曲线，位于土坡坡线中心竖直线与法线之间。若采用电算，可在此范围内有规律地选取若干圆心坐标，结合不同的滑弧，求出相应滑弧的安全系数，再通过比较求得最小值 K_{min}。但需注意，对于成层土土坡，其低值区不止一个，可能存在多个 K_{min} 值。

3. 稳定数法

如上所述，土坡的稳定分析大都需经过试算，计算工作量颇大，因此，不少人提出简化的图表计算法。图 10-7 给出根据计算资料整理得到的极限状态时均质土坡内摩擦角 φ、坡角 β 与稳定系数 N_s 之间的关系曲线，其中

$$N_s = \frac{c}{\gamma h} \tag{10-6}$$

式中　c——土的黏聚力；

　　　γ——土的重度；

　　　h——土坡高度。

从图中可直接由已知的 c、φ、γ、β 确定土坡极限高度 h，也可由已知的 c、φ、γ、h 及安全系数 K 确定土坡的坡角 β。

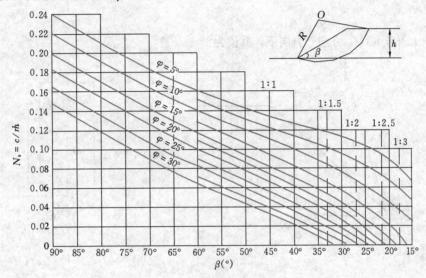

图 10-7　土坡稳定计算图

【例题 10-1】已知某土坡边坡坡比为 1∶1（β 为 45°），土的黏聚力 $c=12\text{kPa}$，内摩擦角 $\varphi=20°$，重度 $\gamma=17.0\text{kN/m}^3$，试确定该土坡的极限高度 h。

【解】根据 $\beta=45°$ 和 $\varphi=20°$ 查图 10-7 得 $N_s=0.065$，代入式（10-6）得土坡的极限高度为

$$h=\frac{c}{\gamma N_s}=\frac{12}{17\times0.065}=10.9\text{m}$$

10.3.2　瑞典条分法

实际工程中土坡轮廓形状比较复杂，由多层土构成，$\varphi>0$，有时尚存在某些特殊外力（如渗流力、地震作用等），此时滑弧上各区段土的抗剪强度各不相同，并与各点法向应力有关。为此，常将滑动土体分成若干条块，分析每一条块上的作用力，然后利用每一土条上的力和力矩的静力平衡条件，求出安全系数表达式，其统称为条分法（slice method），可用于圆弧或非圆弧滑动面情况。

瑞典条分法（Swedish slice method）是条分法中最古老而又最简单的方法，亦称瑞典圆弧法（Swedish circle method）。除假定滑动面为圆柱面及滑动土体为不变形的刚体外，忽略土条两侧面上的作用力，因此其未知量个数为（$n+1$），然后利用土条底面法向力的平衡和整个滑动土条力矩平衡两个条件，求出各土条底面法向力 N_i 的大小和土坡的稳定安全系数 K 的表达式。

当为均质土坡时（图 10-8），设滑动面为 AC，圆心为 O，半径为 R，并将滑动土体 ABC 分成若干土条，若取其中任一土条（第 i 条）分析其受力情况，则土条上作用的力有以下几种：

（1）土条自重 G_i，方向竖直向下，其值为：

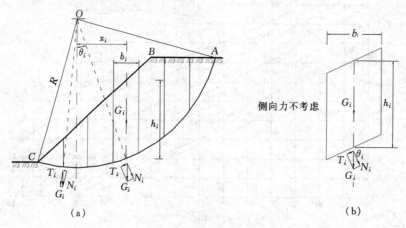

图 10-8　瑞典条分法计算图式

$$G_i = \gamma b_i h_i$$

式中，γ 为土的重度，b_i、h_i 分别为该土条的宽度和平均高度。将 G_i 引至分条滑动面上，可分解为通过滑弧圆心的法向力 N_i 和与滑弧相切的剪切力 T_i。若以 θ_i 表示该土条底面中点的法线与竖直线的交角，则有

$$N_i = G_i \cos\theta_i$$

$$T_i = G_i \sin\theta_i$$

（2）作用于土条底面的法向力 N_i 与反力 N_i' 大小相等，方向相反。

（3）作用于土体底面的抗剪力 T_{fi}，可能发挥的最大值等于土条底面上土的抗剪强度与滑弧长度的乘积，方向与滑动方向相反。当土坡处于稳定状态，并假定各土条底部滑动面上的安全系数均等于整个滑动面上的安全系数时，其抗剪力为

$$T_{fi} = \frac{\tau_{fi} l_i}{K} = \frac{(c + \sigma_i \tan\varphi) l_i}{K} = \frac{c l_i + N_i' \tan\varphi}{K} \tag{10-7}$$

若将整个滑动土体内各土条对圆心 O 取力矩平衡，则

$$\sum T_i R = \sum T_{fi} R$$

故安全系数

$$K = \frac{\sum (c l_i + N_i' \tan\varphi)}{\sum T_i} = \frac{\sum (c l_i + G_i \cos\theta_i \tan\varphi)}{\sum G_i \sin\theta_i} = \frac{\sum (c l_i + \gamma b_i h_i \cos\theta_i \tan\varphi)}{\sum \gamma b_i h_i \sin\theta_i} \tag{10-8}$$

若取各土条宽度相等，上式可简化为

$$K = \frac{c\hat{L} + \gamma b \tan\varphi \sum h_i \cos\theta_i}{\gamma b \sum h_i \sin\theta_i} \qquad (10\text{-}9)$$

式中　$\hat{L}$——滑弧的弧长。

此外，计算时尚需注意土条的位置，如图 10-8（a）所示，当土条底面中心在滑弧圆心 O 的垂线右侧时，剪切力 T_i 方向与滑动方向相同，起剪切作用，取正号；而当土条底面中心在圆心的垂线左侧时，T_i 方向与滑动方向相反，起抗剪作用，取负号。T_{fi} 则无论何处其方向均与滑动方向相反。

假定不同的滑弧，则可求出不同的 K 值，其中最小的 K 值即为土坡的稳定安全系数。

瑞典法也可用有效应力法进行分析，此时土条底部实际发挥的抗剪力为

$$T_{fi} = \frac{\tau_{fi} l_i}{K} = \frac{[c' + (\sigma_i - u_i)\tan\varphi']l_i}{K} = \frac{c' l_i + (G_i \cos\theta_i - u_i l_i)\tan\varphi'}{K}$$

故

$$K = \frac{\sum[c' l_i + (G_i \cos\theta_i - u_i l_i)\tan\varphi']}{\sum G_i \sin\theta_i} \qquad (10\text{-}10)$$

式中　c'、φ'——土的有效应力强度指标；

　　　u_i——第 i 土条底面中点处的（超）孔隙水压力；

其余符号意义同前。

【**例题 10-2**】某一均质黏性土土坡，高 20m，坡比为 1：2，填土黏聚力 c 为 10kPa，内摩擦角 φ 为 $20°$，重度 γ 为 $18kN/m^3$。试用瑞典条分法计算土坡的稳定安全系数。

【**解**】（1）选择滑弧圆心，作出相应的滑动圆弧。按一定比例画出土坡剖面（图 10-9）。因均质土坡，可由表 10-1 查得 $\beta_1 = 25°$，$\beta_2 = 35°$，作 BO 及 CO 线得交点 O。再求得点 E，作 EO 之延长线，在该延长线上任取一点 O_1 作为第一次试算的滑弧圆心，通过坡脚作相应的滑动圆弧，量得其半径 R 为 40m。

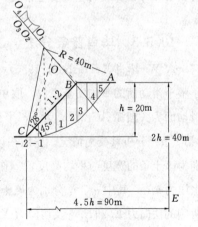

图 10-9　土坡剖面示意

（例题 10-2 图）

（2）将滑动土体分成若干土条并编号。为计算方便，土条宽度 b 取等宽为 $0.2R = 8m$。土条编号以滑弧圆心的垂线开始为 0，逆滑动方向的土条依次为 0、1、2、3……，顺滑动方向的土条依次为 -1、-2、-3……。

（3）量出各土条中心高度 h_i，并列表计算 $\sin\theta_i$、$\cos\theta_i$ 及 $\sum h_i \sin\theta_i$、$\sum h_i \cos\theta_i$ 等值（表 10-2）。尚应注意：取等宽时，土体两端土条的宽度不

一定恰好等于 b，此时需将土条的实际高度折算成相应于 b 时的高度，对 $\sin\theta$ 也应按实际宽度计算，见表 10-2 备注栏。

瑞典法计算表（圆心编号：O_1，H：40m，土条宽：8m）（例题 10-2） 表 10-2

土条编号	h_i(m)	$\cos\theta_i$	$\cos\theta_i$	$h_i\sin\theta_i$	$h_i\cos\theta_i$	备　注
-2	3.3	-0.383	0.924	-1.26	3.05	1. 从图上量出 "-2" 土条的实际宽度为 6.6m，实际高度为 4.0m，折算后的 "-2" 土条高度为
-1	9.5	-0.2	0.980	-1.90	9.31	
0	14.6	0	1	0	14.60	$4.0\times\dfrac{6.6}{8}=3.3\text{m}$
1	17.5	0.2	0.980	3.50	17.15	2.
2	19.0	0.4	0.916	7.60	17.40	$\sin\theta_{-2}=-\left(\dfrac{1.5b+0.5b_{-2}}{R}\right)$
3	17.9	0.6	0.800	10.20	13.60	$=-\left(\dfrac{1.5\times8+0.5\times6.6}{40}\right)$
4	9.0	0.8	0.600	7.20	5.40	$=-0.383$
Σ				25.34	80.51	

（4）量出滑动圆弧的中心角 θ 为 98°，计算滑弧弧长

$$\hat{L}=\frac{\pi}{180}\times\theta\times R=\frac{\pi}{180}\times98\times40=68.4\text{m}$$

若考虑裂缝，滑弧长度只能算到裂缝为止。

（5）计算安全系数，根据式（10-9）

$$K=\frac{c\hat{L}+\gamma b\tan\varphi\sum h_i\cos\theta_i}{\gamma b\sum h_i\sin\theta_i}=\frac{10\times68.4+18\times8\times0.364\times80.51}{18\times8\times25.34}=\frac{4904.0}{3650.4}=1.34$$

（6）在 EO 延长线上重新选择滑弧圆心 O_2、O_3……，重复上述计算，即可求出最小安全系数，即该土坡的稳定安全系数。

10.3.3　毕肖普条分法

A. W. 毕肖普（Bishop，1955）假定各土条底部滑动面上的抗滑安全系数均相同，即等于整个滑动面的平均安全系数，取单位长度土坡按平面问题计算，如图 10-10 所示。设可能滑动面为一圆弧 AC，圆心为 O，半径 R。将滑动土体 ABC 分成若干土条，而取其中任一条（第 i 条）分析其受力情况。作用在该土条上的力有：①土条自重 $G_i=\gamma b_i h_i$，其中 b_i、h_i 分别为该土条的宽度与平均高度；②作用于土条底面的抗剪力 T_{fi}、有效法向反力 N_i' 及孔隙水压力 $u_i l_i$，其中 u_i、l_i 分别为该土条底面中点处孔隙水压力和滑弧长度；③作用于该土条两侧的法向力 E_i 和 E_{i+1} 及切向力 X_i 和 X_{i+1}，$\Delta X_i=（X_{i+1}-X_i）$。且 G_i、T_{fi}、N_i' 及 $u_i l_i$ 的作用点均在土条底面中点。

对 i 土条竖直方向取力的平衡得

$$G_i+\Delta X_i-T_{fi}\sin\alpha_i-N_i'\cos\alpha_i-u_i l_i\cos\alpha_i=0$$

或

$$N_i'\cos\alpha_i=G_i+\Delta X_i-T_{fi}\sin\alpha_i-u_i b_i \tag{10-11}$$

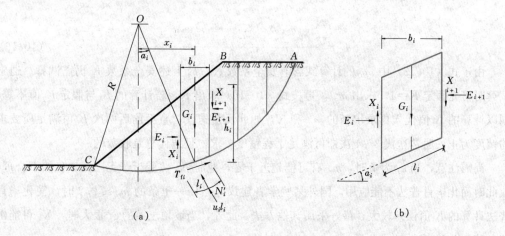

图 10-10 毕肖普条分法计算图式

当土坡尚未破坏时，土条滑动面上的抗剪强度只发挥了一部分，若以有效应力表示，土条滑动面上的抗剪力为

$$T_{fi} = \frac{\tau_{fi} l_i}{K} = \frac{c' l_i}{K} + N'_i \frac{\tan\varphi'}{K} \tag{10-12}$$

式中　c'——土的有效黏聚力；

　　　φ'——土的有效内摩擦角；

　　　K——安全系数。

代入式（10-11），可解得 N'_i 为

$$N'_i = \frac{1}{m_{\alpha_i}} \Big(G_i + \Delta X_i - u_i b_i - \frac{c' l_i}{K} \sin\alpha_i \Big) \tag{10-13}$$

式中　$m_{\alpha_i} = \cos\alpha_i \Big(1 + \dfrac{\tan\varphi' \tan\alpha_i}{K} \Big)$。

然后就整个滑动土体对圆心 O 求力矩平衡，此时相邻土条之间侧壁作用力的力矩将互相抵消，而各土条的 N'_i 及 $u_i l_i$ 的作用线均通过圆心，故有

$$\sum G_i x_i - \sum T_{fi} R = 0 \tag{10-14}$$

将式（10-13）、式（10-14）代入式（10-12），且 $x_i = R\sin\alpha_i$，$b = b_i = l_i \cos\alpha_i$，可得

$$K = \frac{\sum \dfrac{1}{m_{\alpha_i}} \big[c'b + (G_i - u_i b + \Delta X_i) \tan\varphi' \big]}{\sum G_i \sin\alpha_i} \tag{10-15}$$

此为毕肖普条分法计算土坡安全系数的普遍公式，但 ΔX_i 仍为未知。为了求出 K，须估算 ΔX_i 值，可通过逐次逼近法求解，而 X_i 及 E_i 的试算值均应满足每个土条的平衡条件，且整个滑动土体的 $\sum \Delta X_i$ 及 $\sum \Delta E_i$ 均等于零。毕肖普证明，若令各土条的 $\Delta X_i = 0$，所产生的误差仅为 1%，由此可得国内外使用相当普遍的毕肖普简化公式

$$K = \frac{\sum \frac{1}{m_{\alpha_i}}[c'b + (G_i - u_i b)\tan\varphi']}{\sum G_i \sin\alpha_i} \qquad (10\text{-}16)$$

由于式（10-13）中 m_{α_i} 的计算式含有安全系数 K，故上述安全系数 K 仍需试算。通常试算时可先假定 $K=1$，求出 m_{α_i}，再按式（10-16）求出 K，若计算的 K 与假定 K 值不等，则以计算的 K 值代入再求出新的 m_{α_i} 和 K，如此反复迭代，直至前后两次 K 值满足所要求的精度为止。通常迭代 3～4 次即可满足工程精度要求，且迭代总是收敛的。

尚需注意，当 α_i 为负时，m_{α_i} 有可能趋近于零，此时 N'_i 将趋近于无限大，显然不合理，故此时简化毕肖普法不能应用。国外某些学者建议，当任一土条的 $m_{\alpha_i} \leqslant 0.2$ 时，简化毕肖普法计算的 K 值误差较大，最好采用其他方法。此外，当坡顶土条的 α_i 很大时，N'_i 可能出现负值，此时可取 $N'_i = 0$。

为了求得最小的安全系数 K，同样必须假定若干个滑动面，其最危险滑动面圆心位置的确定，仍可采用前述费伦纽斯经验法。

毕肖普条分法考虑了土条两侧的作用力，计算结果比较合理。分析时先后利用每一土条竖直方向力的平衡及整个滑动土体对圆心的力矩平衡条件，避开了 E_i 及其作用点的位置，并假定所有的 ΔX_i 均等于零，使分析过程得到了简化，但同样不能满足所有的平衡条件，还不是一个严格的方法，由此产生的误差约为 2%～7%。同时，毕肖普条分法也可用于总应力分析，即在上述公式中略去孔隙水压力 $u_i l_i$ 的影响，并采用总应力强度指标 c、φ 计算即可。

【例题 10-3】某均质黏性土坡，高 10m，坡比 1:1，填土黏聚力 $c=15$kPa，内摩擦角 $\varphi=20°$，重度 $\gamma=18$kN/m³，坡内无地下水影响，试用毕肖普条分法（总应力法）计算土坡的稳定安全系数。

【解】（1）选择滑弧圆心，作出相应的滑动圆弧。按一定比例画出土坡剖面，如图 10-11 所示。由于是均质土坡，可按表 10-1 查得 $\beta_1=28°$，$\beta_2=37°$，作 BO 线及 CO 线得交点 O。再如图 10-6 求得 E 点，作 EO 的延长线，在 EO 延长线上取一点 O_1 作为第一次试算的滑弧圆心，过坡脚作相应的滑动圆弧，可量得半径 $R=16.56$m。

（2）将滑动土体分成若干土条，并对土条编号。取土条宽度 b 为 2m。土条编号从滑弧圆心的垂线开始作为 0，逆滑动方向的土条依次编为 1，2，3，……，7。

（3）量出各土条中心高度 h_i，并列表计算 $\sin\alpha_i$、$\cos\alpha_i$、G_i、$G_i\sin\alpha_i$、$G_i\tan\varphi$ 以及 cb。

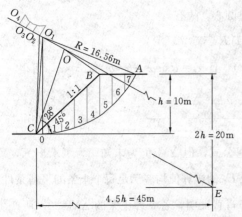

图 10-11　计算剖面示意图（例题 10-3 图）

（4）稳定安全系数计算公式为：

$$K = \frac{\sum \dfrac{1}{m_{\alpha_i}}(cb + G_i \tan\varphi)}{\sum G_i \sin\alpha_i}$$

第一次试算时，假定 $K=1$，求得

$$K = \frac{664.72}{561.71} = 1.1834$$

第二次试时，假定 $K=1.1834$，求得

$$K = \frac{686.02}{561.71} = 1.2213$$

第三次试算时，假定 $K=1.2213$，求得

$$K = \frac{689.85}{561.71} = 1.2281$$

第四次试算时，假定 $K=1.2281$，求得

$$K = \frac{690.41}{561.71} = 1.2291$$

满足精度要求，故取 $K=1.23$。应当注意：这仅是一个滑弧的计算结果，为了求出最小的 K 值，需假定若干个滑动面，按前法进行试算。

毕肖普条分法计算表（例题10-3表）　　　　　　　　　　　　　　　　表10-3

土条编号	No	0	1	2	3	4	5	6	7	Σ
h_i（m）	1	0.970	2.786	4.351	5.640	6.612	6.188	4.202	1.520	
b（m）	2	2.0	2.0	2.0	2.0	2.0	2.0	2.0	1.709	
G_i（$=\gamma h_i b$）	3	34.92	100.30	156.64	203.04	238.03	222.77	151.27	46.76	
$\sin\alpha_i$	4	0.030	0.151	0.272	0.393	0.514	0.636	0.758	0.950	
$\cos\alpha_i$	5	1.000	0.988	0.962	0.919	0.857	0.772	0.652	0.313	
$G_i \sin\alpha_i$	6	1.05	15.15	42.61	79.79	122.35	141.68	114.66	44.42	561.71
$G_i \tan\varphi$	7	12.71	36.51	57.01	73.90	86.64	81.08	55.06	17.02	
cb	8	30.0	30.0	30.0	30.0	30.0	30.0	30.0	25.64	
m_{α_i}（$K=1$）	9	1.011	1.043	1.061	1.062	1.044	1.003	0.928	0.659	
［(7)＋(8)］/(9)	10	42.25	63.77	82.01	97.83	111.72	110.75	91.66	64.73	664.02
m_{α_i}（$K=1.1834$）	11	1.009	1.034	1.046	1.040	1.015	0.968	0.885	0.605	
［(7)＋(8)］/(11)	12	42.33	64.32	83.18	99.90	114.92	114.75	96.11	70.51	686.02
m_{α_i}（$K=1.2213$）	13	1.009	1.033	1.043	1.036	1.010	0.962	0.878	0.596	
［(7)＋(8)］/(13)	14	42.33	64.39	83.42	100.29	115.49	115.47	96.88	71.58	689.85
m_{α_i}（$K=1.2281$）	15	1.009	1.033	1.043	1.035	1.009	0.961	0.877	0.595	
［(7)＋(8)］/(15)	16	42.33	64.39	83.42	100.39	115.60	115.59	96.99	71.70	690.41

10.3.4 规范圆弧条分法

《公路软土地基路堤设计与施工技术细则》JTG/T D31—02—2013 规定：软土地基路堤的稳定验算宜采用圆弧滑动法中的有效固结应力法、改进总强度法，在试验段或路堤的重点部位设计时，可采用简化毕肖普法、简布普遍条分法。

（1）有效固结应力的圆弧条分法

当采用有效固结应力法进行路堤边坡（图 10-12）稳定性验算时，稳定安全系数 K 可按下式计算：

$$K = \frac{\sum\limits_{A}^{B}(c_{qi}L_i + W_{Ii}\cos\alpha_i\tan\varphi_{qi} + W_{IIi}U_i\cos\alpha_i\tan\varphi_{cqi}) + \sum\limits_{B}^{C}(c_{qi}L_i + W_{IIi}\cos\alpha_i\tan\varphi_{qi})}{\sum\limits_{A}^{B}(W_I + W_{II})_i\sin\alpha_i + \sum\limits_{B}^{C}W_{IIi}\sin\alpha_i}$$

(10-17)

式中　c_{qi}、φ_{qi} ——地基土或路堤填料的黏聚力（kPa）和内摩擦角（°），由快剪实验测得；

φ_{cqi} ——地基土的内摩擦角（°），由固结快剪实验测得。

U_i ——地基平均固结度（%）；

α_i ——土条底面与水平面交角（°）；

L_i ——土条底面弧长（m）；

W_{Ii} ——土条地基部分重力（kN）；

W_{IIi} ——土条路堤部分重力（kN）。

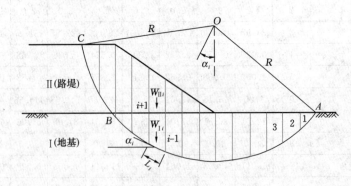

图 10-12　计算模式

（2）改进总强度法

采用改进总强度法时，路堤边坡稳定安全系数按下式计算：

$$K = \frac{\sum\limits_{A}^{B}(S_{ui} + W_{IIi}U_im_i\cos\alpha_i)L_i + \sum\limits_{B}^{C}(c_{qi}L_i + W_{IIi}\cos\alpha_i\tan\varphi_{qi})}{\sum\limits_{A}^{B}(W_I + W_{II})_i\sin\alpha_i + \sum\limits_{B}^{C}W_{IIi}\sin\alpha_i}$$

(10-18)

式中　S_{ui}——十字板试验得到的抗剪强度（kPa），或由静力触探实验的贯入阻力（单桥探
　　　　　头）、锥尖阻力（双桥探头）换算的十字板抗剪强度；

　　　　m_i——第 i 土条滑裂面所在地基地层的强度增长系数，可由试验确定，也可按软土
　　　　　类型取值，泥炭取 0.35；腐殖质土取 0.20；有机质土取 0.25；黏质土取
　　　　　0.30；粉质土取 0.25；

其他符号意义同前。

（3）有效应力法（简化毕肖普法）

当采用有效应力法（准毕肖普法）时，地基抗剪强度指标采用有效抗剪强度指标 c'、
φ'，可按下式计算路堤边坡稳定安全系数：

$$K = \frac{\sum\limits_{A}^{B}\{c_i'b_i + [(W_{I}+W_{II})_i - u_ib_i]\tan\varphi_i'\}/m_{I\alpha i} + \sum\limits_{B}^{C}\{c_{qi}b_i + W_{II i}\cos\alpha_i\tan\varphi_{qi}\}/m_{II\alpha i}}{\sum\limits_{A}^{B}(W_{I}+W_{II})_i\sin\alpha_i + \sum\limits_{B}^{C}W_{II i}\sin\alpha_i}$$

（10-19）

式中　　　　　$$m_{I\alpha i} = \cos\alpha_i + \tan\varphi_i'\sin\alpha_i/K$$

$$m_{II\alpha i} = \cos\alpha_i + \tan\varphi_{qi}\sin\alpha_i/K$$

　　　b_i——分条的水平宽度（m），即 $b_i = L_i\cos\alpha_i$；
　　　u_i——滑动面上的孔隙水压力（kPa）。

10.3.5　杨布条分法土坡稳定分析

在实际工程中经常会遇到非圆弧滑动面的土坡稳定分析，如土坡下面有软弱夹层，或土坡位于倾斜岩层面上，滑动面形状受到夹层或硬层影响而呈非圆弧形状。此时若采用前述圆弧滑动面法分析就不再适用。下面介绍 N. 杨布（Janbu，1954，1972）提出的非圆弧普遍条分法（GPS）。

如图 10-13（a）所示土坡，滑动面任意划分土条后，其假定：①滑动面上的切向力 T_i 等于滑动面上土所发挥的抗剪强度 τ_{fi}，即 $T_i = \tau_{fi}l_i = (N_i\tan\varphi_i + c_il_i)/K$；②土条两侧法向力 E 的作用点位置为已知，且一般假定作用于土条底面以上 1/3 高度处。分析表明，条间力作用点的位置对土坡稳定安全系数影响不大。

取任一土条如图 10-13（b）所示，h_{ti} 为条间力作用点的位置，α_{ti} 为推力线与水平线的夹角。需求的未知量有：土条底部法向反力 N_i（n 个）；法向条间力之差 ΔE_i（n 个）；切向条间力 X_i（$n-1$ 个）及安全系数 K。可通过对每一土条的力和力矩平衡建立 $3n$ 个方程求解。

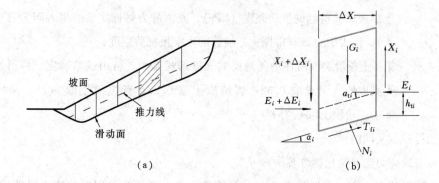

（a）　　　　　　　　　　（b）

图 10-13　杨布的普遍条分法

对每一土条取竖直方向力的平衡，则

$$N_i \cos\alpha_i = G_i + \Delta X_i - T_{fi}\sin\alpha_i$$

或
$$N_i = (G_i + \Delta X_i)\sec\alpha_i - T_{fi}\tan\alpha_i \tag{10-20}$$

再取水平方向力的平衡，有

$$\Delta E_i = N_i \sin\alpha_i - T_{fi}\cos\alpha_i = (G_i + \Delta X_i)\tan\alpha_i - T_{fi}\sec\alpha_i \tag{10-21}$$

对土条中点取力矩平衡，并略去高阶微量，则

$$X_i b = -E_i b\tan\alpha_{ti} + h_{ti}\Delta E_i$$

或
$$X_i = -E_i \tan\alpha_{ti} + h_{ti}\Delta E_i / b \tag{10-22}$$

再由整个土坡 $\sum \Delta E_i = 0$ 可得

$$\sum(G_i + \Delta X_i)\tan\alpha_i - \sum T_i \sec\alpha_i = 0 \tag{10-23}$$

根据安全系数的定义和摩尔—库仑破坏准则

$$T_{fi} = \frac{\tau_{fi} l_i}{K} = \frac{cb\sec\alpha_i + N_i\tan\varphi}{K} \tag{10-24}$$

联合求解式（10-20）及式（10-24），得

$$T_{fi} = \frac{1}{K}\big[cb + (G_i + \Delta X_i)\tan\varphi\big]\frac{1}{m_{\alpha_i}} \tag{10-25}$$

式中　$m_{\alpha_i} = \left(1 + \dfrac{\tan\varphi\tan\alpha_i}{K}\right)$

将式（10-25）代入式（10-23），得

$$K = \frac{\sum\dfrac{1}{\cos\alpha_i m_{\alpha_i}}\big[cb + (G_i + \Delta X_i)\tan\varphi\big]}{\sum(G_i + \Delta X_i)\tan\alpha_i} \tag{10-26}$$

显见，上述公式的求解仍需采用迭代法，可按以下步骤进行：

（1）先设 $\Delta X_i = 0$（相当于简化的毕肖普法），并假定 $K=1$，算出 m_{α_i} 代入式（10-23）求得 K，若计算 K 值与假定值相差较大，则由新的 K 值再求 m_{α_i} 和 K，反复逼近至满足精度要求，求出 K 的第一次近似值。

（2）由式（10-25）、式（10-21）及式（10-22）分别求出每一土条的 T_i、ΔE_i 及 X_i，并计算出 ΔX_i。

（3）用新求出的 ΔX_i 重复步骤 1，求出 K 的第二次近似值，并以此值重复上述计算每一土条的 T_i、ΔE_i、ΔX_i，直到前后计算的 K 值达到某一要求的计算精度。

杨布条分法可以满足所有静力平衡条件，但推力线的假定必须符合条间力的合理性要求（即满足土条间不产生拉力和剪切破坏）。目前在国内外应用较广，但也须注意，在某些情况下，其计算结果有可能不收敛。

10.3.6　折线滑动法

折线滑动法是假定边坡沿滑动面为折线，该方法主要应用于岩质边坡或下层为岩质边坡，上层为黏性土层的边坡。在建设场区内，由于施工或其他因素的影响有可能发生滑坡地段，必须采取可靠的预防措施，防止沿岩层交界面或与土层的交界面发生滑坡。当滑体有多层滑动面（带）时，应取推力最大的滑动面（带）确定滑坡推力，且选择平行于滑动方向的几个具有代表性的断面进行计算（图 10-14）。计算断面一般不少于 2 个，其中应有一个是滑动主轴断面。根据不同断面的推力设计相应的抗滑结构，当滑动面为折线形时，滑坡推力可按下式计算：

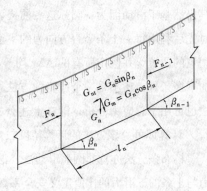

图 10-14　滑坡推力计算示意

$$F_i = F_{i-1}\varphi + \gamma_t G_{it} - G_{in}\tan\varphi_i - c_i l_i \tag{10-27}$$

$$\psi = \cos(\beta_{i-1} - \beta_i) - \sin(\beta_{i-1} - \beta_i)\tan\varphi_i \tag{10-28}$$

式中　F_i、F_{i-1}——第 i 块、第 $i-1$ 块滑体的剩余下滑力；

　　　　ψ——传递系数；

　　　　γ_t——滑坡推力安全系数；

　　G_{it}、G_{in}——第 i 块滑体自重沿滑动面、垂直滑动面的分力；

　　　　φ_i——第 i 块滑体沿滑动面土的内摩擦角标准值；

　　　　c_i——第 i 块滑动面土体的黏聚力标准值；

　　　　l_i——第 i 块滑体沿滑动面的长度。

滑坡推力作用点取在滑体厚度的 1/2 处，滑坡推力安全系数应根据滑坡现状及其对工程的影响等因素确定，对地基基础设计等级为甲级的建筑物宜取 1.25，设计等级为乙级的建筑物宜取 1.15，设计等级为丙级的建筑物宜取 1.05。滑动面上的抗剪强度可根据土（岩）的性质和当地经验，采用试验与滑坡反算相结合的方法确定。

10.3.7 各种方法的比较

整体圆弧滑动法安全系数用抗滑力矩与滑动力矩的比值定义，具体计算时仍存在诸多困难，1927 年 Fellennius 在此基础上提出瑞典条分法，亦称简单条分法，将圆弧滑动土体竖直条分后，忽略土条之间的作用力进行计算求得整体圆弧滑动安全系数。此方法计算简单，但由于其忽略土条之间作用力，计算的安全系数偏小。

瑞典条分法因忽略了土条两侧作用力，不能满足所有的平衡条件，故计算的稳定安全系数比其他严格的方法可能偏低 $10\%\sim20\%$，这种误差随着滑弧圆心角和孔隙水应力的增大而增大，严重时可导致计算的安全系数偏小一半。

毕肖普条分法将土坡竖直条分后，用抗滑剪切力与土条的下滑力的比值定义安全系数，其仍然基于滑动面为一圆弧这一前提，考虑了土条两侧的作用力，计算结果比较合理。分析时先后利用每一土条竖直方向力的平衡及整个滑动土体的力矩平衡条件，避开了 E_i 及其作用点的位置，并假定所有的 ΔX_i 均等于零，使分析过程得到了简化，但同样不能满足所有的平衡条件，还不是一个严格的方法，由此产生的误差约为 $2\%\sim7\%$。同时，毕肖普条分法也可用于总应力分析，即在上述公式中略去孔隙水压力 $u_i l_i$ 的影响，并采用总应力强度 c、φ 计算即可。该方法的计算精度较高。

杨布条分法亦称非圆弧滑动法，滑动面为任意曲线。将土坡竖直条分后，也用抗滑剪切力与土条的下滑力的比值定义安全系数，假定滑动面上的切向力等于滑动面上土所发挥的抗剪强度，且土条两侧法向力的作用点位于土条底面以上 $1/3$ 高度处。亦可应用于圆弧滑动面。

公路规范提供的方法是以 Fellennius 的简单条分法为基础，也采用抗剪力与下滑力的比值定义安全系数，但不考虑土条间的作用力，得到的稳定安全系数偏安全。

10.4 土坡稳定性的影响因素

10.4.1 土体抗剪强度指标及稳定安全系数的选择

土体抗剪强度指标的恰当选取是影响土坡稳定分析成果可靠性的主要因素。对任一给定的土体而言，不同试验方法测定的土体抗剪强度变化幅度远超过不同静力计算方法之间的差别，尤其是软黏土。所以在测定土的抗剪强度时，原则上应使试验的模拟条件尽量符合现场土体的实际受力和排水条件，保证试验指标具有一定的代表性。因此，对于控制土坡稳定的各个时期，可分别按表 10-4 选取不同的试验方法和测定结果。

对于黏性土坡，从理论上说，当处于极限平衡状态时，其稳定安全系数 $K=1$，也就是说，若设计土坡的安全系数 $K>1$，则土坡能满足稳定要求。但在实际工程中，由于影响土坡稳定性的因素较多，有些土坡即使 $K>1$，还是发生了滑动，而有些土坡，尽管 $K<1$，却是稳定的。因此，在进行黏性土土坡的稳定性分析时，不仅要求分析的方法合理，更重要的是如何选取土的抗剪强度指标及规定恰当的安全系数。对于软黏土土坡尤为重要。目前对于土坡稳定容许安全系数的取值，各部门尚无统一标准，考虑的角度也不尽相同，在工程中应根据计算方法、强度指标的测定方法综合选取，并应结合当地已有实践经验加以确定。

稳定计算时抗剪强度指标的选用　　　　　　　　　　表 10-4

控制稳定情况	强度计算方法	土　类		仪器	试 验 方 法	采用的强度指标	试样初始状态
正常施工	有效应力法	无黏性土		直剪	慢　剪	c'、φ'	填土用填筑含水率和填筑密度，地基用原状土
				三轴	排水剪		
		粉土、黏性土	饱和度小于等于 80%	直剪	慢　剪		
				三轴	不排水剪测孔隙水压力		
			饱和度大于 80%	直剪	慢　剪		
				三轴	固结不排水剪测孔隙水压力	c_{cu}、φ_{cu}	
快速施工	总应力法	粉土、黏性土	渗透系数小于 10^{-7}cm/s	直剪	快　剪	c_u、φ_u	
			任何渗透系数	三轴	不排水剪		
长期稳定渗流	有效应力法	无黏性土		直剪	慢　剪	c'、φ'	同上，但要预先饱和
				三轴	排水剪		
		粉土、黏性土		直剪	慢　剪	c_{cu}、φ_{cu}'	
				三轴	固结不排水剪测孔隙水压力		

表 10-5 为《公路软土地基路堤设计与施工技术细则》JTG/T D31—02—2013 中给出的抗滑稳定安全系数和稳定性分析方法及土的强度指标配合应用的规定。现行《公路路基设计规范》JTJ D30—2015 规定：正常工况下滑坡稳定性验算时，高速公路、一级公路安全系数应采用 $1.20\sim1.30$；二级公路安全系数应采用 $1.15\sim1.20$；三级、四级公路安全系数应采用 $1.10\sim1.15$；考虑暴雨或连续降雨的附加作用影响时，安全系数可适当折减 $0.05\sim0.10$。

稳定安全系数容许值（JTG/T D31—02—2013）　　　　　　表 10-5

指标	有效固结应力法		改进总强度法		简化毕肖普法、简布普遍条分法
	不考虑固结	考虑固结	不考虑固结	考虑固结	
直接快剪	1.1	1.2	—	—	—
静力触探、十字板剪切	—	—	1.2	1.3	—
三轴有效剪切指标	—	—	—	—	1.4

注：表列稳定安全系数未考虑地震影响。当需要考虑地震力时，表列稳定安全系数减小 0.1。

10.4.2　坡顶开裂时的土坡稳定性

如图 10-15 所示，由于土的收缩及张力作用，在黏性土坡的坡顶附近可能出现裂缝，雨水或相应的地表水渗入裂缝后，将产生静水压力 P_w（kN/m）为

$$P_w = \frac{\gamma_w h_0^2}{2} \qquad (10\text{-}29)$$

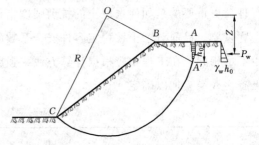

图 10-15　坡顶开裂时稳定计算

式中　h_0——坡顶裂缝开展深度，可近似地按挡土墙后为黏性填土时，墙顶产生的拉裂深度，$h_0 = 2c/\gamma \sqrt{K_a}$，其中 K_a 为朗肯主动土压力系数。

该静水压力促使土坡滑动，其对最危险滑动面圆心 O 的力臂为 z，因此，在按前述各种方法进行土坡稳定性分析时，滑动力矩中尚应计入 P_w 的影响，同时土坡滑动面的弧长也将相应地缩短，即抗滑力矩有所减少。

10.4.3　土中水渗流时的土坡稳定分析

当土坡部分浸水时，水下土条的重力都应按饱和重度计算，同时还需考虑滑动面上的静水压力和作用在土坡坡面上的水压力。如图 10-16（a）所示，ef 线以下作用有滑动面上的静水压力 P_1、坡面上水压力 P_2 以及孔隙水重力和土粒浮力的反作用力 G_w。在静水状态，三力维持平衡，且由于 P_1 的作用线通过圆心 O，根据力矩平衡条件，P_2 对圆心 O 的力矩也

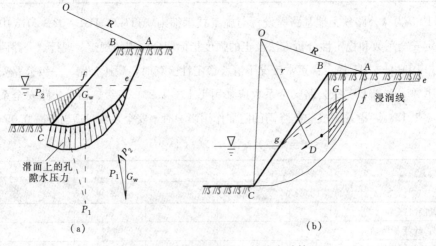

图 10-16　水渗流时的土坡稳定计算

（a）部分渗水土坡；（b）水渗流时的土坡

恰好与 G_w 对圆心 O 的力矩相互抵消。因此，在静水条件下周界上的水压力对滑动土体的影响可用静水面以下滑动土体所受的浮力来代替，即相当于水下土条重量取有效重度计算。故稳定安全系数的计算公式与前述完全相同，只是将 ef 线以下土的重度用有效重度 γ' 计算即可。

当土坡两侧水位不同时，水将由高的一侧向低的一侧渗流。当坡内水位高于坡外水位时，坡内水将向外渗流，产生渗流力（动水力），其方向指向坡面，如图 10-16（b）所示。若已知浸润线（渗流水位线）为 efg，滑动土体在浸润线以下部分（fgC）的面积为 A_w，则作用在该部分土体上的渗流力合力 D 为

$$D = JA_w = \gamma_w iA_w \tag{10-30}$$

式中 J——作用在单位体积土体上的渗流力（kN/m³）；

   i——浸润线以下部分面积 A_w 范围内水力梯度平均值，可近似地假定 i 等于浸润线两端 fg 连线的坡度。

渗流力合力 D 的作用点在面积 fgC 的形心，其作用方向假定与 fg 平行，D 对滑动面圆心 O 的力臂为 r，由此考虑渗流力后，毕肖普条分法分析土坡稳定安全系数的计算公式为

$$K = \frac{\sum \dfrac{1}{m_{a_i}}\left[c'b + (G_i - u_ib)\tan\varphi'\right]}{\sum G_i \sin\alpha_i + \dfrac{r}{R} \cdot D} \tag{10-31}$$

10.5　地基的稳定性

通常在下述情况可能发生地基稳定性破坏：①承受很大水平力或倾覆力矩的建（构）筑物，如受风荷载或地震作用的高层建筑或高耸构筑物，承受拉力的高压线塔架基础及锚拉基础，承受水压力或土压力的挡土墙、水坝、堤坝和桥台等；②位于斜坡或坡顶上的建（构）筑物，由于荷载作用或环境因素影响，造成部分或整个边坡失稳；③地基中存在软弱土层，土层下面有倾斜的岩层面、隐伏的破碎或断裂带，地下水渗流等。

10.5.1　基础连同地基一起滑动的稳定性

基础在经常性水平荷载作用下，连同地基一起滑动失稳的地基稳定性问题有如下几种。

（1）如图 10-17 所示挡土墙剖面，滑动破坏面接近圆弧滑动面，并通过墙踵点（线）。分析时取绕圆弧中心点 O 的抗滑力矩与滑动力矩之比作为整体滑动

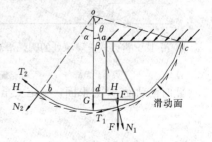

图 10-17　挡墙连同地基一起滑动

的稳定安全系数，可粗略地按下式验算：

$$K = \frac{M_R}{M_S} \tag{10-32}$$

式中　M_R——抗滑力矩，$M_R = (\alpha + \beta + \theta) \cdot c_k \pi R / 180° + (N_1 + N_2 + G) R \tan\varphi_k$；

　　　M_S——滑动力矩，$M_S = (T_1 + T_2) R$；

　c_k、φ_k——土的黏聚力标准值和内摩擦角标准值；

　F、H——挡土墙基底所承受的垂直分力和水平分力；

　　　R——滑动圆弧的半径。

$$N_1 = F\cos\beta, N_2 = H\sin\alpha, T_1 = F\sin\beta, T_2 = H\cos\alpha, G = \gamma\left(\frac{\alpha\pi}{180°} - \sin\alpha\cos\alpha\right)R^2$$

若考虑土质的变化，也可采用类似于土坡稳定条分法计算稳定安全系数。同理，最危险圆弧滑动面必须通过试算求得，一般要求 $K_{min} \geqslant 1.2$。

（2）当挡土墙周围土体及地基土都比较软弱时，地基失稳时可能出现图10-18所示贯入软土层深处的圆弧滑动面。此时，同样可采用类似于土坡稳定分析的条分法计算稳定安全系数，通过试算求得最危险的圆弧滑动面和相应的稳定安全系数 K_{min}，一般要求 $K_{min} \geqslant 1.2$。

（3）当挡土墙位于超固结坚硬黏土层中时，其滑动破坏可能沿近似水平面的软弱结构面发生，为非圆弧滑动面（图 10-19）。计算时，可近似地取土体 $abdc$ 为隔离体。假定作用在 ab 和 dc 竖直面上的力分别等于主动和被动土压力。设 bd 面为平面，沿此滑动面上总的抗剪强度为

$$\tau_f l = cl + G\cos\alpha\tan\varphi \tag{10-33}$$

式中　G——土体 $abdc$ 的自重标准值；

　l、α——bd 的长度和水平倾角；

　c、φ——硬黏土的黏聚力标准值和内摩擦角标准值。

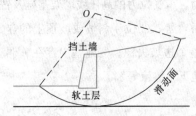

图 10-18　贯入软土层深处的圆弧滑动面

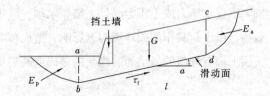

图 10-19　硬土层中的非圆弧滑动面

此时滑动面 bd 为平面，稳定安全系数 K 为抗滑力与滑动力之比，即

$$K = \frac{E_p + \tau_f l}{E_a + G\sin\alpha} \tag{10-34}$$

一般平面滑动要求 $K \geqslant 1.3$。

10.5.2 土坡坡顶建（构）筑物地基的稳定性

位于稳定土坡坡顶上的建（构）筑物，《建筑地基基础设计规范》GB 50007—2011 规定，当垂直于坡顶边缘线的基础底面边长不大于 3m 时，基础底面外边缘线至坡顶边缘线的水平距离（图 10-20）应符合下式要求，但不得小于 2.5m：

条形基础

$$a \geqslant 3.5b - \frac{d}{\tan\beta} \quad (10\text{-}35a)$$

矩形基础

$$a \geqslant 2.5b - \frac{d}{\tan\beta} \quad (10\text{-}35b)$$

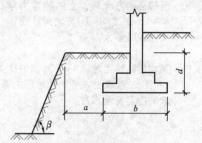

图 10-20　基础底面外边缘线
至坡顶的水平距离示意

式中　a——基础底面外边缘线至坡顶的水平距离；

　　　b——垂直于坡顶边缘线的基础底面边长；

　　　d——基础埋置深度；

　　　β——边坡坡角。

当基础底面外边缘线至坡顶的水平距离不满足式（10-35a）、式（10-35b）的要求时，可根据式（10-32）确定基础距坡顶边缘的距离和基础埋深。

当边坡坡角大于 45°、坡高大于 8m 时，尚应按式（10-32）验算坡体稳定性。

思考题与习题

10-1　土坡稳定有何实际意义？影响土坡稳定的因素有哪些？
10-2　何谓无黏性土坡的自然休止角？无黏性土坡的稳定性与哪些因素有关？
10-3　土坡圆弧滑动面的整体稳定分析的原理是什么？如何确定最危险圆弧滑动面？
10-4　简述毕肖普条分法确定安全系数的试算过程。
10-5　试比较土坡稳定分析瑞典条分法、规范圆弧条分法、毕肖普条分法及杨布条分法的异同。
10-6　土坡稳定安全系数的意义是什么？在本章中有哪几种表达形式？
10-7　分析土坡稳定性时应如何根据工程情况选取土体抗剪强度指标及稳定安全系数？

10-8 地基的稳定性包括哪些内容？地基的整体滑动有哪些情况？应如何考虑？

10-9 某地基土的天然重度 $\gamma = 18.6 \text{kN/m}^3$，内摩擦角 $\varphi = 10°$，黏聚力 $c = 12 \text{kPa}$，当采用坡度 1∶1 开挖基坑时，其最大开挖深度可为多少？

（答案：6.00m）

10-10 已知某挖方土坡，土的物理力学指标为 $\gamma = 18.93 \text{kN/m}^3$，$\varphi = 10°$，$c = 12 \text{kPa}$，若取安全系数 $K = 1.5$，试问：①将坡角做成 $\beta = 60°$ 时边坡的最大高度；②若挖方的开挖高度为 6m，坡角最大能做成多大？

（答案：①2.92m，②31°）

10-11 某均质黏性土坡，$h = 20 \text{m}$，坡比为 1∶2，填土重度 $\gamma = 18 \text{kN/m}^3$，黏聚力 $c = 10 \text{kPa}$，内摩擦角 $\varphi = 36°$，若取土条平均孔隙压力系数 $\overline{B} = 0.6$，即 $u_i b = \overline{G_i} B$，试用简化毕肖普条分法计算该土坡的稳定安全系数。

（答案：$K = 1.13$）

第 11 章

土在动荷载作用下的特性

11.1　概述

　　土木工程建设中，土体经常会遇到天然振源的地震（earthquake）、波浪（wave）、风（wind）或人工振源的车辆（rolling stock）、爆炸（explosion）、打桩（pile driving）、强夯（dynamic compaction or dynamic consolidation）、动力机器基础（dynamic machine foundation）等引起的动荷载作用。在这些动荷载作用下，土的强度和变形特性都将受到影响。动荷载可能造成土体的破坏，必须加以充分重视；动荷载也可被利用改善不良土体的性质，如地基处理（ground treatment）中的爆炸法（explosion method）、强夯法、换填垫层法（cushion method）等。

　　天然振源和人工振源的振动频率、振动次数和振动波形各不相同。天然振源发生随机振动荷载，其振动周期、幅值及方向都是不规则的；人工振源有瞬时的冲击荷载，一次作用时间很短，但土的动应变较大；也有规则的周期荷载，土的动应变属小应变范围。在不同的动荷载作用之下，土的强度和变形各不相同，其共同特点是都受到加荷速率和加荷次数的影响。动荷载都是在很短的时间内施加的，一般是百分之几秒到十分之几秒，如爆炸荷载只有几毫秒（ms），通常在 10s 以内时应看作为动力问题。按动荷载的加荷次数，可以分为：①一次快速施加的瞬时荷载，加荷时间非常短，所引起土体的振动，由于受到阻尼作用，振幅在不长的时间内衰减为零，称为冲击荷载（impact load），如图 11-1（a）所示，例如爆炸和爆破作业等；②加荷几次至几十次甚至千百次的动荷载，荷载随时间的变化没有规律可循，称为不规则荷载（erratic load），如图 11-1（b）所示，例如地震、打桩以及低频机器和冲击机器引起的振动等；③加荷几万次以上的动荷载，以同一振幅和周期反复循环作用的荷载，称为周期荷载（periodic load），如图 11-1（c）所示，例如高铁、地铁车辆行驶对路基和地基的作用、往复运动和旋转运动的机器基础对地基的作用等。

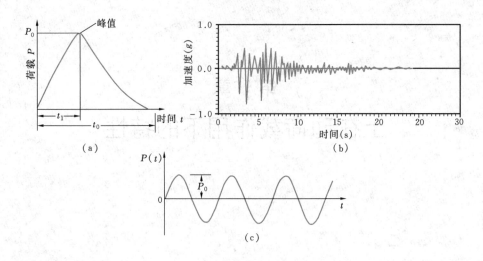

图 11-1　动荷载的类型

(a) 冲击荷载；(b) 不规则荷载；(c) 周期荷载

在土木工程建设中存在大量的填土工程（fill construction），例如公路路堤、土坝、飞机场跑道以及建筑场地的填土等，都是以土作为建筑材料并按一定要求堆填而成的。填土工程中的填料，由于经过开挖、搬运及堆筑，原有结构遭到破坏，含水率发生变化，堆填时必然造成土体中留下很多孔隙，如不经人工压实，其均匀性差、抗剪强度低、压缩性大、水稳定性不良，往往难以满足工程的需要，因此需要采用夯击、振动或碾压等方法将其压实，以提高它的密实度和均匀性。土的压实是在动荷载作用下，使土颗粒克服粒间阻力而重新排列，土中孔隙减小、密度增加，进而在短时间内得到土体新的结构强度。实践表明，土的压实性，受到含水率、土类及级配、压实功能等多种因素的影响，十分复杂，它是土工构筑物的重要研究课题之一。土的压实在地基处理中也有着广泛的应用，对于某些松软的浅层地基土，可直接采用表面的夯击、振动或碾压等方法，使地基浅部土体得以密实；也可采用换土垫层法处理，通过分层压实换填土改善浅层地基土的不良性质。

当地基土特别是饱和松散的砂土和粉土受到动荷载（如地震荷载）作用时，会表现出类似于液体性质而完全丧失抗剪强度的现象，即土的振动液化，从而发生地表喷水冒砂、振陷、滑坡、上浮（贮罐、管道等空腔埋置结构）及地基失稳等，最终导致建筑物或构筑物的破坏。特别需要指出的是，地震可以引起大面积甚至深层的土体液化，常能造成场地的整体性失稳，具有面积广、破坏性严重等特点。因此，土的振动液化问题是工程抗震设计中的重要内容之一。

本章主要介绍土的压实性和振动液化，简要介绍在周期荷载下土的强度和变形特性以及土的动力特征参数。

11.2　土的压实性

土的压实性（compactibility）是指土体在不规则荷载作用下其密度增加的性状。土的压实性指标通常在室内采用击实试验（compaction test，moisture-density test）测定。

11.2.1　击实试验及压实度

1. 击实试验和击实曲线

在实验室内进行击实试验，是研究土压实性的基本方法。土的压实程度可通过测量干密度的变化来反映。击实试验分轻型和重型两种。轻型击实试验适用于粒径小于 5mm 的黏性土，而重型击实试验采用大击实筒，当击实层数为 5 层时适用于粒径不大于 20mm 的土，当采用三层击实时，最大粒径不大于 40mm。击实试验所用的主要设备是击实仪，包括击实筒、击锤及导筒等。图 11-2 所示轻型和重型两种击实仪，击实筒容积分别为 947.4cm³ 和 2103.9cm³，击锤质量分别为 2.5kg 和 4.5kg，落高分别为 305mm 和 457mm。试验时，将制备好的土样分层（共 3~5 层）装入击实筒中，每铺一层后均用击锤按规定的落距和击数锤击土样，最后被压实的土样充满击实筒。由击实筒的体积和筒内被压实土的总质量计算湿密度 ρ、按烘干法测定土的含水率 w 后，则可计算出击实土的干密度 ρ_d，即 $\rho_d = \rho/(1+w)$。

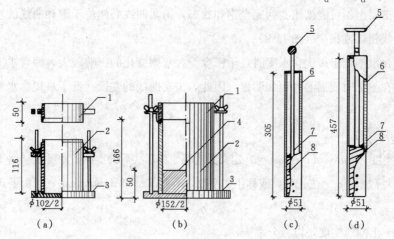

图 11-2　两种击实仪示意图

（a）轻型击实筒；（b）重型击实筒；（c）2.5kg 击锤；（d）4.5kg 击锤

1—套筒；2—击实筒；3—底板；4—垫块；5—提手；6—导筒；7—硬橡皮垫；8—击锤

由一组几个不同含水率（通常为 5 个）的同一种土样分别按上述方法进行试验，可绘制出一条击实曲线（compaction curve，moisture-density curve），如图 11-3 所示。击实曲线反

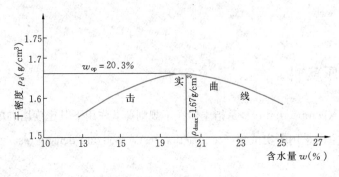

图 11-3 击实曲线

映土的压实特性如下：

（1）对于某一土样，在一定的击实功能作用下，只有当土的含水率为某一值时，土样才能达到最密实，因此在击实曲线上必然会出现一峰值，峰点所对应的纵坐标值为最大干密度（maximum dry density）ρ_{dmax}，对应的横坐标值为最优（佳）含水率（optimum water content or optimum moisture content）w_{op}。

（2）土在击实（压实）过程中，通过土粒的相互位移，很容易将土中的气体挤出，而要挤出土中水分来达到压实的效果，对于黏性土，不是短时间的加载所能办到的。因此，人工压实不是通过挤出土中水分而是通过挤出土中气体来达到压实目的的。同时，当土的含水率接近或大于最优含水率时，土孔隙中的气体越来越处于与大气不连通的状态，击实作用已不能将其排出土体之外。一般压实最好的土，气体含量也还有 3％~5％（以总体积计）留在土中，亦即击实土不可能被压实到完全饱和状态，击实曲线必然位于饱和曲线的左侧而不可能与饱和曲线相切或相交（图 11-9）。

（3）当含水率低于最优含水率时，干密度受含水率变化的影响较大，即含水率变化对干密度的影响在偏干时比偏湿时更加明显。因此，击实曲线的左段（低于最优含水率）的坡度比右段要陡。

2. 土的压实度

土的压实度（degree of compaction）定义为现场土体压实后的实测干密度 ρ_d 与室内土体击实试验所得最大干密度 ρ_{dmax} 之比值，或称压实系数（coefficient of compaction），可由下式表示：

$$\lambda_c = \rho_d / \rho_{dmax} \tag{11-1}$$

式中　λ_c——土的压实度，以百分率表示。

在工程中，填土的质量标准常以压实度来控制。要求压实度越接近于 1，表明对压实质量的要求越高。根据工程性质及填土的受力状况，所要求的压实度是不一样的。必须指出，现场填土的压实，无论是在压实能量、压实方法还是在土的变形条件等方面，均与室内击实试验都存在着一定差异。因此，室内击实试验用来模拟工地压实仅是一种半经验的方法。

在工地上对压实度的检验，一般可用环刀法、灌砂（或水）法、湿度密度仪法或核子密度仪法等来测定土的干密度和含水率，具体选用哪种方法，可根据工地的实际情况决定。

现行《公路路基设计规范》JTG D30—2015 中路基的压实度要求：应分层铺筑，均匀压实，压实度应符合表 11-1 和表 11-2 的规定。

路床压实度要求（JTG D30—2015）   表 11-1

路基部位		路面底面以下深度（m）	路床压实度（%）		
			高速公路、一级公路	二级公路	三级公路、四级公路
上路床		0～0.3	≥96	≥95	≥94
下路床	轻、中等及中交通	0.3～0.8	≥96	≥95	≥94
	特重、极重交通	0.3～1.2	≥96	≥95	—

注：1. 表列压实度系按《公路土工试验规程》JTG E40 重型击实试验所得最大干密度求得的压实度；
　　2. 当三、四级公路铺筑沥青混凝土和水泥混凝土时，其压实度应采用二级公路压实度标准。

路堤压实度要求（JTG D30—2015）   表 11-2

填挖类型		路面底面以下深度（m）	压实度（%）		
			高速公路、一级公路	二级公路	三级公路、四级公路
上路堤	轻、中等及重交通	0.8～1.5	≥94	≥94	≥93
	特重、极重交通	1.2～1.9	≥94	≥94	—
下路堤	轻、中等及重交通	1.5 以下	≥93	≥92	≥90
	特重、极重交通	1.9 以下			

注：1. 表列压实度系按《公路土工试验规程》JTG E40 重型击实试验所得最大干密度求得的压实度；
　　2. 当三、四级公路铺筑沥青混凝土和水泥混凝土时，应采用二级公路的规定值；
　　3. 路堤采用粉煤灰、工业废渣等特殊填料，或处于特殊干旱或特殊潮湿地区时，在保证路基强度和回弹模量要求的前提下，通过试验论证，压实度标准可降低 1～2 个百分点。

现行《建筑地基基础设计规范》GB 50007—2011 中压实填土的质量以压实系数控制，并应根据结构类型和压实填土所在部位按表 11-3 的数值确定。

压实填土的质量控制（GB 50007—2011）   表 11-3

结构类型	填 土 部 位	压实系数 λ_c	控制含水率（%）
砌体承重结构和框架结构	在地基主要受力层范围内	≥0.97	$w_{op} \pm 2$
	在地基主要受力层范围以下	≥0.95	
排架结构	在地基主要受力层范围内	≥0.96	
	在地基主要受力层范围以下	≥0.94	

注：1. 压实系数（λ_c）为压实填土的控制干密度（ρ_d）与最大干密度（ρ_{dmax}）之比，w_{op} 为最优含水率；
　　2. 地坪垫层以下及基础底面标高以上的压实填土，压实系数不应小于 0.94。

3. 压实（填）土的压缩性和强度

公路路堤、土坝等土工建筑物都不可避免会浸水润湿，这样，对路堤、土坝等压实土的水稳定性的研究与控制就显得十分重要。

　　试验研究表明，压实土的压缩性和强度，与土体压实时的含水率有着密切的关系。压实土在某一荷载作用下，有些土样在压缩稳定后再浸水饱和，则在同一荷载下土样会出现明显

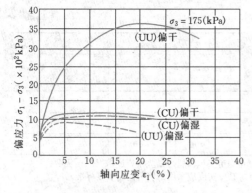

图 11-4　不同含水率压实土的三轴试验

的附加压缩，在同一干密度 ρ_d 条件下，偏湿的压实土样附加压缩的增加比较大，因此有必要研究压实土遇水饱和时不会产生附加压缩的最小含水率。图 11-4 所示，对同样条件（除含水率外）的击实土试样，进行三轴不排水试验和固结不排水试验，所施加的侧压力同为 σ_3 = 175kPa，偏干击实土试样的强度较大，且不呈现明显的脆性破坏特征；图 11-5 所示曲线表示，当压实土的含水率低于最优含水率时

（即偏干状态），虽然干重度（密度）较小，强度却比最大干重度（密度）时的强度要大得多。此时的击实虽未使土达到最密实状态，但它克服了土粒间引力等的联结，形成了新的结构，能量转化为土强度的提高。

　　一般情况下，压实土的强度通常是比较高的。但正如上面所述，压实土遇水饱和会发生附加压缩，同时，其强度也有潜在下降的一面，即浸水软化使强度降低，这就是所谓水稳定性问题。图 11-6 给出了在常体积下浸水软化后不排水强度试验的结果。从中可以看出，制

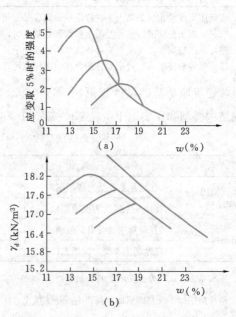

图 11-6　浸水软化后强度与制备含水率的关系

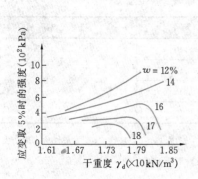

图 11-5　压实土的强度与
干重度、含水率的关系

备含水率低于最优含水率的土样，水稳定性很差，而唯独在最优含水率时，其浸水强度最大，水稳定性最好。图中强度曲线峰值与压实曲线峰值位置是一致的。这也是为什么填土在压实过程中非常重视最优含水率的原因。

11.2.2　土的压实机理及其影响因素

1. 压实机理

在外力作用下土的压实机理，可以用结合水膜润滑及电化学性质等理论来解释。一般认为，在黏性土中含水率较低时，由于土粒表面的结合水膜较薄，土粒间距较小，粒间电作用力就以引力占优势，土粒的相对位移阻力大，在击实功能作用下，比较难以克服这种阻力，因此压实效果就差。随着土中含水率增加，结合水膜增厚，土粒间距也逐渐增加，这时斥力增加而引力相对减小，压实功能比较容易克服粒间引力而使土粒相互位移，趋于密实，压实效果较好。但当土中含水率继续增大时，虽能使粒间引力减小，但土中会出现自由水，击实时孔隙中过多的水分不易立即排出，势必阻止土粒的靠拢，同时排不出去的气体，以封闭气泡的形式存在于土体内部，击实时气泡暂时减小，很大一部分击实功能由孔隙气承担，转化为孔隙压力，粒间所受的力减小，击实仅能导致土粒更高程度的定向排列，而土体几乎不发生体积变化，所以压实效果反而下降。试验证明，黏性土的最优含水率与其塑限含水率十分接近，大致为 $w_{op} = w_p + 2$（％）。

对于无黏性土，含水率对其压实性的影响虽然不像黏性土那样敏感，但仍然是有影响的。图 11-7 是无黏性土的击实试验结果。其击实曲线与黏性土击实曲线有很大差异。含水率接近于零时，它有较高的干密度；当含水率在某一较小的范围时，由于假黏聚力的存在，击实过程中一部分击实能量消耗在克服这种假黏聚力上，所以出现了最低的干密度；随含水率的不断增加，假黏聚力逐渐消失，就又有较高的干密度。所以，无黏

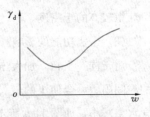

图 11-7　无黏性土的击实曲线

性土的压实性虽然也与含水率有关，但没有峰值点反映在击实曲线上，也就不存在最优含水率问题，最优含水率的概念一般不适用于无黏性土。一般在完全干燥或者充分饱水的情况下，无黏性土容易压实到较大的干密度。粗砂在含水率为 4％～5％，中砂在含水率为 7％左右时，压实后干密度最大。无黏性土的压实标准，常以相对密实度 D_r（见 2.4.1 小节）控制，一般不进行室内击实试验。

2. 土压实的影响因素

土压实的影响因素很多，包括土的含水率、土类及级配、击实功能、毛细管压力以及孔隙压力等，其中前三种影响因素是最主要的，现分述如下。

（1）含水率的影响

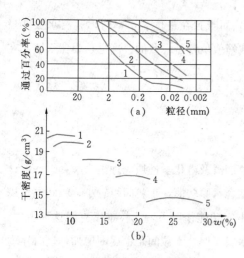

图 11-8　五种土的不同击实曲线

(a) 粒径累计曲线；(b) 击实曲线

前已述及，对较干（含水率较小）的土进行夯实或碾压，不能使土充分压实；对较湿（含水率较大）的土进行夯实或碾压，非但不能使土得到充分压实，此时土体还极易出现软弹现象，俗称"橡皮土"；只有当含水率控制为某一适宜值，即最优含水率时，土才能得到充分压实，达到最大干密度。

（2）土类及级配的影响

在相同击实功能条件下，不同的土类及级配其压实性是不一样的。图 11-8（a）所示五种不同土料的级配曲线；图 11-8（b）是其在同一标准的击实试验中所得到的 5 条击实曲线。图中可见，含粗粒越多的土样其最大干密度越大，而最优含水率越小，即随着土中粗粒增多，曲线形态不变但朝左上方移动。

在同一土类中，土的级配对它的压实性影响亦很大。级配不良的土（土粒较均匀），压实后其干密度要低于级配良好的土（土粒不均匀），这是因为级配不良的土体内，较粗土粒形成的孔隙很少有较细土粒去填充，而级配良好的土则相反，有足够的较细土粒填充，因而可获得较高的干密度。

（3）击实功能的影响

对于同一土料，加大击实功能，能克服较大的粒间阻力，会使土的最大干密度增加，而最优含水率减小，如图 11-9 所示。同时，当含水率较低时击数（能量）的影响较为显著。当含水率较高时，含水率与干密度的关系曲线趋近于饱和曲线，也就是说，这时靠加大击实功能来提高土的

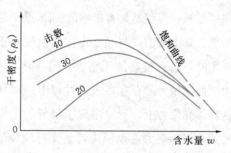

图 11-9　不同击数下的击实曲线

密实度是无效的。图中虚线为饱和线，即饱和度 $S_r = 100\%$ 时填土的含水率 w 与干密度 ρ_d 关系曲线，由于 $e = \dfrac{wd_s}{S_r} = wd_s$ 和 $\rho_d = \dfrac{d_s\rho_w}{1+e} = \dfrac{d_s}{1+e}$，得出表达式 $\rho_d = \dfrac{d_s}{1+wd_s}$。

11.3 土的振动液化

11.3.1 土的振动液化机理及其试验分析

土特别是饱和松散砂土、粉土，在振动荷载作用下，土中（超）孔隙水压力逐渐累积，有效应力下降，当孔隙水压力累积至总应力时，有效应力为零，土粒处于悬浮状态，表现出类似于水的性质而完全丧失其抗剪强度，这种现象称为土的振动液化（liquefaction）。地震、波浪以及车辆荷载、打桩、爆炸、机器振动等引起的振动力，均可能引起土的振动液化。振动力通常可引起无黏性土、低塑性黏性土、粉土、粉煤灰等的振动液化。

根据饱和土有效应力原理和无黏性土抗剪强度公式，$\tau_{\mathrm{f}} = (\sigma - u) \tan\varphi'$，当有效应力（即抗剪强度）为零时，没有黏聚力的饱和松散砂土就丧失了承载能力，这就是饱和砂土振动液化的基本原理。

土的振动液化可由室内试验研究分析，但室内试验必须模拟现场土体实际的受力状态。图 11-10 (a) 表示现场微单元土体在地震前的应力状态，此时，单元土体的竖向有效应力和水平向有效应力分别为 σ_{v} 和 $\sigma_{\mathrm{h}} = K_0\sigma_{\mathrm{v}}$，其中 K_0 为土的静止侧压力系数；图 11-10 (b) 表

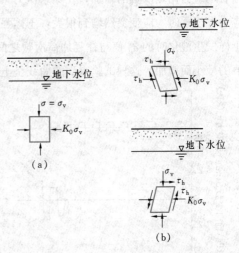

图 11-10　在微单元体上地震前、后的应力状态
(a) 地震前；(b) 地震时周期变化的应力状态

示地震作用时，单元土体的应力状态，此时，震动引起的往复剪应力 τ_{h} 作用在单元体上。因此，任何室内研究液化问题的试验，都必须模拟这样一种状态，有不变的法向应力和往复的剪应力作用在土样的某一个平面上。

室内研究液化问题的试验方法很多，如周期加荷三轴试验、周期加荷单剪试验等，其中周期加荷三轴试验是最普遍使用的试验。饱和砂样的室内周期加荷三轴试验，其方法是先给土样施加周围压力 σ_3 完成固结，然后仅在轴向作用大小为 σ_{d} 的往复荷载，并不允许排水（图 11-11）。在往复加荷过程中，可以测出轴向应变和超孔隙水压力。

图 11-12 是 H. B. 希得、K. L. 里（Seed & Lee，1966）用饱和砂样做的周期加荷三轴压缩试验典型结果。砂样的初始孔隙比为 0.87，初始周围压力和初始孔隙水压力分别为 98.1kPa 和 196.2kPa，在周围固结压力 $\sigma_3 = 98.1$kPa 作用下，往复动应力 σ_{d}（38.2kPa）以

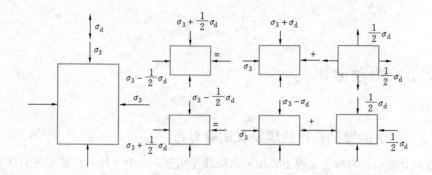

图 11-11　周期三轴试验剪切面上往复应力的模拟

2 周/s 的频率作用在土样上。从图中可以看出，每次应力循环后都残留一定的孔隙水压力，随着动应力循环次数的增加，孔隙水压力累积而逐渐上升直至孔隙水压力等于总应力而有效应力等于零时，应变突然增到很大，土体强度骤然下降而发生液化。图 11-13 是上述试验中土样发生液化时的 σ_d 值与往复加荷次数之间的关系曲线。可以看出，往复加荷的次数随 σ_d 值的减小而增加。这种试验得到的曲线是土体振动液化分析的基本依据。

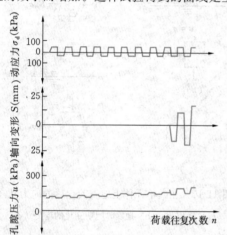

图 11-12　某饱和松砂样往复荷载试验

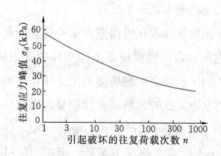

图 11-13　某砂样液化时 σ_d 与 n 的关系
（初始孔隙比 $e=0.87$，$\sigma_3=98.1$kPa）

　　试验研究与分析发现，并不是所有的饱和砂土、低塑性黏性土、粉土等在地震时都会发生液化现象，因此，必须充分了解影响土液化的因素，才能做出正确的判断。

11.3.2　土液化的影响因素

　　土液化的影响因素主要有土类、土的初始密实度、初始固结压力、往复应力强度与次数，介绍如下。

1. 土类

　　土类是影响液化的一个重要因素。黏性土具有黏聚力，即使超孔隙水压力等于总应力，有效应力为零，抗剪强度也不会完全消失，因此一般难以发生液化；砾石等粗粒土因为透水性大，在振动荷载作用下超孔隙水压力能迅速消散，不会造成孔隙水压力累积到总应力而使

有效应力为零，也难以发生液化；只有没有黏聚力或黏聚力很小且处于地下水位以下的砂土和粉土，由于其渗透系数不大，不足以在第二次振动荷载作用之前把孔隙水压力全部消散，才有可能积累孔隙水压力并使强度完全丧失而发生液化。所以，一般情况下塑性指数高的黏土不易液化，低塑性和无塑性的土易于液化。在振动作用下发生液化的饱和土，一般平均粒径小于 2mm，黏粒含量低于 10%～15%，塑性指数低于 7。

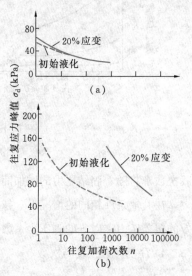

图 11-14　初始密实度对
某砂土液化影响

(a) $e=0.87$，$D_r=0.38$，$\sigma_3=98.1\text{kPa}$；

(b) $e=0.61$，$D_r=1.00$，$\sigma_3=98.1\text{kPa}$

2. 土的初始密实度

土的初始密实度对液化的影响表示在图 11-14 中（周期加荷三轴压缩试验结果）。土中孔隙水压力等于固结压力 σ_3 是产生液化的必要条件，此时定义为初始液化。在大多数场合下，20% 的全幅应变值被认为土样已经破坏。图 11-14(a) 中的松砂（初始孔隙比 $e=0.87$，相对密实度 $D_r=0.38$），给定往复应力峰值 σ_d，初始液化和破坏同时发生；然而当砂的初始密实度增加时（初始孔隙比 $e=$

0.61，相对密实度 $D_r=1.00$），引起 20% 全幅应变和初始液化所需的往复加荷次数的差别明显增大，如图 11-14(b) 所示。这说明，当土的初始密实度越大，在振动力作用下，土越不容易产生液化。1964 年日本新潟地震表明，相对密实度 $D_r=0.50$ 的地方普遍发生液化，而相对密实度 $D_r>0.70$ 的地方则没有发生液化。我国"海城地震砂土液化考察报告"中也提出了类似的结论。

另外，由不同初始孔隙比的同一种砂土在相同围压 σ_3 下受剪时，可以得出初始孔隙比 e_0 与体积变化 $\Delta V/V$ 之间的关系，相应于体积变化为零的初始孔隙比称为临界孔隙比 e_{cr}。如果饱和砂土的初始孔隙比 e_0 大于临界孔隙比 e_{cr}，在剪应力作用下由于剪缩必然使孔隙水压力增高，而有效应力降低，致使砂土的抗剪强度降低。孔隙水压力不断地增加，就有可能使有效应力降低到零，出现砂土的液化现象（见第 7 章 7.7 节）。

3. 土的初始固结压力

图 11-15 所示为固结压力（周围压力 σ_3）对液化的影响（周期加荷三轴压缩试验结果），其中图 11-15 (a) 表示固结压力对初始液化的影响，而图 11-15 (b) 表示固结压力对 20% 的全幅应变（土样破坏）的影响，从图中可以看出，对于给定的初始孔隙比（$e=0.61$）、初始相对密实度（$D_r=1.00$）和往复应力峰值，引起初始液化和 20% 全幅应变所需的往复荷

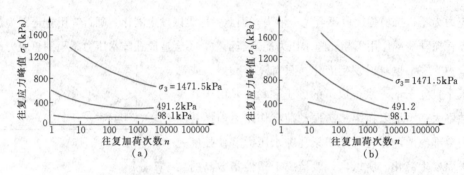

图 11-15　周围压力对某砂样液化的影响

（a）初始液化；（b）20％的全幅应变（土样破坏）

载次数都将随着固结压力的增加而增加（对所有的相对密实度都适用）。这说明周围压力越大，在其他条件相同的情况下，越不容易发生液化。地震前地基土的固结压力可以用土层有效的覆盖压力乘以土的侧压力系数来表示，因此，地震时土层埋藏越深，越不易液化。

4. 往复应力强度与次数

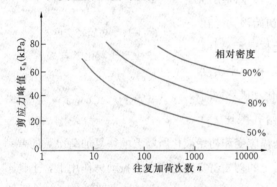

图 11-16　某砂样周期单剪试验的
初始液化曲线（$\sigma_v = 784.8 \text{kPa}$）

图 11-16 是周期加荷单剪仪液化试验的典型结果。从图中可以看出，对于给定的固结压力 σ_v 和不同相对密实度 D_r，就同一种土类而言，往复应力越小，则需越多的振动次数才可产生液化，反之，则在很少振动次数时，就可产生液化。现场的震害调查也证明了这一点。如 1964 年日本新潟地震时，记录到地面最大加速度为 $0.16 \times 10^{-2} \text{m/s}^2$，其余 22 次地震的地面加速度变化为 $0.005 \sim 0.12 \times 10^{-2} \text{m/s}^2$，但都没有发生液化。同年美国阿拉斯加地震时，安科雷奇滑坡是在地震开始后 90s 才发生，这表明要持续足够的应力周期后，才发生液化和土体失去稳定性。

11.3.3　地基液化判别与防治

1. 液化的初步判别

在场址的初步勘察阶段和进行地基失效区划时，常利用已有经验，采取对比的方法，把一大批明显不会发生液化的地段勾画出来，以减轻勘察任务、节省勘察时间与费用。这种利用各种界限勾画不液化地带的方法，被称之为液化的初步判别。我国根据对邢台、海城、唐山等地地震液化现场资料的研究，发现液化与土层的地质年代、地貌单元、黏粒含量、地下水位深度和上覆非液化土层厚度有密切关系。利用这些关系进行液化的初步判别。

　　《建筑抗震设计规范》GB 50011—2010 规定：抗震设防烈度为 6 度时，除本规范有具体规定外，对乙、丙、丁类建筑可不进行地震作用计算；建筑所在地区遭受的地震影响，应采用相应于抗震设防烈度的设计基本地震加速度和设计特征周期来表征。

　　所谓抗震设防烈度（seismic fortification intensity），定义为按国家规定的权限批准作为一个地区抗震设防依据的地震烈度，一般情况下取 50 年内超越概率为 10% 的地震烈度。所谓设计基本地震加速度（design basic acceleration of ground motion），定义为 50 年设计基准期超越概率 10% 的地震加速度的设计取值。抗震设防烈度和设计基本地震加速度取值的对应关系，应符合表 11-4 的规定。这个取值与《中国地震动参数区划图 A1》所规定的"地震动峰值加速度"相当，即在 0.10g 和 0.20g 之间有一个 0.15g 的区域，在 0.20g 和 0.40g 之间有一个 0.30g 的区域，在这两个区域内建筑的抗震设计要求，除另有具体规定外分别同 7 度和 8 度地区相当（表 11-4 括号中数值）。

　　所谓设计特征周期（design characteristic period of ground motion），定义为抗震设计用的地震影响系数曲线中，反映地震震级、震中距和场地类别等因素的下降段起始点对应的周期值。建筑的设计特征周期应根据其所在地的设计地震分组和场地类别确定。

抗震设防烈度和设计基本地震加速度取值的对应关系

（GB 50011—2011）　　　　　　　　　　　　表 11-4

抗震设防烈度	6	7	8	9
设计基本地震加速度值	0.05g	0.10 (0.15) g	0.20 (0.30) g	0.40g

　　对于饱和的砂土或粉土（不含黄土），当符合下列条件之一时，可初步判别为不液化或可不考虑液化影响：

　　（1）地质年代为第四纪晚更新世（Q_3）及其以前时，7、8 度时可判为不液化土；

　　（2）粉土的黏粒（粒径小于 0.005mm 的颗粒）含量百分率，7、8 度和 9 度分别不小于 10、13 和 16 时，可判为不液化土（注：用于液化判别的黏粒含量系采用六偏磷酸钠作分散剂测定，采用其他方法时应按有关规定换算）；

　　（3）天然地基的建筑，当上覆非液化土层厚度和地下水位深度符合下列条件之一时，可不考虑液化影响：

$$d_u > d_0 + d_b - 2 \tag{11-2}$$

$$d_w > d_0 + d_b - 3 \tag{11-3}$$

$$d_u + d_w > 1.5d_0 + 2d_b - 4.5 \tag{11-4}$$

式中　d_w——地下水位深度（m），宜按设计基准期内年平均最高水位采用，也
　　　　　可按近期内年最高水位采用；

　　　d_u——上覆盖非液化土层厚度（m），计算时宜将淤泥和淤泥质土层扣除；

d_b——基础埋置深度（m），不超过 2m 时应采用 2m；

d_0——液化土特征深度（m），对于饱和粉土，7、8、9 度时，分别取 6、7、8m，对于饱和砂土，则分别取 7、8、9m。

《公路工程抗震规范》JTJ B02—2013 规定：设计基本地震动峰值加速度大于或等于 $0.10g$ 地区的 B 类和 C 类桥梁，应按 E1 地震作用进行弹性抗震设计计算，按 E2 地震作用进行延性抗震设计计算，并应采取相关抗震措施；设计基本地震动峰值加速度大于或等 $0.10g$ 地区的 D 类桥梁，应按 E1 地震作用进行弹性抗震设计计算，并宜采取相关抗震措施；A 类桥梁应在专门研究的基础上，按照本规范的抗震设防规定进行抗震设计；设计基本地震动峰值加速度大于或等于 $0.10g$ 地区的其他公路工程构筑物，宜按地震基本动峰值加速度进行弹性抗震设计计算，并宜采取相关抗震措施；设计基本地震动峰值加速度小于 $0.10g$ 地区的 B 类、C 类、D 类桥梁和其他公路工程构筑物，可仅根据抗震措施要求进行抗震设计，不进行抗震设计计算。

一般地基地面以下 15m，桩基和基础埋置深度大于 5m 的天然地基地面以下 20m 范围内有饱和砂土或饱和粉土（不含黄土），符合下列条件之一时，可判定为不液化或不需考虑液化影响：

(1) 设计基本地震动峰值加速度为 $0.10g$（$0.15g$）、$0.20g$（$0.30g$），且地质年代为第四纪晚更新世（Q_3）及其以前的地基；

(2) 设计基本地震动峰值加速度为 $0.10g$（$0.15g$）、$0.20g$（$0.30g$）和 $0.40g$ 的地区，粉土中的颗粒（粒径<0.005mm）含量分别不小于 10%、13%、16%；

(3) 当上覆非液化土层厚度和地下水位深度符合式（11-2）～式（11-4）条件之一。

2. 液化判别方法

(1)《建筑抗震设计规范》方法

《建筑抗震设计规范》GB 50011—2010 规定：当初步判别认为需进一步进行液化判别时，应采用标准贯入试验判别法判别地面下 20m 深度范围内土的液化；但对本规范规定可不进行天然地基及基础的抗震承载力验算的各类建筑，可只判别地面下 15m 内土的液化；当饱和土的标准贯入锤击数（未经杆长修正）小于液化判别标准贯入锤击数临界值时，应判为液化土；当有成熟经验时，尚可采用其他判别方法。

在地面下 20m 深度范围内，液化判别标准贯入锤击数临界值可按下式计算：

$$N_{cr} = N_0\beta\big[\ln(0.6d_s + 1.5) - 0.1d_w\big]\sqrt{3/\rho_c} \tag{11-5}$$

式中　N_{cr}——液化判别标准贯入锤击数临界值；

N_0——液化判别标准贯入锤击数基准值，应按表 11-5 采用；

d_s——饱和土标准贯入点深度（m）；

d_w——地下水位深度（m）；

ρ_c——黏粒含量百分率，当小于 3 或为砂土时，应采用 3；

β——调整系数，设计地震第一组取 0.80，第二组取 0.95，第三组取 1.05。

标准贯入锤击数基准值（GB 50011—2010） 表 11-5

设计地震基本加速度（g）	0.10	0.15	0.20	0.30	0.40
液化判别标准贯入锤击数基准值	7	10	12	16	19

（2）《公路工程抗震规范》JTJ B02—2013 规定：当不能判别为不液化或不需考虑液化影响，需进一步进行液化判别时，应采用标准贯入试验进行地面下 15m 深度范围内土的液化判别；当采用桩基或基础埋深大于 5m 的基础时，还应进行地面下 15～20m 范围内土的液化判别。当饱和土标准贯入锤击数（未经杆长修正）小于液化判别标准贯入锤击数临界值 N_{cr} 时，应判为液化土；当有成熟经验时，也可采用其他判别方法。液化判别标准贯入锤击数临界值的计算，应符合下列规定：

1）在地面下 15m 深度范围内，液化判别标准贯入锤击数临界值可按下式计算：

$$N_{cr} = N_0 [0.9 + 0.1(d_s - d_w)] \sqrt{3/\rho_c} \qquad (11\text{-}6)$$

2）在地面下 15～20m 深度范围内，液化判别标准贯入锤击数临界值可按下式计算：

$$N_{cr} = N_0 (2.4 - 0.1 d_s) \sqrt{3/\rho_c} \qquad (11\text{-}7)$$

式中 N_{cr}——修正的液化判别标准贯入锤击数临界值；

N_0——液化判别标准贯入锤击数基准值，应按表 11-6 采用；

d_s——饱和土标准贯入点深度（m）；

d_w——地下水位深度（m）；

ρ_c——黏粒含量百分率，当小于 3 或为砂土时，应采用 3。

液化判别标准贯入锤击数基准值 N_0（JTJ B02—2013） 表 11-6

区划图上的特征周期	设计基本地震动峰值加速度		
（s）	0.10g（0.15g）	0.20g（0.30g）	0.40g
0.35	6（8）	10（13）	16
0.40、0.45	8（10）	12（15）	18

注：1. 特征周期根据场地位置在现行《中国地震动参数区划图》GB 18306 上查取；

2. 括号内数值用于设计基本地震动峰值加速度为 0.15g 和 0.30g 的地区。

（3）Seed H. B. 的经验方法

Seed H. B. 以世界各国的资料（包括我国）为基础，提出了地震剪应力比 τ/σ' 与修正标贯击数 N_1 的关系图（图 11-17），在（τ/σ'）-N_1 的关系图中，临界液化剪应力比（τ/σ'）$_{cr}$ 可用直线近似表示为

$$(\tau/\sigma')_{cr} = 0.011N_1 \qquad (11\text{-}8)$$

土层中的等效地震剪应力比 $(\tau_{av}/\sigma'_v)_E$ 按下式计算：

$$(\tau_{av}/\sigma'_v)_E = 0.1(M-1)\frac{a_{max}}{g} \cdot$$

$$\frac{\sigma_v}{\sigma'_v}(1-0.015d_s) \qquad (11\text{-}9)$$

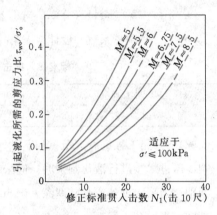

图 11-17　判别砂土液化的
Seed H. B 经验方法图

式中　σ'_v——竖向有效应力（kPa）；

　　　σ_v——竖向总应力（kPa）；

　　　N_1——将竖向有效应力 σ'_v 调整为 100kPa 时的修正标贯击数，与实测标贯击数 N 的近似关系为

$$N_1 = C_N N \qquad (11\text{-}10)$$

$$C_N = 10/\sqrt{\sigma'_v} \qquad (11\text{-}11)$$

　　　M——震级；

　　a_{max}——地面水平向峰值加速度；

　　　g——重力加速度；

　　　d_s——土层深度（m）。

当满足下述关系：

$$(\tau_{av}/\sigma'_v)_E > (\tau/\sigma')_{cr} \qquad (11\text{-}12)$$

判别为液化；否则，判别为不液化。应当指出，式(11-8)在 $(\tau/\sigma')_{cr}$ 取值 0.1~0.3 时有足够精度，大于 0.3 之后取值偏小即偏于安全。

3. 液化土层的液化等级划分

对存在液化土层的地基，应探明各液化土层的深度和厚度。按下式计算每个钻孔的液化指数，并按表 11-7 综合划分地基的液化等级：

$$I_{IE} = \sum_{i=1}^{n}(1 - N_i/N_{cri})d_i W_i \qquad (11\text{-}13)$$

式中　I_{IE}——液化指数；

　　　n——在判别深度范围内每一个钻孔标准贯入试验点的总数；

N_i、N_{cri}——分别为 i 点标准贯入击数的实测值和临界值，当实测值大于临界值时应取临界值的数值，当只需判别 15m 范围以内的液化时，15m 以下的实测值可按临界值采用；

　　　d_i——i 点所代表的土层厚度（m），可采用与该标准贯入试验点相邻的上、下两标准贯入试验点深度差的一半，但上界不高于地下水位的深度，下界不深于液化深度；

W_i——i 土层单位土层厚度的层位影响权函数值（m^{-1}），当该层中点深度不大于 5m
时应采用 10，等于 20m 时应采用零值，5～20m 时按线性内插法取值。

液化等级与液化指数的对应关系（GB 50011—2010）　　　　　　表 11-7

液化等级	轻微	中等	严重
液化指数 I_{IE}	$0 < I_{\mathrm{IE}} \leqslant 6$	$6 < I_{\mathrm{IE}} \leqslant 18$	$I_{\mathrm{IE}} > 18$

4. 地基液化防治

对于可能产生液化的地基，必须采取相应的工程措施加以防治。

采用桩基础或其他深基础、全补偿筏板基础、箱形基础等防治。当采用桩基时，桩端伸入液化深度以下稳定土层中的长度（不包括桩尖部分），应按计算确定，且对碎石土，砾、粗、中砂，坚硬黏性土和密实粉土尚不应小于 0.8m，对其他非岩石土尚不宜小于 1.5m；采用深基础时，基础底面应埋入液化深度以下的稳定土层中，其深度不应小于 0.5m。对于穿过液化土层的桩基础，桩周摩擦力应视土层液化可能性大小，或全部扣除，或作适当折减。对于液化指数不高的场地，仍可采用浅基础，但适当调整基底面积，以减小基底压力和荷载偏心；或者选用刚度和整体性较好的基础形式，如筏板基础等。

采用地基处理方法防治。可以采用振冲、振动加密、共振加密、挤密碎石桩、强夯等方法处理地基，也可用非液化土替换全部液化土层。加固时，应处理至液化深度下界。振冲或挤密碎石桩加固后，桩间土的标准贯入锤击数不宜小于规范规定的液化判别标准贯入锤击数临界值；采用加密法或换土法处理时，在基础边缘以外的处理宽度，应超过基础底面下处理深度的 1/2 且不小于基础宽度的 1/5。

11.4　周期荷载下土的强度和变形特征

动荷载一是具有时间性，通常在 10s 以内应作为动力问题；二是荷载的反复性（加卸荷）或周期性（荷载变向）。由于动荷载的这两个特性，使得土在动荷载作用下，其力学性质与静荷载作用时相比有很大差异。

图 11-18 反映了荷载作用次数对土强度的影响。图中 τ_f 为静力破坏强度，τ_{df} 为动应力幅值，τ_0 是在加动应力前对土样所施加的一个小于 τ_f 的初始剪应力。由图所示，动荷载反复作用次数越少，动强度（$\tau_0 + \tau_{df}$）越高，随着反复作用次数的增加，土的强度逐渐降低，当反复作用 100 次（压实黏性土）或 50 次（饱和软黏土）时，动强度已接近或低于静强度了，若作用次数再增加，则低于静强度。动强度还与初始剪应力的大小有关，初始剪应力越大，荷载作用次数对土强度的影响越小。

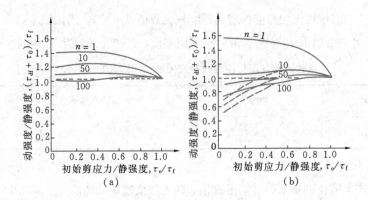

图 11-18　荷载振次 n 对土强度的影响

(a) 压实黏性土；(b) 饱和软黏土

土的动强度可以用数种动力试验方法确定。根据试验的加荷方式，动力试验方法可分为四种类型，如图 11-19 所示。

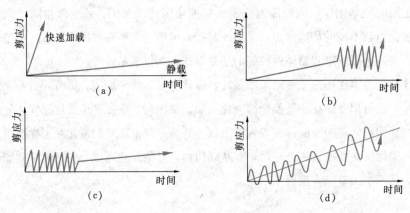

图 11-19　动力试验的加载方式

(a) 单调加载；(b) 单调-循环加载；(c) 循环-单调加载；(d) 单调增加循环加载

土的动强度可以用数种动力试验方法确定。根据试验的加荷方式，动力试验方法可分为四种类型，如图 11-19 所示。

图 11-19 (a) 所示的单调加载试验的加荷速率是可变的。传统的静力加载试验所采用的加载速率控制在使试样达到破坏的时间在几分钟的量级，单调加载试验的加荷速率控制在使试样达到破坏的时间小于数秒时称为快速加载试验。快速加载试验或瞬时加载试验用于确定土在爆炸荷载作用下的强度。

图 11-19 (b) 所示的动荷载加载方式用于确定土在地震运动作用下的强度。初始阶段施加的单调静剪应力用于模拟地震前土中的静应力状态，例如斜坡场地中土单元的应力状态，后续阶段施加的循环荷载模拟地震运动作用下土中的循环剪应力。

图 11-19 (c) 所示的动荷载加载方式用来研究地震运动作用下土的强度和刚度的衰减或

降低。在若干次循环荷载结束后，土样变得软弱，土的静强度和变形性能与加循环荷载前的初始状态不一样，因此，这种试验的土体性能可用于地震后土坝或路堤的稳定性分析。

　　图 11-19（d）所示的加载方式有时用于研究受到振动影响的土的静强度。地基中靠近桩或板桩的土体，由于受到打桩引起的振动的影响，土的静强度可能会有所降低，在这种情况下土的强度，可采用土样放在振动台上进行振动试验。

　　图 11-20、图 11-21 反映了反复荷载作用下土的变形特性。图 11-20 表示受控竖向应力 σ_z 作用下海滩砂振动的一些试验结果。所有这些试样的起始相对密实度为 $D_r=0.60$，荷载作用的频率为 $1.8\sim6\mathrm{Hz}$，由图可知，应变随作用次数的增加而增加、随动应力与竖向应力之比 σ_d/σ_z 值的增加而增加。图 11-21 表示室内条形基础的

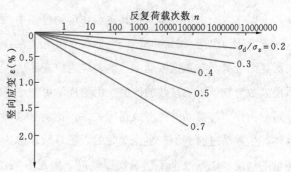

图 11-20　在受控竖向应力作用下某砂的振动压实
$(D_r=0.60,\ \sigma_z=138.2\mathrm{kPa})$

模型试验，砂土上的模型基础尺寸为 $75\mathrm{mm}\times228\mathrm{mm}$，在反复荷载的作用下，砂土的沉降随作用次数的增加而增加、随动应力与单轴抗压强度之比 σ_d/q_u 值的增加而增加。

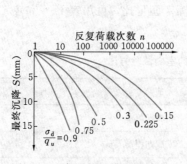

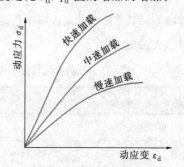

图 11-21　条形基础模型试验中由
反复荷载引起的塑性变形

图 11-22　加荷速度对土的
应力-应变的影响

　　同样，动荷载的加荷速度对土的强度与变形也将产生影响。如图 11-22 所示，加荷速度越慢，其强度越低，但承受的应变范围越大。

11.5　土的动力特征参数简介

　　土的动力特征参数包括：动弹性模量或动剪切模量、阻尼比或衰减系数、动强度或液化周期剪应力以及振动孔隙水压力增长规律等。其中动剪切模量（dynamic shear modulus）和

阻尼比（damping ratio）是表征土的动力特征的两个主要参数，本节简要介绍这两个动力特征参数。

土的动剪切模量 G_d 是指产生单位动剪应变时所需要的动剪应力，即动剪应力 τ_d 与动剪应变 ε_d 之比值，按下式计算：

$$G_d = \tau_d / \varepsilon_d \tag{11-14}$$

土体作为一个振动体系，其质点在运动过程中由于黏滞摩擦作用而有一定的能量损失，这种现象称为阻尼（damping），也称黏滞阻尼。在自由振动中，阻尼表现为质点的振幅随振次而逐渐衰减。在强迫振动中，则表现为应变滞后于应力而形成滞回圈。土的阻尼比 ζ 是指阻尼系数与临界阻尼系数的比值。由物理学可知，非弹性体对振动波的传播有阻尼作用，这种阻尼力作用与振动的速度成正比关系，比例系数即为阻尼系数（damping factor）。使非弹性体产生振动过渡到不产生振动时的阻尼系数，称为临界阻尼系数。阻尼比是衡量吸收振动能量的尺度。地基或土工建筑物振动时，阻尼有两类，一类是逸散阻尼，另一类是材料阻尼。前者是土体中积蓄的振动能量以表面波或体波（包含剪切波和压缩波）向四周和下方扩散而产生的，后者是土粒间摩擦和孔隙中水与气体的黏滞性产生的。

土动力问题研究应变的范围很大，从精密设备基础振幅很小的振动到强烈地震或核爆炸的震害，剪应变从 10^{-6} 到 10^{-2}。在这样广阔的应变范围内，土动力计算中所用的特征参数，需用不同的测试方法来确定。对于动剪切模量和阻尼比，可用表 11-8 和表 11-9 所列各种室内外试验方法测定。

动剪切模量和阻尼比的室内试验方法　　　　　表 11-8

试验方法	动剪切模量	阻　尼　比	试验方法	动剪切模量	阻　尼　比
超声波脉冲	✓		周期单剪	✓	✓
共振柱	✓	✓	周期扭剪	✓	✓
周期三轴剪		✓			

动剪切模量和阻尼比的原位试验方法　　　　　表 11-9

试验方法	动剪切模量	阻　尼　比	试验方法	动剪切模量	阻　尼　比
折射法	✓		钻孔波速法	✓	
反射法	✓		动力旁压试验		✓
表面波法	✓		标准贯入试验	✓	

土动力测试和其他土工试验一样，尽管原位测试可以得到代表实际土层性质的测试资料，但限于原位试验的条件和较大的试验费用，通常在原位只做小应变试验，而在实验室内则可以做从小应变到大应变的试验。

　　土的动力特征参数的室内测定，由于周期加荷三轴剪切试验相对比较简单，故一般用它来确定土的动剪切模量 G_d（换算得到）和阻尼比 ζ。周期加荷三轴试验仪器如图 11-23 所示（由于加荷方式有用电磁激振器激振、气压或液压激振，故周期加荷三轴仪的型式也有多种）。试验时，对圆柱形土样施加轴向周期压力，直接测量土样的应力和应变值，从而绘出应力应变曲线，如图 11-24 所示，称滞回曲线。试验所得滞回曲线是在周期荷载作用下的结果，所以求得的模量称动弹性模量 E_d，而动剪切模量 G_d 则可由下式求出：

$$G_d = E_d/2(1+\mu) \tag{11-15}$$

式中　μ——土的泊松比。

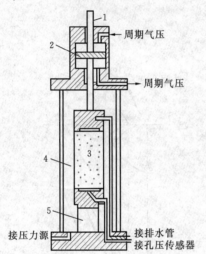

图 11-23　周期加荷三轴仪图
1—活塞杆；2—活塞；3—试样；
4—压力室；5—压力传感器

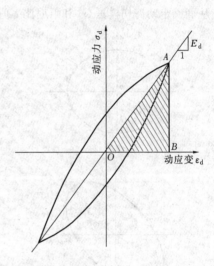

图 11-24　动应力与动应变关系曲线

　　土的阻尼比可由图 11-24 所示的滞回圈（hysteresis loop）按下式求得：

$$\zeta = \Delta F/4\pi F \tag{11-16}$$

式中　ΔF——滞回圈包围的面积，表示加荷与卸荷的能量损失；

　　　　F——滞回圈顶点至原点的连线与横坐标所形成的直角三角形 AOB 的面积，表示加荷与卸荷的应变能。

　　另一种测定阻尼比的方法是让土样受一瞬间荷载作用，引起自由振动，量测振幅的衰减规律，用下式求土的阻尼比：

$$\zeta = (\omega_r/2\pi\omega)\ln(U_k/U_{k+1}) \tag{11-17}$$

式中　ω_r、ω——有阻尼和无阻尼时土样的自由振动频率；

　　U_k、U_{k+1}——第 k 和 $k+1$ 次循环的振幅。

　　一般 ω_r 与 ω 差别不大，故上式可简化为

$$\zeta = (1/2\pi)\ln(U_k/U_{k+1}) \tag{11-18}$$

必须指出，在小应变时把土体作为线弹性体，在周期应力作用下，应力可分为弹性部分 σ_1 和阻尼部分 σ_2，弹性部分的应力与应变成正比，阻尼部分的应力与应变沿椭圆变化，两者相加即为实际的滞回曲线，如图 11-25 所示，当周期应力的幅值增大或减小，滞回圈保持相似的形状扩大或减小。因此，表征动力特征参数的动剪变模量 G_d 和阻尼比 ζ 即可视为常数。而当大应变时，土体呈现非线性变形特征，弹性部分的应力与应变不是直线关系，阻尼部分的应力与应变也不再是椭圆变化，两种非线性变化的曲线合成后的滞回圈的形状随应力的变化而变化（图 11-26），使得动剪切模量 G_d 和阻尼比 ζ 也在不断变化。所以，在动力分析选用动力参数时，由于非线性的特点，应根据具体情况选用相应应力应变条件下的滞回圈，从而确定动剪切模量 G_d 和阻尼比 ζ 值。

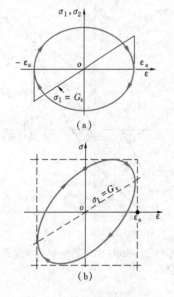

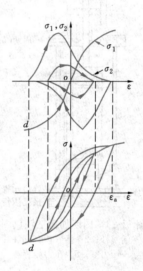

图 11-25　线黏弹性体的
应力与应变关系曲线

（a）弹性部分与阻尼部分；

（b）应力与应变滞回圈

图 11-26　非线性变形体的
应力与应变关系曲线

思考题与习题

11-1　试分析土料、含水率以及击实功能对土压实性的影响。

11-2　黏性土和粉土与无黏性土的压实标准区别有哪些?

11-3　试述土的振动液化机理及其影响因素。

11-4　为什么黏性土和砾石土一般难以发生液化?

11-5　土的液化初步判别有何意义? 如何判别? 土的液化判别方法有哪些?

11-6　某黏性土土样的击实试验结果列于表 11-10，试绘制出土样的击实曲线，确定其最优含水率与最大干密度。

击实试验结果　　　　　　　　　　　　　　　　　表 11-10

w (%)	14.4	16.6	18.6	20.0	22.2
ρ (g/cm³)	1.71	1.88	1.98	1.95	1.88

11-7　某土料场土料为黏性土，天然含水率 $w = 21\%$，土粒相对密度 $d_s = 2.70$，室内标准击实试验得到的最大干密度 $\rho_{dmax} = 1.85 \text{g/cm}^3$，设计要求压实度 $\lambda_c = 0.95$，并要求压实饱度 $S_r \leqslant 0.90$。试问碾压时土料应控制多大的含水率?

(答案：17.8%)

附　　录

符号	物 理 意 义	单位	公式
A	黏性土的活动度		2-13
A	渗流断面积	cm^2	3-4
A	基底面积	m^2	4-4
A	地基某点下至任意深度 z 范围内的附加应力面积	$kPa \cdot m$	6-12a
A	偏应力条件下的孔隙压力系数		6-39
ΔA_i	第 i 层土竖向附加应力沿该土层厚度的面积	$kPa \cdot m$	6-13
a	土的压缩系数	MPa^{-1}	5-3 5-4
$a_{1\text{-}2}$	由 $p_1 = 0.1MPa$ 增加到 $p_2 = 0.2MPa$ 时的压缩系数	MPa^{-1}	5-4
a_{max}	地面水平向峰值加速度	m/s^2	11-9
b	矩形基础的短边宽度	m	6-4
b	荷载偏心方向的矩形基底边长或圆形基底直径	m	6-9
b	承压板的边长	m	
b_c、b_q、b_r	基底倾斜修正系数		9-22
C_c	曲率系数		1-4
C_c	土的压缩指数		5-5
C_e	土的回弹指数		6-26
C_s	土骨架的三向体积压缩系数		7-18
C_u	不均匀系数		1-3
C_α	次压缩系数		6-43
c	土的黏聚力	kPa	7-2
c'	土的有效黏聚力	kPa	
c_d	固结排水试验得到的土的黏聚力	kPa	
c_k	土的黏聚力标准值	kPa	
c_q	直剪试验得出的黏聚力	kPa	
c_u	土的不排水抗剪强度	kPa	
C_v	土的竖向固结系数	cm^2/s	
C_v	孔隙的三向体积压缩系数		
D_r	相对密实度		2-15 2-16
d	土粒的直径	mm	
d	基础埋深	m	
d	承载板的直径	m	5-10c

续表

符 号	物 理 意 义	单位	公式
d_0	液化土埋置深度	m	11-2 11-3 11-4
d_{10}	有效粒径	mm	
d_{30}	中值粒径	mm	
d_{60}	限制粒径	mm	
d_c、d_q、d_r	基础埋深修正系数		
d_s	土粒相对密度		2-1
d_s	饱和土标准贯入深度	m	11-5
d_u	上覆盖非液化土层深度	m	11-2 11-4
d_w	地下水位深度	m	
e	土的孔隙比		
e	偏心荷载的偏心距	m	
e_{cr}	临界孔隙比		
e_{max}	最大孔隙比		
e_{min}	最小孔隙比		
E	土的弹性模量	MPa	5-18
E_0	土的变形模量	MPa	5-10 5-11 5-17
E_0	静止土压力	kN/m	8-2
E_a	主动土压力	kN/m	8-5a 8-5b 8-7 8-21 8-22 8-29
E_c	土的回弹模量	MPa	
E_d	土的动弹性模量	MPa	
E_i	初始切线模量	MPa	

308

续表

符号	物 理 意 义	单位	公式
E_m	土的旁压模量	kPa	5-12
E_p	被动土压力	kN/m	8-10 8-11 8-25 8-26
E_r	土的再加荷模量	MPa	
E_s	土的压缩模量	MPa	5-7
F	作用在基础上的竖向力	kN	
f_a	由土的抗剪强度指标确定的修正后的地基承载力特征值	kPa	
f_{ak}	地基承载力特征值	kPa	
G	基础及其上回填土的总自重	kN	
G_d	土的动剪切模量	MPa	11-15 11-16
G_w	水柱重力	kN	
GI	AASHTO 标准中的分类指数		2-20 2-21
g	重力加速度	m/s²	
g_c、g_q、g_r	地面倾斜修正系数		
H	压缩土层最远的排水距离	cm	6-62
ΔH	总水头差	m	3-39
ΔH	土样的压缩量	mm	6-36
H_i	受压后土样的高度；第 i 分层土的厚度		5-1 6-11
ΔH_i	压力 p_i 作用下土样的稳定压缩量	mm	
h	总水头	m	3-1 3-2
Δh	水头差	m	3-3
h'	冻层厚度	mm	2-19
H_0	土样初始高度	mm	5-1
h_0	坡顶裂缝开展深度	m	10-29
I_{IE}	液化指数		11-14
I_L	液性指数		2-11
I_P	塑性指数		2-10

符号	物　理　意　义	单位	公式
i	水力梯度		
Δi	相邻等势线之间的水头损失	m	
i_b	密实黏土的起始水力梯度		3-7
i_c、i_q、i_γ	荷载倾斜修正系数		
i_{cr}	临界水力梯度		3-43
J	单位土体内的渗流力	kN/m^3	3-42
k	土的渗透系数		3-5
k	单向偏心作用点至具有最大压力的基底边缘的距离	m	4-7
k_d	瞬时沉降修正系数		6-35
K	稳定安全系数		10-1 10-3
K_0	静止侧压力系数		
K_a	主动土压力系数		8-30
K_h	水平地震系数		
K_p	被动土压力系数		
K_x	整个土层与层面平行的土层平均渗透系数	cm/s	3-20
K_y	整个土层与层面垂直的土层平均渗透系数	cm/s	3-21
L	渗流长度	m	
L'	滑弧的长度	m	
l	矩形基础的长边宽度	m	
M	作用于矩形基础底面的力矩	$kN \cdot m$	4-5
M	十字板剪切破坏时的扭力矩	$kN \cdot m$	7-14 7-15
M	震级		11-9
M_c、M_d、M_b	采用《建筑地基基础设计规范》GB 50007—2011 的承载力系数		
M_S	滑动力矩	$kN/m \cdot m$	
M_x、M_y	荷载合力分别对矩形基底 x、y 对称轴的力矩	$kN \cdot m$	
M_R	抗滑力矩	$kN/m \cdot m$	
m	土的总质量	g	
m_s	土粒质量	g	

符 号	物 理 意 义	单位	公式
m_v	土的体积压缩系数	MPa^{-1}	5-8
m_w	土中水质量	g	
N	实测的标准贯入锤击数		
N_0	液化判别标准贯入锤击数基准值		11-5
N_1	修正标准贯入锤击数		11-8
N_c、N_q	（普朗德尔和赖斯纳极限承载力）承载力系数		
N_c、N_q、N_γ	（太沙基极限承载力）粗糙基地的承载力系数		9-14 9-15 9-16
N_c、N_q、N_γ	（汉森和魏锡克极限承载力）承载力系数		
N_{cr}	液化判别标准贯入锤击数临界值		11-5 11-6
N_s	稳定系数		10-6
n	土的孔隙率		2-8
OCR	超固结比		5-9
p	水压	kPa	3-1
p	基底平均压力	kN/m^2	4-4
p_0	基底平均附加压应力	kPa	4-9
p_1	地基某深度处土中（竖向）自重应力，是指土中某点的"原始压力"	MPa	5-4
p_1	p-s 曲线中所取定的比例界限荷载	kPa	
p_2	地基某深度处土中（竖向）自重应力与（竖向）附加应力之和，是指土中某点的"总和应力"	MPa	5-4
p_c	先期固结压力	kPa	5-9
p_{cr}	比例界限荷载（临塑荷载）	kPa	9-6
p_{max}	基底两边缘的最大压力	kN/m^2	4-5 4-6 4-7 4-8a

符 号	物 理 意 义	单位	公式
p_{min}	基底两边缘的最小压力	kN/m^2	4-5 4-6 4-8a
p_u	极限荷载	kPa	
P_w	静水压力	kN/m	10-29
P	作用于坐标原点 o 的竖向集中应力	kN	4-11
$P_{1/3}$	允许地基产生 $z_{max} = b/3$ 范围塑性区所对应的临界荷载	kPa	9-8a 9-8b
$P_{1/4}$	允许地基产生 $z_{max} = b/4$ 范围塑性区所对应的临界荷载	kPa	9-7a 9-7b
P_p	作用于弹性核边界面的被动土压力合力	kN/m	9-12
Q	某一时间段内土的渗水量	cm^3	3-10
q	单位渗水量	cm^3/s	3-5 3-8
q	连续均布荷载	kPa	
Δq	单位流槽的渗流量	m^3/d	3-40
q_c	锥尖阻力	kPa	
q_u	无侧限抗压强度	kPa	
$\dot{q}_i$	第 i 级荷载的加载速度	kPa/d	6-71
R	弹性半空间内一点至坐标原点 o 的距离	m	
R	滑裂面半径	m	
r	弹性半空间内一点与集中力作用点的水平距离	m	
s	竖向集中力 p 作用下地基表面任意点沉降	mm	6-1 6-2 6-3 6-5 6-6 6-7

符 号	物 理 意 义	单位	公式
s	基础最终沉降量	mm	6-10 6-11a 6-11d 6-18 6-23 6-32
s'	基础沉降量	mm	6-14
s'_c	修正的固结沉降量	mm	6-36 6-40
$\Delta s'_i$	在计算深度范围内，第 i 分层土的变形量	mm	6-13
$\Delta s'_n$	在由计算深度向上取厚度为 Δz 的土层计算变形值	mm	6-15
s_1	与比例界限荷载 p_1 相对应的沉降量	mm	
s_{3i}、s_{1i}	第 i 分层三向变形和单向压缩的沉降量	mm	
s_∞	最终沉降量	mm	6-84 6-85
s_c	固结沉降量	mm	6-25a 6-25c 6-30 6-31 6-38
s_{cm}	当 $\Delta p \leqslant (p_c - p_2)$ 的各分层总和的固结沉降量	mm	6-29
s_{cn}	当 $\Delta p > (p_c - p_2)$ 的各分层总和的固结沉降量	mm	6-27
s_d	瞬时沉降量（畸变沉降量）	mm	6-33
s'_d	修正的瞬时沉降量	mm	6-35
s_i	第 i 分层的竖向变形	mm	6-20b 6-20c
s_i	第 i 分层土的压缩量	mm	6-11c
s_s	次压缩沉降量（次固结沉降量）	mm	
s_t	施工期 T 以后 $(t>T)$ 的沉降量	mm	6-75 6-76
s_α	地基土层单向压缩的次压缩沉降	mm	6-44
S_r	土的饱和度		2-9

续表

符号	物　理　意　义	单位	公式
S_c、S_q、S_γ	基础形状修正系数		9-22
S_t	黏性土的灵敏度		2-14
T	土单元下滑力	kN/m^3	10-1
T'	各土条圆弧相切的剪切力	kN/m^3	10-7
T_f	土单元抗滑力	kN/m^3	10-1
T_v	竖向固结时间因数		
U_k、U_{k+1}	第 k 和 $k+1$ 次循环的振幅		
$\overline{U}_t$	t 时刻地基的平均固结度		6-71
U_z	地基固结度		6-64 6-65
$\overline{U}_z$	竖向平均固结度		6-66
u	单元体中的超孔隙水压力	kPa	
Δu	孔压（超孔隙水压力）增量	kPa	6-39
u_0	$t=0$ 时的起始孔隙水压力	kPa	
Δu_1	（三轴压缩试验中）轴向压力增量产生孔隙压力增量	kPa	
Δu_3	（三轴压缩试验中）围压 $\Delta\sigma_3$ 作用下孔隙压力增量	kPa	
u_a	孔隙气压力	kPa	
u_f	土体剪切破坏时的孔隙水压力	kPa	
V	土的总体积	cm^3	
ΔV	土体积的变化量	mm^3	
V_0	土样初始体积	ml	
V_a	土中气体积	cm^3	
V_s	土粒体积	cm^3	
ΔV_v	土体积的变化量	mm^3	
V_v	土中孔隙体积	cm^3	
V_w	土中水体积	cm^3	
v	土粒在水中的沉降速度	cm/s	1-1
v	流速	cm/s	3-6
v_r	断面实际平均渗流速度	cm/s	3-9
W	矩形基础底面的抵抗矩	m^3	4-5
z	天然地面下任意深度	m	

符号	物　理　意　义	单位	公式
Δz	地表冻胀量	mm	
Δz	地基变形计算最下层计算厚度	m	
z_0	临界深度	m	8-6
z_d	设计冻深	mm	
z_{max}	塑性区的最大深度	m	
z_n	地基变形计算深度	m	6-16
α	集中应力 P 作用下的地基竖向附加应力系数		
α	墙背的倾斜角	°	
$\bar{\alpha}$	z 范围内的（竖向）平均附加应力系数		
α_c	均布的矩形荷载角点下的竖向附加应力系数		4-18
α_f	破裂角	°	
α_r	均布的圆形荷载截面中心点下的竖向附加应力系数		4-22
α_{sz}、α_{sx}、α_{sxz}	均布条形荷载下的附加应力系数		4-29
α_{t1}、α_{t2}	三角形分布的矩形荷载角点下的竖向附加应力系数		
β	墙后填土面的倾角	°	
β	坡角	°	
γ	土的（湿）重度	kN/m³	
γ'	土的浮重度	kN/m³	
γ_d	土的干重度	kN/m³	
γ_G	基础及其上回填土的平均重度	kN/m³	
γ_m	基底标高以上天然土层的加权平均重度	kN/m³	
γ_{sat}	土的饱和重度	kN/m³	
γ_t	滑坡推力安全系数		
δ	土对挡土墙背或桥台背的外摩擦角	°	
δ_c	角点沉降系数	m/MPa	6-4
δ_{ef}	自由膨胀率		2-17

符号	物　理　意　义	单位	公式
δ_s	黄土的湿陷系数		2-18
ε	土的压缩应变		
ε_d	动剪应变	kPa	
ε_i	第 i 分层土的压缩应变		6-11b
ε_{zi}	第 i 分层的竖向应变		6-20a
ζ	土的阻尼比		
η	水的黏滞度	kPa·s	3-16
η	冻土层的平均冻胀率		2-19
η	基础底面与水平面的倾斜角	°	
θ	基础倾斜角	rad	6-9
θ	土条底面中点的法线与竖直线的交角	°	10-8
λ	固结沉降修正系数		6-36
λ_c	土的压实度		11-1
μ	土的泊松比		
ρ	土的（湿）密度	g/cm^3	2-3
ρ'	土的浮密度	g/cm^3	2-6
ρ_c	黏粒含量百分率		11-5 11-6 11-7
ρ_d	土的干密度	g/cm^3	2-4
ρ_{dmax}	最大干密度	kN/m^3	
ρ_s	土粒密度	g/cm^3	
ρ_{sat}	土的饱和密度	g/cm^3	2-5
ρ_w	水的密度	g/cm^3	
σ	总应力	kPa	
σ'	有效应力	kPa	6-48a 6-48b
σ_1	大主应力	kPa	
$\Delta\sigma_1'$	（三轴压缩试验中）轴向的有效应力增量	kPa	7-22

符　号	物　理　意　义	单位	公式
$\Delta\sigma_3$	小主应力（周围压力）增量	kPa	
$\Delta\sigma_3'$	（三轴压缩试验中）侧向的有效应力增量	kPa	7-18
σ_0	静止土压力强度	kPa	8-1
σ_3	小主应力	kPa	
σ_a	主动土压力强度	kPa	8-3a 8-3b 8-4a 8-4b
σ_c	天然地面下任意深度 z 处竖向有效自重应力	kPa	4-3
σ_{ch}	基底处土的自重应力	kPa	
σ_d	往复动应力	kPa	
σ_p	被动土压力强度	kPa	8-8 8-9
σ_z	地基（竖向）附加应力	kPa	
τ	整个滑动面上的平均剪应力	kPa	10-3
τ_d	动剪应力	kPa	11-14
τ_{df}	动应力幅值	kPa	
τ_f	土的抗剪强度	kPa	7-1 7-3
τ_{xy}、τ_{yx}	弹性半空间内一点垂直于 z 方向的剪应力	kPa	4-12a 4-24
τ_{xz}、τ_{zx}	弹性半空间内一点垂直于 y 方向的剪应力	kPa	4-12b 4-23c 4-26c
τ_{zy}、τ_{yz}	弹性半空间内一点垂直于 x 方向的剪应力	kPa	4-12c 4-24
φ	土的内摩擦角	°	
φ'	土的有效内摩擦角	°	
φ_d	固结排水试验得到的土的内摩擦角	°	
φ_k	土的内摩擦角标准值	°	

续表

符号	物 理 意 义	单位	公式
φ_q	直剪试验得出的内摩擦角	°	
φ_u	土的不排水内摩擦角	°	7-30a
ψ	弹性楔体与水平面的夹角	°	
ψ_c	主动土压力增大系数		
ψ_s	沉降计算经验系数		
w	土的含水率		2-2
w_c	土的天然稠度		2-12
w_u	有机质含量	%	
w_L	液限		
w_{0p}	最优含水率		
w_P	塑限		
w_S	缩限		
ω	各种沉降影响系数		
ω_c	角点沉降影响系数		
ω_m	平均沉降影响系数		
ω_o	中心点沉降影响系数		
ω_r、ω	有阻尼和无阻尼时土样的自由振动频率	Hz	11-17

参 考 文 献

[1] 华南理工大学，东南大学，浙江大学，湖南大学编. 地基及基础[M]. 第1版，第2版，第3版. 北京：中国建筑工业出版社，1981，1991，1998.

[2] 洪毓康主编. 土质学与土力学[M]. 第2版. 北京：人民交通出版社，1987.

[3] 陈仲颐，周景星，王洪瑾编. 土力学[M]. 北京：清华大学出版社，1994.

[4] 钱家欢主编. 土力学[M]. 第2版. 南京：河海大学出版社，1995.

[5] 龚晓南主编. 土力学[M]. 北京：中国建筑工业出版社，2002.

[6] 顾晓鲁，钱鸿缙，刘惠珊，汪时敏主编. 地基与基础[M]. 第3版. 北京：中国建筑工业出版社，2003.

[7] 黄文熙主编. 土的工程性质[M]. 北京：水利电力出版社，1983.

[8] 钱家欢，殷宗泽主编. 土工原理与计算[M]. 第2版. 北京：水利电力出版社，1994.

[9] 陈希哲编著. 土力学地基基础[M]. 第3版. 北京：清华大学出版社，1998.

[10] 赵明华主编. 土力学与基础工程[M]. 武汉：武汉工业大学出版社，2000.

[11] 松冈元[日]著. 罗汀，姚仰平编译. 土力学[M]. 北京：中国水利水电出版社，2001.

[12] 高大钊，袁聚云主编. 土质学与土力学[M]. 北京：人民交通出版社，2006.

[13] 李学恒. 土壤化学[M]. 北京：高等教育出版社，2001.

[14] 中华人民共和国住房和城乡建设部. 土工试验方法标准 GB/T 50123—2019[S]. 北京：中国计划出版社，2019.

[15] 中华人民共和国建设部. 土的工程分类标准 GB/T 50145—2007[S]. 北京：中国计划出版社，2007.

[16] 中华人民共和国住房和城乡建设部. 建筑地基基础设计规范 GB 50007—2011[S]. 北京：中国建筑工业出版社，2011.

[17] 中华人民共和国住房和城乡建设部. 岩土工程勘察规范(2009年版)GB 50021—2001[S]. 北京：中国建筑工业出版社，2009.

[18] 中华人民共和国住房和城乡建设部. 建筑抗震设计规范(2016年版)GB 50011—2010[S]. 北京：中国建筑工业出版社，2016.

[19] 中华人民共和国住房和城乡建设部. 冻土地区建筑地基基础设计规范 JGJ 118—2011[S]. 北京：中国建筑工业出版社，2011.

[20] 中华人民共和国交通部. 公路桥涵设计通用规范 JTG D60—2015[S]. 北京：人民交通出版社，2015.

[21] 中华人民共和国交通部. 公路土工试验规程 JTG E40—2007[S]. 北京：人民交通出版社，2007.

[22] 中华人民共和国交通运输部. 公路桥涵地基与基础设计规范 JTG 3363—2019[S]. 北京：人民交通出版社，2019.

[23] 中华人民共和国交通运输部. 公路路基设计规范 JTG D30—2015[S]. 北京：人民交通出版社，2015.

[24] 中华人民共和国交通运输部. 公路软土地基路堤设计与施工技术细则 JTG/T D31—02—2013[S]. 北京：人民交通出版社，2013.

[25] 中华人民共和国住房和城乡建设部. 岩土工程基本术语标准 GB/T 50279—2014[S]. 北京：中国计划出版社，2014.

[26] 中国土木工程学会土力学及基础工程学会. 土力学及基础工程名词(汉英及英汉对照). 第2版. 北京：中国建筑工业出版社，1991.

［27］ Tien-Hsing Wu. Soil mechanics［M］. 1976 Second Edition. Allyn and Bacon, Inc. Boston. London. Sydney.

［28］ H. F. Winterkorn, Hsai-Yang Fang. Foundation Engineering Handbook［M］. 1975 Van Nostrand Reinhold Company. New York. Cincinnati. Toronto. London. Melbourne.

［29］ C. R. Scott. . An introduction to soil mechanics and foundations［M］. 1980 Third Edition. Applied Science Publishers Ltd. London.

［30］ H. J. Lang, J. Huder, P. Amann. Bodenmechanik und Grundbau［M］. 1996 Sechste Auflage. Berlin. Heidelberg. New York. Barcelona. Budpest. Hong Kong. Mailand. Paris. Santa Clara. Singapur. Tokio.

［31］ T. W. Lambe, R. V. Whitman. Soil mechanics, SI Version［M］. 1979 John Wiley &Sons Inc. New York. Chichester. Brisbane. Toronda. Singapore.

［32］ K. Terzaghi, R. B. Peck, G. Mesri. Soil mechanics in engineering practice［M］. 1995 Third Edition. John Wiley &Sons, Inc. New York. Chichester. Brisbane. Toronto. Singapore.

［33］ G. N. Smith, I. G. N. Smith. Elements of soil mechanics［M］. 1998 Seventh Edition. Blackwell Science Ltd. U. K. U. S. A. Canada. Australia.

［34］ D. F. McCarthy. Essentials of soil mechanics and foundations, basic geotechnics［M］. 2002 Sixth Edition. Prentice Hall U. S. A. London. Sydney. Toronto. Mexico. New Delhi. Tokyo. Singapore.

［35］ J. K. Mitchell. Fundamentals of soil behavior［M］. 1993 Second Edition. John Wiley &Sons, Inc. New York. Chichester. Brisbane. Toronto. Singapore.

［36］ B. M. Das. Principles of geotechnical Engineering［M］. 2002 Fifth Edition. Brooks/Cole, Thomson Learning. Australia. Canada. Mexico. Singapore. Spain. United Kingdom. United States.

高等学校土木工程专业指导委员会规划推荐教材（经典精品系列教材）

征订号	书　名	定价	作　者	备　注
V28007	土木工程施工（第三版）（赠送课件）	78.00	重庆大学　同济大学　哈尔滨工业大学	教育部普通高等教育精品教材
V36140	岩土工程测试与监测技术（第二版）	48.00	宰金珉　王旭东　等	
V25576	建筑结构抗震设计（第四版）（赠送课件）	34.00	李国强　等	
V30817	土木工程制图（第五版）（含教学资源光盘）	58.00	卢传贤　等	
V30818	土木工程制图习题集（第五版）	20.00	卢传贤　等	
V36383	岩石力学（第四版）（赠送课件）	48.00	许明　张永兴	
V32626	钢结构基本原理（第三版）（赠送课件）	49.00	沈祖炎　等	
V35922	房屋钢结构设计（第二版）（赠送课件）	98.00	沈祖炎　陈以一　等	教育部普通高等教育精品教材
V24535	路基工程（第二版）	38.00	刘建坤　曾巧玲　等	
V31992	建筑工程事故分析与处理（第四版）（赠送课件）	60.00	王元清　江见鲸　等	教育部普通高等教育精品教材
V35377	特种基础工程（第二版）（赠送课件）	38.00	谢新宇　俞建霖	
V28723	工程结构荷载与可靠度设计原理（第四版）（赠送课件）	37.00	李国强　等	
V28556	地下建筑结构（第三版）（赠送课件）	55.00	朱合华　等	教育部普通高等教育精品教材
V28269	房屋建筑学（第五版）（含光盘）	59.00	同济大学　西安建筑科技大学　东南大学　重庆大学	教育部普通高等教育精品教材
V28115	流体力学（第三版）	39.00	刘鹤年	
V30846	桥梁施工（第二版）（赠送课件）	37.00	卢文良　季文玉　许克宾	
V31115	工程结构抗震设计（第三版）（赠送课件）	36.00	李爱群　等	
V35925	建筑结构试验（第五版）（赠送课件）	35.00	易伟建　张望喜	
V36141	地基处理（第二版）（赠送课件）	39.00	龚晓南　陶燕丽	
V29713	轨道工程（第二版）（赠送课件）	53.00	陈秀方　娄平	
V28200	爆破工程（第二版）（赠送课件）	36.00	东兆星　等	
V28197	岩土工程勘察（第二版）	38.00	王奎华	
V20764	钢-混凝土组合结构	33.00	聂建国　等	
V36410	土力学（第五版）（赠送课件）	58.00	东南大学　浙江大学　湖南大学　苏州大学	

征订号	书 名	定价	作 者	备 注
V33980	基础工程（第四版）（赠送课件）	58.00	华南理工大学　等	
V34853	混凝土结构（上册）——混凝土结构设计原理（第七版）（赠送课件）	58.00	东南大学　天津大学　同济大学	教育部普通高等教育精品教材
V34854	混凝土结构（中册）——混凝土结构与砌体结构设计（第七版）（赠送课件）	68.00	东南大学　同济大学　天津大学	教育部普通高等教育精品教材
V34855	混凝土结构（下册）——混凝土桥梁设计（第七版）（赠送课件）	68.00	东南大学　同济大学　天津大学	教育部普通高等教育精品教材
V25453	混凝土结构（上册）（第二版）（含光盘）	58.00	叶列平	
V23080	混凝土结构（下册）	48.00	叶列平	
V11404	混凝土结构及砌体结构（上）	42.00	滕智明　等	
V11439	混凝土结构及砌体结构（下）	39.00	罗福午　等	
V32846	钢结构（上册）——钢结构基础（第四版）（赠送课件）	52.00	陈绍蕃　顾强	
V32847	钢结构（下册）——房屋建筑钢结构设计（第四版）（赠送课件）	32.00	陈绍蕃　郭成喜	
V22020	混凝土结构基本原理（第二版）	48.00	张誉　等	
V25093	混凝土及砌体结构（上册）（第二版）	45.00	哈尔滨工业大学　大连理工大学　等	
V26027	混凝土及砌体结构（下册）（第二版）	29.00	哈尔滨工业大学　大连理工大学等	
V20495	土木工程材料（第二版）	38.00	湖南大学　天津大学　同济大学　东南大学	
V36126	土木工程概论（第二版）	36.00	沈祖炎	
V19590	土木工程概论（第二版）（赠送课件）	42.00	丁大钧　等	教育部普通高等教育精品教材
V30759	工程地质学（第三版）（赠送课件）	45.00	石振明　黄雨	
V20916	水文学	25.00	雒文生	
V31530	高层建筑结构设计（第三版）（赠送课件）	54.00	钱稼茹　赵作周　纪晓东　叶列平	
V32969	桥梁工程（第三版）（赠送课件）	49.00	房贞政　陈宝春　上官萍	
V32032	砌体结构（第四版）（赠送课件）	32.00	东南大学　同济大学　郑州大学	教育部普通高等教育精品教材
V34812	土木工程信息化（赠送课件）	48.00	李晓军	

注：本套教材均被评为《"十二五"普通高等教育本科国家级规划教材》和《住房城乡建设部土建类学科专业"十三五"规划教材》。